引领数据科学之道
How to Lead in Data Science

〔美〕Jike Chong
〔美〕Yue Cathy Chang 编著

周闯 周洁 孙琳 译

U0245768

北京航空航天大学出版社

图书在版编目(CIP)数据

引领数据科学之道 /(美)种骥科(Jike Chong),
(美)常悦(Yue Cathy Chang)编著;周闯,周洁,孙
琳译. -- 北京:北京航空航天大学出版社,2025.1
书名原文:How to Lead in Data Science
ISBN 978-7-5124-4299-3

Ⅰ.①引… Ⅱ.①种… ②常… ③周… ④周… ⑤孙
… Ⅲ.①数据处理 Ⅳ.①TP274

中国国家版本馆 CIP 数据核字(2024)第 029151 号

引领数据科学之道
How to Lead in Data Science

[美] Jike Chong
[美] Yue Cathy Chang　　编著

周闯　周洁　孙琳　译

策划编辑　董宜斌　　责任编辑　杨昕

*

北京航空航天大学出版社出版发行

北京市海淀区学院路 37 号(邮编 100191)　http://www.buaapress.com.cn
发行部电话:(010)82317024　传真:(010)82328026
读者信箱:copyrights@buaacm.com.cn　邮购电话:(010)82316936
涿州市铭瑞印刷有限公司印装　各地书店经销

*

开本:787×1 092　1/16　印张:23.5　字数:572 千字
2025 年 1 月第 1 版　2025 年 1 月第 1 次印刷
ISBN 978-7-5124-4299-3　定价:159.00 元

序　言

在过去的 10 年中，我主持或共同主持了 40 多场国际顶级数据和人工智能会议。分析学、数据科学和机器学习在世界范围内的发展和影响是显著的，其中数据科学仍然是当今行业增长最快的工作之一。当我担任 O'Reilly Media 首席数据科学家时，我们进行的一项又一项研究证实，公司持续地投资于数据基础设施、数据科学和机器学习之中。我们还发现，那些使用数据科学和机器学习的公司，都投资于基础技术，并使用这些技术逐步扩展他们的能力。

虽然我们读到的大部分内容都与工具或模型突破有关，但现实情况是，组织问题成了大多数公司的一些主要瓶颈，其关键因素是人员、文化和组织结构。如果你没有合适的人员和组织结构，那么你的表现就会不如竞争对手。

随着对数据科学家需求的持续增长和培训项目的激增，我经常为公司提供咨询服务。新手会问他们如何才能加入数据科学家的行列，更有经验的数据科学家会问他们如何将职业生涯提升到下一个水平。

不幸的是，关于如何在整个数据科学职业生涯中保持相关性和影响力的信息和建议很难获得。大部分与职业相关的课程都集中在开始一段旅程，在哪里学习，学习什么技能，以及如何面试和获得第一份工作。对于数据科学家如何在这一职业中继续取得成功和卓越的成绩，目前几乎没有相关的指导。

如何引领数据科学是数据科学家在其职业生涯的不同阶段作为个人领导者（如技术领导者、员工、负责人或杰出数据科学家）或作为管理领导者（如数据科学的经理、主管或执行官）的基本现场指南。这本书是为那些想把自己的职业生涯提升到一个新水平的数据科学家而写的。它还是一本帮助数据科学家提高其在商业和社会中的积极影响的工具书，并为其提供技术指导。我与作者 Jike 和 Cathy 结识多年，他们一起为大家带来了广泛（包括公共和私营公司）组织的各种运营经验以及咨询实践。我见过他们为来自不同背景和行业的数据科学家进行的培训，其课程就有本书中的内容。在我主持的会议上他们的课程总是最受欢迎的。

1

　　这本书正是数据科学家们在寻求职业发展时所缺少的领域指南。处于职业生涯不同阶段的读者会发现,随着他们的成长,重温这本书是非常值得的。这是一本我打算向数据科学家推荐的书。我希望它能激发更多关于这个话题的讨论以及撰写相关文章。数据科学家和与他们一起工作的人在未来几年都将需要这本书!

Ben Lorica

　　Ben Lorica 是 *GradientFlow* 的首席作家,NLP 峰会和 Ray Summit 联合主席;O'Reilly Media 的前首席数据科学家兼项目主席;数据交换、媒体播客的主持人和组织者;曾担任多家初创公司和组织的顾问,包括 Databricks、Anyscale 和人工智能领域。

前　言

作为数据科学实践的领导者，你可以扩展你的数据、算法和团队，但你是否也在扩展自己？什么是领导力？如何放大你的能力，以产生比个人更显著的影响？你是否能影响、培养、指导和激励你周围的项目和人员？

这些问题是许多数据科学从业者在这个高速增长、快速发展的领域努力推进职业生涯时所面临的问题。大多数数据科学从业者在少于10名数据科学家的公司工作，并承担着领导项目、与跨职能合作伙伴合作、制定路线图和影响高管的广泛责任。他们的角色往往没有明确的定义，并带有不切实际的期望。

与此同时，全世界在这一领域有超过150 000名数据科学家，而且这个数字正以每年37%的速度增长。各公司都亟需领导人才来领导项目、培养团队、发挥指导职能和激励行业。

尽管有博客、播客，以及Meetup、Clubhouse等社交平台专门用于这一领域，但直到现在，还没有全面的实践领域指南来解决数据科学领域的职业发展问题。

在朋友和同事的敦促下，我们撰写了这本书，以分享我们在过去10年中所学到的知识。我们的许多朋友和同事都是数据科学领导者的顾问，或者是拥有多达70名数据科学家的组织负责人。本书中包含的见解均来自于我们自己在公共和私人公司发现、发展和建议数据科学功能的经验。我们还采访了数十位成功的数据科学领导者，并重点介绍了他们的最佳实践。

在设计这本书的提纲时，我们很高兴地发现，自我修养的基本原理与一些知名的框架是一致的。在这本书中，我们认可基于孔子的教导为基础的领导力阶段，如培养个人领导力、培养团队、指导职能以及激励行业。在每个领导阶段，我们都会讨论我们称之为能力的硬技能和我们称之为美德的软心理社会技能。受希腊哲学家亚里士多德的启发，美德是使实践者能够获得幸福和幸福的必要性格特征。职业生涯的各个阶段以及能力和美德如图1所示。

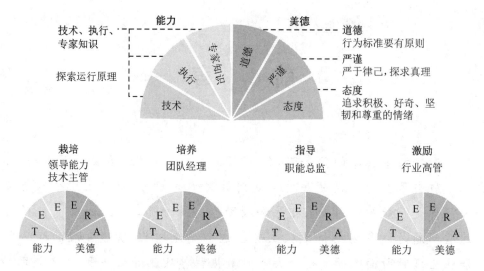

图1 在职业发展的每个阶段都需要不同的能力和美德

这些经过时间考验的框架涵盖了数据科学领域的具体变革性见解、个人经验和行业案例。你可以利用它来建立你的领导自信,认识到自己的优势,发现盲点,发现新的实践机会,使你的团队和组织产生更显著的影响。

在本书中,我们阐述了数据科学能力和美德的理想目标。你可以参考这些主题来指导你的团队成员的专业发展,但我们提醒不要使用它们作为阻止晋升的理由。如果团队成员在某些领域表现出能力和优点并在其他领域展示出潜力,那么他们就可以承担更多的责任,并有可能在贵公司获得晋升。

最佳实践、流程和建议适用于技术领导者所面临的情况,这些技术领导者在员工、负责人和杰出的数据科学家级别担任个人贡献者角色,在经理、主管和执行级别担任人员管理领导人。

为了帮助你认识到如何应用这些最佳实践、流程和建议的情况,我们提供了数据科学从业者(从应届毕业生到经验丰富的高管)面临的 7 种真实场景。在每种情况下,我们都会分享情况,诊断原因,并提出解决方案,这样你就可以在面对这些情况时思考如何进行处理。

我们编写这本书是为了让你在未来的职业生涯中不断成长。如果你觉得这本书对你所遇到的挑战很有帮助,那么请你告诉我们。另外,记得在社交媒体上分享你的学习成果!

我们很荣幸能够激励你在职业生涯中不断努力,并最大限度地发挥你的潜力,通过数据科学在世界上产生更重大的积极影响!

Jike Chong、Yue Cathy Chang

参考文献

［1］ "2020 emerging jobs report." LinkedIn. https://business.linkedin.com/content/dam/me/business/en-us/talent-solutions/emerging-jobs-report/Emerging_Jobs_Report_U.S._FINAL.pdf.

［2］ Da Xue(大学). "The great learning." Chinese Text Project. https://ctext.org/liji/da-xue/ens.

［3］ Aristotle，Nicomachean Ethics. R. Bartlett and S. Collins，Transl. Chicago，IL, USA：University of Chicago Press，2011.

关于本书

　　本书来源于实践，同时也用于指导实践，旨在帮助读者在数据科学职业生涯中不断成长。作为数据科学发展方面的书籍，本书是为指导实践而写的，强调个人硬实力与软能力，在5~15年的关键职业发展中，能够培养读者在各个领导层级的领导水平。

　　这些能力和美德适用于管理人员的领导者，也适用于专业方面的技术领导者。通过对本书的学习，可以用自己的技术技能、执行能力和行业领域洞察力对个人能力和美德产生巨大的影响。与此同时，也可以利用这些美德来赢得信任，并以有原则性的道德规范、严谨的方法和强有力的积极态度与客户和同事建立关系。本书旨在帮助读者发现自身的优势和盲点，并制订计划，以采用最佳实践和有效流程。当在职业生涯的不同阶段继续阅读本书时，我们认为这本书的使命已经完成！

本书的读者对象和适用人群

　　本书是为数据科学从业人员编写的，包括数据科学家、数据分析师、数据工程师、数据策略师、数据产品经理、机器学习工程师、AI开发人员和AI架构师，以及具有这些头衔的从业人员的经理、董事和高管。根据我们的经验，许多数据科学从业人员是在少于10名数据科学家的公司工作，并承担着项目经理、与跨职能合作伙伴互动、制定路线图和辅助高管的广泛职责。他们的角色通常没有明确的定义，并带有不切实际的期望。本书阐明了他们的角色，并帮助协调管理者和合作伙伴的期望。

　　数据实践者还可以通过本书来明晰自己的职业生涯，更好地理解管理者的关注点，并明确哪些工作应该分配给团队成员。负责数据团队的高管、人才招聘的专业人员、与数据科学合作的业务部门领导者，以及任何与数据科学工作相关的人都可以使用本书来理解数据科学家是如何思考和工作的。本书可以帮助读者增加对数据科学领域的认识。

本书的内容架构

本书是一本实用的、能够分阶段逐步指导读者职业生涯的书。第 1 章介绍了在数据科学中需要的有效的硬能力和软社会心理美德，以及数据科学从业人员的 4 个职业阶段，并着重介绍了数据科学从业人员面临的 7 个现实生活场景，其中一些可能与读者直接相关。接下来是第一至第五部分（第 2～11 章），其中，第一至第四部分侧重个人、团队、职能和行业领导阶段，第五部分则侧重于如何将分析的严谨性应用到职业发展中。

第一部分主要关注数据科学技术领导者的角色，他们可以利用自己的影响力来克服作为个人的局限性，通过领导团队成员成功执行项目来产生更大的影响。

- 第 2 章讨论了指导技术选择、权衡项目执行以及应用业务知识和环境的技术领先能力。
- 第 3 章讨论了以强有力的积极态度来影响队友和合作伙伴，即实践道德和严格的习惯性行为的技术领导美德。

第二部分重点介绍数据科学经理或员工数据科学家的角色。高管依靠他们来培养高效的团队并执行业务的优先事项。团队成员依靠管理者和员工数据科学家的授权来完成职业生涯中最好的工作。

- 第 4 章讨论了团队领导能力，包括培养团队交付结果，促进团队中的技术专业知识组合，以及增加团队捕获商业机会的潜力。
- 第 5 章讨论了通过指导、建议和训练，利用数据科学的最佳实践来培养团队成员习惯的领导美德。

第三部分重点介绍了数据科学总监或主要数据科学家的角色，以提供清晰的重点和功能层面的优先级，例如制定有效的路线图，在更长的时间范围内产生更显著的影响，同时避免系统性陷阱。

- 第 6 章讨论了职能领导能力，这些能力通过架构路线图、倡议计划和持续执行业务路线图来展示。
- 第 7 章讨论了塑造数据科学职能文化的职能领导美德，同时承认多样性、实践包容性，以及培养团队归属感。

第四部分侧重于数据科学主管或杰出数据科学家的角色，预计他们将通过产生高价值的成就来展示数据科学对激励行业的影响，从而发挥超越公司的影响力。在这个职位上，你需要有一种冷静的自信，从而实现深思熟虑和及时的计划与行动,在你的组织中,以最优秀的管理人员为中心。

- 第 8 章讨论了推动公司整体业务战略和阐明其在行业内竞争力的行业领导能力。
- 第 9 章讨论了展示高管存在和激励行业负责任地使用数据产生业务影响的行业领导优势。

第五部分侧重于将你的分析严谨性应用到你的职业发展过程中,包括景观、组织、机会和实践的循环领域。我们强调数据科学日益重要的原因、内容和方式,并通过研究不断发展的趋势来推测未来。

- 第 10 章讨论了新架构和实践的技术前景,规划了组织结构和导航图,考虑了评估职业变动的 4 个维度,并分享了未来的潜在职业方向。
- 第 11 章讨论了数据科学领导力越来越重要的 4 个原因,并总结了推进数据科学职业生涯的学习过程。

自我评估和发展重点

在每一章的结尾,我们总结了本章的学习要点,用于自我评估和明确自我的发展重点。为了更好地利用本书,我们推荐采用四步法来建立信心,发现盲点,认识所在组织的资源,并用于指导职业生涯。

① 找到你的优势——你可以在第 2～9 章各章的结尾使用自我评估和发展重点部分来认识自己的领导优势领域。这种做法为你提供了一个方法,帮助你建立一个值得信任的身份,为他人树立榜样,并传达职业成就。

② 发现你的机会——本书中描述的一些领域可能对你来说是盲点。在这些机会中,你可以认识、学习和应用新实践的机会。当你在现实生活中实践这些新知识时,它们可以成为有效的习惯,甚至成为你个人身份的一部分。

③ 利用你的环境——在大多数情况下,你的角色是在一个更大的组织中,你可以在团队或跨职能部门利用资源来放大你的优势。了解向谁提出要求,提出什么要求,以及如何提出这些要求是必不可少的领导技能。

④ 将学习付诸实践——前 3 步确定了明确的目标,第④步是制定一个路线图,一次一个概念地将你的学习付诸实践。和冲刺计划一样,你可以指定一个一到三周的时间来设定目标,并安排一个时间来检查和评估进展。

在职业发展的每个阶段都有很多概念需要学习和实践。如果你每周都在做一些事情,那么你的职业发展会取得具体的进展。

案例研究

在第 1 章中,我们强调了数据科学从业者在不同职业阶段面临的 7 个现实生活场景,其中一些可能与你的职业生涯直接相关。

在本书中,我们提到了 7 个场景,并说明了这些概念是如何应用的。表 1 给出了一个例子,你可以反思这些情况,看看你是否也遇到过类似的情况,学习他们的优点,避免他们的缺点。你还可以观察他们寻求的支持是否也能提供给你。

表 1　詹妮弗如何利用本书开启她的职业生涯

案　例	问　题	有价值的概念(对应的章节)
 詹妮弗 技术负责人	詹妮弗很擅长跨团队沟通,但她的队友们都感觉她管理不严格,同时对大量繁忙的工作感到不满。事实证明,她需要提高与团队成员沟通变革的技能,并与他们建立信任关系	**优势:** ■ 确定项目优先级和管理项目(2.2.1 小节); ■ 事件响应(3.3.2 小节); ■ 对结果负责(3.2.3 小节)。 **机会:** ■ 有效地沟通传达(3.1.2 小节); ■ 信任团队执行(5.3.2 小节); ■ 自信地传授知识(3.1.3 小节)。 **支持请求:** ■ 尽管团队失败,但仍培养积极性(3.3.1 小节); ■ 向经理寻求职业指导(5.1.1 小节)

宝贵的见解

本书中,我们用钻石图标标注了 101 个概念。这些都是精辟的见解,强调了许多读者觉得有用的观点。下面是一个例子。

028

> 智慧与智力的关键区别在于做出最佳决策所需要的信息完整度。在信息完整的情况下,智力可以帮助你做出最佳决策;智慧可以帮助你在信息不完整的情况下做出最佳决策。

我们希望其中许多概念能引起读者的共鸣。如果是这样的话,那么希望你们可以在社交媒体上分享你们的感受。分享时,请包含它们的序列号,以便其他人更容易找到这本书宝贵见解背后的完整背景。如能参考这本书,我们将不胜感激。

LiveBook 讨论论坛

购买《引领数据科学之道》的读者，可以免费进入曼宁出版公司（以下简称"曼宁"）运营的私人网络论坛，在那里你可以对这本书发表评论，提出技术问题，并从作者和其他用户那里获得帮助。论坛地址：https://livebook. manning. com/♯! /book/how-to-lead-in-data-science/discussion。你也可以在 https://livebook. manning. com/♯! /discussionh 上了解更多关于曼宁的论坛和行为规则。

曼宁对读者的承诺是提供一个场所，使读者之间、读者与作者之间能够进行有意义的对话。它对任何用户都是不收费的，因为作者在论坛上的贡献是自愿的且无偿的。请随时提出有挑战性的问题来引起我们的注意。只要这本书还在印刷中，你就可以从出版商的网站上访问论坛和以前讨论的案例。

目　　录

第一部分　技术主管:培养领导力

第二部分　经理:培养团队

第三部分　　总监：管理职能

第四部分　高管:激励行业

第五部分　LOOP 和未来

第1章　是什么造就了一名成功的数据科学家

本章要点

- 了解历史上和当前对数据科学家的期望；
- 研究数据科学家职业发展的挑战。

数据科学(Data Science,DS)正推动我们对周围世界的定量理解。当聚集大量数据的技术和不必要的计算资源相结合时,数据科学家可以通过分析和建模来发现模式,这在几十年前是不可能的。这种通过数据对世界的定量理解正在被用来预测未来,推动消费者的行为,并做出关键的商业决策,以及用来提高我们对世界理解的科学过程,使我们能够根据可测试和可重复的结果来制定解决方案。

领导力是通过影响、培养、指导和激励你周围的人来放大自己的能力,从而产生比个人更大的影响。任何人都有机会作为一名技术贡献者和人员管理者来展现自己的领导力。

001　领导力是一种通过影响、培养、指导和激励周围的人来提升个人对组织贡献的能力。无论是技术人员还是人员管理者,都有机会展现领导力。

目前,许多灵活的组织都有能力在公司内建立 DS 功能,以产生行业领先的数据驱动创新。但是,在拥有 DS 团队的公司中,有 95% 的团队成员都在 10 人以下。能够领导项目、培养团队、指导职能和激励行业的领导人才非常稀缺,而且需求量很大。本书为每位数据科学家指明了多条道路,为他们职业生涯的下一个阶段导航。本书也分享了优秀 DS 团队和组织中角色的期望。

本章介绍了历史上和当前对数据科学家的期望,讨论了对数据科学家至关重要的硬能力和软社会心理美德,并在案例研究中分享了面试和晋升的挑战。其目的是帮助你了解工作场所的真正机遇和挑战。让我们开始吧!

1.1　数据科学家的预期

2010 年,德鲁·康韦(Drew Conway)介绍了著名的数据科学维恩图(见图 1.1),阐明了在 DS 新兴领域取得成功所需的三大技能支柱:数学与统计知识、黑客技能、实质性专业知识。维恩图推动了 DS 领域的发展,它在不寻常的人才群体中形成了一套独特的技能,这些人才可以为国家、企业和组织带来非凡的机会。

康韦博士后来创立了多家技术公司,包括 Datakind、Sum 和 Alluvium。此后,无数的

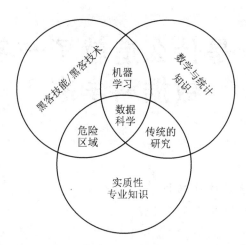

图 1.1　2010 年由 Drew Conway 绘制的数据科学维恩图

博客和书籍都引用了他介绍的维恩图。到 2021 年，全球有超过 20 万的 DS 从业者获得了数据科学家的称号。那么这个领域是如何发展的？

1.1.1　十年后的维恩图

虽然 2010 年的许多原始术语和理念仍然有效，但是关于数据科学维恩图的话题已经发生了更新、辩论甚至争论，对这些词进行简单的图像搜索，就会发现已经产生很大的变化。自数据科学家这一职业产生以来，数据科学家的概念和作用就已经有了显著的扩展。2021 年，数学和统计知识支柱已扩大到更通用的技术能力。技术能力包括工具和框架，可以让你更有效地领导项目。数据科学家主要确定问题的框架，理解数据特征，在特征工程中创新，推动建模策略的清晰化，并设定成功的期望。

数据技术的管理者已经开始关注执行能力，包括从模糊的需求中指定项目的实践，并在平衡困难与权衡（如速度与质量、安全与责任、文档与进度）的同时，对项目进行优先排序和计划。

实质性的专业知识已经扩展，包括利用专家知识来阐明项目与组织愿景和使命的一致性，解释数据源的细微差别，以及在组织中应对结构性挑战，从而成功地启动项目。虽然这些都是造就一个成功的数据科学家的支柱，但我们发现，要找到在这三个方面都很强的人是很困难的。

例如，一个具有学术背景的数据科学家进入 DS 领域，往往只在技术层面有很强的能力。拥有多年行业经验的数据科学家通常可以在工作中获得最佳的执行，包括部署可扩展和可维护的 DS 解决方案的能力。一个经验丰富的，并在一个领域有着丰富专家知识的 DS 从业者，是很难找到的，对于合适的雇主将是非常有价值的。

技术、执行和专家知识这三种能力是否足以在当今的 DS 领域取得成功？让我们来看看！

1.1.2　未来缺少的是什么？

与该领域的任何研究者一样，我们在构建团队时也存在盲点。当我们认真地评估候选人在技术、执行和专家知识方面的能力时，当候选人在最后一轮高管面试中被否决时，或者更糟的是当他们被聘用后又不得不被管理者解雇时,我们的招聘就出现了失误。其中许多失败被总结为"文化不契合"。但这意味着什么呢?

我们希望"适合"DS 领域的文化是什么?它与组织文化或行业文化有什么不同?为了分析这些失败,本书扩展了一个数据科学家的面试、评论和晋升标准,其不仅考虑了一个数据科学家在从事 DS 职业时所具有的能力,而且考虑了其在该职业生涯中的优点。

根据希腊哲学家亚里士多德的说法,美德来自于多年的实践,对自己和社会都有益。它们是刻在一个人性格中的个人习惯性行为。

DS 的美德是培养出来的。我们强调三个维度的美德:道德、严谨和态度,可以将其培养成习惯性行为,随着时间的推移,这三个维度可以成为数据科学家性格的支柱。

我们发现,当数据科学家在这三个方面保持良好的实践时,他们更有可能给他们的组织产生重大的积极影响,并在他们的职业生涯中取得进步。另外,当数据科学家忽略这些维度中的一个或多个时,他们可能会陷入困境,在这种情况下,他们必须得到指导,或者在某些情况下,必须对他们进行管理。

具体来说,我们将数据科学家的 3 个美德定义如下:

- 道德——使数据科学家能够避免不必要的和自我造成的故障的工作行为标准。数据科学家的职业道德有很多方面,包括数据使用、项目执行和团队合作。
- 严谨——使数据科学家产生的结果是可信任的。严格的结果是可重复的、可测试的和可发现的。严谨的工作成果可以成为创造企业价值的坚实基础。
- 态度——数据科学家处理工作环境时的情绪。凭借积极和顽强的精神来克服失败,数据科学家应该是充满好奇心和建设性的团队成员,他们尊重横向合作中的不同观点。

美德是要有节制地践行的,做得太多和做得不够一样糟糕。例如,过于严谨会导致分析瘫痪和优柔寡断。太不严谨会导致有缺陷的结论、不利的结果,并失去高管和业务合作伙伴的信任。

002

美德在实践中的施展应适度,过多过少皆为不宜。例如,严谨过度可能导致分析瘫痪和犹豫不决;而严谨不足则可能引发错误结论,带来负面后果,甚至损害高管和业务伙伴对你的信任。

把道德、严谨和态度的美德与技术、执行和专家知识的能力结合起来,这是我们对一个有效的数据科学家的 6 个基本期望领域。

1.1.3 理解能力和动机——评估能力和优点

通过定义数据科学家的美德并将其包含在对成功的期望中,我们已经把德鲁·康韦的维恩图变成了一个包含 6 个部分的扇形图:技术(Technology)、执行(Execution)、专家知识(Expert Knowledge)、道德(Ethics)、严谨(Rigor)和态度(Attitude)——TEE - ERA 扇形图(见图 1.2)。本书旨在引导读者通过 6 个维度中的每个维度,在数据驱动组织的时代,为读者在下一个领导层产生更大的影响。我们首先从个人技术领导力开始,接着描述团队、职能、公司和行业的最高管理层中每个级别的人员领导力的 6 个维度。

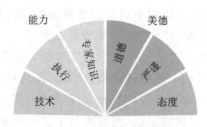

图 1.2 TEE-ERA 扇形图

TEE 除了是数据科学能力的首字母缩略词外,还强调了数据科学家需要成为 T 型人才的必要性。T 中的水平线代表了各个维度的基本能力和美德。T 中的垂直线表示能力和优点的至少一个维度的深度。ERA 除了是数据科学优点的首字母缩略词外,还强调了数据科学家所处的数据驱动环境以及组织对他们的期望。

多面型的数据科学家,拥有广泛的能力,但没有专注的专业对一个组织来说可能是有价值的,特别是在一个新的 DS 团队的早期。然而,多面手会发现,除非他们在至少一个专业领域发展出自己的身份,否则很难保持 DS 团队对他们的尊重。开发深度可能没有你想象的那么艰巨,因为商业领域的专家知识是一个非常有价值的深度维度,任何勤奋的通才数据科学家都可以通过他们的日常工作来积累。

专家型数据科学家,在一个领域拥有深入的知识,但对能力和优点的覆盖面并不完整。专家可能能够作为一个大团队的高效成员而为团体做出贡献,但需要与团队成员密切合作或具有互补的伙伴关系,作为他们日常工作的“拐杖”。专家可能会发现,要晋升到领导岗位,制定或影响更具影响力的技术或战略方向是一项挑战。

数据科学家可以从通才或专家做起。随着职业生涯的发展,你会发现组织越来越重视 T 型人才。这些人至少在一个方面有广泛的能力和深度的专家知识,能够平衡技术和业务,并获得同行的信任和尊重。

TEE 是组织越来越重视的能力和美德。由于技术负责人、经理、董事和高管的范围和职责不同,我们为每一个领导层都专门编写了相应章节。我们相信,这 6 个方面将是每个领导层在职业生涯中的关键并具有影响力。

1.2 数据科学方面的职业发展

据领英人才洞察的数据显示,2020 年,只有约 33% 的数据科学家在拥有 30 名以上数据科学家的公司工作。在大公司,DS 的面试、评估和促进职业发展都有成熟的流程。这些大公司只占所有雇用数据科学家公司的 1%。

绝大多数(67%)的数据科学家在 DS 团队成员少于 30 人的公司内工作,这些公司代表了行业内 99% 的公司。在这 99% 的公司中,数据科学家的职业道路可能并不那么明确。

如果 DS 团队规模较小,则公司将 DS 功能组织为集中式或分布式结构。分布式结构进一步限制了 DS 潜在的职业发展。在这些分布式团队中,DS 通常被视为一种支持功能,而数据科学家没有具有 DS 专业知识的领导来指导他们的发展。

即使在集中化的 DS 团队中,人们也常常不清楚数据科学家在不成为管理者的情况下如何在职业生涯中取得进步。图 1.3 显示了数据科学家在个人贡献者和管理职业轨迹上的职业发展路径。职业阶段之间的主要区别是 DS 领导人的影响范围和对其组织的积极影响。

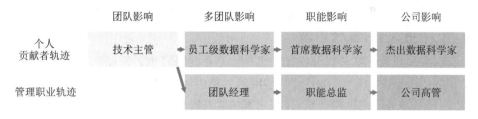

图 1.3 数据科学领导职业发展路径

本书分享的建议、技术和速效方案,可以应用到任何一个领域。虽然某些章节(见 4.2.1 小节)主要适用于管理领域,但本书超过 80% 的内容也适用于个人贡献领域的数据科学家。

截至 2021 年,很少有公司建立正式的 DS 职业发展轨道,更不用说 DS 个人贡献者职业发展领域了。虽然本书的大纲遵循管理原则(见图 1.4),但本书的大部分内容是适用于个人发展的。

		第一部分 技术主管	第二部分 团队经理	第三部分 职能总监	第四部分 公司高管
能力	技术	第2章	第4章	第6章	第8章
	执行				
	专家知识				
美德	道德	第3章	第5章	第7章	第9章
	严谨				
	态度				

图 1.4 管理领域分 4 个部分 8 个章节进行展开

为了使读者更好地理解,在 1.2.1 小节中,我们展示了跨越多个职业阶段的 7 个现实生活场景,以说明 DS 从业者在整个职业生涯中可能面临的许多职业发展挑战。这些场景发生在角色、过渡、面试或晋升的决策中。对于每个场景,我们在 1.2.2 小节中提供了关于如何成为一个成功的 DS 领导者来进行详细讨论章节的指南。这些情景绝不是全面的。许多 DS 从业者面临的挑战也适用于技术上的个人贡献者领导角色。让我们看看这些场景。

1.2.1 面试和晋升困境

数据科学家的职业生涯可以有许多不同的开端。一些数据科学家的背景是分析师,而另一些则是来自软件工程。还有一些人是在硕士、博士或专业课程毕业后开始他们的第一份 DS 工作的。

本书是关于领导 DS 的。首先,开始我们的第一个案例——入门级数据科学家面临面试的挑战。然后,我们阐述了技术主管、经理、董事和高管面临的挑战。追求技术领导工作的员工级数据科学家、首席数据科学家和杰出数据科学家也会遇到一些挑战。

让我们检查一下这些场景,并看看这些 DS 实践者如何使用本书其余部分讨论的技术来改善他们的情况。我们在 1.2.2 小节中揭示了这些挑战和行动建议的背景。

案例 1:进入 DS 面试困境

阿雅娜是加州大学洛杉矶分校计算机科学专业的研究生。她随和的天性掩盖了她对技术工作的严谨态度。自 15 个月前从印度来到美国以来,她已经上了几门机器学习的高级课程,与两家知名研究机构合作,并在一家快速发展且即将上市的硅谷初创公司实习。

还有 6 个月阿雅娜就要毕业了。与许多雄心勃勃的年轻职业人士一样,她开始面试一份全职工作。然而,在几次面试后,阿雅娜似乎失去了她以往的自信,并拼命地向她的导师寻求帮助。究竟发生了什么事?

事实证明,阿雅娜遇到的每一次 DS 面试都大相径庭。一个自然语言处理(Natural Language Processing,NLP)工程职位的面试是从一次非正式的聊天开始的,内容是她以前的项目。

另一个面试是在一家金融科技初创公司进行的,一开始的任务是写下整个数据链。阿雅娜得到了关于数据稀疏性和可用样本大小的信息,并被要求提出最好的算法。然后,她被要求改进数据链,以便更好地处理最终模型的原始数据。

这些面试看起来与几周前她在机器学习课程中表现优异的考试截然不同。由于 DS 面试的过程大相径庭,她不知道会发生什么。

阿雅娜感到困惑和沮丧。她不知道是否有一个标准的 DS 面试程序,或者是否每个公司和每个团队都有不同的招聘标准。

案例 2:数据科学家晋升问题

布莱恩两年前加入 Z 公司,担任资深数据科学家。他是一位有能力的数据科学家,曾在咨询公司和互联网公司工作过。与此同时加入该公司的几位同事已经从资深数据科学家晋升为技术主管。

布莱恩的目标是成为一名技术领导者,并设定了一个短期目标,即从资深数据科学家晋升为技术领导者。在最近一次一对一的会面中,他向自己的经理沃尔特(Walt)提出了这个想法,然而,沃尔特只是告诉他,他做得很好,但需要某个更瞩目的成就。的确,作为 Z 公司的高级数据科学家,布莱恩每个季度完成的项目数量是最多的,但没有一个项目取得了令人瞩目的成果。

与布莱恩一起进行实时营销活动的营销总监几乎总是在每周的会议后希望获得更多的见解。布莱恩觉得有必要为项目利益相关者服务并提供进一步的见解,这是原始项目范围之外的额外工作。上个季度末,客户流失预测项目的开始日期提前了,布莱恩不得不赶去完成它。布莱恩接手的许多其他项目都被推迟了,即使是按时完成的任务质量也会降低。

布莱恩试图通过在最近的项目计划周期中考虑额外的工作来解决这个问题。然而,当他这样做的时候,他看起来不像其他队友那样有效率,或者在日程安排上不合理,导致他所承担的 DS 项目所需的时间变得更长。

布莱恩感觉被困在一个没有出路的循环中。如何在 Z 公司提升自己的职业生涯,成为一名技术领导者呢？

案例 3：技术领导挑战

詹妮弗在 6 年前加入的这家公司进行了两次横向调动，并获得了两次晋升。最初，她以业务运营分析师的身份加入公司，一年后，她进入了商业智能（Business Intelligence，BI）部门。三年前，当公司组建 DS 团队时，她从 BI 一跃成为一名数据科学家。一年半后，詹妮弗被提升为高级数据科学家；然后，三个月前，她被提升为员工级数据科学家——在她的公司也被称为团队负责人。

作为一名高级数据科学家，詹妮弗已经被证明很擅长与公司的商业伙伴进行沟通，包括市场营销、销售、客户服务和运营。由于她对业务的了解和她在公司的任职，她并不害怕项目被推迟而导致的延期交付。作为一名技术主管，她非常兴奋地承担起新的责任。

年轻的 DS 团队成员感谢她的指导，而有经验的 DS 团队成员则感到被管理所束缚。因为有经验的 DS 团队成员们认为他们做了很多无用的工作，因此团队士气一落千丈。

詹妮弗感到很沮丧："我一直在尽我所能授权团队，并教他们最佳实践。他们还能要求什么呢？"发生什么事情了？

案例 4：DS 经理的困境

作为获得 DS 奖学金项目的毕业生，保罗被一家全球互联网公司聘用，并在这家公司工作了三年，专注于为一个成熟的产品线优化收入和留存率。他认为自己非常幸运，能在一个他尊敬的杰出的领导手下工作，他渴望有一天自己也能成为一名出色的领导。

6 个月前，保罗的机会来了。他读研究生时的同学在一家生物技术初创公司负责运营研究，聘请他管理 DS 团队。保罗对能有这个机会表示非常高兴，并相信他在原来公司所获得的经验和学习经历已经为他做好了充分的准备。

在技术上，保罗还投入了大量精力与 DS 团队建立关系。除了与项目相关的会议以外，保罗每周都会和他的 7 位团队成员一起散步或聊天，每周都会安排办公时间，以确保他能为团队服务，并每两周举办一次"数据科学早餐"活动，与项目利益相关者和业务伙伴频繁沟通，倾听他们的需求，并让他们了解最新情况。

6 个月过去了，保罗感到筋疲力尽，但业务成果充其量是喜忧参半。他的团队正在进行的 5 个主要项目中，两个进展缓慢，两个延期，还有一个显著改变了范围。另外，还有一些自己感兴趣的项目甚至还没有启动。看来保罗的努力没有达到他预期的结果以及获得预期的回报。他在做正确的事情吗？或者这是在度过最初的蜜月期后面对现实的案例？保罗怎样才能成为一名优秀的经理？

案例 5：DS 经理面试问题

奥德拉是一家初创公司的 DS 主管，在近两年的时间里负责管理项目和一个由 4 名数据科学家组成的团队。她一直热衷于发展自己的事业。当同一行业的一家更大的公司有管理团队的机会时，她立即申请了。

她满怀信心地去面试：通过了技术测试，有扎实的行业知识基础，讨人喜欢，并且在目前的岗位上表现出色。然而，经过与招聘经理、团队和公司高管的三轮面试后，她并不是最佳人选，最终也没有被聘用。由于面试公司没有提供详细的反馈，所以可以认为她的案例不符合企业文化。

奥德拉感到失望和困惑。她想过自己是如何表达对发展事业的热情,以及她本可以做些什么不同的事情,但她没有想到任何有意义的事情。那么,"文化契合"到底是什么意思呢?如果没有反馈,她应该如何继续发展自己,成为有追求、有影响力的职业的领导者?

案例 6:数据科学总监关注的问题

斯蒂芬是一位分析学家和 DS 领导者,在交通运输行业拥有超过 15 年的经验。8 年前,他主动在一个在线教育平台上学习了一些机器学习课程,并在他当时的公司创立了 DS 业务。斯蒂芬 6 年前加入他现在的公司,他因其统计背景、与合作伙伴的良好工作关系、在公司的长期工作以及对业务的广泛和深刻的理解而受到尊敬。一年前,他被提升为 DS 总监,管理三个 DS 团队,每个团队都有一个专门的内部客户:供应链、财务规划和营销。

这是一个很重要的角色,斯蒂芬能够引导团队按照自己的职责高效工作。例如,斯蒂芬负责一个供应链组的持续运营效率改进项目,及时评估财务规划组的投资回报率,以及日常的客户获取和渠道优化项目。他也很高兴听到供应链、财务规划和营销部门的领导说他们的需求得到了满足。

然而,有件事却困扰着斯蒂芬,就是团队士气似乎很低,而且去年有些具有高增长潜力的团队成员离开了,去寻找其他机会。

斯蒂芬渴望了解正在发生的事情,这样他至少可以尝试扭转局面。然而,他感到不知所措,因为员工反馈调查只带回来了典型的技术债务和工作与生活平衡的问题,斯蒂芬认为这些问题短期内不可能改变,不知道还会发生什么。

案例 7:数据管理挑战

凯瑟琳获得计算机科学博士学位已经 10 年。在过去的 6 年里,她在一家上市公司和一家 200 人的初创公司担任 DS 主管。她对这两家公司的领导团队产生了深远的影响。她的成功包括解决客户意识、功能采用和现有市场收益优化的项目。去年,她受邀担任一家快速发展的初创公司的首席数据科学家。

在不到 1 年的时间里,她建立并推进了清晰的 DS 技术路线图;为 DS 创造了一套清晰的愿景、任务和原则;并为这家初创公司赢得了一些令人印象深刻的业务。然而,该公司发展迅速,在竞争激烈的人才市场上很难扩大 DS 团队的规模。

凯瑟琳最近被乔希弄得措手不及。乔希是一名主管,管理着两名经理和一个由 12 名数据科学家组成的团队,他打算离开。乔希是这家初创公司的早期员工,并在凯瑟琳加入之前向首席技术官汇报工作。

在与乔希的交谈中,凯瑟琳评估数据科学家们对她的领导和管理风格都普遍满意。不过,乔希和至少一名直接下属正计划离开。凯瑟琳既惊讶又困惑为什么会发生这样的事情。

1.2.2　招聘经理在寻找什么?

1.2.1 小节中的这些案例来自数据科学家职业生涯不同阶段的现实生活场景,旨在代表在职业发展过程中所面临的一些挑战。本小节简要地讨论了每一种情况,并提供解决这些问题的一些方案。

案例 1：解决阿雅娜进入 DS 面试的困境

加州大学洛杉矶分校(UCLA)的研究生阿雅娜在经历了不同公司的入门级数据科学家的不同面试后,失去了信心。与她在学校所擅长的学术课程相比,面试官关注的领域截然不同。

事实证明,要成为一名成功的数据科学家,需要培养 6 个不同的技能维度,包括技术、执行、专家知识、道德、严谨和态度。学术培训主要包括技术和严谨 2 个维度。

面试中相互交织的美德评估可能会将对话带入许多陌生的领域,使面试者产生困惑和挫败感。面试 NLP 工程职位的目的是寻找她在技术工作中的严密性,我们将在 3.2 节中详细讨论这一点。这家 FinTech 初创公司专注于通过整个 DS 堆栈完成 DS 项目的执行能力,我们将在 2.2 节中讨论这一点。

表 1.1 总结了阿雅娜的情况,并概述了她可以从这本书中学到的东西。阿雅娜首先要对自己扎实的学术知识有信心。然后,她可以通过阅读第 1 章,找出自己对 DS 理解的盲点,包括对成功至关重要的 6 个维度。要了解一个非常成功的个人贡献者能够做什么,请阅读第 2 章和第 3 章。

表 1.1 案例 1:阿雅娜如何利用这本书开启她的职业生涯

实 例	问 题	有价值的概念(参考章节)
阿雅娜 新毕业生	在经历了与入门级数据科学家职位截然不同的面试后,阿雅娜失去了一些信心	**优势:** ■ 具有较强的学术知识。 **机会:** ■ 通过阅读第 1～3 章,更好地理解数据科学家的能力和优点。 **支持请求:** ■ 向校友和导师寻求指导

阿雅娜还可以利用她所在学校的校友网络和她的领英网络中的人,就不同公司倾向于强调的领域来对其提供指导。这样她就可以更好地预测和准备 DS 的各种类型的面试。

案例 2：解决布莱恩的数据科学家晋升问题

布莱恩是一个技术上可靠的数据科学家,他在追求成为 DS 领导者的过程中感到陷入了一个恶性循环。他希望被提升为技术主管,但他的经理沃尔特(Walt)发现,在不同项目中他的表现并不一致。事实证明,他并不喜欢推迟项目以及改变项目的预期。

表 1.2 总结了布莱恩的情况,并概述了他可以从这本书中学到的东西。首先,布莱恩可以通过认识自己在将业务问题构建成诊断或预测 DS 项目(以批处理模式或实时操作)方面的优势来建立信心(见 2.1.1 小节)。他还精通通过仔细的数据描述和创新算法发现数据中的模式(见 2.1.2 小节)。布莱恩最有价值的特点之一是尽管项目失败但依旧能够保持积极的态度(见 3.3.1 小节)。

表 1.2　案例 2:布莱恩如何利用这本书来解决他的晋升问题

实　例	问　题	有价值的概念(参考章节)
布莱恩 资深数据科学家	布莱恩在技术上是可靠的,但在与业务伙伴交谈和推迟项目范围蔓延方面就不那么可靠了	**优势:** ■ 解决问题(2.1.1 小节); ■ 发现数据中的模式(2.1.2 小节); ■ 尽管失败但仍保持积极态度(3.3.1 小节)。 **机会:** ■ 指定项目并确定优先级(2.2.1 小节); ■ 计划和管理项目(2.2.2 小节); ■ 设定成功期望(2.1.3 小节)。 **支持请求:** ■ 与团队一起学习最佳实践(3.1.3 小节); ■ 从经理那里获得职业指导(5.1.1 小节)

接下来,他可以利用管理项目范围变更的技术,在维护关系的同时,识别其在指定项目并确定项目优先级方面的技能盲点(见 2.2 节)。他还可以帮助业务伙伴为项目成功设定适当的期望水平(见 2.1.3 小节)。布莱恩可以与他的团队成员合作,积极主动地与同事分享和学习最佳实践(见 3.1.3 小节),并向他的经理沃尔特提出具体的指导要求(见 5.1.1 小节)。

关于布莱恩的优势和机会,他可以参考表 1.2 中列出的第 2 章和第 3 章中的相关内容。他还可以提前阅读第 4 章和第 5 章,以了解他的经理沃尔特的观点和担忧,以及如何具体地寻求沃尔特的指导或建议。

案例 3:解决詹妮弗的技术领导挑战

詹妮弗是一名强大的技术领导者,具有良好的跨团队沟通能力,并且不害怕项目被推迟。然而,一些团队成员感觉受到了被过度束缚,许多人被她分配的忙碌工作压得喘不过气来。

作为詹妮弗的经理,凯与团队讨论了两个问题。为了让业务合作伙伴与项目状态保持同步,詹妮弗每周会对团队成员进行两到三次检查。这种频率对于一些团队成员来说是有效的,但是对于一些有经验的团队成员来说却很讨厌。凯还观察到,当业务伙伴对项目进行更改时,詹妮弗能够带领团队按时交付成果。但是并不是所有的团队成员都理解为什么会发生这些变化。当詹妮弗收到这个反馈时,她很困惑。难道 DS 技术领导的工作不是把结果交付给业务合作伙伴吗?

表 1.3 总结了詹妮弗的情况,并概述了她可以从这本书中学到的东西。首先,她可以通过认识自己在优先排序和管理项目方面的优势来建立自信,同时与合作伙伴清楚地沟通期望(见 2.2.1 小节)。在应对突发事件时,她能够高效地领导团队进行深入的事后分析,通过可操作的项目来解决根本问题(见 3.3.2 小节)。在部署模型时,她还负责业务影响,明确目标并专注于项目影响(见 3.2.3 小节)。

表 1.3 案例 3:詹妮弗如何利用这本书来解决技术领导的挑战

实 例	问 题	有价值的概念(参考章节)
詹妮弗 技术负责人	詹妮弗很擅长跨团队沟通,但她的队友们感觉管理不严格,对大量繁忙的工作感到不满。事实证明,她需要提高与团队成员沟通变革的技能,并与他们建立信任关系	**优势:** ■ 确定项目优先级和管理项目(2.2.1 小节); ■ 事件响应(3.3.2 小节); ■ 对结果负责(3.2.3 小节)。 **机会:** ■ 有效地沟通传达(3.1.2 小节); ■ 信任团队执行(5.3.2 小节); ■ 自信地传授知识(3.1.3 小节)。 **支持请求:** ■ 尽管团队失败,但仍培养积极性(3.3.1 小节); ■ 向经理寻求职业指导(5.1.1 小节)

接下来,詹妮弗可以运用执行、道德和严谨的技术来改善情况。更具体地说,她可以在她信任的团队组合中找出盲点,使得她可以确保项目进度,从而无需每周检查两到三次(见 5.3.2 小节)。当业务伙伴发起变更时,詹妮弗可以更好地沟通更改的原因和背景(见 3.1.2 小节)。对于团队中更资深的成员,她可以通过鼓励他们与他人分享自己的学习经验来提供建立身份的机会(见 3.1.3 小节)。

通过指导她的团队,詹妮弗可以让他们认识到在常规项目甚至失败项目中可以学习的地方,并且她还可以培养团队在逆境中保持积极的态度(见 3.3.1 小节)。她也可以更具体地向她的经理寻求指导,以帮助她成长为一个领导者(见 5.5.1 小节)。

詹妮弗可以参考表 1.3 中列出的第 3 章和第 5 章的相关内容,并每两周选择一个领域进行学习。她还可以安排自己的检查点,以自我评估自己的进步,与她的团队和经理合作,实践她的能力和美德,成为一个更成功的技术领导者。

案例 4:解决保罗的 DS 经理问题

保罗在担任 DS 经理 6 个月后感到筋疲力尽,而他的努力只导致了好坏参半的结果。为了建立关系,他接受了太多的请求,把团队搞得太散。他似乎没有表现出什么领导力,不知道该把重点放在哪里。

表 1.4 总结了保罗的情况,并提供了他下一步可以做什么的指南。首先,保罗可以通过认识自己在技术技能上的优势来建立信心。具体地说,他擅长构造 DS 问题和发现数据模式(见 2.1 节)。当面临困难的权衡时,保罗能够在速度和质量、安全性和责任性、文档和过程之间取得平衡(见 2.2.3 小节)。他也能够管理使用通用流程和框架项目之间的一致性(见 4.1.2 小节)。

11

表 1.4 案例 4:保罗如何使用这本书来解决 DS 管理器问题

实　例	问　题	有价值的概念(参考章节)
保罗 技术负责人	工作 6 个月后,保罗感到筋疲力尽。他很擅长建立关系,接受很多请求,但不知所措。当把自己的精力分散得太厉害时,他就显得没有足够的领导能力来集中整个团队的精力	**优势:** ■ 框架问题和发现模式(2.1.1 和 2.1.2 小节); ■ 平衡取舍(2.2.3 小节); ■ 管理项目之间的一致性(4.1.2 小节)。 **机会:** ■ 计划和优先级(2.2.1 小节); ■ 拓宽知识(4.3.1 小节); ■ 对老板责任(4.2.3 小节)。 **支持请求:** ■ 对影响承担责任的团队(3.2.3 小节); ■ 赞助/支持项目的经理(6.1.3 小节)

接下来,他可以通过了解请求背后的动机来识别自己在计划和优先排序技能上的盲点;评估请求的范围、影响、信心和努力;对项目进行优先级排序,使团队专注于对业务产生最重大影响的项目(见 2.2.1 小节)。他还可以拓宽自己的领域知识(见 4.3.1 小节),并负责调整他经理的期望(见 4.2.3 小节)。

在与团队合作的过程中,他可以通过在顶级业务中展示业务影响来培养团队成员承担更多的责任。他将通过做概念验证项目和偿还技术债务来消除执行风险(见 3.2.3 小节),以便更好地专注于执行速度。

为了减少合作伙伴的执行风险,保罗还可以请求他的经理,即 DS 主管的帮助,使他的项目能够在公司内部确定并引入赞助商和拥护者(见 6.1.3 小节)。

第 2 章和第 4 章的概念讨论了保罗的许多优势和机会。他可以每两周选择一个领域进行工作,并安排自己的检查点,以自我评估自己的进展。他也可以与他的团队和经理一起工作,实践他的能力和美德,成为一个更成功的经理。

案例 5:解决奥德拉的 DS 经理面试问题

在没有得到一份她认为非常适合的工作后,奥德拉感到失望和困惑。结果是,在奥德拉的面试中,至少有两名面试官指出,她主要关注自己的职业道路和发展,对她领导的团队只言不提。当被问及她是否有继任管理职位的计划时,她显然没有。

表 1.5 说明了奥德拉的情况,并为她接下来可以做什么提供了指导。她可以认识到自己在管理不同团队的 DS 工作的一致性方面的优势,从而最大限度地减少技术债务的积累(见 4.1.2 小节)。她还擅长根据公司愿景和使命阐明机会的商业背景(见 2.3.1 小节)。这样,她可以确保团队的项目是重要的、有用的和值得的。她还拥有经验和领域知识,可以根据项目的范围、工作量和影响对项目的优先级进行实际估计(见 4.3.3 小节)。

接下来,她可以找出自己技能上的盲点。作为一个管理者,其主要责任是授权每个团队成员在其职业生涯中完成最好的工作。她可以通过及时指导、辅导和建议来更好地培养她的团队(见 5.1.1 小节)。另一个领域是与同级经理合作,在更广泛的管理职责上做出贡献和回报,特别是在招聘、团队运营和团队建设方面(见 5.1.3 小节)。当她安排集体会议和一对一会议时,她还可以对制造者和经理的日程安排之间的差异更加敏感,从而更好地满足团队成员对大块时间的集中需求(见 5.3.1 小节)。

她可以鼓励团队成员并有自信地传授知识,以建立一种交叉指导的文化(见 3.1.3 小节)。她也可以向她的经理寻求指导,以阐明她自己的职业发展道路和重点领域(见 6.2.2 小节)。

表 1.5　案例 5:奥德拉如何利用这本书来推进她的职业生涯

实　例	问　题	有价值的概念(参考章节)
奥德拉 经理	在没有得到一份她认为非常适合的工作后,奥德拉感到失望和困惑。原来,招聘经理发现她过于专注于规划自己的职业生涯,没有表现出正在培养她的团队	**优势:** ■ 一致性管理(4.1.2 小节); ■ 澄清业务背景(2.3.1 小节); ■ 评估 ROI 以确定优先级(4.3.3 小节)。 **机会:** ■ 辅导和建议(5.1.1 小节); ■ 为更广泛的职责做出贡献(5.1.3 小节); ■ 管理制造商与管理者的时间表(5.3.1 小节)。 **支持请求:** ■ 团队相互学习(3.1.3 小节); ■ 经理帮助制定清晰的职业规划(6.2.2 小节)

第 4 章和第 5 章中的概念讨论了奥德拉的许多优势和机会。当奥德拉可以专注于指导和发展她的团队,并且对团队的需求更加敏感时,她就会成长为一名更成功的 DS 经理。

案例 6:解决斯蒂芬的 DS 主管级别的问题

备受尊敬的主管斯蒂芬,他注意到 DS 团队的士气因一些令人遗憾的人员流失而下降,但他不知道如何扭转局面。事实证明,斯蒂芬管理的团队正因缺乏清晰的技术路线图而感到痛苦。随着公司的发展,现有的基础设施和工作流程往往难以满足越来越苛刻的业务需求。但是,如果团队成员没有看到一张清晰的路线图(可以带领他们摆脱技术债务导致的更频繁的故障的恶性循环),那么士气就会受到影响,他们就会开始寻找其他团队并加入。

表 1.6 说明了斯蒂芬的情况,并为他下一步可以做什么提供了指导。他可以通过其丰富的领域经验,针对紧急问题快速实例化初始解决方案,从而认识到自己在解决挑战方面的优势(见 6.3.2 小节)。他还可以通过讲故事的形式提供有说服力的演讲,在合作伙伴面前自信地代表 DS(见 5.1.2 小节)。在沟通复杂的问题时,他可以为他的团队和合作伙伴提炼出简洁的叙述方式(见 5.2.3 小节)。

接下来,他需要认识到自己技能组合中的盲点。作为主管,他可以学习制定各种类型的技术路线图,更好地与他的团队和合作伙伴进行沟通和同步,并完成整体业务目标(见 6.1.1 小节)。他还可以指导他的团队深入了解事件的研究流程,解决技术债务问题,并确保流程和平台随着时间的推移变得更加强大和成熟(见 5.2.2 小节)。为了帮助他的团队成员了解他们的成长潜力,斯蒂芬还可以为他们的职业生涯建立一套明确的机会、责任和成功评估指标(见 6.2.3 小节)。

表 1.6　案例 6：斯蒂芬如何使用这本书来解决主管级别的问题

实　例	问　题	有价值的概念(参考章节)
斯蒂芬 管理者	斯蒂芬去年被提升为总监。他因技术技能、合作伙伴关系和领域知识而受到尊重。他对团队士气低落和人员流失感到困扰。事实证明，团队缺乏清晰的技术路线图	**优势：** ■ 快速解决紧急问题(6.3.2 小节)； ■ 代表 DS 的跨职能性(5.1.2 小节)； ■ 提高复杂问题的清晰度(5.2.3 小节)。 **机会：** ■ 制定清晰的技术路线图(6.1.1 小节)； ■ 从事件中有效学习(5.2.2 小节)； ■ 建立清晰的职业道路(6.2.3 小节)。 **支持请求：** ■ 更好地管理团队(4.2.3 小节)； ■ 执行设置 DS 任务(8.2.1 小节)

斯蒂芬可以指导他团队的成员更有效地开展工作。通过调整优先级，及时准确地报告进展，以及清晰地总结提升问题(见 4.2.3 小节)。他还可以与他的高管协调，以具体化 DS 工作的使命(见 8.2.1 小节)。

第 5 章和第 6 章讨论了斯蒂芬的许多优势和机会。如果他可以每两周选择一个领域进行学习，并设置自我检查点以评估自己的进度，那么斯蒂芬就可以在几个月内取得一些具体进展。他还可以与他的团队一起使用第 4 章中的许多概念以及第 8 章中的概念来指导他的职业生涯。

案例 7：应对凯瑟琳的数据执行挑战

DS 部门主管凯瑟琳对其组织中主要团队领导的离开感到惊讶和不解。事实证明，DS 组织并没有像其他部门那样快速增长，并且 DS 团队被更多的"维持现状"的项目而不是战略项目所拖累。

虽然凯瑟琳一直是一位出色的内部主管，但近年来 DS 人才市场竞争变得更加激烈，而凯瑟琳还没有在行业内建立强大的面向外部的身份或人才品牌来有效地吸引人才。

表 1.7 说明了凯瑟琳的情况，并为她接下来可以做什么提供了指导。她首先应认识到自己的优势，即她是一位有远见的主题专家，她掌握了改变她所在行业的特定技术的最新信息(见 8.1.1 小节)。她还有效地将 DS 能力融入公司的使命和愿景，因此她的团队拥有发展壮大公司的能力，以便在跨职能协作中与合作伙伴保持一致的目标(见 8.2.1 小节)。有了一致的目标，凯瑟琳就能通过很好地管理人员、流程和平台来始终如一地交付成果(见 6.2.1 小节)。

接下来，凯瑟琳可以识别她技能中的盲点。为了加快公司 DS 团队的成长，她可以通过采用雇主品牌、内容营销、社交招聘和兴趣小组等技术来建立强大的人才库(见 8.2.2 小节)。她还可以通过具有竞争力和吸引力的产品特性、强大而高效的技术平台以及富有成效和高效的组织结构(见 9.3.2 小节)等领域来得到她的公司领导的认同。凯瑟琳还可以为她的公司创造真正的价值，根据产品、服务、分销、关系、声誉和价格区分其产品和服务(见 8.3.1 小节)。

表 1.7 案例 7：凯瑟琳如何使用这本书来应对执行挑战

实 例	问 题	有价值的概念(参考章节)
凯瑟琳 管理人员	凯瑟琳是一家处于成长阶段的公司的首席数据科学家。她备受尊敬,并制定了清晰的技术路线图。她对令人遗憾的减员感到惊讶和困惑。事实证明,招聘不够快,使团队陷入了维护任务的困境	**优势：** ■ 阐明长期战略(8.1.1 小节)； ■ 制定使命和愿景(8.2.1 小节)； ■ 持续交付(6.2.1 小节)。 **机会：** ■ 建立强大的人才库(8.2.2 小节)； ■ 在行业中建立身份(9.3.2 小节)； ■ 区别于行业同行(8.3.1 小节)。 **支持请求：** ■ 推动年度计划的团队(7.2.1 小节)； ■ CEO 支持人才品牌建设(8.2.2 小节)

凯瑟琳可以指导她的团队在年度计划中承担更多责任,这样她就可以更好地分配时间来专注于建立公司外部的身份(见 7.2.1 小节)。她还可以与她的 CEO 合作,在为公司建立人才品牌方面获得更多支持(见 8.2.2 小节)。

第 8 章和第 9 章讨论了凯瑟琳的许多优势和机会。凭借她在行业和 DS 社区中更强大的身份,凯瑟琳可以为她的公司吸引更多的人才,因此可以在团队中平衡好日常工作和创新工作。

跨越职业生涯的各个阶段

我们在 DS 的职业道路上讨论了 7 个具有代表性的案例。它们绝不是全面的,但说明了 DS 领导者面临的共同挑战。

我们设计了第 2 ～9 章,以帮助读者通过明确的里程碑清晰地了解职业轨迹,从而为组织产生更显著的影响。最终,对业务的影响将促进读者在同一团队或不同团队中的职业发展。

读者可能还会发现,将本书介绍给经理和同事是有意义且有价值的。与数据科学家合作的经理和同事可以调整他们对与不同领导层的 DS 从业者合作的期望。

公司和组织因行业和规模而有所不同。我们如何识别与我们自身领导能力最匹配的公司和机会? 在本书的最后一部分,我们介绍了一种 LOOP(Landscape，Organization，Opportunity，Practice)方法,它将数据科学家的能力和美德付诸行动。我们在书的结尾讨论了为什么以及如何领导 DS,并对该领域的未来进行了展望。

准备好了吗? 我们开始吧!

小 结

■ 数据科学家的期望已经发生了变化,需要有不同的代表来获得所需的技能。

■ 新的期望包括 3 种硬技术能力(技术、执行和专家知识)和 3 种软心理美德(道德、严谨和态度)。

■ 数据科学家在现实世界的面试和晋升中遇到了共同的挑战。我们在 7 个案例中简要研究了经理和招聘经理正在寻找什么,我们将在后面的章节中重新讨论。

参考文献

［1］ "Global talent trends 2020，" LinkedIn. ［Online］. Available：https：//business. linkedin. com/
talent-solutions/recruiting-tips/global-talent-trends-2020.

［2］ "Thriving as a Data Scientist in the New Twenties，" ［Online］. Available：https：//www. linke-
din. com/pulse/thriving-data-scientist-new-roaring-twenties-jike-chong/.

［3］ D. Conway. "The data science Venn diagram. " DrewConway. com. http：//drewconway. com/
zia/2013/3/26/the-data-science-venn-diagram.

第一部分
技术主管：培养领导力

纵观 DS 在世界上产生较大影响的案例，成为技术主管并保持项目完整性通常是第一步。作为个人贡献者，通常具有一定的个人局限性：每个人一天只能编写这么多行代码并分析这么多数据。但对于某些人来说，很难承认我们作为个体人类的局限性。我们越早意识到自己的局限性，就越有时间开始实践，并使人类文明更加强大。这就是我们组织和领导的能力。

那么什么是技术领导角色？技术领导角色侧重于技术和项目的领导和管理。这与侧重于人员和团队管理的经理角色形成对比。

要进入技术领导角色，个人贡献者面临的最大挑战是影响力的实践。技术主管需要领导和指导一个数据科学家团队，并与业务和工程合作伙伴进行合作，而且通常不会有人向你汇报工作。

同时，技术主管处于所有 DS 完成的第一线。组织依靠强大的 DS 技术线索来执行数据驱动的项目，并详细了解业务需求、数据属性和数据细微差别。在这个职位上，技术主管可以向初级数据科学家提供详细的反馈以从技术上培养他们，并且可以在出现问题时提供最早的反馈并上报给管理层。

第 2 章和第 3 章重点介绍 DS 技术主管的能力和美德，并介绍 TEE - ERA 的含义，其中涵盖技术、执行、专家知识、道德、严谨和态度六个维度。

这些章节说明了每个维度的理想目标，旨在为 DS 技术主管制定职业道路。公司经理可以参考这些主题来指导团队成员的职业发展，但不应以此为由阻止晋升。如果技术主管在某些主题上展示了能力和美德，并在其他主题上展示了潜力，他们就可以承担更多的责任。

技术主管是入门级的个人贡献者领导角色。在 DS 中建立了技术轨道的公司可以拥有员工、负责人和杰出的数据科学家职位，这些职位具有与经理、董事和高管类似的技术影响范围（其中大部分没有人员管理职责）。下面，让我们进入技术主管的能力和美德部分。

第 2 章　领导项目的能力

本章要点

- 使用最佳实践进行模式发现并设定成功预期；
- 从模糊的需求中指定、优先排序和规划项目；
- 在复杂的技术权衡之间取得平衡；
- 澄清业务环境并考虑数据细微差别；
- 应对组织中的结构性挑战。

作为技术主管，你的数据科学家团队在技术选择、项目执行权衡以及业务知识和环境方面寻求指导。技术主管受托帮助团队克服复杂性和模糊性，利用可用资源按时交付技术解决方案。

虽然数据科学家需要具备许多通用能力才能发挥作用，但正是这些战略能力才能使你成为技术领导者。技术领导者需要指导数据科学家团队并与业务和工程合作伙伴合作，在没有任何人汇报的情况下指导他们，以推动项目向前发展。

作为数据科学技术主管，你需要引导团队，与业务和工程伙伴协作，在没有上下级管理关系的情况下，以柔性影响推动项目进展。

数据科学家技术主管的这些战略能力是什么？下面是我们将在本章中讨论的 3 个主题：

- 技术——用于更有效地领导项目的工具和框架，用于解决问题、理解数据特征、创新特征工程、提高建模策略的清晰度以及设定成功预期。
- 执行——指定具有模糊需求的项目并确定项目优先级和计划的实践，同时平衡困难的权衡取舍。
- 专家知识——用于阐明项目与组织愿景和使命的一致性，解释数据源细微差别以及应对组织中的结构性挑战的领域知识。

这 3 个主题涵盖了图 2.1 中 TEE-ERA 扇形图中的 TEE 部分，它们是帮助技术领导者高效开展业务的工具和方法。

2.1　技术——技能与工具的结合

实践 DS 的过程涉及将业务需求转化为定量框架和优化技术，以便成员可以从数据中学习模式并预测未来。建立一个从数据中学习的项目有许多挑战，涉及以下 3 个领域：

① 框定业务挑战，优化项目的商业效益。

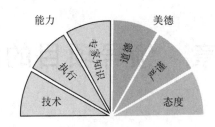

图 2.1　TEE－ERA 扇形图的 TEE(能力)部分

② 深探数据特性,优选特征和模型:

- 了解数据特征;
- 创新特征工程;
- 明确建模策略。

③ 评估方案成熟度,建立客户对项目的期待值。

作为 DS 技术主管,可以使用哪些工具来赢得团队的尊重并在需要时引起经理的注意?下面让我们研究这三个领域。

2.1.1　框定业务挑战,优化项目的商业效益

界定问题可能比识别数据源更重要。在开始阶段,并非所有数据都是现成的,一些数据源可能需要购买或管理。强大的框架可以告知我们需要哪些数据源来实现设定的目标。构建问题有助于更有针对性地搜索数据。

004　界定问题往往比确定数据来源更重要,清晰的问题界定能快速明确所需数据并达成预期效果。

可以将业务挑战划分为 DS 项目的不同规模和范围,从而产生不同程度的业务影响。DS 技术主管可以敏锐地意识到业务需求,并可以推荐对业务产生巨大影响的 DS 解决方案。

在这个过程中,可以使用某些工具来评估场景的类型和目标的概念。在开始前,要问自己的问题包括:

- 分析是否仅限于可以批量处理的历史数据? 或者是否有必须考虑的实时流数据源?
- 结果仅用于诊断目的吗? 还是预期结果是可预测的?

还记得第 1 章案例 2 中的布莱恩吗? 他最近参与了一项营销计划,并以电子邮件的工作方式参与该营销计划。在团队确定项目范围时,布莱恩被要求从 DS 的角度提供建议。

图 2.2 展示了由分析类型(批处理与实时数据)和目标定义(诊断与预测)创建的四个象限,让我们看看布莱恩是如何使用这个分类法帮助团队制订计划的:

- 后见之明——一个标准的 DS 实践是使用由没有看到电子邮件营销活动的客户组成的保留集进行 A/B 测试。我们可以进行几个月的活动,并评估缺乏营销活动是否会影响到长期参与。这种具有较长试验周期的后见之明在推动运营改进方面效率不高。

- 洞察力——另一种做法是制作一个实时仪表板,说明长期参与的趋势。我们可以跟踪不同用户和年份的长期参与度的变化过程,来预测成功或失败的早期趋势。这些趋势使组织能够根据仪表板的洞察力实时做出业务决策。

实时数据	■短期; ■"怎么了"; ■洞察力。	■有影响; ■"实现它"; ■智能。
批处理	■历史; ■"发生了什么"; ■后见之明。	■推理的; ■"可能会发生什么"; ■远见。
	诊断	预测

图 2.2　智能实践水平

- 远见——根据历史数据,我们还可以使用可检测的短期参与度特征(例如,打开率、点击率 (Click-Through Rate,CTR)、退订率、登录页会话长度和会话频率)来构建和预测长期参与度的模型。该模型可以通过短期观察来预测长期影响,因此我们可以预测并且每周调整我们的电子邮件营销策略。
- 智能——更强大的方法包括对电子邮件等渠道的实时分析,以了解客户群。然后,我们可以针对下一个最佳行动 (Next Best Actions,NBA) 准备一系列活动,以推动特定用户群的长期参与。当我们可以根据个人反应实时调整下一次活动的内容时,我们就开始看到推动长期参与的智能所在了。

通过使用不同级别的 DS 功能来构建问题,业务影响可以从 A/B 测试读数增加到自动化仪表板,再到敏捷操作,再到在用户体验中通过智能功能引领长期参与计划。

图 2.2 所示的区别可以帮助布莱恩、詹妮弗(第 1 章中的案例 2 和案例 3)以及技术负责人与业务合作伙伴一起了解最适合的可用资源、可实现的业务影响以及不同项目之间的相对优先级。DS 项目的优先排序过程将在 2.2 节中讨论。作为技术主管,可以找出问题框架中的差距,并与经理和合作伙伴一起制定战略和路线图,以实现设定的业务目标。

2.1.2　深探数据特性,优选特征和模型

作为技术负责人,需要与团队中的数据科学家合作以确保分析或预测的质量,其中包括:了解数据特征、创新特征工程以及阐明建模策略。

1．了解数据特征

要了解数据特征,可以与团队成员阐明数据的 4 个方面。如图 2.3 所示,这些方面包括决策单元、样本量/稀疏度/异常值、样本不平衡和数据类型。

定义　不平衡:数据集中正样本和负样本数量的数量级差异。

一个清晰的表述最好在现实世界的背景下进行说明:2020 年的新型冠状病毒爆发摧毁了世界各地的大部分商业。一个亮点是电子商务行业,食品、药品和几乎任何东西都可

决策单元 • 分析和模型的粒度: 　例如，每个交互、每个会话、每个事务或每个用户。 • 对有效的建模策略至关重要。	样本不平衡 • 正、负样本数量的数量级差异。 • 需要过采样、欠采样或合成样本生成。
样本量、稀疏度和异常值 • 有限的样本导致过拟合。 • 稀疏度——缺乏对某些类别样本的表示会导致模型恶化。 • 异常值——可以改变数据分布。	数据类型 • 交易、文本、图像和视频。 • 时序数据——浏览历史、交易历史和股票价格历史。 • 以图表表示的关系。

图 2.3　为发现数据模式而需要了解的数据特征

以在线订购并送到家门口，可以让人们规避在拥挤的社交场所感染传染性疾病的风险。然而，这样也会导致一些摩擦，即"如果我不喜欢它怎么办?"，从而导致许多商机被错过。

一项相对较新的创新消除了这种摩擦，这项创新就是一种称为退货运费险的保险产品。在许多电子商务平台上在线结账时，客户可以选择一个低成本的选项，花 1～2 美元来购买退货运费险。该运费险被加入购物车，无需单独支付。假设客户对产品购买不满意，在这种情况下，他们只需在 7 天内退货，退货运费将在 72 小时内自动处理，无需经过任何烦琐的索赔流程。这种保险产品在中国的电子商务中非常受欢迎。众安在线财产保险股份有限公司(6060:HK)是纯在线保险的先行者，截至 2020 年底，已发行超过 58 亿份保单，其中大部分为退货运费险。

定义　退货运费险:一种低成本保险，通常为 1～2 美元，允许在支付退货运费的情况下退回在电子商务平台上购买的物品。

与任何机会一样，其也有一些风险。在任何人都可以注册为在线商家并且任何人都可以注册成为电子商务客户的环境中，保险欺诈可能十分猖獗。当某人可以支付 1～2 美元通过互联网获得 10～20 美元的信用时，就会有很大的动机去寻找攻击保险业务模式的计划。据报道，在一家电子商务公司进行的退货运费险早期试验的索赔率高达 90%，这是由于欺诈率非常高造成的，并不构成可持续的保险业务模式。

使用 DS 打击保险欺诈是确保退货运费险业务模式在电子商务中长期可行的关键用例。

2. 决策单元

与许多其他数据源一样，电子商务数据在时间、实体和交互方面包含丰富的粒度范围。仅在时间范围内，当客户购买产品时，发现欺诈的分析粒度可能包括:

- 参与产品推荐;
- 购物会话中的探索行为;
- 跨多个会话参与的购买决策;
- 有目的的多次购买(如圣诞节、超级碗、返校购物);
- 人生特定阶段的购买，如毕业、结婚或生孩子。

对于每笔交易，所涉及的实体包括:客户、商家、支付处理商，通常还包括实物商品的托运人。对于每个事务,这些实体之间还有一组丰富的交互,具有跨多个事务的交互上下文和模式。

定义 粒度:一组数据中的规模或详细程度,可以跨越时间、实体和交互等维度。

选择粒度级别来评估退货运费险欺诈对于构建有效的建模策略至关重要。但是,选择可能并不那么明显,因为欺诈意图可能来自以下一方或多方:

- 顾客购买产品;
- 托运人;
- 与客户沟通的商家;
- 在电子商务平台上访问多个被盗身份的黑客;
- 暗网玩家创建虚假商家/客户身份进行销售。

在退货运费险欺诈场景中,一个常见的选择是在购买的粒度上,必须在电子商务结账过程中决定是否提供退货运费险。根据样本大小和数据稀疏性,评估欺诈的决策单元也可以是客户级别或商家级别。来自其他粒度级别的信息可以作为特征合并到最终模型中。

3. 样本量、数据稀疏度和异常值

正常的业务运营可以通过业务扩展、营销活动或网站的机器人/爬虫引入数据偏差。这些偏差会影响数据特征,例如样本量、数据稀疏度和异常值。

- 样本量——当样本数量有限时,过度拟合的风险将会增加。为了防止过度拟合,我们可以限制使用的模型的复杂性或增加正则化项的权重以平滑模型的决策表面。
- 数据稀疏度——某些类型的数据可能缺乏代表性,而总样本量可能很大。例如,对于从前置摄像头为自动驾驶聚合的数据,交叉路口的黄色交通信号灯样本可能很少,因为它们出现的频率较低。
- 异常值——与其他观察结果显著不同的点会显著改变数据的分布。例如,浏览页面上所有链接的网络爬虫可能会改变网络行为的数据分析。

这些数据偏差对于在构建特征之前进行评估和理解至关重要。如果不这样做,则可能会导致糟糕的业务决策、浪费精力和造成收入的损失。

定义 过拟合:当模型与有限数据集过于紧密对齐时发生的建模错误,导致对同一用例中的新数据的预测不准确。

定义 模型的复杂性:模型中使用的特征数量,或用于从数据中提取线性或非线性关系的模型类型。复杂模型更容易过度拟合有限的数据。

定义 正则化术语:在训练机器学习模型时可以调整模型复杂度的术语。

4. 样本不平衡

欺诈案件通常只占总交易量的一小部分。训练欺诈模型时,样本不平衡问题很常见。评估不平衡程度并选择更稳健的建模技术(例如梯度提升树),对于建模成功至关重要。减轻样本不平衡的常用技术包括:随机过采样或欠采样;知情的欠采样技术,例如集成学习(EasyEnsemble)和监督学习(BalancedCascade);具有数据生成的合成采样,例如,SMOTE;自适应合成采样,例如边界线 SMOTE 算法(Borderline-SMOTE)。

5. 数据类型

电子商务场景还包括一组广泛的数据类型,包括:

- 商品的文章、图片、视频等某种数据；
- 浏览历史、交易历史、客户服务交互历史等时序数据；
- 基于关系的数据，例如，客户、商家、支付处理商和托运人之间的交互。

这些数据类型需要不同的分析基础设施，并且可以在建模中提供独特的特征和视角。例如，基于关系的数据（例如，客户、商家、支付处理商和托运人之间的交互）可用于生成捕获这些关系的知识图谱。事实证明，基于知识图谱的方法可以有效地突出有组织金融欺诈的行为。

DS 团队成员经常向技术负责人（例如，第 1 章中的布莱恩和詹妮弗）寻求项目成功的信心水平。作为技术主管，可以使用这些数据特征的表述来评估项目的可行性。

6. 创新特征工程

特征工程使我们能够有意义地总结大量数据。更简单的模型，例如线性回归，很大程度上依赖于特征工程进行总结。更复杂的模型，例如深度神经网络，甚至可以将特征工程过程自动化，作为模型训练的一部分，直接使用原始信号作为输入。

在许多用例中，由于样本量小、标记困难以及从可解释性和可操作性方面的考虑，可能会选择使用更简单的模型和工程特征来发现场景中的模式。

特征工程可以采取许多级别的复杂性，这些级别如图 2.4 所示。可以根据简单统计数据来设计特征，例如，计数、总和、平均值、极值、频率、差分、范围、方差、百分比和峰值。或者，也可以注入特定领域的解释，例如，一天中特定时区的营业时间，或者健康信号的正常或异常范围。对于分类分析，这些特征可以包括职称的资历级别、医疗记录中的诊断类别或金融交易的购买类别。对于更深一层的特征，人们可以解释类别的组合。对于金融交易，这可能代表他们的收入范围甚至生命阶段。对于具有实体及其关系的数据，则可以使用图表来表示实体之间的关系、它们的交互、它们的连通性以及关系创建的社区。

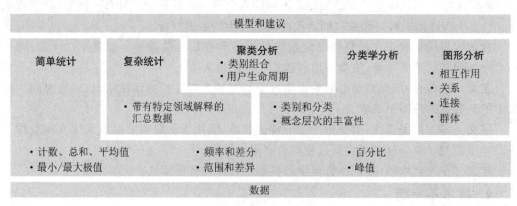

图 2.4　各种类型的特征工程建模技术

在电子商务场景中，客户数据特征工程的复杂程度包括：

- 简单统计——商品的平均价格、购买频率；
- 复杂的统计数据——平日/周末活动、冲动购买或考虑购买；
- 基于分类的分析——购买类别、需求多样性；
- 聚类分析——类别组合、客户意图或生命阶段；
- 图表分析——与商家互动的模式、欺诈风险。

商家、支付处理商和托运人可以具有相似的复杂程度的特征来总结丰富的电子商务数据集的信息多样性。

你可以寻找这些复杂程度以便从数据中设计特征。你也可能遇到一个挑战,即探索丰富数据集的时间和资源总是有限的,你如何优先考虑?

可以使用本领域专业知识来指导优先级。在我们的退货运费险欺诈缓解方案中,经验丰富的欺诈调查员通常可以使用来自客户或商家行为中的一些异常情况的线索来拼凑潜在的欺诈计划。

在一种情况下,欺诈调查人员认为,与那些主要销售虚拟商品(如电话卡和礼品卡)的商家相比,具有长期实体商品交易历史的商家更值得信赖。历史数据证实,欺诈者在为其商家账户建立交易历史记录时经常寻找捷径,以便在产品搜索结果中排名更高。虚拟商品往往是一种建立交易历史的简单方法,免去物流操作的麻烦。了解这种特定于领域的区别可以优先考虑功能开发并加快建立准确反欺诈模型的时间。

虽然领域专业知识是集中特征提取工作的必要且有价值的起点,但仅确定应该使用哪些特征是不够的。

在另一种情况下,欺诈调查人员发现了密码恢复安全问题的趋势,其中确认的欺诈者经常使用猫或狗作为他们最喜欢的动物的答案。我们可以将这一发现解释为欺诈者在设置商家账户时缺乏考虑。然而,在将这一趋势评估为欺诈信号时,我们发现猫和狗是大多数人最喜欢的动物,无论是否有欺诈意图,将其用作警告潜在欺诈的信号会增加误报率。基于领域专业知识设计的特征必须经过严格的验证才能被确认对匹配数据中的模式有效。

作为技术负责人,其功能创新工具包不仅限于算法。快速生成许多特征的另一种方法是构建一个特征评估平台,并将特征提取游戏化为一场小型竞赛。该功能评估平台可以构建在功能存储之上,由数据科学家团队创建和共享功能。

该平台可以自动评估新功能对持续建模挑战的有效性,例如,欺诈警报准确性和召回率。作为一个数据科学家团队在各自的领域工作,他们经常为他们的分析开发特定的功能,这些功能可以转移到欺诈模型中。借助功能评估平台,可以邀请整个 DS、数据工程和数据分析团队为功能存储库做出贡献。还可以根据功能有效性定期奖励排行榜上的顶级新功能,以促进新的提交。想象一下,作为功能创新的框架!

7. 阐明建模策略

英国天才统计学家 George Box 曾写道:"所有模型都是错误的,但有些模型是有用的。"如果是这种情况,我们在构建任何可能的、错误的但有用的模型时从哪里开始? 首先,让我们区分构建什么模型的策略与如何开始构建模型的策略。

许多书籍和博客都讨论了构建模型的策略。流行的模型包括:线性回归、逻辑回归、决策树、支持向量机(SVM)、朴素贝叶斯、k 近邻模型(kNN)、k 均值聚类算法(k-means)、随机森林和梯度提升算法。开源机器学习包(例如,Python scikit-learn 库)提供了用于探索要构建哪些模型的工具,如图 2.5 所示。

采用现有模型实现是所有数据科学家的 DS 最佳实践。编写机器学习的自定义版本很复杂,并且需要大量时间来验证。针对我们在业务中遇到的大多数情况,已经开发了常见的优化技术。

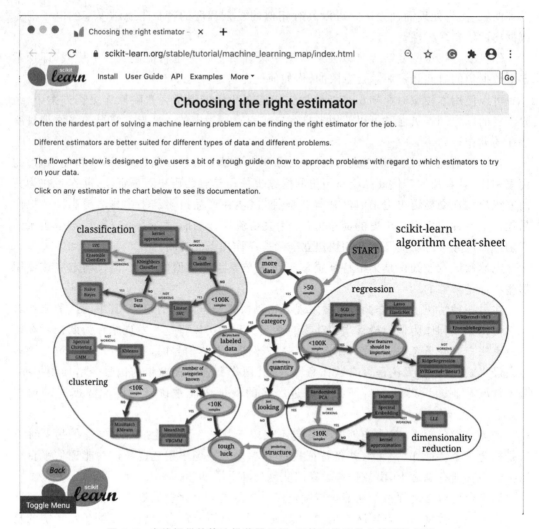

图 2.5 在线提供的算法推荐器示例,回答了构建什么模型的问题

对于 DS 技术主管来说,关键的区别在于制定如何开始构建模型的策略。虽然有许多建模策略,但让我们先深入了解 4 种具体策略(见图 2.6):

■ 基于动量的建模策略;

■ 基础建模策略;

■ 自反建模策略;

■ 混合建模策略。

当模型为匹配数据中存在的模式时才有效。领域专业知识对于形成关于我们预期的模式性质的假设很重要。

让我们检查建模策略并使用退货运费险案例来说明它的应用方式。

8. 基于动量的建模策略

这种策略也称为基于惯性的建模。它在复杂的多代理环境中很受欢迎。该模型将捕捉环境中的趋势,抽象出在特定时间窗口内不会发生变化的基本因素,以预测如果这些趋势继续下去将会发生什么。

混合建模策略

数据稀缺情况 → 自反建模收集更多数据 → 机制尚不清楚 → 基于动量的建模 → 综合领域知识 → 基础建模

自反建模策略	基于动量的建模策略	基础建模策略
·以智能操作方式收集新数据，探索决策边界。	·捕捉趋势，抽象出预计不会改变的因素。	·有明确的因果机制来推动结果的可预测性。
·需求：	·需求：	·需求：
1.人类可以评估正确性；	1.领域中存在可预测的基本过程；	1.已知的因果机制；
2.能利用有限的训练数据确定对新功能的需求；	2.可及时处理量化信号；	2.可量化的输入；
3.可快速将反馈纳入模型迭代。	3.有快速反应的杠杆。	3.可用于校准模型参数的大量数据。

图 2.6　为匹配数据中的模式而考虑的建模策略

基于动量的建模通常用于高频交易（捕捉市场微观结构和订单簿动态）和推荐系统（如基于重复性、频率、货币化或 RFM 的模型），在这种环境中算法决策过程以可预测的方式运行。要使这一战略成功，必须具备以下 3 个条件：

- 领域中存在可预测的底层过程；
- 可及时处理可量化的信号；
- 存在快速响应的杠杆。

在退货运费险的反欺诈模型中，基于动量的建模可用于无法从产品或服务中设计出来的已知欺诈机制。这些场景包括为新商家或产品提供保险。我们可以量化欺诈趋势信号以在这些情况下观察并激活杠杆以在造成太大损失之前关闭可能的欺诈交易。

9. 基础建模策略

该策略通常用于明确的因果机制驱动结果可预测性的情况。在极端情况下，它可以形式化经济学中的结构建模，其中，决策结构完全包含在模型的规范中。

基础建模策略可用于各种循环模式驱动结果的应用领域，例如，销售预测、基础设施负载预测和财务账户余额预测。周期性模式可能包括：

- 一天中的时间；
- 一周中的某天；
- 每月或每半个月；
- 季度或财政年度；
- 产品上市日期；
- 营销活动日期；
- 地区假期。

该模型使用训练数据来评估各种机制的相对权重或影响，以实现良好的预测精度。

在退货运费险的反欺诈模型中，当我们对已知欺诈机制的常见类型和强大的潜在变量有成熟的理解时，利用基础建模策略来评估已知欺诈机制的风险是有效的。例如，我们可能会从以下类别考虑每笔交易的欺诈风险，并使用基础模型评估整体风险预测：

- 客户——经常购物/退货；
- 商户——退货率高；
- 托运人——与高退货率相关；
- 商家/客户——证实虚假交易；
- 商户/客户/托运人——以前被黑的身份；
- 假商家/客户身份——由暗网玩家孵化出售。

当用于已知欺诈类别的潜在变量不再捕捉手头的欺诈机制时，基础模型就会失效。

定义 潜在变量：不能直接观察到的变量。在这种情况下，它们是在决策时可以推断但无法直接观察到的风险成分。

10. 自反建模策略

这种策略也称为主动学习策略。在许多情况下，通过查看手头的数据来定义正面和负面案例的边界通常具有挑战性。为了改进模型，我们需要一种操作性强的智能方法来探索决策边界，为训练迭代收集更多数据。

案例包括多种分类，例如，职称分类法和医疗保健提供者分类法，或欺诈调查专业人员反馈的欺诈检测。在欺诈检测案例中，欺诈调查专业人员可以根据特征提取管道中可能包含或未包含的观察来评估边缘欺诈案例以包含在训练中。

当退货运费险产品处于初期阶段时，自反建模策略可以非常有效地聚合欺诈机制。它允许欺诈模型更好地阐明好坏之间的分离，并在必要时加入额外的特征。使用通过自反建模策略聚合的附加特征和不同样本，可以更快地到达可接受的操作点，以满足精度的要求。

11. 混合建模策略

根据数据集和数据基础设施的成熟度、任务的紧迫性和业务需求，通常需要结合先前策略来选择混合建模策略。

让我们继续以退货运费险为例。在产品开发周期的早期，通过产品功能设计可以防止一些明显的欺诈计划。例如，该服务可能不会扩展到主要销售虚拟商品的商家。我们可以从一些简单的决策树开始，对分布有限的业务规则进行编码，同时收集有关潜在欺诈计划的数据。

收集到有限的数据集后，我们可以开始部署自反建模策略，反复发送边缘案例供欺诈调查专业人员审查和标记，以提高模型的识别能力。对于面临冷启动建模挑战的新商家或产品，基于动量的策略可以帮助量化欺诈趋势信号，以在造成太大损失之前启动杠杆来关闭可能的欺诈交易。经过一段时间的操作，收集了重要的训练数据集并了解了欺诈机制，我们可能会转向基础建模策略，其中包含一组子模型，可检测各种众所周知的欺诈方案以产生潜在风险评分。

定义 冷启动建模挑战：缺乏数据来训练模型的问题。通常必须收集和标记数据才能开始训练模型。

深入的领域洞察力可以塑造一个建模策略来应对手头的业务挑战。没有一个正确的答案，因为所有模型都是错误的，但有些是有用的。

上面介绍了很多策略。作为一名技术领导者，在面临业务挑战和指导数据科学家团队成员解决建模问题时，可以使用上面介绍的这些策略。

2.1.3 评估方案成熟度,建立客户对项目的期待值

当数据科学家与合作伙伴组织中的高级管理人员合作时,设定期望值尤其重要,这些高管在从社交媒体或营销白皮书中了解到一些机器学习用例后可能会有不切实际的期望。当设定了不切实际的期望时,即使提供了良好的见解和模型,合作伙伴也可能会不满意。第 1 章中的高级数据科学家布莱恩就是一个很好的例子。

005　合作伙伴在通过社交媒体或营销白皮书了解了机器学习应用的案例后,可能会对数据科学项目产生过高期待。一旦预期不切实际,即使提供优质的见解和模型,合作伙伴仍会不满意。

成功是我们构建 DS 解决方案的目标。在一个"所有模型都是错误的,但有些是有用的"世界里,我们如何定义成功?模型必须要多精确才能有用?

Acorns、Jike 和他们的团队开发了行为推动计划,通过小额投资改善人们的财务状况。作为对客户的行为建议,该团队进行了许多重要的推动计划。其战略问题是:这些建议何时才能足够准确和个性化,以便成功地被视为来自可信赖的财务助理?

我们了解到,成功不仅取决于模型的准确性,还取决于实施的一致性以及客户对数据驱动解决方案的信任。

根据我们可以生产的模型的准确性,作为 DS 技术主管,应该了解项目的运营环境,并为客户设定切合实际的期望。图 2.7 说明了模型的 4 个置信度级别,可以从 3 个维度进行评估:准备情况、风险程度和接受度。

	等级1	等级2	等级3	等级4
准备情况 技术是否足够精确?	过去20年发展起来的成熟技术。	过去10年成熟;模型的性能接近但尚未达到人类能力。	在过去1~2 年内成熟;模型性能达到或优于人类能力。	精选金融科技成熟应用,如循环支付识别。
风险程度 犯错的坏处是什么?	低风险和巨大的上升空间。	低风险:做最后决定的人大大提高了生产率。	一些风险:没有人参与;必须密切关注异常并发出警报。	高风险:需要特别注意,以了解是否存在任何问题。
接受度 市场会接受吗?	对最终用户透明。	对最终用户透明;仍在与人类同行互动。	接受度需要对最终用户进行培训,并需要时间来实现。	必须建立信任;需要对模型正确性的信心飞跃。

图 2.7 评估模型成功的置信水平

29

第 1 级：建议和排名

在建议和排名级别上，有大量潜在内容需要引起客户的注意，但注意力有限。目标是预测哪些内容对客户最具吸引力。

在探索性环境中，客户的偏好很难量化，因此只有一些建议是相关的。在易读性方面，通过更仔细的用户行为聚合，个性化算法可以在一定程度上准确地分割和定位用户。当我们提供相关建议时，获得参与度有着巨大的优势，即使 5％ 的参与率也可能在许多领域产生巨大的业务影响。同时，给客户提出建议的风险最小。个性化已经在我们的在线体验中被广泛接受，甚至达到了我们预期的程度。

建议策略的成功由提升度（lift）进行评估，提升度反映的是使用模型的增量程度。为了说明提升程度，从 4％～5％ 的提升度将是 25％ 的提升（通过以下公式计算：5％/4％－1＝25％）。

第 2 级：助理

在助理级别，机器学习模型产生的结果接近人类的能力，但还不够好。一个例子是模型辅助的贷款欺诈检测。在这种情况下，需要一种算法来提醒欺诈调查人员注意可疑的贷款申请。预期是人为欺诈调查人员评估并决定是否需要拒绝贷款申请。为了做好准备，欺诈调查团队已经收到了一个精度为 25％ 和召回率超过 66％ 的欺诈检测模型。任何更高的准确度都可能带来召回率降低的风险。

该策略的成功是通过欺诈调查中人类生产力的提高来评估的。信心是由循环中的最终人类决策来保证的。

第 3 级：自动化

在自动化水平上，机器学习模型正在以人的公平性为原则来开展工作。在这个级别上操作的上下文包括数据输入（语音识别）、从文档中提取字段，以及在放射学中读取医学图像。人们的期望是，尽管会有错误，但结果至少会和人类在类似情况下所能做的一样好。这些能力通常是通过使用深度学习算法来实现的，深度学习算法是通过对大量样本进行训练来实现的，训练的规模超出了普通人所能接触到的范围。在医疗保健等应用中，错误预测的风险可能很高。然而，当使用自动诊断服务来处理以前无法处理的情景时，好处可能大于风险，因此会受到欢迎。

该策略的成功是采用能够达到人类准确度的模型，这样我们就可以显著增加服务范围，为以前无法接触到的人群提供服务。

第 4 级：自主智能体

在自主智能体（Autonomous Agent）级别，机器学习模型以超人的能力产生结果。我们通过以下方式与他们互动：

① 确定问题解决策略；

② 允许模型产生结果；

③ 花时间利用自主智能体的能力建立信任。

一种情况是高频交易，交易决策必须在毫秒到纳秒之间做出。此时，没有人能够解读市场信号、合成信息并做出响应。人们的期望是，高频交易背后的模型在大多数情况下都是正确的，因此交易账簿可以作为一个整体盈利。算法的就绪性通过回溯测试进行了广泛评估,因为出错会带来严重财务影响的风险。在这种情况下,在委托进行大量交易之前,通常会对模型进行广泛测试。

该策略的成功标准是指人类操作员敢于大胆尝试,相信自主智能体能够正确地按照定义的策略操作,以产生预期的结果。

006 自主智能体的成功在于人类操作员能信任其按既定策略正确运行并实现预期结果。

有效设定成功预期

随着对客户的深入了解和建模能力的提高,解决方案可以提升信心,从推荐到帮助,从自动化到自主智能体。但是,如果为算法设定了不切实际的期望,则会出现失败。一个主要的例子是自动驾驶,技术能力几乎和人类一样好,通常可以满足人们在助理级别的期望。尽管如此,公众还是被引导在自主智能体级别对其进行评估。作为一个社会,我们仍在建立信任,让自动驾驶在所有条件下都能正常运行。

在 Acorns、Jike 和他们的团队从建立上述建议策略开始,就在帮助客户在未来储蓄和投资。通过收集整个公司的行为来改善客户的财务状况,并据此提出了一些建议,这些建议的点击率比标准建议中典型的一位数点击率高出一个数量级。该团队还开发了一个基础设施,用于每年启动和试验数百个新的行为推送,可用于快速适应新的市场场景,并为金融领域的客户提供及时的帮助。时间会证明 Acorns 的高度相关的行为建议是否能从客户的角度成功地被认为是在金融援助层面上的帮助。

对于布莱恩来说,这位技术扎实的高级数据科学家渴望成为一名技术领导。在第 1 章中,他可以用这 4 个信心等级作为叙述,在与业务伙伴谈论项目范围时设定期望值,这样他就可以更好地管理自己的时间,以便更稳定地提供高质量的分析。

2.2 执行——最佳实践的落地

Gartner 表示,超过 85% 的 DS 项目未达到预期。许多失败不是因为缺乏技术实力,而是因为执行的质量。项目执行中有三大障碍:

■ 深究问题背景,划分项目优先级;
■ 解析项目种类,策划/管理进度;
■ 权衡进度与质量,引导案例回顾和项目归档。

克服这些障碍的实践许多都是在工作中学习的,而不是学术机构、奖学金项目和在线课程。

现在,让我们认真检查每一个障碍以及克服它们的实践。

2.2.1 深究问题背景,划分项目优先级

对于新的 DS 技术领导者来说,解释业务需求可能具有挑战性。因为许多合作伙伴可能还不熟悉 DS 能够带来和提供的所有功能,这些请求充其量可能是问题的次优框架。

有效的 DS 技术领导者学会问问题背后的问题,为成功建立数据科学项目承担个人责任。

007

优秀的数据科学技术主管善于挖掘问题根源(the Question Behind the Question,QBQ),从而主动地对项目的成功承担负责。

让我们来看看布莱恩。他在一家社交网络公司担任首席数据科学家,他的任务是与营销和产品团队合作,开发一系列旨在推动长期用户参与的电子邮件活动,但它必须是一系列电子邮件活动吗?

在执行过程中,DS技术负责人应该能够首先与产品和营销合作伙伴讨论问题背后的问题:我们为什么希望推动用户长期参与?什么类型的用户参与对提高企业价值最有价值?投资回报率或投资回报率预期是多少?

用户在获取、参与和保留阶段均有不同的表现。根据活动的目标,在不同阶段推动长期保留可以达到不同的目标。布莱恩可以与合作伙伴团队分享权衡结果,以澄清该计划的目标和期望。他们要讨论的一些变化包括:

- 活跃用户——为了改善社交网络产品活跃用户的用户体验,布莱恩可以研究如何使现有的交互功能(如搜索活跃用户)更具吸引力。此透视图可以包括与搜索便利性相关的功能,例如搜索查询自动完成;与搜索结果的约定,如点击率;搜索相关性,如搜索结果上的停留时间。当搜索结果更具吸引力时,用户可以更频繁地返回社交网络应用,从而提高长期参与度。

- 被动用户——被动用户主要是被动地浏览社交网络产品,因此可以改进被动用户的个性化建议。项目通过用户的浏览活动收集个性化提示,如点击率和停留时间,以记录用户的主题偏好。通过共享各种主题,增加内容的多样性,吸引用户的兴趣和好奇心,可以提高被动用户的长期参与度。

- 非活跃用户——对于许多社交网络,平台上有大量非活跃用户,改进搜索或推荐功能不会影响他们。提高非活跃用户参与度的一种方法是通过电子邮件与他们联系。项目可以采取个性化电子邮件的形式,通过点击率分析提高电子邮件内容的开放率。最有效的形式是开发和优化一系列电子邮件,引导用户通过重新参与社交网络的途径来提高长期参与度。

- 潜在用户——有些人还不是社交网络的用户,但我们可以邀请这些人加入社交网络。如果出于相关目的从有效的流量来源获得,那么大量潜在用户可能成为参与用户,以推动长期参与。项目包括评估从各种渠道获得的用户的转化率,如搜索引擎营销(Search Engine Marketing,SEM);在特定合作伙伴网站上做广告;或需求侧广告平台(Demand-Side Platform for advertising,DSP)。鉴于广告预算有限且用户转换周期较长,优化用户获取效率以在几个月内推动长期参与可能是一项挑战。

对于处于成长阶段的社交网络平台而言,活跃用户通常是最小型的群体,但参与的长期活动最多;被动用户最有可能被新功能和新活动激活;对于现有用户来说,非活跃用户通常是数量最多的,要想使其摆脱非活跃状态更具挑战性。由于转换周期长,推动潜在用户的长期参与可能是一项具有挑战性的工作。

与市场营销和产品合作伙伴合作,了解更广泛的战略,可以帮助DS技术负责人承担起推荐技术方向的个人责任,以提高对业务影响最大的用户群体的长期参与度。这是在提出问题背后的问题。

如何确定优先顺序

每个业务计划都有许多可能的项目,作为技术领导者,如何确定 DS 项目的优先级?以下是可以参考的确定 DS 项目优先级的方法:

- 创新和影响;
- 使用 RICE 方法进行优化与改进;
- 根据数据策略确定优先级。

第 1 级:创新和影响

数据科学家通过创新和有影响力的项目茁壮成长。当我们沿着创新和影响的轴线来评估 DS 项目时,应该优先考虑在这两个轴线上得分较高的项目。这些项目可以提供良好的业务 ROI,并改进一些 DS 方面的工作。

还有一些常规项目是使用基本的 DS 技术来验证假设,这些技术可以提供出色的业务影响。这些项目还应优先考虑其业务影响和执行风险。同时,我们应该注意不要让只从事日常工作的 DS 团队成员精疲力竭。

有些项目具有创新性,但没有对业务产生影响。这些项目就像象牙塔里的想法,耗费了大量时间,却没有成功的验证。我们应该避免这些项目,直到确定其对业务存在影响。

对于其他对业务运营影响不大的日常工作项目(例如,数据报告),我们应该尽可能不推荐或自动化。这似乎很有道理?

第 2 级:使用 RICE 方法进行优先与改进

对于对业务有影响的项目,我们可以进一步细化它们,以评估这四个方面:覆盖范围(Reach)、影响(Impact)、信心(Confidence)和努力(Effort),即 RICE。项目的初始优先级排序可以使用以下因素的加权和得出:

- 覆盖范围——在 DS 项目能够覆盖多少特定人群方面,通常存在权衡。在布莱恩改善长期参与度的案例中,潜在用户群体是人口规模最大的群体,也是我们对目标和转化了解最少的群体。我们有最多的信息和机会瞄准社交网络上的活跃用户群体,但这通常也是最小的用户群体,比被动、非活跃和潜在用户群体的影响范围更有限。
- 影响——总体业务影响是对可接触人群的关键运营指标的预期提升。在布莱恩的案例中,提升可能太少,无法优化用户获取渠道,从而影响用户的长期参与度。同时,对活跃用户的提升可能是显著的,但对于一个小得多的用户群体来说,这限制了整体影响。
- 信心——DS 项目要成功,有几个操作风险要考虑。可以评估以下内容:哪些数据可用?如果是可用的,哪些是可靠的?如果是可靠的,哪些是统计上显著的?如果是统计上显著的,哪些是可预测的?如果是可预测的,哪些是可实施的?如果是可实施的,哪些是有正的投资回报率的?在投资回报率为正的情况下,是否有业务合作伙伴来创造业务价值?为了评估成功的信心,可能有以前的项目已经探索了数据源和第三方参考,来说明该项目的回报率。

评估项目的风险时可以尝试回答以下问题：有哪些数据可用？在这些可用的数据中，哪些可靠？在可靠的数据中，哪些有统计显著性？在具有统计显著性的数据中，哪些可预测？在可预测的数据中，哪些可实施？在可实施的数据中，哪些能够带来正向投资回报率（ROI）？在那些具有正投资回报率的数据中，是否有业务合作伙伴准备将其运营化以创造商业价值？

■ 努力——确保 DS 项目成功所需的时间可能远远超过构建模型所需的时间。执行过程通常涉及多个阶段的工作，每个阶段都要实现特定的目标，如概念数据证明（PoC）、产品 PoC 和迭代改进阶段。还包括记录学习、与业务和工程合作伙伴进行演示/审查、安排和阅读 A/B 测试等项目。可以通过几周进行一次检查的方式来评估自己（比如利用 T 恤衫的尺寸，小号、中号和大号来表达），这样更加简单便捷。

利用覆盖范围、影响、信心和努力来打分，可以建立一个记分卡，为考虑中的项目提供绝对的优先级排序，同时平衡项目之间的风险和业务影响之间的权衡。

第 3 级：根据数据策略确定优先级

许多有影响力的 DS 项目面临的一个挑战是，它们通常跨越全套技术，包括：数据源识别、数据聚合、数据丰富、建模方法、评估框架和 A/B 测试。虽然每个项目可能需要太多的投资来确定优先级，但数据聚合中可能有一些组件可以在项目之间共享。完成一个项目可以提供了解其他相关项目可行性或方向的知识。

数据策略可以使用项目之间的关系来合成一个路线图，在这个路线图中，项目可以相互构建。通用组件的工作可以在多个优秀的项目中分摊，以提高投资回报率。

数据战略可以通过梳理项目之间的依托关系来制定实现路线。通用组件的投入可以分摊到多个重要项目中，从而提高投资回报率（ROI）。

作为技术负责人，可以与 DS 主管澄清数据策略，并发现在项目之间共享开销的机会，从而使高投入、高影响的 DS 项目得到优先考虑。

4.1.1 小节和 4.3.3 小节讨论了通过战略调整来提高项目效率的一些具体方法，以允许对项目进行优先排序。

2.2.2 解析项目种类，策划/管理进度

一个项目失败的方式有很多种。作为项目的技术负责人，其职责包括：预测常见风险，制订计划以避免这些风险，或者在出现故障模式时分配时间和资源以解决故障。

《孙子兵法》著于公元前 5 世纪，开篇就论述了规划问题，其指出，"在出兵之前，对规划问题的谨慎回答将决定谁将成功，谁将失败。"这对我们今天来说也是如此。

DS 领域有一系列广泛的项目，涉及预测性机器学习模型的定型项目只是其中之一。下面是 9 种最常见的类型，如图 2.8 所示。

与其他技术或工程项目相比，DS 项目通常涉及更多的合作伙伴，面临更大的不确定性，并且更难被成功管理。

跟踪规范定义 1 生成包含要跟踪的测量值的文档。	监控和推广 2 接受跟踪能力，并解释A/B测试结果，提出启动决策建议。	指标定义和仪表板 3 定义指标以指导业务运营并在仪表盘上提供可见性。
数据洞察和深入研究 4 制作一份报告，突出产品功能中的差距和新功能的具体建议。	建模与API开发 5 通过A/B测试部署模型和API以评估有效性。	数据丰富 6 通过以更好的准确性和覆盖率丰富数据特征，提高建模能力。
数据一致性 7 针对关键业务/运营指标，跨不同的业务部门协调单一真实来源。	基础设施改善 8 展示合作伙伴或数据科学团队的生产力提升。	合规性 9 指定合规的数据基础架构和文档流程，供同行遵循以获得法律批准。

图 2.8　9 种类型的数据科学项目只有 1 种（5 建模与 API 开发）以建模为中心

例如，在提供个性化推荐的简单案例中，用户演示图形信息可能来自用户提供的配置文件信息，以前的用户交易可能来自业务运营团队，过去的在线行为可能来自工程日志档案。仅仅是对输入数据的汇总和理解就需要与 3 个不同的团队进行讨论和协调。用于模式检测的历史数据源的可用性和一致性，以及随着产品功能的发展数据源的持续可用性，都是 DS 项目的潜在风险。

9 种常见 DS 项目中的每一种都有特定的项目目标和可交付成果。它们通常需要不同粒度的工作才能完成。表 2.1 详细说明了这些目标、可交付成果和资源估算。

表 2.1　9 种 DS 项目的目标、可交付成果和资源估算

项目类型	项目目标	项目交付	估计资源
跟踪规范定义	在数据驱动的社会中，必须跟踪产品功能的性能。需要定义和跟踪功能的核心指标和成功指标	一份文件，说明需要测量和跟踪产品/功能的哪些方面	1 个 DS，1～2 周
监控和推广	随着功能的推出，我们需要解释早期结果，以检测潜在的实现错误并跟踪完整性。有了适当的跟踪，我们还必须在核心业务指标的上下文中监控 A/B 测试和功能成功指标	接受跟踪功能并解释 A/B 测试结果并推荐发布	1 个 DS，1～2 周
指标定义和仪表板	在我们运营产品时，有机会开发指标以更好地解释和跟踪其有效性，并使用仪表板来运营更多的业务行动	定义的指标，通过仪表板指导业务运营，以及时交付数据	1～2 个 DS，2～4 周
数据洞察和深入研究	凭借对产品及其指标的深入了解，我们有机会发现产品功能中的差距并就新功能提出基于数据的建议	报告产品功能方面的差距以及针对新功能方向的具体建议以解决差距	1～2 个 DS，2～4 周

项目类型	项目目标	项目交付	估计资源
建模与 API 开发	我们有机会使用过去观察到的模式以一定的精度预测未来,并召回目标和部署路径以产生业务影响	通过模型部署和 A/B 测试对业务产生影响,并进行多轮改进	1～3 个 DS,8～20 周
数据丰富	我们有机会通过提取或推断的属性或对第三方数据源的引用来丰富数据集。丰富的属性可以简化指标构建或模型特征工程	具有记录准确性和覆盖率的丰富数据字段,旨在提高指标构建或特征工程的效率	1～2 个 DS,2～4 周
数据一致性	确保跨多个团队开发的指标是一致的。当产品多个部分的相似指标讲述不同的故事时,不一致会削弱客户和高管的信任	多个团队与一组一致的指标保持一致,这些指标在面向客户和高管的用例中部署和使用	1～3 个 DS,8～20 周
基础设施改善	通过重构通用工作流程或消除技术债务来提高 DS 效率。这包括用于 A/B 测试和因果推理的工具。改进可以为其他项目腾出宝贵的资源	部署改进并证明生产力提高	1～2 个 DS,2～4 周
合规性	确保数据收集和使用符合当地法律法规。这通常包括遵守 GDPR(General Data Protection Regulation)	合规数据基础设施规范;同行数据科学家可以遵循以获得法律批准的流程的文档	1～2 个 DS,2～4 周

作为 DS 技术主管,可以预见许多常见的故障模式。这里有 9 个,如下:

- 项目的客户没有明确的输入;
- 利益相关者未包括在决策过程中;
- 项目目标不明晰或未与公司战略保持一致;
- 受影响的合作伙伴不知情;
- 项目价值没有明确界定;
- 未定义交付机制;
- 成功的衡量标准不一致;
- 项目开始后公司战略发生变化;
- 数据质量不足以保证项目的成功。

项目的计划是非常重要的,其目的是尽团队的能力来解决这些故障,以避免浪费努力。特别是对于大型和复杂的项目,项目计划还有助于与合作伙伴团队保持一致,并协调和投入资源以执行公司战略。

以下是项目计划的示例模板:

① 项目动机:

　- 背景——客户、挑战和利益相关者;

　- 战略目标一致——所服务的公司的计划、影响和价值。

② 问题定义：
- 输出和输入规范；
- 项目成功的衡量标准。

③ 解决方案架构：
- 技术选择；
- 特征工程和建模策略；
- 配置、跟踪和测试。

④ 执行时间表：
- 执行阶段；
- 同步节奏；
- A/B 测试调度。

⑤ 预期风险：
- 数据和技术风险；
- 组织一致性风险。

项目计划的模板是相当多的。在讨论每个部分的目的之前是需要花时间和精力来做项目规划的。

1. 项目动机

对于任何 DS 项目,都应该有一个明确的客户来解决需要解决的挑战。客户必须能够收到解决方案并评估该解决方案是否成功解决了挑战。项目的客户可以是负责增加收入的业务合作伙伴,也可以是寻求提高效率的 DS 团队本身。

在需要多个团队的大型项目中,必须明确项目所服务的公司计划以及预期影响的规模,这样团队才能在推动公司计划的优先事项上保持一致。

2. 问题定义

DS 项目应该有一个简洁的输出,可以解决客户的挑战。例如,在客户获取渠道中提高用户转化率时,输出可以是交易倾向得分和何时跟进用户的阈值。后续行动可以重点针对潜在用户或非活跃用户进行联系,包括与在线聊天机器人或客户服务代表的联系。

在用户转换改进案例中,我们可以将输入指定为要收集的数据进行分析或建模的来源、字段和历史时间窗口,它们可能包括个人资料信息、先前的用户交易、过去的在线行为和当前会话上下文,例如,使用的设备、一天中的时间、平台(移动/桌面)或来自 IP 地址的地理位置。

项目成功的衡量标准可以包括当前情况下的基线转换率,以及项目要达到的目标,该目标既现实又有效,足以使投资物有所值。

3. 解决方案架构

解决方案架构概述了为解决挑战而做出的技术选择。这包括数据和建模平台、部署路径,以及与合作伙伴工程和产品团队在产品规格、跟踪规格和测试规格方面所需的任何协调。

明确项目的技术依赖关系对于项目的成功至关重要。在新生的 DS 团队中,基础设施风险很常见,因为某些基础设施组件以前可能没有大规模使用过。另外,在成熟的 DS 团队中,一些老化的基础设施可能很快就会被弃用。对于模型构建项目的配置、跟踪和测试,如果参考现有的工程流程,则应该提前规划出哪个环节需要与其他环节进行协调,以便该项目顺利开展。

4．执行时间表

执行时间表的两个重要组成部分是执行阶段和同步节奏。

（1）执行阶段

当开展 DS 项目时,可能会发现数据模式和业务影响中的许多未知数。项目方向和方法可能需要调整,以适应执行过程中的学习。

这种情况与精益启动方法下的条件非常匹配。在该方法中,Eric Ries 将这种情况定义为"在极端不确定的条件下开发新产品或服务"的团队。在这种情况下,Eric 强调了"构建、测量、学习"的迭代,该迭代侧重于基于阶段的最佳实践,以开发和学习最小可行产品（Minimum Viable Product,MVP）。

在努力开发数据驱动能力的过程中,第一阶段的目标是开发概念模型证明（Modeling Proof of Concept,PoC）,其中包括:验证数据源,定义输入和输出格式,设计最小的一组特征,定义指标和成功的衡量标准,创建一个像决策树或线性回归一样简单的最小可行模型以说明建模的可行性。其目的是在与产品和工程的集成规范保持一致之前消除数据风险（可用性、正确性和完整性）。

第二阶段可以是产品 PoC,其中成功标准和产品及工程规范是一致的,工程资源在关键阶段被提供,额外的输入功能被开发,模型被完善,A/B 测试被安排。从 A/B 测试结果中观察到,第二阶段的验证学习是评估能力/市场契合度。

第一个产品 PoC 可能不会产生预期的结果。为了在计划时解决"未知的未知",可以计划额外的 1~3 个构建、测量、学习循环,以学习、调整、构建、测试和评估新的数据驱动能力。

作为技术主管,有责任与合作伙伴建立切合实际的期望。MVP 阶段和构建、测量、学习的循环是确保资源能够有效分配的重要步骤。

（2）同步节奏

一个成功的项目通常需要多个团队交流学习成果并协作以产生业务影响。在每个精益创业迭代中,合作方将需要通过设计/规范审查来协调前进的道路,跟踪进度,并讨论结果和学习。

这些通信最好设置为每周同步。这创造了项目节奏,并使协调团队始终将项目放在首位。每周的进展还允许数据科学家将大型项目分解为可接近的部分,并促进沟通 DS 项目进度的透明度。

5．预期风险

有许多技术风险来源可能会破坏 DS 项目并阻止其实现其承诺的投资回报,包括:

- 新数据源——数据可用性、正确性和完整性可能存在风险。
- 合作伙伴重组——打乱之前与合作伙伴的合作;需要重新寻找新的合作伙伴。
- 新的数据驱动功能——必须发现并解决跟踪错误、数据管道问题、产品功能更新导致的人口流动和集成问题。

- 现有产品——功能升级可以改变指标和信号的含义。
- 解决方案架构依赖性——技术平台更新可能会破坏 DS 功能的运行。

当在项目计划审查中和项目阶段之间与合作伙伴保持一致时,上述内容可以当做一个建议,来预测和缓解常见故障。7.1.1 小节从项目管理的角度讨论了一组更全面的风险。

在担心这个项目计划看起来很广泛且耗时之前,要知道它不一定是必需的。书中每个小节的 3～5 个要点可以大大降低失败的风险并增加项目成功的可能性。

6. 项目管理:瀑布式还是 Scrum 式

DS 项目具有不同于典型软件工程项目的明显特征。3 个最重要的因素推动了许多项目管理考虑:

- 项目团队规模——涉及 1～2 名数据科学家,3～10 名工程师。
- 项目不确定性——依赖于数据的风险存在于工程风险之上。
- 项目价值——通过 A/B 测试证明,功能完成是不够的。

与软件开发场景相比,较小的团队规模需要具有较低协调开销的项目管理技术。不确定性的增加要求在架构设计上更加努力,以实现灵活性和更敏捷的流程,以便通过新的学习来适应和转向实施方向。展示项目价值的更大范围通常超出了交付规范中的验收标准的典型软件规划过程,这需要在规划中更加努力。

如果已经有偏好,那么请尝试保持中立态度 1 分钟。在瀑布式和 Scrum 式的项目管理流程之间,应该采用哪一个?

瀑布式项目管理是将项目活动分解为线性顺序阶段的过程。这些阶段包括:需求、设计、实施、验证和维护。这个过程是头重脚轻的,它要求将 20%～40% 的时间用于需求收集和设计,30%～40% 用于实施,其余时间用于验证。由于工程进度主要沿一个向下的方向流动,故名“瀑布”。

Scrum 式项目管理是一个快速敏捷的过程,用于管理复杂的知识工作,重点是软件开发。它最有助于发现和适应项目中出现的未知情况。该项工作在 1～4 周的时间周期迭代或冲刺中进行,然后在 10～15 分钟的时间中进行每日会议来同步进度。许多团队选择 2 周作为迭代或冲刺的长度。

关于 DS 项目管理的最佳方法,该领域已经进行了重要的讨论。一个成功的 DS 团队可以为不同类型的 DS 项目采用瀑布式管理方法或 Scrum 式管理方法。所以,需要根据项目的实际情况来决定。

表 2.1 说明了具有不同复杂性的不同类型的 DS 项目。

小型项目:需要一名数据科学家 1～2 周才能完成。此类项目包括跟踪规范定义以及监控和推出,这些通常具有较少的不确定性,并且可以在一个冲刺阶段内进行。

中型项目:需要 1～2 名数据科学家在 2～4 周内完成。此类项目包括指标定义和仪表板、数据洞察和深入研究、数据丰富、基础设施改进和监管项目。这些项目可能涉及与业务和技术合作伙伴的重要沟通和协调。计划有助于规划的执行阶段并同步进度,以适应不断变化的需求,协作的数据科学家和合作伙伴将新的学习考虑在内,以明确问题定义。该项目的实际长度可能会超过 2 个冲刺长度,因为业务和技术合作伙伴可能需要时间来评估更新并提供反馈。

大型项目：例如，建模、API 开发和数据梳理，通常需要 1～3 名数据科学家合作完成 4～10 个冲刺长度。这些项目不仅涉及技术解决方案，还涉及项目部署以推动业务影响。规划对于确保尽早消除关键项目风险至关重要。Scrum 式管理方法对于让所有团队成员（包括数据科学家、产品和工程合作伙伴以及业务利益相关者）在整个项目中保持同步至关重要。

总而言之，具有明确定义的小型 DS 项目非常适合采用 Scrum 式管理方法，并且计划开销最小。具有多种故障模式的更广泛的 DS 项目通常需要规划和调整过程。这些规划和调整过程可以适应不同阶段的特定学习。

2.2.3　权衡进度与质量，引导案例回顾和项目归档

作为 DS 技术主管，与团队一起有效执行 DS 项目需要在速度和质量、安全性和问责制以及文档和进度之间进行许多权衡。

1. 平衡速度和质量

作为项目经理，技术主管必须了解何时可以快速授权业务合作伙伴做出及时的业务决策，以及何时实践工艺艺术。在这种情况下，了解业务决策的粒度至关重要。这种平衡行为既有艺术性也有科学性。

（1）速度导向

可以以完成速度作为导向的业务决策。例如，数据科学家正在就数据洞察和深入研究项目中的潜在产品改进提出建议。一个典型的可交付成果可能会提出几十个增强功能，其中前 3～5 个建议优先。虽然数据洞察和深入研究应该有合理的方法，但建议的范围和影响可能会相差一个数量级。对顶级推荐的覆盖面和影响的估计可以强调速度，因为它们控制着通过或不通过的决定。如果许多顶级推荐具有相似的范围和影响，则在极少数情况下是可以改进估算值的。

（2）质量导向

当渐进式改进可能对业务产生重大影响时，强调质量就变得很重要。一个例子是解决技术债务的基础设施改进项目。2.2.2 小节讨论了一种基于阶段的方法，该方法使用建模 PoC 和产品 PoC 来消除项目风险，从而更快地做出项目通过或不通过的决策。这种方法会积累技术债务，导致手动操作可自动化地报告和分析，或者频繁的数据处理/建模作业失败成为数据科学家将模型重新上线的沉重负担。技术债务是一种工具，如果使用得当，则可以提高整体效率，关键是能及时偿还技术债务。

技术主管需要在速度与质量之间权衡，明确何时快速辅助业务伙伴及时做出商业决策，何时注重工匠精神，把项目做得精益求精。

作为技术负责人，当希望通过开发项目来消除拖慢他们速度的技术债务来提高团队的整体生产力时，一个常见的挑战是团队成员经常想要开发新功能，而团队经理不断收到来自业务合作伙伴的请求。

影响团队提高质量和偿还技术债务绝非易事，而且通常需要个性化的讲述来激励团队。一些团队成员可能会受到通过消除技术债务来提高项目迭代速度的激励。其他人可

能会受到项目的激励,重新架构和构建更可靠的建模基础架构。为了提高影响力,解决技术债务可能是一项减少运营开销的投资,因此未来可以有更多的能力来处理业务合作伙伴的请求。要使用准确的表达方式与团队成员和经理进行沟通,避免沟通过程中的障碍,从而提升质量。

2. 平衡安全和责任

无论我们多么仔细地计划和执行我们的 DS 项目,它们仍然可能由于未知的风险而失败。在使用新团队、新流程和新平台时,这通常是不可避免的。失败是人之常情,重要的是我们如何从失败中吸取教训。

这种学习过程在不同的组织中可以称为事后总结、学习回顾、事后回顾或事件回顾。事后总结过程会灌输一种学习文化,因此团队会发现改进的机会,否则就会失去这些机会。

寻找和归咎责任是人类的天性,但这往往适得其反。要从我们的过去中学习,我们首先需要一个准确的分析。发生了什么?观察到什么效果?期待什么?做了哪些假设?假设数据科学家或商业伙伴认为他们会受到惩罚。在这种情况下,他们可能不愿意分享失败的机制、机理和操作的真实性质,团队也不会从失败中吸取教训。John Allspaw 写了一篇关于这个主题的优秀博客文章 *Blameless postmortems and a just culture*。

数据科学家必须感到安全,才能准确地分享情况,才能开始有效的事后分析过程。但如何平衡安全与问责制?

与其惩罚团队成员,不如通过授权他们改进与失败有关的流程或平台来赋予他们责任。这可以从授权他们详细说明他们对失败的贡献开始。然后,让那些犯错的人成为专家,教育组织的其他人如何在未来不犯这些错误。当然,这说起来容易但做起来难。

如何在实施一个有效的 DS 事后进行总结?表 2.2 说明了两种可供学习的 DS 故障类型,包括部署故障和运行故障。

我们发现,在事件发生后的 2～3 天内及时对事件进行解析是最为有效的,此时团队成员对细节记忆犹新。这样,组织中的人也可以从过去的错误中吸取更多的教训。

表 2.2　部署故障和运行故障的五步流程

五步流程	部署故障 (未能按规格和时间启动)	运行故障 (未能按时产生正确的结果)
1. 小结	包括问题的背景、突出情况、影响以及情况是否可修复	包括事件的背景、突出情况、事件类型、长度、影响和修复
2. 详细的时间表	包括导致问题的事件顺序说明	
3. 根本原因	使用"五个为什么"方法确定根本原因,以发现事件发生的深层次原因,例如,如何与合作伙伴适时调整优先级	使用"五个为什么"方法确定根本原因,以发现事件发生的深层原因,如缺乏测试或由于缺乏自动化而导致的人为错误
4. 决议和恢复	包括缓解特定问题的潜在路径和时间表;包括特定事件修复背后的选择和原理	
5. 缓解未来风险的行动	通过路径和时间线解决根本原因,以系统地防止此类问题再次发生,同时不影响团队敏捷性	

在应对突发事件时,好奇心和与合作伙伴及队友的合作对于确认、分类、升级、优先排序、沟通、解决和从中学习非常重要。3.3.2 小节阐述了这些态度。

为了召集团队进行及时而严格的事后调查,可以通过与经理协调来推动团队和合作伙伴的参与,并在日程安排中优先考虑。5.2.2 小节描述了 DS 经理在事件解析过程中的协调工作。

通过与经理之间的协调,可以努力在组织中建立制度化学习文化。5.3.3 小节对此进行了详细阐述,其中的技能重点是人事经理。

3. 平衡文件记录和进度

文件记录是 DS 中的一个难题,因为它通常被视为项目进展过程中额外的工作。出于以下一个或多个原因,许多人质疑它到底多有用:

小型团队——大多数 DS 项目由 1～3 名数据科学家组成的团队执行,团队成员之间沟通良好。

新团队——许多 DS 团队都是新成立的,没有经历过项目交接,在这种情况下,文件记录就变得非常重要。

技术决策——许多 DS 决策都是高度技术性的,并且是在团队内部做出的,没有业务合作伙伴的广泛审查。

谁有时间——团队需要大量时间来处理新项目,而不是记录现有工作。

没有明显的位置——使用了许多工具(即电子表格、幻灯片、脚本),并且没有一个明显的位置来记录代码和数据。

随着团队的不断壮大,如果没有足够的文档,那么新团队成员的加入可能会变得非常低效。你可能已经观察到团队成员被类似的挑战困扰了好几天,而团队已经在开展相应的工作。

DS 文档的目的是使项目中关于数据、流程以及在此过程中做出的技术和业务决策制度化。文档的主要读者是未来的自己和新的团队成员,他们将加入团队并在良好的基础上继续开展工作。

那么,什么是好的文档? 好的文档不必冗长细致,但它必须具备以下 3 个属性:可再现性、可转移性和可发现性。

011

优秀的文档无需冗长复杂,但必须具备 3 个属性:可再现性、可转移性和可发现性。

(1) 可再现性

当人们可以使用相同的输入数据、处理步骤、方法、代码和分析条件获得一致的结果时,DS 项目被充分证明是可再现的。当一件作品是可再现的时,它增加了客户对结果的信心。

可再现性听起来可能很简单,但它充满了警告。例如,用于分析的输入数据通常从数据仓库聚合,在数据仓库中每天追加新数据。当新用户注册服务时,以及当我们从第三方来源为他们汇总历史交易时,历史数据可能会发生变化。为了使分析重现,查询文档不仅需要包括数据观察时间窗口,还需要包括数据聚合时间窗口。确切地说,如果正在分析

12 月份观察到的金融交易,还需要指定交易汇总截止日期,例如 1 月 5 日,因为某些交易的过账日期可能晚于您的截止日期。

另一个例子是使用需要一定范围的建模方法,如交叉验证样本选择、随机森林分类和梯度推进回归。为了便于再现,必须记录边界条件和随机种子。

当在下一次细化迭代中返回项目,将新结果与先前再现的结果进行比较时,这些再现性细节至关重要。

(2) 可转移性

可转移性描述了将学习从一个环境应用到另一个环境的过程。它是通过向文档的读者提供 DS 项目的上下文而建立的,因此读者可以确定学习是否适用于另一个本地上下文。可转移性的程度由读者进行评估。

良好的可转移性文档包含项目构成的业务背景,以及做出和验证的假设,重点是所使用的方法。如果在分析中发现了潜在的市场机制或基本的人类行为,那么也应该予以强调。简而言之,这些背景和基本发现为组织提供了超越特定 DS 项目本身的巨大长期影响。

(3) 可发现性

当 DS 项目的文档可以在以后某个时间点出现在团队成员的相关搜索结果中时,它是可发现的。有许多工具可用于协作文档,所有这些工具都有它们的亮点和不足之处。

维基在以协作方式整合多方面内容时非常有效。作者身份和版本控制是标准功能,内容管理系统附带了搜索功能。它还可以跨平台访问,并集成了针对有限受众的页面的访问控制。然而,表格和图形不太容易合并,电子表格功能也不像其他平台(如谷歌表格)那样得到很好的支持。

谷歌文档/表格和替代品也是不错的选择,其作者、版本和搜索功能都是标准配置。谷歌表格的功能相当全面,用于常规电子表格操作的功能,如排序、旋转和图形化。但是,它并没有直接连接到数据仓库数据源以获取新数据。

脚本编辑器是记录数据、代码、图形和上下文的最佳选择。然而,现在的脚本编辑器(例如,Jupyter 编辑器和 Databricks 编辑器)搜索功能很弱,与版本和存储库的集成还不如谷歌文档或维基那样自动化。

当前可发现性的最佳实践是使用维基或谷歌文档作为主要文档,记录上下文和业务决策,并链接脚本编辑器、电子表格,生产代码嵌入以完成文档。

2.3　专家知识——精通领域的精髓

专家知识是特定领域的见解,可以通过多年在某一领域实践 DS 而获得。这些见解包括业务机会、数据源限制和组织结构挑战,这些挑战可以扩大或减少 DS 项目在某个领域的影响。

如何引导关键项目的技术方向与业务目标保持一致?如何将项目计划丰富化,以便经理快速批准项目?项目团队应该注意哪些基本数据源限制?如何通过组织约束来推动项目成功?作为 DS 技术负责人,注意这些区别并学会应对这些机会、限制和挑战有助于领导项目走向成功。

本节的重点是通过严格应用专家知识来提高项目的成功率。可以通过 CAN(Clarify，Account，Navigate)流程将专家知识带入项目中去：

- 了解组织愿景和使命，阐明业务背景；
- 关注领域特性，明察数据偏差；
- 评估组织成熟度，了解行业格局，明确商机。

在"阐明"(Clarify)部分，我们将讨论如何利用组织愿景和使命来帮助澄清项目的技术方向，并制定一个五点叙述，以帮助明确想法，并在项目方向上与经理保持一致。在"说明"(Account)部分，我们提供了 3 个不同行业的数据限制示例，试图强调专家知识在预测和减少项目陷阱方面的价值。在"导航"(Navigate)部分，我们提供了一个框架，用于解释组织中 DS 基础设施的成熟度，并使 DS 解决方案适应可接受的行业规范，从而为顺利实施铺平道路，并产生积极的影响。

2.3.1　了解组织愿景和使命，阐明业务背景

作为技术负责人，团队需要提供与业务环境相一致的技术指导。在执行项目之前，你和项目团队是否了解 DS 项目在组织中的战略定位？它是产品还是功能？你想验证什么假设？

阐明项目团队的业务背景首先需要解释组织愿景和使命。愿景是一个组织期望的未来位置。这是一个梦想，一个团队的指南，其主要目标是激励和创造整个公司的共同目标感。使命定义了公司的业务、目标以及实现这些目标的方法。它是组织的首要目标，应该是可测量的、可实现的、理想情况下鼓舞人心的。使命与愿景的含义是有区别的。

012　为团队明确业务背景的前提是能先深度解读组织的愿景与使命。愿景描绘组织的未来方向；使命可以阐明业务定位、目标及实现路径，为团队提供清晰的指引。

愿景和使命可共同指导公司发展到超过 100～200 名员工。当超过这个规模时，公司的重点和决策过程可能会被行政团队的意图所掩盖，因为它通过一个或两个管理层传播。8.2.1 小节讨论了主管领导的 DS 如何在公司的愿景和使命中引入 DS 能力。

作为 DS 技术负责人，应该对愿景和使命的定义方式保持敏感，并检查当前项目的一致性，以便你的工作和团队的工作能够与执行团队预期的方向保持一致。具体而言，项目应是：

- 重要的；如果不这样做，将对公司产生负面影响；
- 有用的；这样他们就可以在公司的使命中不断进步；
- 值得一试的；这样他们就能以低风险产生良好的投资回报率。

下面让我们看几个例子：

- LinkedIn(领英)——领英的愿景是为每个成员创造经济机会。它的使命是将世界各地的专业人士联系起来，使他们更加高效和成功。

  领英的 DS 项目包括提高成员的工作效率，使其能与能够促进其职业发展的工作相匹配，并帮助销售专业人员更高效地识别公司中的关键决策者，以寻找潜在的销售机会。这些项目与创造经济机会和提高成员生产力密切相关。

■ OkCupid(奥克丘比特)——奥克丘比特的使命是服务于最基本和最具变革性的人类需求,通过有意义的关系和深厚的社会联系找到爱和幸福。

2014 年,奥克丘比特发布了一系列 A/B 测试结果。在一项测试中,奥克丘比特登记了算法认为 30％、60％和 90％匹配的成对客户。对于每一组,奥克丘比特告诉三分之一的人他们是 30％匹配,三分之一的人是 60％匹配,三分之一的人是 90％匹配。这样,三分之二的人群故意显示出不准确的匹配百分比。

虽然这是 DS 的典型实验装置,具有技术优势,用于评估匹配分数的有效性,但许多人,尤其是经历过复杂关系的人,可能会强烈感受到该实验的故意欺骗性。3.1 节更深入地讨论了此类研究中的道德挑战。

作为 DS 技术负责人,当在公司任务的背景下检查该项目时,会发现一致性吗?这种暗示实验的欺骗性力量是否符合"通过与深层社会联系的有意义的关系找到爱和幸福"这一人类需求的使命?

在这种情况下,作为一名技术领导者,需要站出来将专业领域知识应用到项目中,使其与公司的愿景和使命保持一致。

2.3.2　关注领域特性,明察数据偏差

在不同行业使用的数据源中存在许多特定领域的偏见、不准确和不完整的地方。它们经常出人意料地出现在经验不足的数据科学家身上,拖延了项目的里程碑,有时还导致重要项目的彻底失败。

作为一名经验丰富的 DS 技术负责人,有责任解释数据源的细微差别,并在实现项目成功的道路上预测、识别和缓解数据偏差、不准确和不完整的地方。

013

> 领域数据源的细微差异经常会出乎意料地影响项目进度甚至导致项目失败。技术主管需要预估、识别并控制排除数据的偏差、不准确性和不完整性,以确保项目的成功。

偏差是指收集的数据与所代表的人群之间的系统性差异。不准确的数据在某些方面歪曲了事实。不完整的数据是指未完全收集的数据。

这些基本数据限制通常来自于收集和处理数据的标准方法,是对降低项目失败率非常有价值的专家知识。

让我们通过 3 个案例研究来检查数据源的细微差别:
■ 网络会话;
■ 地理定位;
■ 金融交易。

1. 案例 1:网络会话

当用户与网站交互时,会记录交互以分析和了解用户行为,这可用于改进未来访问的个性化。

■ 假设——某些用户状态由每个 Web 客户端以分布式方式存储,而某些用户状态则集中存储在服务器上。客户端状态存储在浏览器中的 HTTP 缓存中,以维护 Web

会话内和跨 Web 会话的状态。

- 定义细微差别——Web 会话被定义为客户端和服务器之间的一系列交互，然后是不活动的时期，没有明确的端点。端点不是显式的，因为用户可以随时结束其交互操作。他们可能会分心或失去兴趣，继续从事其他工作。

哪些基本数据限制会导致 Web 会话数据的偏差、不准确性和不完整性？

- 偏差——对于经常更新内容的网站，机器人爬虫（Robot Crawler）是自动检查网站更新的程序，可能占网站上交互的 90% 以上。网站是欢迎机器人爬虫的，尤其是来自搜索引擎的机器人爬虫，因为它们可以在搜索中显示 Web 内容。为了对网站上的人类行为进行有意义的分析，必须过滤掉自动机器人爬虫，以消除其行为的影响。自动机器人爬虫倾向于探索网页上的所有元素，而不仅仅是人类感兴趣或相关的元素。

- 不准确性——网页有时可能在其实现中存在缺陷，从而导致存储的客户端状态不正常。即使修复了缺陷，那些不正常的客户端状态也可能无法恢复。如果客户端没有重新访问该网页，则存在问题的客户端将不会重置。存在的缺陷将会对以后涉及用户状态的分析产生长期影响。在分析用户状态时，我们必须了解任何历史客户端错误，并在分析或建模中对其进行说明。

- 不完整性——由于 Web 网页的交付机制，在线收集数据时总是会丢失数据。此外，出于隐私原因，用户始终可以清除缓存，这会导致客户端上存储的交互历史记录丢失。为了评估 Web 网页由于其交付机制而导致的数据丢失程度，可以使用客户端状态来跟踪与服务器共享了多少操作，并且每个操作都可以发送一个序列号。这种技术已经成功地在传输控制协议（Transfer Control Protocol，TCP）中用于跟踪客户机-服务器连接。在这种情况下，我们仅使用序列号评估分析数据收集的可靠性，不要求数据传输的完整性，可能会在用户体验中造成性能瓶颈。

这些 Web 会话数据中的专家领域知识示例是 Web 会话分析中必须考虑的常见偏差、不准确性和不完整性区域。在大型 DS 组织中，不同技术领导处理这些数据细微差别的一致性可能会影响不同团队的度量和建模结果的一致性。

作为 DS 技术负责人，会发现了解项目中的这些常见偏差、不准确和不完整区域是有益的，这样就可以产生业务合作伙伴可以信任的一致性分析结果。这是很多，但你会发现更好地理解和管理这些是非常值得的。

2．案例 2：地理定位

为了提供基于位置的个性化服务，如驾驶方向或餐厅推荐，或者为了了解互动环境，如在办公室、度假或家中，我们需要了解用户的地理位置。

- 假设——地理位置数据通常是从移动设备收集的。有多种方法可以获取位置信息，包括：通过移动设备上的内置 GPS、发出请求的 IP 地址、基站三角测量或附近的 Wi-Fi 热点或信标强度。

- 定义细微差别——在解析收集的位置数据时存在细微差别。地球是一个椭球体，在赤道处更鼓。GPS 使用的系统是 WGS84。WGS84 与谷歌地图（Google Maps）和必应地图（Bing Maps）略有不同，后者采用更直接的方法，并假设地球是一个球体。由于地球形状假设的差异，地图的应用程序坐标与本地地图匹配时，如果不进行校准,可能会偏离 20 km。出于国家安全或个人隐私的目的,国家有时会故意混淆,我们在解析地理位置数据时需要注意这些细微差别。

哪些基本数据限制会导致地理定位数据的偏差、不准确性和不完整性?

- 偏差——通常,出于隐私原因,地理位置数据仅在应用程序正在使用时才从移动设备收集,因此收集的地理位置与应用程序使用模式相关。有些应用只在工作或家中使用;其他的在旅行时使用。收集到的地理位置信息将是移动设备在不同应用程序中访问过的所有位置的一个子集。

- 不准确性——4 种地理定位信息源具有不同的系统误差:① GPS 定位可能容易受到大都市地区高层建筑、隧道或山区的信号干扰;② 使用 IP 地址作为地理位置收集源的人容易受到使用 VPN 或代理的人的影响,这些 VPN 或代理会修改来自请求的 IP 地址;③ 信号塔三角测量法容易受到信号塔数据库更新程度的影响;④ Wi-Fi 三角测量易受信号可用性的影响。例如,偏远地区可能缺乏 Wi-Fi,非固定移动热点可能会给位置解析造成不准确性。

- 不完整性——在使用应用程序时,设备可能无法连接到互联网,例如,当用户外出旅行或者出国旅行时。应用程序收集的 GPS 数据可能不会立即传输回服务器。即使在传输时,地理位置时间序列也可能无法完全存储和转发。

从地理位置数据得出结论时,必须考虑这些数据的细微差别,以便为客户提供差异化服务。此外,欺诈者可能会利用这些技术差距欺骗服务,向不合格的客户提供促销或贷款。

作为 DS 技术负责人,了解这些类型的地理位置数据细微差别可以帮助评估项目的风险,从而更好地确定项目的优先级,并规划对组织成功至关重要的项目。

3. 案例 3:金融交易

许多金融健康应用程序都希望能够全面了解用户在多个机构账户中的金融交易,从而提供更好的个性化金融建议。

- 假设——用户通过提供用户名和密码向不同的机构进行身份验证,从而授权来自多个金融机构的数据聚合。

- 定义细微差别——根据业务关系和技术集成,数据的准确性、完整性和及时性可能会有很大差异。

哪些基本数据限制会导致金融交易数据的偏差、不准确性和不完整性?

- 偏差——有两个关键的偏差来源:到达和时间。到达偏差是由用户对特定金融健康应用程序的用户财务状况的不全面看法造成的,因为用户可能在各种金融机构持有账户。虽然可以通过数据聚合服务从其他金融机构聚合数据,排名前 12 位的金融机构覆盖了 80% 的银行账户,但仅在美国就有超过 10 000 家金融机构。为所有金融机构的所有用户可靠地汇总交易可能是一个持续的挑战。

  时间偏差是由不同金融机构的聚合频率造成的。聚合交易可以是 1~5 天。例如,当刷卡时,银行可以立即看到交易,但聚合器可能在 1~2 天内看不到这些交易。依赖聚合器的金融健康公司可能在未来 1~2 天内无法看到这些交易。聚合过程中数据延迟的不确定性造成了时间偏差。

- 不准确性——不准确性可能有两个来源:时间和用户行为。时间不准确性是由未决交易和已结算交易之间时间的行业规范造成的。例如,当客户在周六晚上用信用卡支付餐费时,信用卡可能有一笔未决交易。当顾客增加小费时,会有一个对账过程,餐馆可能会在一两天后公布最终金额。

用户行为触发的不准确性是由账户连接之间的账户交易对账引起的。当用户不经常访问其财务账户时,他们可能会忘记其凭据,需要重置密码。每次重置密码时,账户上的事务聚合绑定都会中断,需要重新建立连接。当交易聚合器重新加载交易时,同一天相同金额的一些交易可能会被错误地复制或取消复制,导致不准确。

■ 不完整性——数据不完整性至少有两个来源:访问和连接。由访问导致的不完整性来自于这样一个事实,即并非来自用户的所有账户都始终链接。某些账户在某个时候可以访问,但是当用户在没有通知财务健康应用程序的情况下更新密码时,账户连接将中断,导致聚合交易不完整。

连接导致的不完整性来自于数据聚合中使用的不同类型的链接。数据聚合器与它们从中聚合数据的金融机构有层级的联系。可以与金融机构进行紧密的点对点集成,通过标准 API 进行连接,或者通过抓取金融账户的网页进行连接。交易日期、描述和金额等主要数据字段通常可用。但是,诸如唯一交易 ID、商家位置数据和商家分类代码(Merchant Categorization Code, MCC)标签等交易详细信息在集成度较低的数据连接中可能不可用。这意味着聚合的交易可能没有很好地标记,从而导致账户之间可能存在未正确匹配的交易,进而导致对用户现金流的误解。

这些偏差、不准确性和不完整性是专家知识,可以让你预测金融领域 DS 项目的许多复杂性。作为 DS 技术主管,了解这些类型的金融交易复杂性可以帮助确定优先级并制订切实可行的项目计划,以对业务产生影响。

本小节以网络会话、地理定位和金融交易为例,展示了专家知识的深度。此处描述的偏差、不准确和不完整区域可能对理解通过尽力而为的方式传输的其他数据、从多种技术收集的其他数据以及来自不同机构的其他数据聚合产生影响。

作为 DS 技术主管,可通过以下方式处理域问题:

■ 将数据细微差别识别作为所在领域的专家知识;
■ 尊重有专家知识的团队成员,填补团队的知识空白;
■ 对建立这种专家知识作为企业价值的来源保持敏感;
■ 与其他 DS 团队以及业务合作伙伴公开分享专家知识,以更好地优先考虑和计划可以提供更显著业务影响的项目。

2.3.3　评估组织成熟度,了解行业格局,明确商机

组织结构是通往项目成功之路的另一个不确定性来源。指引该领域涉及两项技能:内部评估 DS 组织的能力和成熟度;外部指引 DS 组织之外的业务合作伙伴的组织结构。

在内部,DS 组织的成熟度高度依赖于数据技术平台能力。这些能力可以决定项目团队能够以多快的速度成功执行项目。DS 也是一项团队运动。在 DS 组织之外,业务合作伙伴的组织结构决定了 DS 项目的目标与业务合作伙伴任务的一致性程度。

在本小节中,让我们检查一下 DS 功能内部和外部的组织结构指引。

1．评估 DS 组织的成熟度

DS 组织的成熟度是通过它产生影响的速度来衡量的。以 DS 团队的建模能力为例，图 2.9 展示了将智能注入业务功能和用户体验以产生业务成果并产生战略影响的 5 个成熟度级别：

数据科学建模的重点成熟阶段

特定性	功能性	集成	治理	文化
专注于潜在用例的PoC，从数据采购和清理开始。 一些有希望的早期结果。	识别用例；成功启动几个项目；与业务流程的临时集成。 难以实施。	专注于融入更广泛的业务流程，推出了许多成功的项目；为DS选择的企业软件。 在多个级别使用A/B测试。	专注于具有智能功能的强大中间件架构，可灵活组合到新产品中。 每个功能的A/B测试和斜坡。	在每个业务线和功能中探索预测用例；定期发现和实施的高价值用例。 与分析和数据工程的无缝集成。

图 2.9　DS 组织的成熟度

- 特定性——预测能力的机会刚刚形成；没有数据基础设施，因此项目必须从数据采购和清理开始。生产力很低，因为在产品中实施和部署模型需要大量协调。
- 功能性——一些用例已成功启动并取得了积极成果。该解决方案在与业务合作伙伴协调和推出新功能方面的可靠性和效率仍然存在挑战。
- 集成——有一个与业务合作伙伴协调以启动新的预测功能的有效流程。预测功能正在被部署到广泛的业务功能和用户体验中。A/B 测试方法正在多个级别的产品中使用，包括前端 UI 和后端算法。
- 治理——自动校准预测模型，并积极监控输入数据的偏差。预测功能被整合到中间件中，以灵活地服务于各种产品场景。A/B 测试应用于每一个产品的变更。
- 文化——每个业务线和职能部门都在 DS 中抓住机会。合作伙伴团队定期就新的高影响用例进行阐述和协作。新功能与 DS 的分析和数据工程方面无缝集成。

作为 DS 技术主管，可以校准 DS 组织的当前成熟度。它可以帮助预测 DS 项目在成功之路上可能遇到的潜在障碍。要绕过这些潜在的障碍，可以确定特定的数据源、数据处理管道或部署可能比其他人更成熟的环境，以构建 DS 解决方案以加速产生影响。

2．浏览业务伙伴的组织结构

在传统行业建立 DS 项目时，完全合理的 DS 项目可能会在现有业务组织结构中遇到部署挑战。了解商业伙伴在传统行业的运作方式对于提高 DS 项目的成功至关重要。

这种组织专家知识可以分为 4 个部分：

① 了解传统产业格局；

② 明确 DS 带来的商机；

③ 强调 DS 产生业务影响的组织挑战；

④ 提出项目成功的替代路径。

传统行业存在独立于 DS 关注点的痛点。了解行业格局中这些痛点的复杂性可以让你更好地与业务合作伙伴保持一致。DS 提出的商机指明了 DS 解决行业痛点的路径,并说明了 DS 对业务和行业的影响。

组织架构挑战凸显了传统行业根深蒂固的组织瓶颈,无法通过一两个项目快速解决。

项目成功的替代路径解决了组织结构挑战,并提供了克服根深蒂固的组织瓶颈的不同路径。为了说明如何做到这一点,让我们看一个在金融行业消费贷款中应用 DS 的案例研究。

- 传统产业格局——信贷是一种金融工具,可以促进一个国家的经济发展。就像在餐馆吃饭,你可以先吃饭,饭后付款,信用允许人们先消费,然后付款。信贷在促进经济发展方面的有效性取决于将信贷只提供给有能力偿还的人的能力。然而,东南亚、南美和非洲的许多国家还没有成熟的金融体系,无法可靠地评估其大部分人口的信用状况。DS 对这种可靠评估信誉的方法是有帮助的。

- 商机——在许多还没有完善的金融系统的国家,智能手机的使用已经无处不在。智能手机的使用可以为评估一个人的信誉提供信号。贷款应用程序可以使用智能手机上的数据来预测信用记录很少的人的信用状况。

    借贷中的欺诈行为十分猖獗。以 15%～36% 的利率全额偿还的个人贷款通常会产生相当于贷款金额 3% 的利润。如果贷款是欺诈性的,贷方将损失 100% 的贷款金额。有组织的欺诈可以迅速使贷方破产。由于还款通常按月进行,因此第一次还款通常是在贷款发放后 30 天。直到贷款发放数月后才能发现欺诈行为。DS 可以筛选从智能手机使用模式中收集的数万个特征,以有效预测贷款申请人欺诈和信用风险的可能性。

- 组织架构挑战——在传统的消费借贷业务中,信用风险和贷款运营团队可以设计分离。这种组织结构的设立是为了防止因降低贷款标准而增加贷款量的经营压力。降低贷款标准可能会导致短期贷款量增加,但会导致长期财务损失,因为过多的低质量贷款开始拖欠。

    传统银行业的 DS 团队通常建立在业务运营方面,因为 DS 的许多应用程序适用于营销、销售、客户服务和贷款催收团队。通过与各种功能协作,可以收集许多信号来解释移动数据,以评估潜在的信用和欺诈风险行为。然而,信用风险团队的结构并未与运营团队进行广泛的合作。

- 项目成功的另一种途径——在一项消费贷款业务中,预计将 DS 知识从运营转移到风险职能部门可以获得显著的商业利益。建立了一条首先与欺诈调查团队合作的路径,其中需求在本质上更具操作性。项目的范围是为了识别可能的欺诈案件,以便在欺诈调查中优先考虑。

    通过 DS 和欺诈调查团队之间紧密配合,我们进行了超过 30 周的跨职能深入研究。结果,在数以万计的实验特征中发现了 100 多个高效特征。欺诈预防方面的改进帮助公司每年节省超过 3 000 万美元的欺诈损失。

    虽然消费贷款公司的信用风险和运营方面保持分离,但 DS 团队能够维护一个包含 100 多个高效功能的池,允许风险团队有选择地使用这些功能的子集来构建他们的信用风险模型。

组织专家知识,就像上面为金融行业说明的知识一样,对于识别合作风险和解决方案部署风险至关重要。在传统行业中领导 DS 项目时,能够应对这些组织结构挑战对于 DS 技术负责人来说是一项非常宝贵的能力。

2.4　自我评估和发展重点

祝贺你通过能力部分成为有效的技术领导!这是你在使用 DS 为组织产生更显著影响的旅程中的一项重大任务!

技术主管能力自我评估的目的是通过以下方式帮助你内化和实践这些概念:

- 了解你的兴趣和领导优势;
- 通过选择、练习和复习 (Choose, Practice, and Review, CPR) 过程精通一到两个领域;
- 制订优先实践和执行计划以进行更多 CPR。

一旦开始这样做,就会勇敢地采取步骤,承认自己作为个体的有限性,以发现个人的局限性,认识到优势,并为前进的道路获得一些清晰的认识。

2.4.1　了解自己的兴趣和领导能力

表 2.3 总结了本章讨论的能力领域。最右边的一列是用于勾选的区域。没有判断,没有对错,也没有任何特定的模式可以遵循。

如果已经了解其中一些方面,那么这是围绕现有的领导力优势构建叙事的好方法。如果有些方面还不熟悉,那么从现在开始,这是评估它们是否对日常工作有帮助的机会!

表 2.3　DS 技术主管能力的自我评估领域

能力领域/自我评估			?
技术	框定业务挑战,优化项目的商业效益	在使用 DS 产生后见之明、洞察力、远见卓识或情报时评估机会和影响	
	深探数据特性,优选特征和模型	警惕理解数据特征,例如决策单位、样本大小、稀疏性、异常值、样本分布/不平衡和数据类型	
		灵活使用简单和复杂统计、基于分类的分析、聚类分析和图分析的特征工程创新	
		使用基于动量、基础、自反或混合策略的建模策略的清晰度	
	评估方案成熟度,建立客户对项目的期待值	使用 4 个置信度来设定模型在推荐和排名、辅助、自动化以及自主智能体方面的能力的成功预期	

续表 2.3

	能力领域/自我评估		?
执行	深究问题背景,划分项目优先级	提出问题背后的问题以承担获得业务成果的个人责任	
		通过评估 3 个细节层次来确定 DS 项目的优先级;创新和影响;评估范围、影响、信心和努力(RICE);与数据策略对齐	
	解析项目种类,策划/管理进度	解释项目类型,同时指定项目目标、可交付成果和估计资源	
		跨 5 个关注领域规划项目:项目动机、问题定义、解决方案架构、执行时间表以及预期风险	
		项目管理:根据项目团队规模和不确定性程度,利用最好的瀑布和 Scrum 技术	
	权衡进度与质量,引导案例回顾和项目归档	平衡速度和质量、安全性和问责制以及文档和进度	
专家知识	了解组织愿景和使命,阐明业务背景	关注领域特性,明察数据偏差	
	关注领域特性,明察数据偏差	考虑领域中的假设、定义的细微差别、偏见、不准确性和不完整性	
	评估组织成熟度,了解行业格局,明确商机	内部:评估 DS 组织的成熟度;外部:了解行业格局,明确商业机会,突出组织挑战,并提出项目成功的替代途径	

2.4.2 实施 CPR 流程

确定领导力和潜在发展领域后,可以通过为期两周的签到来尝试简单的选择、练习和复习流程:

- 选择——从表格中选择一到两个项目进行处理。例如,可以首先选择了解组织的愿景和使命,以获得更多的专家知识。
- 练习——对于参与的每个项目,练习选择从事的技能。如果选择更好地了解公司的愿景和使命,可能需要在公司的网站上查看它们,阐明项目的技术方向,并找到项目与愿景和使命契合或不契合的示例。
- 复习——在两周内给自己安排一次会议以检查掌握情况,并返回本书的这一部分,以评估现在是否对技能有了更好的理解或掌握。可以选择继续前进以进一步发展技能或进入下一个 CPR 周期。

对于自我审查,可以使用基于项目的技能改进模板来帮助你在两周内组织行动:

- 技能/任务——选择从事的技能或任务。
- 日期——在两周内选择一个可以应用该技能的日期。
- 人——写下可以应用技能的人的名字,或者写下自己。
- 地点——选择可以应用该技能的位置或场合(例如,与经理或团队一对一地讨论某项目的下一步)。

■ 审查结果——与以前相比,表现如何? 相同? 更好? 还是更差?

通过在自我审查中让自己对这些步骤负责,你可以开始发挥你的优势,并揭示你技术领导能力中的任何盲点。

2.4.3 制订优先级、实践和执行计划

在完成几个 CPR 周期后,应该深入了解如何使用技术领导能力的要素。要养成自我提升的习惯,请注意正在使用的最佳实践以及其他团队正在使用的最佳实践。如果发现自己热衷于将这些最佳实践整合到自己的日常工作中,我们建议将优先级、实践和执行计划放在一起。

优先级—实践—执行的计划是一组 CPR 周期,用于构建自我改进计划,以便在几个季度内成为 DS 中更具自我意识、强大和体贴的技术领导者。可以使用每个 CPR 自我审查来展示进步。在 CPR 周期的工作中,许多数据科学家还在与另一位 DS 合作伙伴的合作中找到了同行支持,使彼此都能负起责任。技能需要时间来建立。当你提高自己的能力时,在同伴支持方面对自己和伴侣要有同理心。你可以通过 4 个级别观察进度:

① 无意识的无能——没有意识到自己缺少一些技能。

② 自觉无能——意识到自己缺乏一些还不能练习的技能。

③ 自觉胜任——努力练习技能,可以自我评估成功。

④ 无意识的胜任——将最佳实践成为习惯,可以毫不费力地使用它们。

当作为技术主管具备这些技能时,将能够产生更显著的业务影响。接下来,你可以确定你的兴趣是追求技术性更强还是管理性更强。

如果你正在追求技术性更强的路径,请查看 4.1 和 4.3 节了解技术人员级别的里程碑,查看 6.1 和 6.3 节了解主要员工级别的里程碑。如果你追求的是一条更具管理性的道路,并有机会担任团队领导,你可以在本书后面的章节中循序渐进,第 4 和 5 章讨论了 DS 团队领导力,第 6 和第 7 章讨论了 DS 职能领导力,第 8 和第 9 章讨论了公司领导力。

2.4.4 DS 技术主管的注意事项

如果你正在使用技术、执行和专家知识来评估团队成员,那么本书中讨论的主题是每个领域的期望。该内容适合指导技术主管在职业生涯如何做得更好,而不是阻碍其晋升。事实上,如果 DS 技术主管在其中一些领域表现出能力和美德,那么他们可能是应对人员管理挑战的优秀候选人。

小　结

■ 技术是工具和最佳实践的手段,可用于构建业务问题、发现数据模式并设定成功预期。

 – 在构建业务问题阶段,不仅要为业务决策提供后见之明、洞察力和远见,还要通过预测智能功能推动客户行动,努力产生更显著的影响。

 – 在发现数据模式阶段,要保持警惕以正确理解数据特征,与合作伙伴在特征工程方面进行创新,并提供与领域基本机制相一致的建模策略的清晰性。

 – 考虑到可用的模型准确性,与客户建立合适的信心水平,以达到预期效果。

■ 执行是在从模糊的需求中指定项目时,为了项目成功而必须实践的;对项目进行优先排序、规划和管理;并在艰难的取舍之间取得平衡。

- 在指定项目时,避免以任务为导向,并提出问题背后的问题,以便承担个人责任,在项目中产生最佳业务成果。

- 在对项目进行优先级排序、规划和管理时,根据范围、影响、信心和努力(RICE)以及与数据策略的一致性来评估项目;用简单明了的项目计划解决常见的项目失败模式;并根据项目的特点利用瀑布式或 Scrum 式的方法来管理项目。

- 在速度与质量、安全与责任、文档与进度之间的艰难权衡中,提高团队的长期生产力。

■ 专家知识可以通过多年的 DS 实践获得特定领域的洞察力,并且可以清晰地体现在识别业务环境、解释领域数据源的细微差别以及指引组织结构方面。

- 在识别业务环境时,检查项目是否与组织的愿景和使命一致。

- 在考虑特定领域的细微差别时,有关数据源假设、定义、偏差、不准确和不完整的知识有助于避免代价高昂的失败。

- 在组织结构指引中,可以评估 DS 组织内部的团队成熟度,并发现 DS 职能之外的团队结构挑战,以找到启动成功项目的替代途径。

参考文献

[1] E. Robinson and J. Nolis, Build a Career in Data Science. Shelter Island, NY: Manning Publications, 2020.

[2] B. Godsey, Think Like a Data Scientist. Shelter Island, NY: Manning Publications, 2017.

[3] V. A. Ganesan, 2013.

[4] H. He and E. A. Garcia, "Learning from imbalanced data," IEEE Transactions on Knowledge and Data Engineering, 2009.

[5] N. V. Chawla, "SMOTE: Synthetic minority over-sampling technique," Journal of Artificial Intelligence Research, 2002.

[6] M. Asay. "85% of big data projects fail, but your developers can help yours succeed." Tech Republic. https://www. techrepublic. com/article/85-of-big-data-projects-fail-but-your-developers-can-help-yours-succeed/.

[7] J. G. Miller, QBQ! The question behind the question: Practicing personal accountability at work and in life, TarcherPerigee, 2004.

[8] E. Ries, The Lean Startup. New York, NY: Crown Publishing Group, 2001.

[9] J. Allspaw. "Blameless postmortems and a just culture." Code as Craft. https://codeascraft. com/2012/05/22/blameless-postmortems/.

[10] Mark D. Wilkinson et al. "The FAIR Guiding Principles for scientific data management and stewardship," Sci Data. 2016; 3: 160018. Published online 2016 Mar 15. doi: 10.1038/sdata. 2016.18.

[11] J. Chong, "Deploying AI in Mobile-first Customer-facing Financial Products: A Tale of Two Cycles," [Online]. Available: https://www. youtube. com/watch? v=_GNikKSOBwM.

第 3 章 领导项目的美德

本章要点

- 作为 DS 的职业操守,以客户的最大利益进行经营;
- 适应业务重点,自信地传授知识;
- 遵守科学严谨的基本原理;
- 监控异常情况,负责创造企业价值;
- 保持积极的态度,具有坚韧精神、好奇心和协作精神。

在领导中,美德往往比能力更受重要。虽然我们可以通过团队中人才的正确组合来弥补能力上的差距,但美德上的差距可能会导致项目失败,甚至更糟,对业务产生负面影响。希腊哲学家亚里士多德说,美德是一个人养成的习惯行为,它来自于多年的行善实践,以造福于自己和社会。它们是别人在没人注意的时候可以信任你去做的事情。

作为一名技术领导者,以积极的态度实践道德和严格的习惯性行为,对于形成作为DS 领导者成功的性格至关重要。当在道德、严谨和态度这三个维度一直坚持时,就更有可能对组织和职业发展产生重大影响。我们还观察到,当数据科学家忽视其中一个或多个维度时,他们可能会陷入困难的境地,此时则必须接受指导,或者在某些情况下需要被管理。

我们这里所说的道德、严谨和态度是什么意思?

- 道德——工作中的道德行为标准,使你能够避免不必要的和自我造成的崩溃。数据科学家的职业道德有很多方面,包括数据使用、项目执行和团队合作。
- 严谨——让科学家对数据结果产生信任的技巧。严格的结果是可重复、可测试和可发现的。严谨的工作成果可以成为创造企业价值的坚实基础。
- 态度——处理工作时的情绪。数据科学家应该具有克服失败的毅力,并保持好奇心和团结协作的精神。同时,我们还应该尊重合作中的个性表达。

美德应该适度地践行。做得太多和做得不够一样糟糕。例如,过于严格可能会导致分析瘫痪和犹豫不决。严格程度太低可能会导致有缺陷的结论,这可能会导致负面结果,并失去高管和业务合作伙伴的信任。你可能见过一个或两个极端的例子,让我们更详细地研究一下这些维度。

3.1　道德——秉持行为的准则

作为一名数据科学家或从业者,可以访问大量数据来为客户服务。这些数据可能会影响金融市场评估公司企业价值的方式,或者可能会对用户的财务状况、健康状况或地理位置敏感。我们如何处理委托给我们的数据,尤其是在没有人查看的情况下,这是我们道德标准的体现。

我们将 DS 中的道德定义为该领域的职业行为标准。这些道德规范旨在实践而非理论。对于 DS 技术主管,我们将讨论 3 个专业行为领域:

- 尊重用户利益和隐私,注重社会影响;
- 敏锐观察项目演变,了解缘由,主动沟通协调;
- 及时总结分享项目成果、解决方案、经验心得。

我们推荐的这些做法,能够避免不必要的和自我造成的崩溃。第 3 章是关于詹妮弗在工作中对团队的信任的表述。这些实践还可以为积极、敏捷和高效的工作环境提供机会。

3.1.1 尊重用户利益和隐私,注重社会影响

数据从业者通常可以访问并处理敏感数据。例如,在共享骑乘行业,数据科学家可以访问骑乘者的详细交易记录,包括骑乘者的日常活动、医院就诊或其他周末活动。在在线约会行业,数据科学家建立了可能改变生活的夫妻匹配算法,并进行了情感影响的 A/B 测试。

在这里,道德有 2 个方面含义:

- 以对客户福祉的敏感性和同理心提出问题,而不是提出自己不想被问及的问题;
- 对顾客的幸福感进行敏感和同情的实验,而不是对顾客的情感幸福感产生负面影响的实验。

1. 不敏感地使用 DS

2012 年臭名昭著的"荣耀之旅"(Uberdata:the Ride of Glory)博客就是一个关于不敏感使用 DS 的道德问题的例子。Uber 的一名员工通过分析乘客在周五或周六晚上 10 点到凌晨 4 点之间到一个陌生地点的乘车情况,然后在 4~6 小时后在离下车地点十分之一英里的范围内再次乘车,从而推断出可能发生一夜情的情况。虽然从 DS 的角度来看,分析是合理和严格的,也没有发布个人信息,但选择这个话题的品味很差,削弱了乘客的信任。

"荣耀之旅"的分析对 Uber 这家公司产生了巨大的社会反响。这种类型的分析被制作、社会化并发表的事实表明,在 2012 年,对乘客行为分析中提出的问题不敏感是可以接受的。

作为一名技术领导者,你是保护公司不受不道德行为侵害的第一道防线。内部道德指南可以使数据分析向着保护客户的方向发展。

014

> 技术主管是守护公司数据科学道德底线的第一道防线。你内在的数据科学德行认知可以帮助你及时调整可能损害客户利益的分析方向。

一种用来评估某件事是否会被视为对客户不敏感的技术是应用所谓的《纽约时报》规则,或者叫主要报纸规则。道德行为的常识规则是,你不应该在公共或私人场合做任何你介意在报纸头版报道的事情。

假设"荣耀之旅"博客的作者在进行分析之前使用了《纽约时报》规则来评估其合理

性。在这种情况下,他们可能已经认识到这个话题的高度争议性和潜在的风险性,并且也将会采取不同的行动。

一些分析和实验可以突破《纽约时报》的规则,即使它们可能在短期内损害用户体验,但在长期内有益于用户体验。例如,在网页上投放更多或更少的广告,以提高企业的盈利能力,更好地服务于未来的客户,或评估网页加载延迟对网页参与度的影响,通过有意放慢某些网页的加载速度来证明工程投资的合理性。

2. 对顾客情绪健康的影响

DS 深刻影响客户情绪健康的一个例子是 OkCupid 以博客形式发布的 2014 年 A/B 测试结果系列。该实验招募了几对顾客,他们的算法表示匹配率分别为 30%、60% 或 90%。对于每组,该应用程序告诉其中三分之一的人,他们的匹配率为 30%;另三分之一的人,他们的匹配率为 60%;最后三分之一的人,他们的匹配率为 90%。通过这种方式,三分之二的人被故意展示了一个不准确的匹配百分比。这种类型的实验具有技术优势,但也会对客户的情绪健康产生负面影响。

如何评估 DS 手段何时可能越过道德底线?道德研究的三个原则可以帮助我们评估一个具有挑战性的情况:

- 尊重他人——要尊重客户。在进行实验时提供实验的透明度,并保持真实性和自愿性。
- 慈善——保护人们免受伤害,并将风险降至最低,使利益最大化。
- 公正——确保参与者不受剥削,并在风险和利益之间保持公平。

这样做会不会过分?毕竟,改变屏幕上显示的匹配分数有可能对参与者造成重大的心理伤害?

OkCupid 实验跨越了从尝试新功能到欺骗或暗示实验的界限,该实验侧重于人与人之间关系的行为实验。想想那些认为自己终于在平台上找到了自己一生挚爱的人的情感创伤,就像匹配分数所显示的那样,他们只是在人生的黄金岁月里浪费了宝贵的时间来寻找生活伴侣。你希望这些实验在不知不觉中对你进行吗?欺骗性实验引发了许多关于用户是否受到尊重的问题。

进行这项实验的数据科学家可能最想证明 OkCupid 匹配分数是有价值的,可以被客户信任。然而,这种暗示实验如果在没有透明度和自愿性的情况下进行,实际上可能会损害客户的信任。在未来,客户将不知道他们什么时候可能会接受另一项测试,并且可能不再信任分数。俗话说:"愚我一次,其错在人;愚我两次,其错在我。"

3.1.2　敏锐观察项目演变,了解缘由,主动沟通协调

业务优先级可能会迅速变化。作为 DS 技术负责人,当管理的项目被搁置,团队被要求专注于其他事情时,你会怎么做?从根本上说,团队成员对组织的责任是执行业务的优先级。许多类型的 DS 项目可能需要 8～20 周(见表 2.1),当业务需要团队在这些大型项目完成之前处理更紧急的事情时,技术主管必须帮助团队成员和合作伙伴适应变化。

技术负责人在管理项目变更时需要考虑 4 个方面:

- 识别需要注意的变化。
- 理解变化背后的原因。

■ 与团队成员和利益相关者沟通。

■ 记录当前的进展并继续前进。

图 3.1 说明了这 4 个问题,下面将逐一介绍它们。

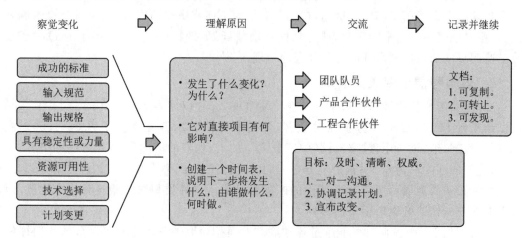

图 3.1　向团队和利益相关者有效传达变更的 4 个步骤

1. 识别需要注意的变化

在 DS 项目中,情况不可避免地会发生变化。作为技术领导者,让团队和合作伙伴主动了解任何的变化至关重要。合作伙伴通常对项目要交付的时间节点很敏感,如项目计划中所述,但你可能没有意识到他们对这些时间节点很敏感。

沟通中应该包括谁?答案是应该包括项目计划进展过程中的所有合作伙伴。你可以在项目动机背景部分找到它,如 2.2 节所述。

这些需要注意的变化有哪些示例?

■ 成功的衡量标准——当项目的动机发生变化时,它可能不会影响项目的 DS 部分,但可能会影响工程实施部分。例如,当成功指标从短期参与转变为长期参与时,预测下一个最佳行动的 DS 工作可能保持不变。然而,计算指标的频率可能会发生变化,并保证不同程度的工程复杂性。

■ 输入规格——数据类型、数据格式和更新频率的输入规格可能会因文档错误或合作伙伴升级而更改;有些是有计划的,有些是没有计划的。与所有合作伙伴共享这些更改非常重要,因为某些更改可能会对用户体验、隐私和法规产生严重影响。

■ 输出规格——数据类型、数据格式、预期精度或更新频率的输出规格可能会因特征提取、建模环境或需求变化的意外限制而改变。这种变化将对依赖于产出的下游服务产生明显影响,并应及时沟通。

■ 技术选择——由于系统限制、更新或资源可用性的变化,技术选择可能会发生变化。这些可能会对输出规范产生意想不到的影响,因此必须进行沟通。

■ 功能稳定性或强度——尽管检测到的功能稳定性或强度变化是建模细节,但它们可能是系统问题或市场趋势造成的,需要更广泛的团队仔细观察,并应及时沟通。

■ 资源可用性——当资源可用性发生变化时,及时通知合作伙伴团队可以帮助他们调整时间节点,以适应或帮助团队进行升级和恢复资源(如果资源被带走)。

- 计划变更——由于内部冲突或延迟,或由于外部环境变化,团队的计划变更时,及时通知合作伙伴可以帮助他们调整计划或升级,以重新评估优先级,使项目回到正轨。

在所有这些情况下,与团队和合作伙伴的及时沟通对于建立和维护信任至关重要,同时尽可能帮助项目保持正轨。优先级的变化可能有很多原因:管理层发生了变化,相关项目被加速或延迟,或者由于技术、政策、经济或自然灾害的干扰而改变了商业环境。

还记得第 1 章中的詹妮弗吗? 她是一名技术负责人,擅长与公司内的商业伙伴沟通,不怕在项目范围扩大的过程中导致的项目延期。让我们把她牢记在心,同时检查接下来的 3 个步骤,了解她如何在自己的团队中更好地沟通变化。

2. 理解变化背后的原因

理解变化背后的原因可能并不容易。如果管理层发生了变化,了解新经理的风格和以往经验至关重要。与新经理以及之前与他们共事过的人交谈,尽可能多地收集信息。作为技术负责人,这项行动是必需的,因此你可以更好地预测即将到来的一系列新需求。

如果是相关项目的提前或延迟导致了变更,那么了解根本原因以及领导的特定项目之外的影响非常重要。这可以帮助你在规划新优先级时了解任何次要影响,例如 A/B 测试计划的优先问题。

如果这种变化是由商业环境的变化引起的,比如技术创新的中断、政府政策的变化、经济的扩张或衰退或者自然灾害造成的特殊情况,那么你就应该开阔视野,了解组织如何应对这种情况,以及接下来的几步可能是什么,以帮助团队成员预测接下来会发生什么。

有时候,仅仅完成当前的项目可能是有一定意义的。但这是一次与经理的对话,可以确保决策符合组织的最佳利益。然而,当你做出商业决策时,你是需要贯彻执行的。

此时,项目团队成员正在期待你下一步做什么。在了解情况后,应该与经理协调,向团队成员清楚地阐明这些变化。

清晰的沟通包括以下内容:

- 发生了什么变化以及为什么会发生?
- 它对当前项目有何影响?
- 接下来的时间节点,谁应该做什么以及什么时候做。

3. 与团队成员和利益相关者沟通

在变化时期,团队成员依靠技术线索为潜在的混乱局面带来确定性和清晰性。这种交流需要迅速进行,因为信息在当今的即时通信渠道中传播得很快,来自其他渠道的错误信息(有时是谣言)可能会破坏团队成员之间的信任。除了团队成员之外,还必须将任何变更告知所有利益相关者,包括可能不知道变更影响的产品和工程合作伙伴。

在决定接下来要做什么时,你可以从快速评估是否所有必要的资源都可用于处理新的优先事项开始。此时,经理会感激你为新的方向找出潜在的障碍,这样团队就有了一个可行的工作计划,你和你的经理都致力于此。

我们在传达变更的过程中,以下是一些需要记住的最佳实践。有效沟通变更的目标是以及时、明确和权威的方式进行沟通。一个有效的方法是从一对一的交流开始,然后协调变更计划,并宣布一致通过的变更计划,同时向大家征求任何问题或意见:

- 一对一沟通——与产品合作伙伴、工程合作伙伴和其他合作伙伴进行直接和正面沟通可以建立信任,并让合作伙伴有时间准备与其团队沟通。对于小的变化,可以像在公司业务沟通平台上发布的一条消息一样简单,无论是 Slack、Teams 还是其他服务。

- 协调变更计划——如果需要进行任何调整或升级,各方可以在变更计划上保持一致,这样在宣布变更时,就不会让更多团队对下一步的行动感到困惑。
- 宣布变更计划——宣布一项变更计划,这为其中的团队提供了一种确定感,因此问题可以通过适当的解决方案计划来预测。这些提醒还可以帮助合作伙伴领导与他们的团队建立信任和权威。对问题或内容持开放态度可以帮助你理解任何尚未解决的领域。

这个过程可能看起来很麻烦,但随着时间的推移,它可以帮助我们建立业务合作伙伴之间的信任,并帮助 DS 技术负责人,与团队建立权威,使变更公告变得清晰且由解决方案驱动。

4. 记录当前的进展并继续前进

在记录当前项目进展时,可以参考 2.2.2 小节中的项目计划结构,并清楚地说明将停留在项目的哪个阶段。记录解决方案的体系结构、当前进展以及迄今为止所做工作中消除的风险是非常有必要的。

如果有部分开发的代码,则必须确保注释反映到目前为止所做的事情,并为有待开发的模块提供高级占位符。当选择一个半开发的项目时,最痛苦的经历之一是注释与代码等文档不匹配。

那么,什么是好的文档? 如 2.2.3 小节所述,良好的记录不一定要冗长细致,但必须满足以下 3 个条件:

- 可再现性——能够使用相同的输入数据、处理步骤、方法、代码和分析条件获得一致的结果;
- 可转移性——能够在多种情况下运行;
- 可发现性——能够在以后某个时间点出现在团队成员的相关搜索结果中。

到目前为止,有了一套清晰的进度文件,可以更新任何记录,并做好准备,处理团队的新优先事项。

至于第 1 章中的詹妮弗,现在她已经更好地理解可以用来更好地与自己的团队沟通的 3 个步骤,她可能会:① 在业务合作伙伴发起项目变更时,向他们询问问题背后的问题;② 及时、清晰、权威地传达变更及其背景;③ 记录当前工作并继续前进。通过这些实践,詹妮弗和她的队友都可以获得更好的体验。

3.1.3 及时总结分享项目成果、解决方案、经验心得

在为客户提供可交付产品之外的 DS 项目中,会产生重要的学习成果。例如,学习来自测试的数据源、使用的工具、做出的假设和开发的方法,如图 3.2 所示。

作为 DS 技术负责人,其道德或职业行为标准包括尽可能多地获取和传播所学知识并传递给团队成员,以便团队的经验和专家知识可以随着时间的推移而积累和发展。

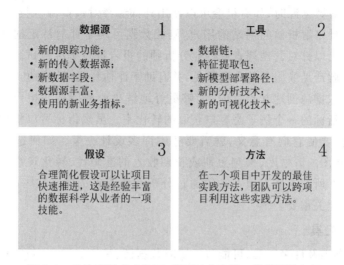

图 3.2 无论项目成功与否,都可以分享的 4 种类型的知识

015 作为技术主管,你需要主动捕捉并高效传播团队的学习成果,以推动经验和专业知识的持续积累与沉淀,为团队长期成长奠定坚实基础。

你可能会说,说起来容易做起来难,因为很多学习都发生在数据科学家的日常工作中。有时,数据科学家甚至会因为与同行分享简化和假设的细节而感到尴尬。在与数据和算法的日常争论中,代码和分析还可能包括有时看起来很混乱的快速试验和错误。在分享方面,数据科学家通常更愿意分享结果,而不是他们为获得结果所采取的步骤。

我们如何鼓励团队成员之间更开放地分享文化?这些学习应该是什么样的?

1. 数据源

许多 DS 项目正在定义新的跟踪功能以生成新的数据源、探索新的传入数据源、检查现有数据源中的新数据字段、使用第三方数据丰富数据源或使用现有数据源创建新指标。

在定义新的跟踪功能以生成新的数据源时,要思考以下问题,例如,新的跟踪功能提供了哪些机会?现有跟踪功能有哪些限制,而新的跟踪功能将解决哪些限制?实施时间节点是什么?最新的跟踪数据可能会使哪些项目受益?是否有早期版本的跟踪功能在新版本上线时将被弃用?哪些项目可能需要更新其数据源?这些问题对于与 DS 同行分享很重要,但在仅向产品和工程业务合作伙伴展示可交付成果时往往会被忽略。

在探索新的传入数据源时,数据源的可用性、正确性、完整性和一致性是其他希望使用该数据源的 DS 团队成员有兴趣了解的方面。这些简单的指标评估起来可能很耗时,任何用于监控或评估它们的基础设施都可以显著加速未来的 DS 项目。

在检查现有数据源中的新数据字段时,数据分布以及与其他现有字段的内部一致性是重要的内容。与同一数据源内或跨数据源的其他数据字段的任何一致性问题都特别重要,因为数据一致性问题很难在产品组织之间发现和解决。

在大型组织中的一个真实事件中,跟踪问题表现为指标不一致,一年多未解决;修复后,跟踪问题估计会导致数千万美元的损失被幸免。在检测到数据不一致时,认真评估数据不一致的影响可能很有价值。

在使用第三方数据源时,如有机会可以使用外部参考对数据源进行基准测试。例如,如果使用年龄估计来解析访问网站的用户,则此数据可用于针对特定地区的人口统计进行基准测试。也可以针对营销调查或行业分析师的报告进行基准测试。此类信息可以帮助团队更好地了解产品或服务的人群偏见,并有助于评估替代营销渠道。

在使用现有数据源创建新指标时,能够更好地解决业务问题并指导业务运营是非常重要的指标。其指标的一个例子是客户获取的转化率。虽然指标可以像两个数字之间的比率一样简单,但要使它们有意义,就需要考虑许多设计决策。如何选择特定的转化阶段,以平衡转化意图的清晰度、预测短期或长期收入的准确性、转化观察窗口的长度以及所需的观察次数?所有这些方面都必须通过分析和调查来选择。这些内容对于 DS 团队成员之间的分享至关重要。

2. 使用的工具

DS 项目可能涉及许多工具,可能包括实时数据链、特征提取包、新的模型部署路径或新的分析技术。

实时数据链会给特征提取带来独特的挑战,因为许多特征工程的程序都是在成批的历史数据上执行的。一些标准体系结构和技术可用于实时数据链,如 Lambda 体系结构和增量处理。任何处理实时数据链的局限性和经验都有助于与同行数据科学家分享。

特征提取包可以从标准 NLP 包到图形数据库和算法,再到用于向量嵌入的深度学习包。在探索新特性时,使用这些工具的细微差别可以加快同行数据科学家在未来项目中使用相同的工具。

新模型部署路径对于 DS 展示业务价值至关重要。它也是最需要与业务伙伴协调的组件。用于特性渐变、A/B 测试和跟踪的工具及实践中的任何更改,以及最终结果都必须与团队共享。

如果正在使用一种新的分析技术来回答有关业务的关键问题,可能还需要与团队分享这一点。例如,对于我们无法进行 A/B 测试的分析,基于历史数据的观察,因果推断是一种流行的方法。使用各种因果推理技术的最佳实践和模板是与团队分享的好话题。

新的可视化技术可以更简洁地传达关键信息。例如,群体收入贡献的插图可以突出不同年份的客户在整个客户生命周期中的价值,这可以激发跨营销渠道或跨地理区域的可视化。

3. 做出的假设

即使是外观简单的 DS 项目也可能存在复杂性,需要进行一些假设才能产生结果。例如,为了推导出一套用来检测客户获取渠道中异常情况的业务规则,需要做出许多假设。客户获取渠道的观察窗口应该多长?用户获取和用户激活之间的转换时间窗口应多长?在一天中的某个时间段、一周中的某几天和一个月中的某几周,用户的行为模式是什么?银行工作日和国家法定假日会影响交易吗?除这些假设外,人口结构变化、收购流程更新和广告信息调整都可能影响跨客户收购渠道的异常检测。

对许多数据科学家来说,在一个项目的初始版本中暴露简化的假设可能会让他们感到尴尬和不严格。作为技术领导者,我们都应该谦逊并理解,假设是必要且必不可少的,可以将我们的时间优先用于分析最重要和敏感的因素。快速做出合理假设是执行决策的关键能力,尤其是在决策信息不完整的情况下。当团队成员做出适当的假设时,一定要指出并称赞他们。当做出不恰当的假设时,应温和地引导,尽量不要批评。

更重要的是,通过理解和分析结论对所做假设的敏感性,建立结构化的知识。例如,如果能证明结论在观察时间窗口为一半或两倍的情况下保持不变,就可以通过在同一时间段内运行两倍的实验来显著加快速度。

当你与团队成员明确地分享所做的假设时,团队成员就可以理解结论的局限性,并且能够将更多的时间和资源用于需要验证的领域。

4. 开发的方法

在从事 DS 项目时,可能会开发出团队可以在未来项目中利用的方法和最佳实践。例如,DS 团队经常参与通过 A/B 测试验证的新功能。在通过 A/B 测试引导功能时,可能会先向 1% 的用户启动功能,然后再向 10%、50% 和 100% 的用户启动功能,因为团队对新功能的有效性逐渐有了更多的信心。你可能会问:我如何才能做出能够平衡速度、质量和风险考虑的决策?当你分享制定的最佳实践时,这种方法可以让广泛的团队受益。

至于第 1 章的技术负责人詹妮弗,她可以通过鼓励团队的高级成员与他人分享他们的学习成果来提供建立身份的机会。这是一个很好的用来突出项目中可以产生企业价值的方式。共享所检查的数据源、使用的工具、做出的假设或开发的方法,可以使最佳实践的好处从个人层面快速扩展到团队层面,并构成技术领先者对公司价值的重要组成部分。

3.2　严谨——强化高水准的实践

对于所有 DS 工作来说,建立信任是非常宝贵的。对数据和建模的信任很大程度上来自于数据科学家对待这个问题的严谨态度。合作伙伴希望你的工作在科学上是严谨的,而保持严谨的责任掌握在你手中。

严谨体现在你处理技术、执行和专家知识的方式上:

- 技术——DS 所立足的科学方法论的基础。
- 执行——严格部署和维护数据平台及系统。
- 专家知识——为创造企业价值所承担的责任。

上述 3 方面内容是在第 2 章中讨论的能力,因为严谨体现在一个人的能力中。现在,让我们在严谨的背景下逐一探索这些问题。

3.2.1　遵循严谨的科学原理,避免逻辑陷阱

DS 严谨性借鉴了科学严谨性机制,该机制分为 4 个阶段:项目设计和审查、执行实验、发表前的同行评审和发表结果。作为 DS 技术负责人,你可以使用此严谨机制作为工具或技术,在 DS 项目的所有同等阶段进行培养:

① 项目设计和审查——目的是确保资源以最有效的方式用于最有希望的工作。2.2 节描述了将 DS 项目与客户和业务合作伙伴进行优先排序、精心设计和协调的过程。

对于许多拥有高级学位的数据从业者来说,DS 项目计划可以被视为科学提案。审查过程是提高高潜力项目成功率的早期反馈机制。

② 执行实验——这是科学方法的核心,它以明确的假设来制作一个控制实验,测试

它,并不断迭代,直到有效的学习可以被验证。这是解决方案的架构、分析、模型构建以及对 DS 假设的 A/B 测试。这一阶段不会受到同行的直接审查。科学和道德的严谨都是由 DS 的技术领导者推动的。

③ 发表前的同行评审——小规模的同行评审的目的是根据科学严谨性的 5 项原则尽早发现问题:冗余的实验设计、合理的统计分析、错误的识别、避免逻辑陷阱和道德诚信。

内部项目审查也是一个分享从检查的数据源、使用的工具、做出的假设和开发的方法中获得的经验教训的机会。3.1.3 小节更详细地讨论了这些问题。

④ 发表结果——发表结果的目的是让学习能够被发现和转移,以便他人能够复制和重新构建。这对应于交流见解以推动业务战略和路线图,或在产品中推出预测功能以推动 DS 中的智能用户体验。

2010—2020 年期间,许多从业者进入 DS 行业,并获得了来自邻近领域的高级科学学位。这些研究经验为该领域的科学严谨性提供了广泛的背景。

近年来,许多针对 DS 的本科和硕士课程在教授 DS 技术和执行方面变得有效。然而,科学方法的严谨性很少被教授。有些人可能会说,严谨需要练习,而不是传授。

016 科学方法的严谨性很少通过传授获得,有些人认为严谨更应在实践中培养而非单靠教学。

你应该对这些背景差异保持敏感,并在缺少背景的情况下,温和地指导数据科学家遵循 5 项科学严谨原则。通过这种方式,你可以在数据科学家项目中坚持以下 5 个严格标准,以确保客户和合作伙伴对你的项目的信任:

■ 实验设计中的冗余;
■ 合理的统计分析;
■ 识别错误;
■ 避免逻辑陷阱;
■ 学术上的诚信。

科学严谨的 5 项原则如何应用于 DS 领域?下面让我们来看看。

1. 实验设计中的冗余

好的实验设计包括在建立和进行实验之前定义清晰的假设。结果应通过受控在线实验进行验证,其中 2 个随机选择的样本呈现不同的体验,唯一的区别是被测试的特征。随机化是为了确保 2 个样本都能代表总体。

实验设置应该足够灵活,可以在不同的维度上重复和分析,这意味着在不同的时间范围,在不同的地理区域,针对不同的操作平台等。我们想要的是设置提供复制、泛化和敏感性检查,以获得值得信任的结果。

例如,2012 年的一项测试,如图 3.3 所示,改变了微软 Bing 搜索引擎显示广告的方式,并将收入提高了 12%。仅在美国,这一变化就带来了每年超过 1 亿美元的额外收入,且不会影响关键的用户体验指标。每年在 Bing 上都会进行超过 10 000 次实验,但导致如此显著改进的简单功能却很少。该实验在很长一段时间内重复多次,以增加结果的冗余度和可信度,并最终验证了结果。

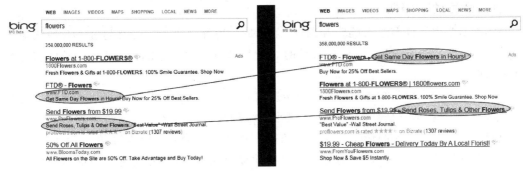

图 3.3　在微软 Bing 搜索引擎上进行的一项对照实验,
其中部分描述被推广到结果标题,导致收入增长 12%

虽然对照实验可以告诉我们,我们可以通过一些统计力量从新功能中预测业务影响,但它们并不能解释导致结果差异的潜在机制。底层机制必须由技术负责人与产品和工程团队合作进行解释。这些解释可以在设计实验时产生新的假设,以验证和放大所发现的好处。

新的假设可能与先前结果的概括有关。这些预测的实验为原始发现的有效性提供了额外的证据。扩展了之前的 Bing 示例,这一改进导致将上下文引入广告标题部分的进一步改进。

为了进一步提高实验的严谨性,可以测试设置的扰动,以了解结果对其他系统环境变量的敏感性,例如,字体颜色、算法相关性和页面加载时间等。

2. 合理的统计分析

虽然成为数据科学家的先决条件是熟练掌握概率和统计数据,但这些技能和最佳实践可能不会平等地应用于工作的所有方面。数据科学家在研究输入数据的统计特性时往往很谨慎。尽管如此,当使用双样本 t 检验来决定实验在实施过程中何时显示具有统计意义的结果时,我们需要注意许多细微差别。

例如,使用双样本 t 检验时假设基础变量是正态分布的。在对子样本均值进行 t 检验时,可能需要引用中心极限定理,因为子样本均值遵循正态分布。

我们已经了解了 2 个原则,还有 3 个科学严谨的原则。

3. 识别错误

测量数据来自我们周围的世界,它们都有测量误差。误差有 2 个组成部分:系统误差和随机误差。系统误差也称为偏差,它们可能是由平台缺陷、有缺陷的实验设计或不具代表性的样本造成的,例如,某个地区的人口具有特定的人口特征,与总体人口统计数据不同。

随机误差可能来自实验中的采样过程。在受控的在线实验中,我们可以计算随机误差的大小,作为测试设置的功率。功率是检测变体之间差异的概率,以存在差异的事实为条件。当测试和对照之间没有差异时,可以排除无效假设的可能性。行业标准是在我们的测试中达到 80%～95% 的功率。严谨的技术负责人将了解测试过程中系统性和随机性误差的来源,并帮助团队评估结果是否可信。

4. 避免逻辑陷阱

实验科学中有许多逻辑陷阱和谬误,尤其是在解释结果时。已有超过 175 种认知偏差被记录。让我们来讨论 DS 中最常见的 3 个逻辑陷阱:确认偏差、否认先行条件和基本速率谬误。

确认偏差的发生与欲望对信念的直接影响有关。当人们希望一个想法或概念是真的时,他们最终会相信它是真的。这往往是出于一厢情愿。当迄今为止收集到的证据证实了他们希望自己是真实的信念时,有确认偏差的个人往往会停止收集信息。

回避确认偏差的一个很好的方法是严格地提出无效假设,并使用实验证据来反驳每个无效假设。然后,我们将寻找在实验中收集的足够证据,以拒绝置信阈值(通常为 95%)的无效假设。

否认先行条件一般发生在我们混淆了因果关系和条件因果关系时。导致错误结论的典型例子是:奔跑的人一定是活着的,一个睡觉的人并不是在跑步,因此,所有睡着的人都死了。这显然是错误的。

这个例子似乎很明显,但如果我们不小心,也可以很快得出结论:包含位置信息的个性化算法会获得良好的参与度。特定算法不包含位置信息。因此,该算法将获得不良的参与度。这个结论是有缺陷的,与前面陈述的逻辑不符。

当在低事件率的人群中部署了高精度分类算法时,会发生基本速率谬误。这是由未经训练的人脑在处理概率和可能性方面的固有困难造成的。

让我们用一个来自医学领域的真实数据作为例子。流感病毒的快速流感诊断试验(Rapid Influenza Diagnostic Test,RIDT)的敏感性为 70%,特异性为 95%。如果在一个有 10 000 名学生的大学里,每 100 名学生中就有 1 人感染流感病毒,并且所有学生都接受了一次测试,那么测试的准确率会是多少?

一个人的直觉可能会给出 70%～95% 之间的数字。如表 3.1 所列,如果进行计算,测试的观测准确度(即测试呈阳性的学生中感染的人数)将为 $70/565 \approx 12.4\%$。这就是为什么不建议对所有人都进行这些检测,只对有症状或感染风险高的人群进行。

这 3 个常见的谬误经常在项目设计评审与最后的结果和建议评审中被发现。在评估中间结果和重复实验时,作为一名严格的技术负责人,你必须意识到这些人类天生存在的逻辑陷阱,并帮助团队绕过它们。

表 3.1　快速流感诊断测试的基本速率谬误说明

类　别	感染人数	未感染人数	共　计	观测准确度
检测呈阳性	70	495	565	
检测呈阴性	30	9 405	9 435	$70/565 \approx 12.4\%$
共计	100	9 900	10 000	
备注	70%敏感性	95%特异性		

5. 学术上的诚信

学术上的诚信是科学严谨的一种心态。这是对那些与自己的假设不相符的细节的承认。这些细节往往是新的理解和更好的假设的第一步。学术上的诚信还包括承认早期的工作,以及将自己的观察结果与他人的观察结果相协调的过程。

对于 DS 技术负责人来说,保持学术上诚信的严谨性包括确保与假设不一致的观察结果也被分享,所有合作者都获得了信任,并引用了早期工作的参考文献。

正如这 5 项原则所说明的,科学的严谨性是多方面的。在这 5 项原则中,没有一条原则可以单独定义严谨性。正如《严谨的科学:指导之道》(*Rigorous Science:A How-To Guide*)一书的作者所言:"如果解释依赖于逻辑谬误或缺乏学术诚信,那么即使是最谨慎的实验方法也不严谨。"另外,严谨的原则可以是协同的。例如,逻辑方法和对错误的认识可以在实验设计中产生更多有目的的冗余。

"如果解释依赖于逻辑谬误或缺乏学术诚信,那么即使是最谨慎的实验方法也不严谨。"

—— Casadevall and Fang

作为 DS 技术负责人,你有责任坚持所有 5 项原则,以确保项目和结果被认为是严谨的。

3.2.2　持续跟踪算法部署表现,及时排查异常结果

威廉·安东尼·特维曼(William Anthony Twyman)创造了特维曼定律,该定律指出:"任何看起来有趣或不同寻常的数据或证据都可能是错误的!"当我们看到一个异常好的结果时,我们倾向于围绕它构建一个叙述。当我们遇到异常糟糕的结果时,我们倾向于将其视为实验框架的某种局限性而加以否定。然而,大多数情况下,极端的结果是由日志错误或计算逻辑错误造成的问题。为了便于理解异常或极端结果,我们需要能够验证跟踪能力,以及在代码级别和数据级别检测和诊断这些结果。

1. 验证跟踪能力

为了严格跟踪过程,仅检查跟踪事件的可用性是不够的。它的正确性和完整性也需要测试。

如果数据以错误的或缺少重要信息的格式出现,那么正确性可能会失败。例如,缺少时间表的时区标签;有过多的空条目;或者具有不同类型的空值,如 null、none 和空字符串等。

如果不是所有信号都被可靠捕获,那么完整性可能会失败。这可能是因为互联网固有的模式而为交付机制导致某些浏览器抑制某些类型的请求,或者代码可能包含实现错误。可以通过从客户端发送带有序列号的消息来检测日志中的不完整性。这是网络中TCP 协议中使用的一种众所周知的技术。通过查看接收方接收到的序列号的完整性,可以估计通道的可靠性。

2. 代码层面的严谨性

在有效的跟踪下,防御性的代码技术,例如,声明、交叉检查和交叉验证,可以帮助你在进行逐层分析或构建模型时提高代码层面的严谨性。

声明是程序中某个特定点上的布尔表达式,除非程序中存在错误,否则它始终为真。当声明不满足时,程序的执行就会停止。通过这种方式,正确性问题可以在发生时立即检

测到,然后再传播到分析的后续部分。这种技术的缺点是,当声明错误触发时,它可能会中断执行程序。因此,声明应该保留给逻辑上不正确的输出,例如,非空输出,或者输出中的行数和输入中的行数不一致的情况。

交叉检查使用科学严谨中讨论的冗余原则,从不同的分析角度得出结果。常见的角度是自上而下的,其中估计值是作为整体的一部分产生的;当估计值是作为贡献部分的总和产生的时,是自下而上的。交叉检查可以快速发现缺失数据或未分类数据可能超出分析范围的问题。

交叉验证保持相同的方法或计算,并从可用数据中选择多个随机样本,以查看该方法或计算是否足够稳健,从而得出相同的结论。交叉验证可以快速检测出一个有趣的结果是否是一个不寻常的数据采样的结果。

3. 数据层面的严谨性

数据层面的严谨性在 DS 中至关重要,因为在部署分析或构建模型后,模型的操作环境可能会发生变化。这可能发生在 2 种主要情况下:

- 数据的分布发生了变化。
- 特征的含义发生了变化。

数据分布的变化也被称为协变量转移。当训练和测试输入遵循不同的分布时,基本的函数关系保持不变。一些例子包括:

- 一个信用卡审批算法,在一个广告渠道的数据上进行了训练,可以应用于新广告渠道的申请者,该渠道的客户组合不同。
- 一个预测预期寿命的人寿保险模型可以通过训练集中吸烟人群的极少数样本来建立,但在实践中可能会有更多的人吸烟。

特征含义的变化也被称为概念漂移。在概念漂移中,输入和输出之间的关系发生了变化,需要在输出中产生相同含义的输入也在变化。一些例子如下:

- 当经济经历繁荣或萧条周期时,借款人的还款能力也会随着他们的工作保障而上下波动。
- 随着医学上的突破性进展,某些既往疾病患者的预期寿命可能会延长,并且有资格获得某些人寿保险费率的要求可能会改变,因为某些疾病不再那么致命。

如何检测这些变化?通过测量模型产生的预测与观测结果之间的差异,可以监控模型的准确性。然而,正如之前的信用卡和人寿保险测试所示,你可能需要等待数月、数年甚至数十年,才能看到观察结果是否与预测相符。作为一种替代方法,你可以检测输出中的异常,或者监控输入变量中的变化,以便及早发现变化。

输出中的异常可能表现为在某些维度中检测到过多的值。在一个时间窗口内,针对某个地区、某个收入水平或某个特定年龄组批准或拒绝的信用卡数量可能不成比例。这些维度可以作为时间序列和历史趋势进行监控,并可用于设置警报的灵敏度,以及减少报告异常输出的误报。

你还可以通过各种分布偏差估计来检测输入分布的变化,其中之一是人口稳定性指数(Population Stability Index,PSI),它是库尔贝克-利布勒(Kullback - Liebler,KL)散度的一种形式。PSI 测量变量在两个时间点上的分布变化程度。这两个时间点可以在连续几天内检测到突然的变化。它们也可以介于长期基线和当前输入之间,当前输入可以检测到随着时间的推移可能不会在连续几天内出现的缓慢变化。长期基线通常在最近的模型发射时设置,检测到的任何漂移都提供了模型输出可信度的指标。

PSI被广泛用于监测进入种群特征的变化,并诊断模型性能中的潜在问题。它是为离散变量制定的。我们可以将连续变量转换为离散变量,方法是在连续范围内对样本进行排序,并将它们分成离散块。例如,图3.4说明了如何将一个连续分数范围离散为离散分数范围。为了解释未标记或未计分总体的潜在变化,计算中通常还包括一个空值。

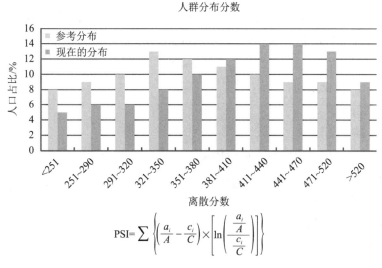

$$PSI= \sum \left\{ \left(\frac{a_i}{A} - \frac{c_i}{C} \right) \times \left[\ln \left(\frac{\frac{a_i}{A}}{\frac{c_i}{C}} \right) \right] \right\}$$

图 3.4 分数分布所示的人口稳定性指数(PSI)

具体而言,PSI关注的是两个时间点的数据分布:A 和 C,并将某一部分 i 的样本的贡献率计算为 a_i/A 和 c_i/C,并将差值加权为 $\ln[(a_i/A)/(c_i/C)]$。

由于计算总是着眼于数据的特定部分的贡献百分比,因此 PSI 的大小有一定的意义。表 3.2 总结了解释 PSI 值的经验法则。当检测到输入和输出中的偏移和漂移时,应执行进一步的诊断,以检查单个样本是否按预期进行了预测。

表 3.2 PSI 值的解释

PSI 值	理　解
<0.1	细微变化
0.1~0.2	小的变化
>0.2	重大变化

如果每个样本仍然被正确预测,并且只有样本的分布发生了变化,则是协方差偏移的情况。我们可以尝试重新匹配,以增加与测试样本相似的训练实例。这会尝试将训练样本集移动,使其看起来像是从测试样本集中采样的。

假设样本不再被正确预测,原因是一些输入变量的意义发生了漂移。在这种情况下,我们必须首先尝试理解这种分歧是否有原因。在真实场景中,一个故障导致两个特征互换,从而导致特征值的漂移。如果不是一个能够修复的故障,那么可以考虑删除在训练和部署之间差异很大的变量。例如,金融风险管理中的一个常见阈值是:任何 PSI 大于 0.2 的变量都被视为重大变化,将从模型中删除。

3.2.3 创造企业价值——明确目标,引导进度,营造共识

产生业务影响的严谨程度与 3.2.1 小节和 3.2.2 小节讨论的技术方面同样重要。作为数据科学家,我们有责任为我们的业务创造企业价值。但创造企业价值意味着什么?

让我们了解以下 3 个方面：

- 保持目标的明确性——将业务指标与项目一起推动，并首先使用最简单的方法。
- 关注速度——通过快速失败来快速成功。
- 沟通影响——倾听、参与和领导。

1．保持目标的明确性

每个定义良好的 DS 项目都有一个商业目的。虽然实现业务目的可能有多种方法，但技术负责人可以评估 DS 项目计划的解决方案是否是实现业务目的的最简单方法。

DS 项目的商业目的是什么？2.2.2 小节列出了 9 种最常见的 DS 类型，可分为以下 3 类：

- 第 1 类——授权启动：
  - 跟踪规范定义；
  - 监测和推广。
- 第 2 类——利用商业洞察力进行优化：
  - 衡量标准的定义和分析过程；
  - 数据洞察力和深度挖掘。
- 第 3 类——巩固基础：
  - 建模和 API 开发；
  - 数据充实；
  - 数据一致性；
  - 基础设施改善；
  - 监管项目。

第 1 类项目解除了业务进展的障碍，为产品和项目提供了数据基础，使其能够被跟踪和监测并立即获得战略回报。对业务的回报包括澄清为新功能或流程而采取的关键业务指标，以及识别产品或流程推出中难以发现的缺陷。

第 2 类项目通过优化增量运营收益和对功能或流程的建议来推动直接业务的影响，可以提供步骤功能的改进。当建议在产品或运营流程中被采纳时，企业的回报就会实现。投入的时间和精力的回报可以通过收入、利润或成本节约的百分比改善来衡量。

第 3 类项目从长期内推动了战略性生产力和可用性的提高。退货可以体现在节约的人员/周数、启用的新项目和解锁的新市场机会。

虽然定义业务目的对于明确目标至关重要，但 DS 技术负责人也需要严格保证解决方案尽可能简单。不涉及复杂算法的方法在实现业务目的时可能同样有效。

在领英，工程和 DS 领域最宝贵的价值之一是工匠精神，其中一个组成部分是技术从业者如何应对复杂性。具体地说，复杂性不是你可以合并的复杂性，而是你可以去除的复杂性，以提供实现业务目标的最简单的系统。你可以参考下面中的案例研究，了解如何消除复杂性以实现业务目标。简而言之，DS 技术负责人需要严格阐明项目目标如何影响业务指标，并确定尽可能简化方法以实现业务目标的方法。

案例研究：一个组织的北极星指标

你如何建立一个指标来指导一个拥有数百名员工的组织朝着一个方向调整和工作？在指定一个北极星指标来指导领英人才解决方案产品线（该产品线每年为领英创造数十亿美元的收入）时，我们需要一个简单易懂的指标供领英内外的利益相关者理解。领英人才解决方案旨在打造全球权威的招聘市场，帮助人才获得最佳机会，并帮助雇主雇用最佳人才。

通过跟踪主要来自使用领英作为人才招聘工具的雇主的业务收入，一个成功指标可以基于接触到的候选人的数量。当雇主与尽可能多的应聘者接触时，优化这一指标可能会让应聘者感到被垃圾邮件包围。

如果你想增加平台上的参与度，求职申请可以作为成功的衡量标准。然而，优化它可能会导致每个职位空缺的申请数量过多，这对求职者或雇主来说都不是一个好的体验。

数据科学家可以提出一种混合度量，它是前面提到的度量的加权组合。然而，这对团队成员来说太复杂了，无法理解。

该团队最终得出了一个名为"确认雇用"的指标。"确认雇用"是领英服务在最近的求职过程中协助的会员人数。该指标完美地结合了雇主和求职者的成功因素。优化后，它可以提高人才市场双方的满意度。

"确认雇用"被认为非常简单，可以成为领英新闻工具包的一部分。它用于推动内部和外部对话，让会员和雇主年复一年地体验领英在打造更好产品方面的进步。

2. 关注速度

DS 项目的速度来自 2 个方面：解决问题的速度和渐进式改进的低阻力。解决问题的速度要求我们消除风险，建立信心，相信公司正在朝着正确的方向发展。渐进式改进的低阻力需要战略选择和及时解决技术债务，从而为迭代式创新提供坚实的基础架构。

在本节中，我们将讨论概念证明作为初始解决方案的快速途径。我们还将讨论各种形式的技术债务及其解决方案，以减少对进一步迭代创新的阻力。

（1）概念证明

关于概念证明（Proof of Concept，PoC）的一个常见误解是，我们应该追求一个项目的快速简单版本，并在此基础上进行构建。团队通常选择先创作他们理解的作品，把不确定的部分留到最后。

PoC 的真正目的是探索失败风险最高的项目部分的可行性。它试图以最高的不确定性强调项目部分，并简化其他部分。如果项目最初的架构失败了，我们可以找到另一种方法使项目工作。在《精益创业》（*The Lean Startup*）中，Eric Ries 将潜在寻找替代路径的过程称为"支点"，并将其定义为"在不改变愿景的情况下改变战略"。

在 2.2.2 小节中，我们列出了 DS 分析和建模项目常见的 5 大风险因素：

- 新数据源——数据的可用性、正确性和完整性可能存在风险。
- 合作伙伴重组——与合作伙伴的一致性被破坏，需要重新调整。
- 新的数据驱动功能——必须发现并解决跟踪错误、数据通道问题、产品功能更新带来的人口漂移以及集成问题。
- 现有产品——功能升级可能会改变指标和信号的含义。

■ 解决方案体系结构依赖关系——技术平台更新可能会中断 DS 功能的运行。

在不同的项目中,对这些风险因素的敏感性可能不同,因此在 PoC 中的重点将不同。然而,也有一些共同的模式。

（2）构建一个新产品或功能

当开发客户不熟悉的新产品或功能时,最大的风险领域是产品市场适应性。我们的目标是创建最简单的技术解决方案,看看用户体验是否为我们的客户所接受。在简化 PoC 的过程中,你可能会选择取舍的地方是流程步骤,因为这些步骤可能是手动的,而不是自动化的,并且模型的准确性或覆盖率可能没有达到预期的程度。

这些权衡会产生后果。保留手工操作的步骤会积累技术债务,我们将在本小节后面讨论。然而,另一种选择是,如果我们发现产品/功能与市场匹配度不匹配,就会自动处理掉一些东西。同时,当使用精度或覆盖率较低的模型时,还可能会影响你想要测试的用户体验。

你可以参考一些技巧来解决这些具有挑战性的权衡问题。如果产品与市场的契合度可以通过一个较小的、仅受邀请的定制团队进行测试,那么你可以与产品合作伙伴合作,缩小项目范围,将重点放在所有潜在功能的子集上。通过这种方式,你可以确保这部分功能足以证明产品与市场的契合。

（3）改进现有产品或功能

对于现有产品或功能,产品/功能与市场的匹配问题可能已经解决。如果产品或功能需要扩展以容纳更多用户,那么一个风险领域通常是新技术平台的可行性。在项目规划中,可能已经评估了技术功能集的可用性,并确认文档中提供了必要的功能。然而,功能可用性有很多级别,文档可能已经过时。

技术平台功能可以是计划中的、已经完成的、可用的或强大的。如果它是计划中的,那么它可能只会作为未来功能积压中的一个项目存在。任何优先级的改变或人员的变动都可能改变其启动时间。如果一个功能完成了,那么它可能刚刚完成实施,还没有经过测试。假如它可用,且一些用户可能已经使用过它,但对你的产品或功能改进提供一致的、预期的服务水平可能并不可靠。只有当一个技术平台强大时,你才能期望顺利地迁移来改进你的产品或功能。

这是否意味着,当没有证据表明目标技术平台在你的应用领域是可靠的时,你就不能进行产品或功能改进项目?回答是:当然可以。你只需要在 PoC 测试中加入额外的时间来测试你产品的技术平台,所以如果技术平台需要调整,就有时间迭代或转向 B 计划。

假设你正在升级现有产品或特征的技术平台。在这种情况下,PoC 可以专注于平台的可伸缩性方面,同时减少需要测试的功能数量。通过这种方式,只需一个或两个功能即可对平台进行负载压力测试,以验证新技术平台的可行性。

你可能会觉得为 PoC 做计划会减慢开发过程。另一种选择可能更糟。当项目风险没有在项目早期消除时,它们可能会在项目集成阶段或产品或功能发布期间卷土重来。它们可以表现为难以恢复的故障,例如,技术不兼容。

作为技术负责人,你的职责是严格组织项目计划审查,以尽可能多地预测风险领域,规划必要的 PoC 里程碑,并权衡哪些里程碑需要提前强调,哪些可以简化进行权衡。

我们已经讨论过加快解决问题的速度。现在,让我们看看通过解决技术债务来减少摩擦,从而实现渐进式改进。

(4) 技术债务

技术债务最早由 Ward Cunningham 于 1992 年提出,它描述了软件工程快速发展所产生的长期成本。在开发灵活的 PoC 以消除项目风险并快速迭代功能时,公司自然会承担技术债务。并非所有技术债务都是坏事,因为它们允许进行灵活的实验,以消除产品或流程风险。然而,所有债务都需要偿还。当债务得不到偿还时,它们可能会减慢产生新能力的速度。

018　并非所有技术债务都是坏事,适当的技术债务能够支持灵活的实验,帮助尽早规避产品或流程风险。然而,技术债务需要及时有效的管理,否则它将成为阻碍创新的绊脚石。

表 3.3 列出了软件工程中 13 种不同类型的常见技术债务,可以通过重构代码或模型、改进测试、删除无效代码、减少依赖性、收紧 API 和改进文档来实现。

表 3.3　软件工程中的常见技术债务类型和定义

债务类型	定　义
架构债务	项目架构中遇到的问题,例如,违反模块化,这会影响架构需求(例如,性能、稳健性等),不能通过简单的代码干预来解决
构建债务	使构建更加困难且更耗时的问题
代码债务	源代码中发现的问题会对代码的易读性产生负面影响,使其更难维护
缺陷债务	由测试活动或用户识别的已知软件缺陷,但由于竞争优先级和资源有限,必须推迟修复。缺陷的累积会使债务更难在以后偿还
设计债务	违反良好的面向对象设计原则的源代码
文件债务	对于当前在系统中正常工作但不符合文档标准的代码,任何类型的文档都缺失、不充分或不完整
基础设施债务	推迟或阻碍发展活动的基础设施问题。例如,延迟升级或基础设施修复
人员债务	可能会延迟或阻碍某些发展活动的人员问题,例如,集中在少数人身上的经验或延迟培训和/或招聘
流程债务	效率低下或过时的流程可能不再适用
需求债务	仅与部分实现的需求进行权衡。它们通常不适用于所有情况,或者不能完全满足所有非功能性需求,例如,安全性或性能
服务债务	用云服务替代私有服务器可能是由业务或技术目标驱动的。云服务和资源仍然需要根据可访问性和可靠性要求进行管理,这可能是技术债务
测试自动化债务	这项工作涉及对以前开发的功能进行自动化测试,以支持持续集成和更快的开发周期
测试债务	测试活动中发现的问题可能会影响测试质量,例如,未执行的计划测试或测试套件中的代码覆盖率低

由于许多 DS 的见解和可交付成果都是通过软件实现的,所以所有软件技术债务都可

以在 DS 中体现出来。除此之外,DS 和机器学习(Machine Learning,ML)也有自己的技术债务,因为当你无法用简单的软件逻辑表达所需的行为时,这些技术最有用。

从数据中学习到的模式在算法参数中得到了总结,成为产生输出的逻辑的一部分。分析和模型培训中使用的数据集不仅是输入,也是可交付成果的一部分。

随着我们对软件工程技术债务的理解,让我们换个角度,专注于 DS 特定的技术债务。在这种新的情况下,承担技术债务的可能性显著增加。作为 DS 技术负责人,你应该了解 ML 系统中至少五大技术债务类别,如 Scully 等人所述:

- 模型边界;
- 数据的依赖性;
- 反馈循环;
- 配置债务;
- 环境适应。

1)模型边界

ML 模型的技术债务主要遵循 CARE 纠缠原则:"改变一切,重新训练一切"(Change Anything,Retrain Everything)。如果任何输入特征、超参数、学习设置、采样方法或收敛阈值发生变化,则需要重新训练模型。依赖于模型输出的模型级联也可能需要重新训练。重新训练的级联成为必须偿还的技术债务,任何未申报的数据/模型/客户依赖性都可能导致问题出现,就像等待爆炸的地雷。当依赖链的变化影响所有下游模型的准确性时,修正级联和未申报的客户可能会破坏 DS 速度。这可能会造成改进僵局,因为上游的任何增量改进都会带来重新评估或重新培训所有下游模型的成本。

缓解策略包括将大型模型隔离到较小模型的集合中,这样就可以单独训练和校准潜在变量。当更新子模型特征时,可以重新校准子模型,以产生一致的潜在变量,因此不需要重新训练整体集合。这使得检测变化和自动化校准过程成为对抗纠缠的关键。对于修正级联,我们可以升级现有模型,将修正直接作为特例包含在内,或者接受成本并构建单独的模型。对于未申报的消费者,系统可以通过访问限制或严格的服务水平协议(SLA)来防止这种情况。表 3.4 详细说明了 3 种模型边界技术债务及其缓解策略。

019

机器学习模型的维护是一种遵循 CARE 纠缠原则的技术债务:"改变一切,重新训练一切"(Change Anything,Retrain Everything)。机器学习模型系统敏感,如果一个组件有变化,那么整体模型就需要重新训练。缓解策略包括将大型模型隔离为小模型的集成,这样小模型生成的潜在变量就可以分别进行训练和校准。

2)数据的依赖性

在维护使用多方面数据源的复杂模型时,这种债务可能代价高昂。任何数据源都可能出现故障,故障通常很难检测到。虽然可以通过编译器和链接器的静态分析来检测软件代码依赖性,但数据依赖性缺乏自动检测的标准工具和实践。大型系统通常具有依赖性,这些依赖性是通过人与人之间传递的机构知识来维护的,这是一个有损失的过程。随着时间的推移,维护成本很高。更糟糕的是,数据依赖性很容易积累,也很难理清,其中许多依赖性会带来巨大的维护成本,但对改善效果的贡献却微乎其微。

表 3.4 ML 系统中的模型边界技术债务

债务类别	描 述	缓解策略
纠缠	机器学习系统将信号混合在一起,将它们缠绕在一起,使改进无法分离。当添加或删除特征时,整个模型需要重新训练。这就是纠缠原则:"改变一切,重新训练一切。"CARE 不仅适用于输入信号,还适用于超参数、学习设置、采样方法、收敛阈值、数据选择,以及基本上所有其他可能的调整	隔离模型,服务于集合,或专注于检测变化,并自动化再培训过程
校正级联	给定一组现有模型,通常情况下需要为稍微不同的问题提供解决方案。使用现有模型的输出作为输入学习新模型,并学习一个小的修正作为快速解决问题的方法,是很诱人的。然而,校正级联可能会造成改进受阻,因为提高任何单个组件的准确性实际上会导致系统级损害	升级现有模型,将修正直接作为特例包含在内,或接受创建单独模型的成本
未声明的消费者	ML 模型的输出通常可以在无访问控制的情况下广泛访问。结果的使用者通常会在模型所有者不知情的情况下默默地将输出用作输入。未声明的消费者在最好的情况下是昂贵的,在最坏的情况下是危险的,因为他们创建了模型与堆栈其他部分的隐藏紧密耦合。这种紧密耦合会极大地增加进行任何更改的成本和难度,即使这些更改是改进	系统可以通过访问限制或严格的 SLA 来防止这种情况

为了减轻与不稳定的数据依赖性相关的技术债务,输入信号应该进行版本控制,以便它们的更改不会被忽视。版本化输入还可以降低输入的潜在过时成本;在功能迁移的一段时间内,维护同一信号的多个版本是有成本的。对于未充分利用的数据依赖性,例如,可能只提供边际模型改进的特征,可以通过详尽的漏掉一个特征的评估来检测。这些评估可以定期运行,以识别和删除不必要的功能。至于缺乏静态分析的问题,我们可以对数据源和特征进行注释,因此可以自动检查依赖性、迁移和删除,并且更加安全。表 3.5 详细说明了 3 种类型的数据依赖技术债务及其缓解策略。

表 3.5 ML 系统中的数据依赖性技术债务

债务类别	描 述	缓解策略
不稳定的数据依赖性	为了快速进行,通常可以方便地将其他系统产生的信号作为输入特征。然而,当上游数据发生隐式变化(即数据特征发生变化)或显式变化(即不同团队拥有数据)时,一些输入信号可能不稳定。这是危险的,因为即使是对输入信号的改进,也可能会在消费系统中产生任意有害影响,而这些影响的诊断和解决成本很高	输入信号应该进行版本调整,尽管它会带来潜在的过时成本,并随着时间的推移保持同一信号的多个版本

债务类别	描　述	缓解策略
未充分利用的数据依赖性	一些输入信号提供的增量建模效率很低，但会带来巨大的系统维护成本。当机器学习（ML）系统可以在不造成损害的情况下被移除时，它们可能会使机器学习（ML）系统受到不必要的更改。需要注意的机制包括： ■ 遗留功能——旧功能被更好的新功能所取代，但未被发现。 ■ 捆绑功能——一组有益的功能被一起添加到模型中，包括附加值很少或没有附加值的功能。 ■ Q功能——为了推动准确率，即使在精度增益很小的情况下，也会包括功能，而复杂性开销很高。 ■ 相关功能——两个功能有很强的相关性，但其中一个是更直接的因果关系。ML方法可以平等地评价这两个功能，甚至可以选择非因果功能	可以通过详尽地保留一个特征的评估来检测这些相关性。这些可以定期运行，以识别和删除不必要的功能
缺乏对数据依赖关系的静态分析	数据源和功能没有注释，这使得对数据依赖关系进行静态分析、错误检查、跟踪消费者以及强制迁移和更新具有挑战性	注释数据源和功能，因此检查依赖性、迁移和删除可能更安全

3）反馈循环

随着时间的推移，实时 ML 系统往往会影响它们自己的行为。这导致了一种分析债务的形式，在这种情况下，很难在给定模型发布之前预测其行为。这些反馈循环可以采取不同的形式——一些更明显、更直接，而另一些可能涉及完全脱节的系统，因为它们影响最终客户的互动。监测、检测和解决这些问题的成本可能会很高，尤其是当这些问题随着时间的推移逐渐出现时。为了预测直接反馈回路和隐藏反馈回路的成本，我们需要知道它们的存在，并使用多臂赌博机算法或保留集来隔离特定模型的影响。表 3.6 详细说明了 2 种反馈循环技术债务及其缓解策略。

表 3.6　ML 系统中的反馈循环技术债务

债务类别	描　述	缓解策略
直接反馈循环	模型可能直接影响其未来训练数据的选择。一个例子是搜索引擎的关联算法，最初被认为是最受欢迎的项目列在搜索结果的顶部，并将获得最多的关注和点击率	多臂赌博机算法或保留集可以隔离给定模型的影响
隐藏反馈循环	2 个完全分离的系统可能会通过世界间接影响彼此。例如，如果 2 个系统独立决定一个网页的外观，一个选择要显示的产品，另一个选择相关的评论，那么改进一个系统可能会导致另一个系统的行为发生变化。其中一个的改进或缺陷可能会影响另一个的性能	了解潜在的反馈循环，并作为一个整体进行实验

4）配置债务

建模系统的配置包括使用的特征集、数据时间窗口、特定于算法的学习设置、集群设置和验证方法。在特征选择、模型选择和模型调整之后，它们通常是在系统设计中事后考虑的。每个配置行都有可能出错。这些错误可能代价高昂，导致严重的时间损失、计算资源浪费或问题发生。

Sculley 和同事阐述了一些良好的配置系统的原则，以避免过度配置债务：

- 很容易指定一个小的变化；
- 很难出现人工错误或遗漏；
- 两个模型之间的配置差异易于可视化；
- 易于自动断言和验证；
- 可能检测到冗余设置；
- 易于代码审查和存储库签入。

5）环境适应

机器学习系统通常与现实世界中的环境直接交互。现实世界很少是稳定的。在 ML 系统中，通常需要为给定模型选择一个决策阈值来执行某些操作，例如，预测真或假，或将电子邮件标记为垃圾邮件或非垃圾邮件。然而，当手动设置阈值时，随着时间的推移，由于特征漂移，阈值可能无效，手动更新多个模型中的多个阈值既耗时又容易出错。

为了解决动态 ML 系统中固定阈值的校准问题，我们可以通过对保持数据的评估来学习阈值，或者根据下行通道的指标来校准它们。表 3.7 详细说明了配置债务和环境适应技术债务及其缓解策略。

表 3.7　配置债务和环境适应技术债务

债务类别	描　　述	缓解策略
配置债务	配置债务——大型分析或建模系统可以有一系列可配置选项，包括使用的功能集、数据时间窗口、特定算法的学习设置、潜在的预处理或后处理、集群设置和验证方法。配置可能是事后考虑的，但这不重要。每一个配置行都有可能出错，而且错误可能代价高昂，导致严重的时间损失、计算资源浪费或问题发生	配置的最佳实践包括： ■ 很容易指定一个小的变化； ■ 很难出现手动错误或遗漏； ■ 两个模型之间的配置差异易于可视化； ■ 易于自动断言和验证； ■ 可能检测到冗余设置； ■ 易于代码审查和存储签入
环境适应	动态系统中的固定阈值——通常需要为给定模型选择一个决策阈值来执行某些操作，例如，预测真或假，或将电子邮件标记为垃圾邮件或非垃圾邮件。然而，当手动设置阈值时，随着时间的推移，由于特征漂移，阈值可能会变得无效，手动更新多个模型中的多个阈值既耗时又容易出错	动态系统中的固定阈值——阈值可以通过对保持数据的评估来学习，或者根据下行通道的指标来进行校准

总之，偿还技术债务意味着目标不是增加新功能，而是实现未来的改进、减少错误和提高维护能力。它们可以通过重构代码、改进单元测试、删除无效代码、减少依赖性、收紧 API 和改进文档来实现。推迟此类支出可能会导致复合成本，从而导致未来更大的失败。

DS 技术负责人应认识到项目正在承担的技术债务，并计划以后何时偿还这些债务。你需要帮助团队意识到他们的技术决策的长期影响，并帮助你的经理了解分配给减轻技术债务的任何资源。

3．沟通影响

对于技术领导者来说，严谨性不仅仅体现在技术层面。你还负责解释公司计划、推荐项目计划，并将 DS 工作的影响传达给项目团队、经理、业务合作伙伴和其他团队技术负责人。

一位成功的技术负责人阅读仔细，并擅长撰写，能够站在小组面前发言。与不同的利益相关者沟通时会是什么样子？

（1）与团队

作为技术负责人，需要倾听项目中所有的技术问题，综合挑战，并在需要时提出技术建议。虽然可能有很多技术人员细节，但你应该了解项目的复杂性和优点，以便代表团队参加相关的技术审查会议，并与团队分享相关信息。团队还需要你沟通项目的业务影响，以激励他们。

（2）与经理

需要定期总结正在进行的项目的进展，撰写或领导撰写设计文件，并在事件发生时领导对事件和事后调查的审查。你的经理也要依靠你倾听公司的关键倡议，就推动这些倡议的任何技术挑战提供反馈，并与他们合作，在规划过程中调整团队优先级。

（3）与商业伙伴

通过以不居高临下的方式解释技术基础知识，应该以大家都能理解的通用术语发言，并成为业务合作伙伴值得信赖的顾问。你的商业伙伴依赖你有良好的沟通习惯和以身作则。这在将业务需求转化为技术规范和探索与业务合作伙伴的权衡时尤为重要。还可以选择让团队成员参与这些合作伙伴对话，以帮助他们发展并与业务合作伙伴建立更深入的合作关系。

（4）与其他团队的技术同行

可以记录项目成功或失败的经验教训，这样组织就可以建立关于数据源、使用的工具、做出的假设和开发的技术的机构知识。公司依靠你不断向其他技术同行学习，将最佳实践引入团队，并帮助团队解决已知的技术或方法问题。

有了这些沟通技巧，就有责任在与项目团队、经理、业务合作伙伴和其他跨团队的技术负责人合作时创造企业价值。

在结束 3.2 节之前，让我们回顾一下布莱恩，他是第 1 章中技术完善的技术负责人，对与业务合作伙伴交谈感到不自在。他经常承担额外的工作，因为他觉得必须把时间花在合作伙伴的要求上。布莱恩的项目延迟和质量问题在一定程度上是一个执行问题（见 2.2 节），而他仓促的结果可能表现为他的工作缺乏严谨性。

3.3　态度——积极正向的思维

DS 是一个失败率很高的领域。通常预计 70% 的实验不会显示出积极的结果。在像 Bing、谷歌和 Netflix 等优化良好的领域中，成功的概率为 10%～20%。保持乐观并专注于坚持到底以取得项目胜利需要极大的好奇心和毅力。

我们如何在逆境中保持积极性，从失败中吸取教训，同时与合作伙伴建立信任以实现重大业务胜利？这需要强调以下 3 个方面：

- 积极坚韧地面对挫折，总结经验，直至成功；
- 团结一致应对事件，保持好奇心和协作精神；
- 尊重跨职能认知，协调共创商业价值。

下面让我们逐一进行介绍。

3.3.1 积极坚韧地面对挫折，总结经验，直至成功

你可能遇到过这样的事情：数据向导使用现成的 ML 算法编写解决方案，并在几天或几周内为组织每年节省数百万美元！但现实与媒体的炒作大相径庭。

现实是什么样子的？ Winston Churchill 曾经说过：“成功就是从失败到失败，同时又不失去热情。”

理想化的 DS 胜利只是你可以承担的 9 种不同类型的项目之一。2.2 节介绍的 9 类项目中，只有 2 种具有直接的 DS 驱动的业务影响。大多数 DS 项目的目的是建立跟踪和数据基础、偿还技术债务和/或支持日常业务运营。9 类项目如下：

- 跟踪规范定义；
- 监测和推广；
- 指标定义和数据分析；
- 数据洞察和深入研究⇒直接由 DS 驱动的业务影响；
- 建模和 API 开发⇒直接由 DS 驱动的业务影响；
- 数据充实；
- 数据一致性；
- 基础设施改善；
- 监管项目。

在具有直接由 DS 驱动的业务影响的 2 种项目类型中，数据洞察和深入研究是推荐新功能或流程的项目类型。只有建模和 API 开发类型的项目才能产生新的预测能力。即使拥有最好的技术能力，也不是所有的尝试都能取得成功。只有 10%～30% 的功能被认为有足够的潜力可以得到资源和实施，并最终获得了商业成功。

虽然这些是技术主管在管理利益相关者期望时需要处理的统计数据，但每个项目，即使是那些未能实现预期业务成果的项目，都可以揭示推动企业价值的学习。在整个 DS 项目中，学习包括探索的数据源、使用的工具、做出的假设和开发的方法。这些机会在 3.1.3 小节中进行了详细描述。

作为管理 DS 项目的技术主管可能具有挑战性。当团队表现良好并享受他们的工作时，你会感到难以置信的回报。当最后期限迫在眉睫，或者技术债务变得不堪重负时，这种情况会让人感到非常紧张。领导不仅适用于技术领域，而且还适用于促进一个富有成效的工作环境所需的美德和态度。

作为技术负责人，激励团队并与合作伙伴建立信任的一种技术是及时、定期地交流从成功和失败项目中学到的任何制度性经验。这些具体的学习可以帮助个别团队成员通过认识到他们对业务的影响来保持他们在项目中的积极性，并帮助你的业务合作伙伴和高管看到在未来取得更大胜利的进展。作为技术负责人，必须表现出坚韧和热情，这样才能

带领团队度过许多项目不可避免的困难时期。

3.3.2　团结一致应对事件,保持好奇心和协作精神

事件被定义为业务服务的中断或严重降级。在瞬息万变的商业和技术环境中,事件是不可避免的。随着客户数量的增加,事件的潜在负面影响往往会增加。当出现意外中断时,团队可能会承受巨大的压力。作为技术负责人,在这些压力大的情况下保持安全和尊重的气氛是至关重要的。

在成熟的工程环境中,事件的管理是通过向业务部门确认事件、分类事件、上报、确定优先次序、与管理层沟通,并从事件中解决和学习。这样的过程提供了所有计划更改和意外中断的组织级别的可见性。该流程还可以降低计划内服务中断的风险,并减少由临时变更引起的可预防事件。

事件管理可能很微妙。重要的客户关系和业务收入可能会受到影响。工作室是来自不同职能部门的同事聚集在一起,以尽快使业务恢复运营,并从根本原因中诊断和学习的地方。作为技术负责人,在事件处理过程中平衡压力和减轻压力的作用至关重要。让我们看看态度如何在流程的每个阶段发挥至关重要的作用,如图 3.5 所示。

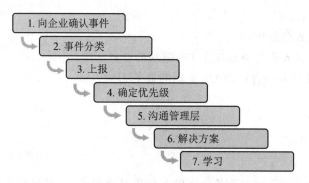

图 3.5　组织级别可见性的 7 步事件管理流程

■ 向企业确认事件——可以通过内部监测、合作伙伴通知或用户报告来检测异常情况。在大多数成熟的工程组织中,待命的现场可靠性工程师将记录问题。作为技术主管,如果涉及或影响 DS 相关系统,你将立即收到通知。在这种情况下,你的及时响应可以建立对跨职能协作的极大信任,无论是 DS 模型还是服务是否引起了事故。

赞赏待命的工程师意识到 DS 可以为事件解决过程带来的价值的态度是至关重要的。现在不是怀疑潜在指责的时候。每个人都应该专注于分类和潜在的上报过程。

■ 事件分类——分类的主要目的是决定是否需要将事件上报给高级管理人员以协调潜在的外部沟通。DS 洞察力对于估计受影响的客户或合作伙伴的数量、监管审查的可能性、关键数据丢失的潜在范围以及潜在的关键安全问题至关重要。

作为技术负责人,你需要保持好奇心、客观和非评判的态度,同时在整个事件分类过程中不要回避对情况的现实负面评估。

■ 上报——如果确定事件的影响足够严重,将上报给高级管理人员。DS 技术主管的职责是确认和交叉检查影响是否值得与客户或合作伙伴进行外部沟通。

你此时的态度应尊重所有利益相关者的需求,包括及时提供尽可能准确的影响

估计。如果事件低于严重性阈值,则事件通常由待命团队处理,必要时会调动相关资源。

- 确定优先级——虽然所有事件都应进行检查,但并非所有事件都重要到足以保证放弃一切以立即解决它们。具有不同客户或合作伙伴承诺的不同组织可能会以不同方式定义严重性阈值。可能有些需要立即全员上阵的情况,有些可以在同一个工作日内由各自团队处理的情况,有些可以在同一个冲刺阶段处理的情况,有些可以放在下一个冲刺阶段的积压工作中的情况,还有些可以放在下个季度的路线图中的情况。

  在这里,你应该保持同理心,帮助相关利益相关者了解这些严重程度,并配合处理事件的待命工程师提出的任何要求。

- 沟通管理层——经过分类和优先级排序后,如果事件与 DS 相关,则应坚决推动根本原因的发现,制订解决路径,并根据确定的优先级及时执行解决方案。在此过程中,定期记录和沟通非常重要。根据事件的严重程度,对于最严重的事件,沟通节奏可以是一天多次,对于不太严重的事件,可以是每天或每周。

  在强调观察和学习时,你应该保持角色的客观性,同时强调过程,而不是指责任何特定的人。目标是让团队专注于解决问题而不是指责,尤其是在与广大受众交流时。

- 解决方案——解决方案可能看起来非常不同,具体取决于事件的性质。对你来说,谦逊的态度大有帮助。你可以通过包容性地告知和咨询利益相关者解决方案来实现这种态度。未能通知和咨询利益相关者可能会产生额外的问题。

- 学习——从事件中学习可以在事后分析中具体化。事后分析通常总结事件解决过程,并告知可以减轻未来风险的过程改进,同时推广在处理事件方面效果良好的最佳实践。

如 2.2.3 小节所述,DS 事后分析主要包括 5 个部分,如表 3.8 所列。

表 3.8　事后分析的 5 个部分

部　　分	内　　容
简要总结	描述事件的背景并突出事件类型、长度、影响、上报和修复
详细的时间表	说明导致事件的原因和所采取的应对措施
根本原因	使用 5 个为什么方法确定根本原因,以发现事件发生的更深层原因
解决和恢复	包括修复背后的选择和理由,以及正在采取的特定缓解措施,并告知和咨询利益相关者
减少未来风险的行动	在不损害灵活性的情况下,系统地解决根本原因以防止事件再次发生

简短摘要应包括事件的背景、类型、长度、影响、上报和修复。任何上报都很重要,以告知潜在的程序改进,以最大程度地减少不必要的上报或对业务正常进程的干扰。详细的时间表应包括对导致事件发生的原因和所采取的应对措施的说明。勤奋可以通过模拟事件如何演变以及证明缩短事件响应时间的投资合理性来帮助培训新的团队成员。应该使用 5 个为什么的方法来确定根本原因,以发现事件发生的更深层次的原因,例如,缺乏测试或由于缺乏自动化而导致的人为错误。

5 个为什么是一种迭代的询问方法,用于探索特定事件背后的因果关系。该技术的主要目标是通过重复"为什么?"的问题来确定事件的根本原因。每个答案都是下一个问题的基础。

"5"是少量迭代的象征。对于不同复杂性的事件,通常可能需要 3～8 次迭代才能更深入地了解如何更好地系统减轻未来风险。洞察的深度取决于所涉人员的知识和坚持;让所有利益相关方讨论的经验丰富的代表参与其中至关重要。

你可以利用最终对团队负责的经理,从过去的事件中严格学习。这个过程将在 5.2.2 小节中详细讨论。

解决和恢复应包括针对特定事件的解决方案和正在采取的特定缓解措施背后的选择和基本原理,并告知和咨询利益相关者。现在是在合作伙伴团队之间建立或重建信任的时候了。当你成功地使用特定的备份系统或恢复功能来减少意外故障的响应时间时,请借此机会庆祝!

减少未来风险的行动通过路径和时间表起作用,以解决根本原因并系统地防止事件再次发生。应该有具体的类型、优先级和重要程度放在待办事项上。你在这个阶段的态度应该是对未来充满希望,以防止类似问题再次发生。

作为 DS 技术负责人,战略和专注的态度在事件生命周期的学习阶段至关重要。你可以在战略上发挥领导作用,并在推动减轻未来一类风险方面放眼大局,而不是对手头的事件采取仓促的解决方案。在类似事件再次发生之前,让利益相关者负责交付计划的缓解措施也是你的责任。

3.3.3 尊重跨职能认知,协调共创商业价值

DS 通常被描述为一项团队运动,需要产品、工程、业务功能和 DS 之间的协调和协作以产生业务价值。它在实践中如何运作?

企业通过优化 3 个领域来生存和发展:增加收入、降低成本和提高盈利能力/效率。为了产生业务影响,数据科学家需要与业务职能部门合作,实施影响收入、成本或盈利能力/效率的数据科学建议。与团队运动类似,与其他业务职能部门的强大协作和协调对于数据科学计划的成功至关重要。

020

数据科学家需要与业务部门深度合作,推动影响收入、成本或效率的方案落地,通过尊重与协作确保项目成功并最大化商业价值。

在这些合作中,来自不同职能部门的团队成员带来了不同的视角。你负责代表 DS 观点的严谨性,并负责学习和综合其他职能部门的观点。如何处理不同的观点?

1. 尊重多方观点和顾虑

让我们看一个案例研究。一家企业软件公司的财务部门提出了一个更好地预测未来收入的项目。该项目将使用客户关系管理(Customer Relationship Management,CRM)系统中的历史和当前销售渠道数据来评估未来的预期收入。财务部门希望使用多样化的特征集来构建尽可能准确的预测算法。从利益相关者的角度来看,销售主管希望有一个尽可能简单的模型,并深入了解每个因素的敏感性。然后可以调整销售策略,重新制订销售薪酬计划,以更好地激励销售专业人员。

在这种情况下,DS 从业者可能会感到不安,因为销售策略和薪酬调整对于收入模型

的可预测性来说是噩梦般的情况。它们意味着过去的趋势可能不再能预测未来的销售。它们可能对产生准确的收入预测有害且适得其反,从财务部门的角度来看,这是项目成功的衡量标准! 这些不同但看似合理的财务、DS 和销售观点如何保持一致? 一个局部最优的解决方案是建立一个复杂的收入预测模型,没有明确的销售功能优化路径,这样财务部门的项目就会成功。但是,当销售策略和薪酬计划发生变化时,预测可能就不再适用了。全局性的调整是与销售主管合作,调查销售业绩对不同因素的敏感性,改进销售策略,重新制订销售薪酬,并使用 DS 模型尽可能多地预测未来的收入情况。

从有效完成项目的角度来看,全局调整可能看起来更麻烦,吸引力也更小。但是,从企业的角度来看,销售策略和销售薪酬会不时被调整。最好是参与该过程,而不是根据历史数据构建模型,然后让模型在一两个季度内过时。作为 DS 技术负责人,你应该意识到这些不同的观点,并意识到一致性并不意味着说服他人采用技术观点,而是倾听他人的观点并就全球最优解决方案保持一致。

2. 朝着共同愿景迈进

另一个例子说明了合作和尊重合作伙伴的重要性,涉及为金融服务公司的信用和欺诈风险模型提供关键任务功能。解决方案的一部分是为团队提供一个开放的、匿名的数据平台进行试验,以创建新颖、有效的功能。

在与信用风险部门进行审查时,他们强烈反对。为什么会有人反对开放式创新? 谁是对的,谁是错的?

事实证明,传统的信用风险模型是只有十几个严密保护的变量的记分卡。令人担忧的是,如果使用的最有用的变量被泄露,那么欺诈者可能会想方设法找到记分卡的逻辑,让他们的欺诈性应用程序获得批准,并给金融科技公司造成重大经济损失。

这种隐藏的社会反馈循环在贷款行业很常见,对于许多新进入该领域的数据从业者来说并不明显。你会放弃创新的速度,并放弃提供重大机会的能力,以提高信用风险评分和欺诈风险评分的潜力?

幸运的是,有一些解决方案。在这种情况下,团队最终在解决功能选择保密问题的解决方案架构上达成一致。在开放式创新平台上维护了 100 多个最有用的功能。然后,信用风险团队选择了要在生产中使用的功能子集,而没有分享哪些特征在任何特定时间点最有效。由于需要维护庞大的功能库,此步骤产生了额外的运营成本,但通过模糊性保留了功能的安全性并提供了系统的稳健性——换句话说,如果/当一个功能受到损害时,信用风险团队还有许多其他功能依靠。

在技术主管尝试沟通和协调 DS 项目的前进路径时,这种针对特定领域的关注点的适应很常见。最后,这不是关于谁对谁错的问题。真理介于两者之间。作为 DS 从业者,我们必须虚心对待我们的合作伙伴并开展团队运动,共同取得成功。

3.4　自我评估和发展重点

恭喜你通过美德部分的学习成为有效的技术主管! 我们希望你能够实践这些美德,通过 DS 为你的组织带来更显著的成果!

对某些人来说,这部分可能具有挑战性,因为它涉及承认他们作为个体人类的有限

性。在这里,你可以发现个人局限、识别优势并明确前进的道路。此自我评估旨在通过以下方式帮助你内化和实践技术领先的美德:

- 了解自己的兴趣和领导力优势;
- 通过选择、实践和回顾(Choose,Practice,and Review,CPR)流程练习 1~2 个领域;
- 利用 GROW 模型进行自我辅导,并制订一个"具有优先级的实践和执行"计划,以完成更多的 CPR。

除了 2.4 节中介绍的评估和开发方法之外,我们在本节中介绍了自我指导的 GROW 模型。对于美德的自我评估和发展,我们建议将 GROW 模型和"具有优先级的实践和执行"方法相结合。

3.4.1　了解自己的兴趣和领导优势

表 3.9 总结了所需的美德。最右边的一栏可供打钩选择。和以前一样,任何一行和所有的行都可以留空。你可以进行个人评估;没有评判标准,没有对错,也没有任何具体的模式可以遵循。

表 3.9　DS 技术领导美德自我评估

能力领域/自我评估			?
道德	尊重用户利益和隐私,注重社会影响	避免对 DS 的不敏感使用,了解项目对客户情感的影响	
	敏锐观察项目演变,了解缘由,主动沟通协调	对所有需要传达的变化保持敏感	
		了解改变优先级的原因,与团队成员沟通改变,记录并继续前进	
	及时总结分享项目成果、解决方案、经验心得	公开分享从所检查的数据源、使用的工具、做出的假设和开发的方法中获得的经验	
严谨	遵循严谨的科学原理,避免逻辑陷阱	践行科学严谨的 5 项原则: ■ 实验设计的冗余; ■ 完善的统计分析; ■ 识别错误; ■ 避免逻辑陷阱; ■ 学术上的诚信	
	持续跟踪算法部署表现,及时排查异常结果	促进对异常或极端结果的理解,验证跟踪能力,并在代码和数据方面检测和诊断这些结果	
	创造企业价值——明确目标,引导进度,营造共识	用最简单的方法调节业务指标	
		通过概念验证平衡新功能的构建和技术债务的处理,从而专注于执行速度	
		将 DS 工作的影响传达给项目团队、经理、业务合作伙伴和跨团队的其他技术主管	

能力领域/自我评估		?
态度	积极坚韧地面对挫折,总结经验,直至成功	专注于及时交流机制的学习成果,定期激励团队,并与合作伙伴建立信任	
	团结一致应对事件,保持好奇心和协作精神	保持尊重、欣赏、客观、不评判的态度,为团队成员和合作伙伴创造一个安全的环境,共同防止类似事件再次发生	
	尊重跨职能认知,协调共创商业价值	尊重多种观点和关注点	
		统一并朝着共同愿景前进	

3.4.2 实施 CPR 流程

与 2.4 节中的技术主管能力评估类似,你可以尝试 2 周检查一次的简单 CPR 过程。对于自我审查,你可以使用基于项目的技能改进模板来帮助你安排 2 周内的行动:

- 技能/任务——选择一种美德进行工作。
- 日期——选择 2 周内可以使用该美德的日期。
- 人——写下你可以应用该美德的人的名字,或者写下自己的名字。
- 地点——选择你可以应用该美德的地点或场合(例如,在下一次与团队成员一对一或与工程合作伙伴的交流会议上)。
- 回顾结果——与之前相比,你做得如何?相同,更好,还是更糟?

通过在自我审查中让自己对这些步骤负责,你可以开始发挥你的优势,并揭示你在技术领导美德方面的任何盲点。

3.4.3 使用 GROW 模型进行自我指导

在完成几个 CPR 周期后,你应该深入了解如何使用技术领导美德的要素。要养成自我提升的习惯,请注意你正在使用的最佳实践以及其他团队正在使用的最佳实践。如果你发现自己正热心地将这些最佳实践整合到你自己的日常工作中,那么现在正是使用 GROW 模型进行自我指导的好时机。

GROW 模型代表目标(Goal)、现实(Reality)、障碍(Obstacles)或选项(Options),以及前进的意愿(Will)或方式(Way)。它可以成为自我指导的有效工具。为了保持轻松,我们建议对 G - R - O - W 的每个部分问自己 3 个问题,如表 3.10 所列。

例如,如果你决定在 3 个月的时间内通过承担更多推动企业价值的责任来专注于提高严谨性的目标,那么你的具体目标可能是你的团队以更快的速度和更少的技术债务来解决你的业务合作伙伴关心的顶级业务计划。

接下来,让我们看看现实:到目前为止,你采取了哪些行动?你是否检查过 DS 项目的商业目的(见 3.2.3 小节)?你为产生企业价值而采取的衡量标准是什么?有什么阻碍?

当你检查障碍/选项时,你是否考虑过需要支付哪些技术债务才能加快速度,从而使最高业务计划的指标产生企业价值?有哪些不同的选择?阅读 3.2.3 小节后是否有新的出现?每个选项的优缺点是什么?

表 3.10　GROW 问题示例

目　标	① 你希望实现什么目标？ ② 你希望何时实现？ ③ 如果你实现了你的目标，那意味着什么
现　实	① 到目前为止，你采取了哪些措施？ ② 是什么让你朝着目标前进？ ③ 有什么阻碍
障碍/选项	① 你有哪些不同的选择来实现你的目标？ ② 你还能做什么？ ③ 每个选项的优点和缺点是什么
前进的意愿/方式	① 你会选择采取哪些行动？ ② 你打算什么时候开始每个行动？ ③ 你会承诺做什么？（注意：也可以选择什么都不做，稍后再查看）

最后，让我们看看前进的意愿/方式。你会选择什么选项？你什么时候开始每个行动，你将承诺做什么？确定最重要的业务计划可能是第一步。然后，你可以安排在 2 周内进行审核以进行下一步。

解决了 GROW 问题后，你可能会发现将优先级、实践和执行计划放在一起在 GROW 环境中很有用。你可以在 4 个层次上观察自己在实践这些美德方面的进步：

① 无意识的无能——没有认识到自己能力不足；

② 自觉无能——意识到自己缺乏一些技能，但是还无法实践；

③ 自觉胜任——努力练习技能，可以自我评估成功与否；

④ 无意识的胜任——最好的做法是成为习惯，可以毫不费力地使用它们。

当你作为技术主管具备这些美德时，你就能够产生更多的信任并避免更多的项目故障。

现在，你可以证明你有兴趣追求技术性更强或管理性更强的道路。如果你追求的是技术性更强的路径，请查看第 5 章了解技术人员级别的里程碑，查看第 7 章了解重要人员级别的里程碑。假设你正在寻求具有团队领导机会的更具管理性的道路。在这种情况下，你可以按照本书后续章节的进展，第 4 章和第 5 章讨论 DS 团队领导，第 6 章和第 7 章讨论 DS 职能部门领导，第 8 章和第 9 章讨论公司领导。

3.4.4　DS 技术主管的注意事项

如果你使用本书中讨论的道德、严谨和态度主题来评估团队成员，请注意它们是期望值。它们最好是用来指导技术领导者在职业生涯中做最好的工作，而不是用来阻碍晋升的障碍。事实上，如果 DS 技术负责人在其中一些领域表现出了技能，他们可能是被赋予更多责任的挑战的优秀人选。

小　结

■ 道德是工作中的行为标准，使数据科学家能够避免不必要的和自我造成的故障。

- 为了客户的最佳利益,通过应用《纽约时报》的规则,避免对 DS 的不敏感使用,并对客户情绪健康的影响保持警惕。
- 为了适应不断变化的优先级,要对团队、管理层和合作伙伴的变化保持敏感并进行有效沟通。始终理解变化的原因,并带领团队继续前进。
- 推动机构知识共享,促进对所检查的数据源、使用的工具、做出的假设和项目期间开发的方法的讨论。

■ 严谨是一种能够让科学家对数据产生的可重复、可测试和可持续的结果产生信任的技术。严谨的工作产品可以成为创造企业价值的坚实基础。

- 为了实践科学的严谨性,你可以使用以下 5 个原则:实验设计中的严谨性、合理的统计分析、错误识别、避免逻辑陷阱和学术上的诚信。
- 为了负责数据和模型部署,你可以验证产品功能跟踪能力,并促进对异常值的理解,以检测和诊断代码和数据方面的问题。
- 负责推动企业价值,用最简单的方法推动业务指标,通过处理技术债务关注执行速度,广泛沟通 DS 工作的影响,以产生信任。

■ 态度是数据科学家处理工作环境时的情绪。凭借克服失败的积极性和坚韧性,数据科学家应该具备好奇心和协作精神,同时他们尊重合作伙伴的不同观点。

- 要在通往成功的道路上克服失败,你可以通过及时、定期地交流经验来激励团队并建立信任,从而提升积极性和韧性。
- 创造一个安全的环境来应对事件,并引导团队保持好奇、尊重、欣赏、客观和不批判的态度,这样团队成员和合作伙伴就可以合作防止类似事件再次发生。
- 要想在 DS 项目中作为一项团队运动取得成功,要尊重项目中不同利益相关者的多个观点,并努力在横向合作中协调一致,朝着共同愿景前进。

参考文献

［1］ Kelvin Lwin,"AI, Empathy, and Ethics," AISV. 806, UC Santa Cruz Silicon Valley Extension. Also available on Coursera. https://coursera. org/learn/ai-empathy-ethics.

［2］ "Uberdata: The ride of glory," March 26, 2012. https://rideofglory. wordpress. com.

［3］ "We experiment on human beings!" July 28, 2014. https://www. gwern. net/docs/psychology/okcupid/weexperimentonhumanbeings. html.

［4］ "Nuremberg code," 1947. https://history. nih. gov/display/history/Nuremberg+Code.

［5］ "National research act of 1974," 1974. https://www. imarcresearch. com/blog/the-national-research-act-1974.

［6］ X. Ya et al. ,"SQR: Balancing speed, quality and risk in online experiments," KDD, 2018.

［7］ L. J. Hofseth,"Getting rigorous with scientific rigor," Carcinogenesis, vol. 39, no. 1, pp. 21-25, Jan. 2018, doi: 10. 1093/carcin/bgx085.

［8］ A. Casadevall and F. C. Fang,"Rigorous science: A how-to guide," mBio, vol. 7, no. 6, Nov. 2016, doi:10. 1128/mBio. 01902-16.

［9］ R. Kohavi et al. , Trustworthy Online Controlled Experiments: A Practical Guide to A/B Testing. Cambridge, UK: Cambridge University Press, 2020.

［10］ B. Benson,"Cognitive bias cheat sheet: 175 cognitive biases organized into 20 unique biased mental strategies in four groups," https://medium.com/better-humans/cognitive-bias-cheat-sheet-55a472476b18.

[11] CDC，RIDT，"Rapid influenza diagnostic tests," https://www.cdc.gov/flu/professionals/diagnosis/clinician_guidance_ridt.htm.

[12] E. Ries，The Lean Startup. New York City，NY，USA：Crown Business，2011.

[13] N. Alves et al.，"Towards an ontology of terms on technical debt," presented at the 6th IEEE Int. Workshop on Managing Tech. Debt，Victoria，BC，Canada，Sep. 30，2014，pp. 1-7，doi：10.1109/MTD.2014.9.

[14] D. Scully et al.，"Hidden technical debt in machine learning systems," presented at the 28th Int. Conf. on Neural Information Processing Systems，Cambridge，MA，USA，Dec. 7-12，2015，pp. 2503-2511，doi：10.5555/2969442.2969519. [Online]. Available：https://papers.nips.cc/paper/5656-hidden-technical-debt-in-machine-learning-systems.pdf.

[15] C. Fournier，The Manager's Path：A Guide for Tech Leaders Navigating Growth & Change. Newton，MA，USA：O'Reilly Media，2017.

[16] R. Kohavi，T. Crook，and R. Longbotham，"Online Experimentation at Microsoft," Third Workshop on Data Mining Case Studies and Practice Prize，September，2009. https://exp-platform.com/Documents/ExP_DMCaseStudies.pdf.

[17] J. Manzi，Uncontrolled：The Surprising Payoff of Trial-and-Error for Business，Politics，and Society. New York，NY，USA：Basic Books，2012.

[18] M. Moran，Do It Wrong Quickly：How the Web Changes the Old Marketing Rules，Indianapolis，IN，USA：IBM Press，2007.

[19] "The GROW model of coaching and mentoring：A simple process for developing your people," MindTools. https://www.mindtools.com/pages/article/newLDR_89.htm.

第二部分
经理：培养团队

如果你已经具备了管理技术项目的能力和美德，作为一名员工数据科学家，你可能已经准备好承担管理团队成员或管理更广泛的技术项目的责任。作为员工经理或员工数据科学家，你的组织依靠你来授权 DS 团队在许多项目中尽可能高效。你的团队成员依靠你来授权他们在职业生涯中做最好的工作。你怎样才能达到并超越如此高的期望？

范围越广，责任越大。你的职责不仅仅是管理人员。管理团队的目的是监督技术能力的建设。这种方法是通过雇用、指导和绩效管理数据科学家来建立一个有能力的专业团队。该团队将把他们的经理和员工数据科学家视为领域专业知识和技术见解的榜样。我们将在第 4 章讨论其目的和多种方法。

为了对 DS 产生积极的影响，你可以培养 DS 美德，如第 3 章所述，在团队中培养道德、严谨和态度，以及实践我们在第 5 章中提到的其他人事管理美德。

成功的 DS 经理对 DS 领域充满热情。他们承担着更多的责任，以抓住机会产生更重大的影响。人员管理部分是实现更大影响的手段。

Stitch Fix 的前首席算法官、Netflix 和雅虎的前 DS 执行官埃里克·科尔森曾写道："根据我的经验，许多优秀的 DS 领导者在处理管理问题时都有矛盾心理。他们喜欢编写脚本、编码、分析、讲故事、构建框架等，并且不愿意放弃。但最终，他们更喜欢影响力"。

管理方向并不是数据从业者取得进步的唯一途径。许多 DS 组织提供了一条技术路线，在领导项目和影响业务决策方面，其职能责任不断增加。如果你选择了技术路线的职业，你可以参考 4.1 节和 4.3 节了解技术人员级别的里程碑节点，参考 6.1 节和 6.3 节了解主要工作人员级别的里程碑节点。

如果你的目标是成为一名数据主管，那么我们将在第 4 章和第 5 章详细介绍成为经理的途径，可以让你实践成功主管所必需的能力和美德。下面让我们详细了解一下！

参考文献

[1] E. Colson. "How do I move from data scientist to DS management?" Quora. https://qr.ae/pNFfix.

第4章 领导人才的能力

本章要点

- 授权项目,同时确保项目之间结果的一致性;

- 提出购买与构建的建议;

- 建立强大的团队和有影响力的合作伙伴,以提高其影响力;

- 对你的经理进行管理;

- 拓宽和加深对业务的理解。

作为 DS 经理,你的主要责任是培养团队以产生业务影响。你的能力体现在你交付成果的能力、在团队中推广技术专长的能力,以及增加团队抓住更多机会的潜力,其中许多职责也适用于员工数据科学家。

DS 经理的主要技术是授权过程。有效的授权可以最大限度地提高团队的生产力。作为管理者或员工数据科学家,你还可以管理模型和项目之间的一致性,并对构建与购买决策提出建议,以提高团队生产力。我们将在 4.1 节中讨论这些技术问题。

为了拥有一个强大的团队,可以在你的监督下建立和培养一个人才团队。作为管理者或员工数据科学家,影响合作伙伴团队并协调一起产生更大的影响,可以帮助团队成员取得更大的成功。将团队的努力与高管的目标和人员老化结合起来,对于公司计划的成功执行也至关重要。我们将在 4.2 节中讨论这些问题。

为了更好地预测高管和合作伙伴的需求,仅凭 DS 知识是不够的。商业领域的专家知识可以帮助你了解有趣的机会。当评估 ROI 时缺少关键指标时,这些知识还可以帮助你更好地确定团队的优先级。

在这些团队管理工具和实践的帮助下,你很快就会成为一名有能力的 DS 经理。下面让我们详细了解一下吧!

4.1 技术——技能与工具的结合

作为 DS 经理,你负责将项目委派给团队成员。清晰的授权是什么样子的? 你如何平衡交付需求和分配拓展任务以帮助团队成员成长的需求? 作为一名管理者或员工数据科学家,你如何确保不同项目之间的一致性? 你如何决定何时在内部建立能力,何时在外部购买产品或服务? 这些都是经过几十年技术领导经验磨练的工具的基本问题。

授权需要花费一定的精力。4.1.1 小节描述了一组工具,作为经理,你可以使用这些工具来诊断你的授权技巧。除了授权过程之外,你还有责任确保项目的成功。当项目带来不同的风险和回报时,作为管理者的优先级决策可能会与技术领导者的优先级决策有所不同。

当项目被委派时,作为经理或员工数据科学家,如果不进行微观管理,多个项目结果的一致性可能很难保证。4.1.2 小节提供了调整工具和实践的指导,同时保证团队的执行速度。

一个特定团队的能力总是有限的。为了进一步提高团队的速度,你可以提出购买与构建的建议,以引入第三方解决方案。我们将在 4.1.3 小节中讨论如何通过对策略、成本和风险的仔细评估,为构建与购买决策提供建议。在这里我们要考虑的是技术问题!

4.1.1　委派任务需明确要求,优先高效项目

作为 DS 经理,授权至关重要。许多第一次当经理的人觉得自己不做项目的前景令人望而生畏。作为数据科学家,我们对这个结果表示怀疑。"任何看起来有趣或不同寻常的数据或证据都可能是错误的!"这就是特维曼定律,我们中的许多人在多年的经验中已经把它烙进了我们的大脑。这种怀疑态度使得将项目授权给团队成员变得更加困难。

这种焦虑是很自然的。为了对最终结果负责,许多初次担任 DS 经理的人甚至在将项目委托给团队成员后也会表现出以下行为:

- 参加所有项目的会议;
- 直接向更广泛的团队询问项目的问题,而不是项目负责人;
- 审查项目负责人的决定并否决其中一些决定。

对其中的某一项熟悉吗?这些都是微观管理的常见迹象。我们中的许多人都以这样或那样的方式遇到过这些问题,关键是学会如何避免它们。

021

新任管理者的关键是:避免微观管理和充分授权,通过赋能团队成员来助力他们的职业成长。

好的授权需要努力,并从适当的计划和对细节的关注开始。以下是 7 个你可以明确授权的领域:

- **目标**——传达想要完成的事情,最好遵循智能目标框架,其中的目标是具体的、可测量的、可实现的、相关的和有时限的。目标越明确,以后就越容易回顾。
- **背景**——沟通项目的重要性。背景是一个重要的推动项目的动机,因为它可以帮助你的团队成员了解项目的目的和影响,以及你或业务合作伙伴以后将如何使用该项目。
- **成功的定义**——明确成功的衡量标准对于评估成功至关重要。通常,员工绩效达不到预期的根本原因在于经理只提供了一个模糊的成功指标。经理不能指望团队成员了解自己的想法。"这个而不是那个"的框架可以通过包含具体的正面和负面例子来很好地发挥作用。
- **界限**——一些积极的团队成员可以创造性地寻找资源来完成项目。经理需要澄清基本规则或授权给团队成员权限范围。这包括哪些资源可用、谁可以参与、谁不应该被打扰,以及哪些和什么时候应该升级决策。
- **确认理解**——在定义了目标、背景、成功的衡量标准和界限之后,应该确认他们已经理解。一个有用的方法是询问团队成员需要什么时候才能开始。这种方法允许团

队成员们用自己的语言表达他们对授权过程的理解。

- 在接下来的步骤上保持一致——这为项目里程碑和目标设定了期望值,并在此基础上对项目进行了调整,多久进行一次检查。提前达成共识是至关重要的,这样检查就不会被视为微观管理。

- 审查项目——授权的最后一招是进行检查。在商定的时间进行检查,根据成功标准评估里程碑。如果你不及时完成这项工作,那么团队成员将不知道如何认真对待里程碑和检查。一定要立即树立先例,并坚持你所说的。

正如你所见,授权需要做很多工作。那么,我们应该如何决定授权什么呢?

授权中要优先考虑的项目类型

你可以使用的一个工具是 Daniel Shapero 开发的优先级矩阵(Priority Matrix,PMAT),如图 4.1 所示。当一个项目有可能成功,并且回报显著时,它被称为全垒打。当一个项目有望成功,且回报很小时,这是一个小胜利。当一个项目有很多风险,但回报可能很大时,这是一个大赌注。高风险、低回报的项目通常被视为垃圾项目。

奖金数额	高	大赌注	全垒打
	低	垃圾	小胜利
		低	高
		成功的可能性	

图 4.1　项目委托的优先级矩阵(PMAT)

作为 DS 经理,你会自己承担哪些项目?你会授权哪些项目?对于许多初次担任经理的人来说,答案是专注于全垒打和大赌注。雄心勃勃的数据科学家本能地会优先考虑回报丰厚的项目!许多人可能会选择承担责任,亲自完成全垒打,并在团队成员能力允许的情况下,将大赌注和小胜利委托给他们。

然而,有一个替代的视角可以更有效地最大化团队的产出。从这个角度出发,我们会问:“我的团队成员是否也能够以高成功率完成项目?”

如果答案是肯定的,那么项目可以有效地授权。如果你想发展你的团队,你可以把全垒打项目交给你的核心团队成员,帮助他们建立信心,为下一次晋升建立成功的投资组合。这种行为有助于培养他们的成就感和对团队与你的忠诚。

成功概率高的小胜利项目很适合委托给初级团队成员,这主要有 2 个原因:首先,你要照顾团队成员,因为小胜利项目可以帮助年轻团队成员建立职业生涯记录;其次,你是在照顾公司,因为在初级团队成员出现失误的情况下,团队的整体胜利受到的影响较小。

委派一个项目并不意味着你应该放弃它,忘记它。作为经理,你应该在商定的里程碑前进行检查,以确保项目按计划进行。

作为一名经理,你应该为自己承担什么?我们的建议是承担一个大的高风险项目和所有的常规项目。承担一个大的高风险项目相对来说很容易理解。你可以优先考虑回报最显著的项目,你可以通过承担项目成功的最大风险来展示领导力。你还应该小心不要承担太多的高风险项目,因为它们固有的不确定性往往需要大量关注,并且可能会让任何人都无法承受。

但你为什么还要承担一些垃圾项目呢？如果要委派垃圾项目，你可能很难指定它们的目标或证明它们的影响，你的团队成员将别无选择，只能执行它们。你是团队中决定是否可以取消或重新定义垃圾项目的最佳人选。如果你可以取消对垃圾项目的承诺，并重新定义它们以降低风险或增加回报，那么它可以简化团队的承诺并提高团队的效率。

022

在分配项目时，你可以将最关键而有潜力的项目交给表现最突出的团队成员，帮助他们建立信心并积累成功的项目案例。而对于没有价值的项目，你作为经理是决定它们是否应该被取消或重新定义的最佳人选。

4.1.2 让项目框架兼容，避免方法分歧困扰决策

作为一名管理人员或员工数据科学家，可能在所参与的团队中看到过这样的场景：DS团队已经成功地完成了概念验证项目和速赢项目，但逐渐地，进展缓慢。当你调查原因时，你可能会发现系统的某个部分中的创新已经在系统的其他部分中重复地从零开始实现，而且常常有轻微的变化。不同的部署变体会产生不一致的见解，混淆业务决策者，并损害 DS 结果的信任。这种情况通常发生在具有不同领域专长的数据科学家用不同的方法引入系统其他部分的创新时。这样，团队就可以在 5 个独立的业务用例中维护 10 个不一致的解决方案。当勤勉的 DS 经理主动查看图 4.1 中 PMAT 的"垃圾项目"象限时，通常会发现这种情况。

还记得第 1 章案例 5 中的数据科学经理奥德拉吗？她擅长管理不同团队中 DS 工作的一致性，以尽量减少技术债务的累积，你也可以做到！这些都是 DS 积累技术债务的迹象，你可以开发一些重要的项目来提高团队的速度。以下是一些你可能想探讨的问题，图 4.2 对这些问题进行了总结：

- 你是否有一个一致的 A/B 测试框架来快速评估不同类型的渐进式改进？
- 你是否有易于维护的分析框架和报告架构？
- 你是否有一个共享的数据平台，以便能够快速评估改进并将其部署到生产模型中？
- 你是否有标准的度量标准，以便可以将新的度量快速部署到不同的产品线？

通用A/B测试框架	通用分析框架和报告架构
应当确保不同项目之间在实验单元选择、用于随机实验方法的用户哈希处理以及结果收集流程的定义上保持一致。	不同的项目可能使用不同的商业智能(Business Intelligence,BI)工具。整合报告环境可以消除在不同环境中多次创建业务指标的重复工作。
通用数据扩展架构	**通用指标**
数据扩展将功能或方面添加到原始数据中，共享且一致的数据丰富基础架构允许同时向所有产品线提供改进。	当在孤立的业务线中开发时，用于业务决策的类似指标在定义上可能会有所不同。一致的度量定义和计算允许业务领导人在决策时信任数据。

图 4.2 管理多个项目一致性的 4 个方面

1. 通用 A/B 测试框架

在公司数据驱动过程的早期阶段,启动功能的初始版本时,仅使用粗略的度量来指导产品/市场匹配决策可能很重要。随着时间的推移,可能会有多个项目需要不同级别的 A/B 测试。例如,对于应用程序中的常见新闻传送功能,你可以在用户界面上使用字体和颜色进行实验;也可以在 API 级别进行实验,为特定用户类型选择不同的内容;也可以在用户细分层面上进行实验,对不同用户类型的下一个最佳操作进行不同的假设。对于最快的启动路径,UI 层可能会使用现成的功能,而用户细分层可能会有一些内部实验功能。

在某种程度上,你可能希望在用户群、选择和功能软启动方面进行创新,以便在各个实验层之间进行协调,并且可能需要在所有级别的系统中实现实验功能。你将需要考虑现成的解决方案或开发内部解决方案,以支持这些能力。一般来说,现代现成的在线实验平台具备初创企业起步所需的大部分实验能力。挑战在于报告结果和第三方数据的延迟,以获得对延迟敏感的用户体验。作为本节的下一个主题,我们将讨论构建与购买的权衡和建议。

拥有一个标准的 A/B 测试框架,DS 经理可以及时对其能力进行评估,并在多个试验层的影响和努力之间进行优先级权衡。如果你决定在内部构建 A/B 测试功能,那么在实验单元选择、正交实验重复和结果解释方面的任何改进都应该由所有实验层共享,而无需重新实施。关于构建或评估实验平台的更多细节,一个很好的资源是 Kohavi 等人的《值得信赖的在线控制实验:A/B 测试实用指南》(*Trustworthy Online Controlled Experiments:A Practical Guide to A/B Testing*)。

2. 通用分析框架和报告架构

在开发的早期阶段,报告通常是通过特殊的数据处理构建的。分析结果通过电子邮件的 SMS 或 Slack 功能在使用 Google Charts/R Shining 定制的网络上共享。最终,一些数据可能会映射到更复杂的 BI 工具中,如 Tableau、Looker、Domo、GoodData、Birst 等,而其他分析框架可能会用于实验平台。

当我们开发新的度量标准和度量管道来评估某个领域的业务时,我们希望在其他业务领域尽可能地重复使用这些工作。不同的报告环境可能意味着在不同的报告中多次重复创建度量标准。一个通用的分析框架和报告架构可以帮助减少在不同的数据处理中重新创建相同指标的烦琐工作。

3. 通用数据扩展架构

数据充实是指通过分割、分类或与第三方数据匹配等技术,添加特征或方面以细化和增强原始数据的过程。使用原始数据的不同项目可能会随着时间的推移发展出类似的数据丰富过程。

例如,当 DS 团队支持多条产品线时,每条产品线都可能要求其购买具有数据丰富能力的模型,而这些能力是基于不同的客户来细分位置和预算的。一条产品线的改进可能需要在其他业务中复制和验证大量工作,从而在过程中引入垃圾工作。

一个共享且一致的数据基础设施可以让所有产品线同时得到改进。请注意,跨模型和报告架构升级功能仍然是一个问题。如 3.2.3 小节所述,模型的边界纠缠可能意味着依赖于共享数据充实过程的模型将需要重新培训,以充分利用数据充实改进的好处。共享数据丰富基础设施所节省的是实施工作的精力,而不是部署工作的精力。

4. 通用指标

来自不同度量管道的挑战有时是最难探索的。当不同的业务线随着时间的推移演化出类似的指标,以做出业务决策或在产品中生成面向客户的报告功能时,就会出现这种情况。

当类似的指标在不同产品线的实施中出现差异时,不同业务线的业务决策可能会变得不一致。客户可能会在不同的界面上看到不同的数字,从而降低对产品的信任,并对其数据完整性产生怀疑。

不同定义的原因可能来自不同的原始数据源选择(例如,在过滤机器人或异常情况出现之前或之后)、不同的观察窗口(例如,月活跃用户与连续 30 天活跃用户),或对公司粒度的不同解释(例如,包括或不包括已知的所有者和子公司层级)。作为 DS 经理,从指标差异中解决技术债务,以产生标准指标,可以促进更快的业务决策,减少客户困惑。

总而言之,从多个项目的更广阔视角来看,DS 经理有更多机会在这些项目之间寻找协同效应,并诊断在单个项目层面无法观察到的挑战。作为团队领导者,你还可以与同级 DS 团队合作,协调解决技术债务的工作,减少 DS 功能中的垃圾或低效项目数量。

4.1.3 分析战略/成本/风险,建议自建或购买方向

为了提高影响力,DS 团队通常需要整合各种能力。这些能力包括数据来源、数据聚合、数据验证、数据充实、数据仓库、数据处理、建模、仪表盘、A/B 测试、异常检测、事件警报等。在 DS 团队成长的早期阶段,这些组件中的许多都缺失了。

作为 DS 经理或员工数据科学家,在推进项目方面最接近团队的需求,有责任评估情况,并建议团队是否应该构建或购买解决方案来推进项目。在这些情况下,最终决定将由高级 DS 领导层做出,并获得财务和运营高管的批准。你如何考虑购买与构建的建议,以便提出一个清晰的建议。

有一点建议是不要想得太多。如果一个特定的数据集花费几百美元,并且可以立即将一个项目加速一周,那么购买它是一个不需要动脑筋的决定。许多副总裁级别的职位都可以通过最少的文件批准小额预算。电子邮件和收据通常就足够了。如果这个决定涉及数千美元,而且成本会随着使用水平的提高而增加,那么它是值得的更彻底地调查 3 个方面:战略、成本和风险。下面让我们逐一来看。

1. 战 略

在考虑是否在内部建立能力,还是在外部购买能力时,有 3 个战略问题需要检查:

- 该能力是公司竞争业务优势的核心吗?
- 外部解决方案是否成熟、商品化、定制灵活?
- 购买有助于更快地推出核心产品吗?

首先,评估所考虑的能力是否是贵公司业务竞争优势的核心。一个关键问题是:如果这种能力是在内部开发的,那么它是否是一种最理想的解决方案,以至于其他人可能愿意为此买单?

没有对错的考虑，一家公司在不同的时间可能有不同的担忧。例如，谷歌认为网络搜索相关性是其核心业务竞争优势。相比之下，几年来，雅虎一直将其视为边缘服务，并将其作为技术解决方案购买。对于金融科技企业来说，了解客户金融交易类别可以被视为其竞争性业务优势的核心，也可以被视为可以购买的数据丰富功能。

如果这种能力被认为是微不足道的，我们需要评估是否有一种解决方案可供购买。外部解决方案的成熟度可以通过所需功能的完整性、部署案例的数量、解决方案经过的迭代以及其定制灵活性来评估。

所需功能的完整性可以帮助我们评估可用功能是否满足我们的核心需求。我们可以检查功能和部署过程是否得到了充分的利用，从而从部署的案例数量中消除了大多数错误。解决方案经过的迭代可以说明随着时间的推移，领域最佳实践是否被纳入到解决方案中。定制的灵活性为我们以后可能会意识到需要的意外功能留出了空间。

有一个不言而喻的信念，那就是购买解决方案是否会加快上市时间。在一个有很多软件即服务产品的世界里，你似乎只需要在一个在线门户网站上创建一个账户，就可以立即获得一整套新功能。集成第三方数据处理能力的现实并非如此简单。

例如，为了最好地使用第三方 A/B 测试平台，首先需要上传或流式传输所有与用户相关的数据，以选择用户进行实验。接下来，需要将所有下行事件上传或流式传输到平台的 A/B 测试框架，以计算核心评估标准来评估成功。

其中一些数据在传输到第三方平台之前可能需要脱敏或匿名。如果平台在支持用户选择的复杂业务逻辑方面存在差距，则需要开发额外的适应性逻辑。一方面这种粘合逻辑可能仍然比在内部开发成熟的 A/B 测试框架更快。另一方面，在建立完整的 A/B 测试基础设施之前，将简单的 A/B 测试设置作为前几个功能的权宜之计可能会更快，尤其是在早期启动阶段。

2. 成 本

购买与构建的决策成本评估通常是讨论的重点。对于购买期权，成本可能远远高于支付给第三方的金额。除了发票价格之外，工程资源的集成成本以及与第三方供应商之间的持续数据通道的维护成本是需要估计的关键组成部分。根据第三方供应商的业务模型，你也可能需要考虑随着业务的增长，成本将如何变化。

对于构建方案，总体拥有成本不仅包括工程成本，还包括设计、测试、验证和维护成本。除了构建解决方案的直接成本之外，还需要考虑行业最佳实践、用户反馈和迭代，以及团队的管理开销。最重要的是，机会成本是什么？团队应该在这个构建上花费时间，还是考虑其他投资回报率更高的项目？

构建方案的一个常见挑战是目标受众的范围。数据科学家通常为规模有限、部署操作成本高的内部受众构建内部系统。第三方解决方案通常提供更好的用户界面，允许数据分析师和产品经理在没有 DS 支持的情况下自行处理许多任务。在比较运营解决方案的成本时，我们应该考虑这些差异。

3. 风 险

在评估购买与构建方案的风险时，事实是，你可以购买的现有解决方案现在可用，而构建的解决方案还不存在。在估算尚不存在的东西的成本、可行性和能力时，存在固有的风险。此外,在特定环境中使用解决方案之前,可能无法完全了解功能和最佳实践中的差距。

对于购买的方案,其不仅仅是规格表中的功能,而且为了正确评估风险,我们还必须了解解决方案的商品化程度(如多个相互竞争的令人满意的产品所证明的那样),以及要购买的解决方案的成熟度(如服务水平协议(Service-Level Agreement,SLA)以及对事故和停机能力的支持体验所证明的那样)。

对于构建方案,除了技术和进度风险之外,我们还需要评估团队中是否有构建的专业知识。如果是,那么具有专业知识的人才是否愿意参与构建项目?如果没有人才,那么招聘合适的人才会有多困难,需要多长时间?

DS 经理或员工数据科学家最有能力了解情况、收集信息、估计成本和评估风险,从而向高级管理层提出购买与建造的建议。这项建议不是一项决定。

该建议背后的分析对高管们做出决策最有用。根据任务的复杂性、对核心竞争力的战略意义、需求的紧迫性以及购买与构建方案的相对成本,最终的购买与构建决策通常涉及一系列行动。例如,获取策略可能包括立即构建、稍后购买或立即购买、稍后构建等。

在战略、成本和风险这 3 个看似简单的词上需要有很多考虑。对于购买与构建决策的更详细分析,可参考《澳大利亚大型组织中影响购买与构建决策的因素》(*Factors Affecting the Buy vs. Build Decision in Large Australian Organizations*)。

4.2　执行——最佳实践的落地

作为 DS 经理,通过你的团队和你影响的团队的执行来创造价值。如果技术是可以学习的,那么执行是必须实践的。下面让我们从 3 个部分来了解执行力:

- 培养团队协作,使集体产出超过个体能力总和;
- 以个人和团队的方式推进跨部门的协作;
- 向上汇报需认同优先级,沟通进展并有效升级问题。

对于管理者来说,组建团队是一项令人兴奋的工作。在非人事管理角色中,你被分配与团队中的任何人一起工作。作为一名经理,你要决定你想邀请谁加入你的团队,以及你想淘汰谁。4.2.1 小节讨论了团队建设。

包括美国科技政策办公室前首席数据科学家 DJ Patil 在内的许多人都强调,DS 是一项团队运动。对于经理和员工数据科学家来说,在执行数据驱动的方法和策略时影响相邻的职能部门可以极大地提高团队的影响力。4.2.2 小节讨论了产生影响的做法。

如果技术是可以学习的,那么执行是必须实践的。最重要的是,你的产出必须与你的经理为你的团队设定的目标保持一致。你需要履行 3 项基本职责:协调优先事项、编制进度报告和上报问题。通过这种方式,你的经理可以了解你的优先事项和进展情况,并在需要时帮助你解决具有挑战性的问题。4.2.3 小节讨论了向上管理的技巧。

023　如果技术是可以学到的,那么执行则是必须实践的。

4.2.1　培养团队协作,使集体产出超过个体能力总和

建立团队需要邀请一群人加入你的组织。建立一个强大的团队需要培养团队成员,以产生比他们作为一个群体的个人更大的影响。

要想在管理岗位上取得成功,需要关注 7 个方面,如图 4.3 所示。

雇用新的团队成员	继承的团队成员	了解团队成员
·了解失败的风险; ·选择最关键的面试属性; ·收集广泛的意见。	·分享你的主张; ·解释你希望团队如何工作; ·明确目标。	·重要的一对一主题; ·5~10年的职业目标; ·管理者、同行和合作伙伴的需求。

团队建设	绩效评估	处理离职团队成员	管理表现不佳的员工
·个人理解; ·团队理解; ·合作约定; ·团队领导。	·反馈应该及时; ·利用他们的优势; ·保持过去观察和未来预期的平衡。	·放下你正在做的事; ·让他们说出来; ·提出更多问题; ·解决方案。	·诊断能力与动机问题; ·限制你花在表现不佳者身上的时间; ·记录调查结果并遵循人力资源程序。

图 4.3　在你的监督下建立强大团队的 7 个关注领域

1. 雇用新的团队成员

招聘时,你可以评估 DS 竞聘者的能力和美德,如第 2 章和第 3 章所述。这些能力包括技术、执行和专家知识方面的经验和成就。美德包括道德、严谨和态度方面。雇用本身可以比作一种预测性的算法。你正在使用与候选人的短期互动来预测他们在团队中的长期成功。在面试了数百名候选人之后,以下 3 种启发式方法可以帮助你有一个良好的开端:

- 了解失败的风险——如果雇用实习生,错误雇用的风险很低;人才库很大,而且技术能力基本上没有太大差别。珍惜招聘人员的时间,在早期阶段积极地进行筛选,使用诸如带回家进行思考等技巧。在高潜力候选人通过某个技术标准后,可以选择让他们在工作中证明自己。如果你雇用了一名技术负责人,并期望他的行为会影响团队的技术方向,那么错误雇用的负面影响将很大,人才库也会很有限。建立一个严格的多轮面试小组,以保护面试官的时间。在找到合适人选之前,预计要在多轮面试中面试 10~50 名候选人。你可以寻求高管和合作伙伴的支持,以建立一个稳健的招聘流程,6.2.2 小节将对此进行更详细的讨论。

- 选择最关键的面试属性——在团队发展的不同阶段,你可能需要关注特定的属性。例如,第一批招聘的人员可以是与不同利益相关者合作的通才,而后招聘的人员可以是专家,以完善团队的技能组合。TEE - ERA 扇形图还可以为评估多面手和专家提供一个起点。入门级角色可能强调技术能力、科学严谨性和积极的态度,而技术领导角色可能强调项目执行、专家知识和职业道德。

- 收集广泛的意见——DS 是一项团队运动。对于经常与业务合作伙伴互动的角色，设立一个面试小组至关重要，其中包括产品、营销和其他方面的合作伙伴。基于小组的面试过程使候选人能够理解角色扮演者的伙伴关系背景。它还使合作伙伴能够表达他们希望与谁合作。

作为招聘经理，该小组有助于照亮你可能存在的任何盲点。你应该征求小组成员的详细回复，并讨论他们可能对候选人的任何担忧。虽然招聘经理会做出最终的招聘决定，但在讨论后，应该达成一致意见，决定是否录用。这些讨论是小组了解如何最好地评估未来候选人的绝佳机会。在不太可能出现重大意见分歧的情况下，可以使用上面第一种启发式方法"了解失败的风险"来指导决策。例如，如果面试失败的风险很高，当面试小组中有一家公司没有招聘意见时，我们建议拒绝该候选人。

通过了解失败风险，可以让你选择误报和漏报水平可接受的操作点。选择关键的面试属性就像特征工程一样。收集广泛的意见就像构建一个模型集合，以做出更明智的招聘决策。

当你是一名招聘经理时，你亲自邀请到团队中的新成员往往会让你感到敬畏。敬畏是一种钦佩和恐惧的结合，不是在危险面前感受到的那种情绪，而是与不熟悉事物有关的更多的恐惧。

在面试过程中，应聘者往往选择加入团队，因为他们珍视你作为经理给他们的机会。也可能会有人担心你有能力夺走这个机会。这种敬畏因素可以成为建立信任的经理与团队成员关系的起点。

2. 继承的团队成员

如果你被提升为经理，而你以前的同事现在向你汇报，那么恭喜你！在与队友合作时，你可能已经熟悉他们的工作、能力和差距。这个背景让你知道什么时候应该信任你的团队成员。然而，作为一名管理者，你仍然需要在支持他们和帮助他们职业发展方面赢得信任。

如果你受聘管理一个现有的团队，那么你就肩负着对团队成员的职业生涯和公司产生重大影响的责任。你的首要任务是了解团队成员，并让团队成员更多地了解你。你在最初的几次会议上分享和学习的东西对以后的成功关系至关重要。

以下是你在继承团队后最初几次互动中可能要讨论的主题：

- 分享你的立场。帮助团队理解你在 DS 领导力方面的指导原则。例如：
  - 通过数据寻求深入理解，让产品体验自然愉悦；
  - 拥有智能路线图，并构建具有稳健和效率的系统；
  - 以协作和开放的方式运营，同时以合乎道德的方式使用数据，对客户的福祉保持敏感和同情。
- 解释你希望团队如何工作。例如，你可能希望团队以特定的职业道德、严格的职业操守和积极的态度工作。

  第 3 章列出了一些需要考虑的要点，包括：以客户的最佳利益为出发点，负责任地运营，在动态环境中适应业务优先级，以及自信地与团队成员传授知识的道德规范；严谨的科学方法，监控异常，对企业价值负责；积极的态度，坚韧地克服失败，保持好奇心和协作态度应对事件，尊重横向协作中的不同观点。

- 明确目标。作为一名新的管理者,你通常首先执行你继承的组织的现有目标。准备好沟通团队的目标如何与公司的使命相一致,并清楚地了解你的决策过程以及你将如何评估团队的进展。

3. 了解团队成员

无论是新雇用的还是继承的团队成员,在开始时建立信任和融洽关系将帮助团队成员度过团队旅程的高潮和低谷。在与团队成员的最初几次一对一对话中,你可能需要讨论一些标准话题:

- 一对一对话对你来说最重要的是什么?

　　一些人希望通过查看待办事项列表来讨论本周最重要的话题,另一些人希望通过场景来讨论指导课程,还有一些人希望收到进度报告以获得反馈。无论具体的方式如何,目标都是了解每个团队成员的价值观,并制定一个让你和团队成员都感到满意的有效形式。

- 你 5～10 年的职业目标是什么? 为了帮助你们朝着这些目标取得进展,我们可以共同努力的近期里程碑是什么?

　　初级团队成员可能还不清楚这些目标,或者可能有一般性目标,比如 24 个月后升职。高级团队成员可能有一个更明确的目标,即成为高级经理、高管或创办自己的公司。帮助团队成员明确他们的长期目标,就能为他们提供指导,并强调他们与当前项目的相关性,从而为实现长期目标积累经验。

- 你需要从你的经理、同事和合作伙伴那里得到什么?

　　这取决于团队成员在向上管理方面的技能,你可能会收到或可能不会收到明确的请求,要求谁在何时做什么。你在这里收到的任何回复都可以成为发现需要你关注的潜在深层次问题的绝佳起点。

除了这些标准问题之外,一些额外的项目可以帮助初次管理者在人力资源管理的世界中游刃有余。Lara Hogan 在她的博客文章《我们第一次一对一对话的问题》(*Questions for Our First One-on-One*)中也提出了以下建议:

- 是什么让你脾气暴躁? 我怎么知道你什么时候脾气暴躁? 你脾气暴躁时我能帮你什么?

　　无论是家里的孩子还是出于宗教或健康原因而禁食,了解这一点对于团队成员在困难时期寻求理解和同理心都是非常宝贵的。

- 你喜欢怎样的反馈? 通过电子邮件或当面;是一对一的对话还是当问题发生时?

　　一些团队成员更喜欢书面反馈,这样他们可以思考和回应,而其他人则希望有更多的背景因素,这样可以更好地理解反馈。

- 你喜欢在公开场合还是私下里获得认可?

　　在某些文化中,人们不喜欢在公共场合受到赞扬。最好理解这一点,以避免无意中将团队成员置于不舒服的环境中。

- 你最喜欢用什么方式对待自己?

　　记住这一点可能是好事,因为总有一天你会想以一种有个人意义的方式感谢团队成员。

现在你有了一个工具箱,可以将一群人才聚集到一个组织中,并通过一对一对话的方式了了解他。如果团队成员都表现良好,你还能问什么? 让我们讨论一下如何让你的数据科学家团队表现出色。

4. 团队建设

成功的 DS 从业者很擅长应对定量领域的巨大挑战。然而,团队管理通常需要很高的情商,这对许多数据科学家来说可能不是天生的。即使 DS 经理拥有出色的情感技能,帮助团队成员作为一个团队建立联系也可能是一项挑战。

幸运的是,有很多工具可以帮助量化团队成员的能力,使之成为一种授权的形式,其中之一是 Clifton StrengthFinder。

与迈尔斯·布里格斯类型指标(Myers Briggs Type Indicator)和艾琳·迈耶的文化地图(Erin Meyer's CultureMap)一样,Clifton StrengthFinder 是一种心理评估,要求参与者回答一系列适应性问题来评估他们的心理特性。与许多心理评估不同,Clifton StrengthFinder 的输出是个人最高领导能力的列表,而不是一组必须根据具体情况解释的心理特性。

美国心理学家、盖洛普公司(Gallup,Inc.)董事长 Don Clifton 的一个基本观点是,当人们盲目追随他们的领导为榜样时,他们往往会失败。一个人的领导能力可能与他们的榜样不同。人们如何根据自己的领导能力识别自己的领导风格?

Clifton StrengthFinder 从研究成功领导者的 35 项领导力优势中,突出了你的前 5 项领导力优势。你可以利用你的五大领导力优势来形成成功的领导风格。每一种领导力都有它的力量,在那里,这种力量被成功地运用,并得到同龄人的充分赞赏;当然也有它的负面作用,在那里,这种力量可能被滥用或走到极端,从而导致负面反应。

例如,成功者的力量可以具有如下特点:不知疲倦、强烈的职业道德、以身作则、积极进取。成功者力量的负面作用包括:不平衡、爱管闲事、过度投入、不能说不,以及过于专注于工作。

这种系统可以在 4 个层面上使用,以帮助一群具有定量思维的数据科学家更好地作为一个团队协作:

- 第 1 级:个人理解——图 4.4 显示了 Clifton StrengthFinder 对 7 名数据科学家测试的样本输出。表格的每一列都显示了每个人的五大优势。利用这一结果,每名数据科学家都可以查看他们的优势所在的正面属性和负面属性,并在与同事合作时反映和校准他们的行为。他们的优势可以通过团队合作积极体现出来。

- 第 2 级:团队理解——团队还可以查看他们的集体优势。在这个例子中,DS 团队在战略思维和执行方面更强,而在关系建设和影响力方面相对较弱。这种偏见对于更直截了当的组织中的 DS 团队来说是典型的。在大型公司中,影响力和建立关系的优势往往变得更为关键,团队的成功取决于对组织动态的敏感性。DS 团队可以遵循优势领域的总体覆盖范围,强调符合团队集体优势的项目和承诺。

- 第 3 级:协作约定——通过第 1 级的个人自省,团队成员可以与队友讨论他们的优势。主题可以包括:哪些互动能激发我变得最好,当你让我变得最坏时会发生什么,你能指望我做什么,以及我需要你做什么。每对团队成员之间的讨论不超过 10 分钟,但 Clifton StrengthFinder 强调的具体优势可以很快说明未来潜在的合作机会。

- 第 4 级:团队领导——正如人们所理解的个人和团队优势,具有罕见优势的团队成员有机会提供办公室服务及建议给团队成员。建议的领域可能包括他们如何处理

团队成员及其五大优势(排名1~5)			Aadi	Bruno	Christian	Dali	Eunjung	Fatima	George
执行	在执行领域拥有主导优势的领导者知道如何让事情发生。当你需要有人来实施一个解决方案时，这些人会不遗余力地工作以完成它。有执行力的领导者有能力"抓住"一个想法并将其变成现实。	成就者	5			1		3	
		安排者						5	
		信念							
		一致性							
		慎重的					2		
		纪律							
		集中							
		责任	2						
		修复性的							1
影响	那些通过影响力来领导团队的人帮助他们的团队接触到更广泛的受众。在这个领域有实力的人总是在组织内外推销团队的想法。当你需要有人负责并大声说话以确保你的团队被倾听时，找一个有影响力的人。	激活剂							
		命令							
		沟通							
		竞争				4			
		最大化							
		自信							
		意义							
		吸引							
建立关系	通过建立关系进行领导的人是维系团队的关键黏合剂。在许多情况下，如果团队中没有这些优势，那么团队就只是个人的组合。相比之下，具有非凡人际关系构建能力的领导者拥有独特的能力，能够创建远远超过其各部分总和的团队和组织。	适应性							
		连通性							
		发展							
		同理心							
		融洽							
		融合			3				
		个性化					5		
		积极性						4	
		协调员		5			3		3
战略思维	拥有强大战略思维能力的领导者让我们都专注于未来。他们不断地吸收和分析信息，帮助团队做出更好的决策。在这一领域有实力的人不断拓展我们对未来的思考。	分析性的	3	3		3	4		2
		背景介绍					5		
		未来主义	4		4				
		构思			1				4
		输入		1					
		智力		2			1		
		学习者	1	4	5	2		2	5
		战略的			2			1	

图 4.4 Clifton StrengthFinder 测试的样本输出

各种情况，例如，通过讲故事来影响数据，或在具有挑战性的情况下与商业伙伴建立联系。这种同伴帮助机制允许团队成员为他们的职业生涯建立领导身份并帮助他们提高许多领域领导能力的熟练程度。

Clifton StrengthFinder 只是你可以用来建立具有积极心理的团队的众多量化工具之一。其目标是帮助团队确定其集体优势，并帮助每个团队成员在职业生涯中尽最大努力，为组织的愿景和使命做出贡献。虽然组建团队可能很有趣，也很有回报，但没有审查过程是不完整的，这意味着绩效评估。

5. 绩效评估

作为一名管理者,你有责任帮助团队成员完成职业生涯中最好的工作。绩效评估是指导 DS 团队成员发挥最佳表现的众多反馈机制之一。团队成员都是人,他们在项目上有好情绪也有坏情绪。你什么时候提供反馈?你希望提供什么样的反馈?

首先,持续反馈总是优于每季度一次或每年一次的周期,主要原因有 2 个:

- 对最近的积极或消极情况及时提供新的反馈提供了一个更微妙的学习环境。如果反馈是针对几个月前发生的事件,则只能传达一般的背景和建议。
- 新鲜及时的反馈可以触发进一步促进积极行为或快速抑制消极行为的行动,因此团队成员可以更快地提高。

要避免的一件事是只提供负面反馈。这可能会产生一种错觉,认为所有的持续反馈都是负反馈。我们将在 5.3.2 小节详细讨论如何最好地建立对持续反馈的积极态度。

除了持续的反馈之外,组织也有季度或年度的绩效评估。这些流程通常用于同步晋升评估和绩效管理流程。

这些评估对团队成员的职业发展具有重要影响。作为 DS 经理,你应该认真对待他们,并考虑以下 3 个行动:

- 花时间写下反馈。TEE-ERA 扇形图可以提供技术、执行、专家知识、道德、严谨和态度方面的特定 DS 维度,确保突出显示团队成员下一个职业里程碑的开始、结束和继续的领域。
- 利用团队成员的优势。Clifton StrengthFinder 的结果可以是用于评论团队成员的优势是如何展示其平衡和基础属性的,以及他们如何利用优势来提高绩效。
- 保持过去观察和未来预期的平衡。管理者有时会陷入这样的陷阱:详细说明顶级员工的成就,为未来的改进提供有限的投入,尽量减少对表现不佳者的负面反馈,并详细说明未来的发展领域。帮助数据科学家在他们的职业生涯中做得最好,保持平衡的绩效评估至关重要。本书中描述的职业道路可以提供一些材料,帮助你规划出最佳表现者的道路。TEE-ERA 的要求可以帮助你突出对团队成员表现良好的更严格期望。

6. 处理离职团队成员

有时,一个备受尊敬的团队成员决定辞职,不是为了在另一个组织获得更高的薪酬或更好的福利,而是因为他觉得自己的工作不受赞赏。这种情况在公司争夺顶尖人才的领域很常见。你和你的组织都不想失去他,但他的决定可能表明你忽视了作为经理的部分工作。

Andy Grove 在《高产出管理》(*High Output Management*)一书中描述了这种情况。辞职的消息通常是在最不方便的时候突然发布的。Andy Grove 生动地描述了这种情况,并指导经理们如何最大限度地留住离职团队成员:

- 放下你正在做的事——让他们坐下,问他们为什么要辞职。失去一位受尊敬的团队成员的风险应该比其他任务更重要。
- 让他们说话——团队成员可能已经排练了无数次他们的演讲。不要和他们争论任何事情。

■ 问更多问题——在准备好的演讲之后，真正的原因可能会出来。不要争论，不要说教，不要惊慌。

通过你的行动证明他们对你和组织都很重要。反过来，你将成为推动解决方案的项目经理。让你的经理、人力资源部和任何其他支持来源参与进来，帮助你拯救员工，即使这涉及允许他们向其他经理汇报。如果这是一个值得挽救的高价值员工，你的经理、同事会很感激你，并可能在以后回馈你。

辞职团队成员可能会感激你已经用解决方案找到了他们辞职的真正原因。然而，可能会有一种挥之不去的情绪，因为他们而迫使你进入新的局面。

为了留住团队成员，你需要让他们感到舒适，让他们相信自己并没有被"勒索"去做任何自己本来不会做的事情。他们只是让你意识到自己职责中的一些差距，这些差距本应在之前得到解决。

管理者只是人，每个人都有盲点，都会犯错误。然而，扭转这种局面的影响不仅仅限于辞职的团队成员。当一个备受尊敬的顶级执行者辞职时，可能会伤害整个团队的士气和组织的忠诚度。

7. 管理表现不佳的员工

DS 经理可以花费大量时间在管理表现不佳的员工身上。在有限的时间和巨大的责任来提高团队影响力的情况下，管理表现不佳者的机会成本是巨大的。你如何评估一个表现不佳的人是可以迅速扭转局面的，还是其将会是一个失败者？

需要做出的一个诊断是，表现不佳的人是否存在能力问题、动力问题，或者两者兼而有之。当团队成员在执行项目的培训中存在差距时，就会出现能力问题。当团队成员不愿完成某个项目或分心于某个项目时，就会出现动力问题。

假设团队成员有能力问题，但有动力。在这种情况下，在分配项目时，这可能是经理对团队成员能力理解的盲点。对于团队成员来说，这是一个由另一名具备该能力的团队成员指导的机会。该项目可能需要更长的时间才能完成，但对指导者和被指导者来说都是一个增长机会。大多数情况下，有动力的表现不佳的团队成员可以很快跟上进度。如果差距太大，无法弥补，则可能需要对表现不佳的成员进行管理。

一个常见的误解是动力问题更容易解决。虽然你可能能够解决一些由工作环境引起的动力问题，但许多动力问题都源于工作之外。你的同理心和耐心有助于推动表现不佳的团队成员独立解决工作之外的问题。你应该限制你花在表现不佳的团队成员上的时间，因为你可以把时间花在培养优秀团队成员上。如果问题持续存在，表现不佳的人将不得不被淘汰。

如果表现不佳的团队成员既有能力问题，也有动力问题，那么首先关注解决动力问题。当动力不足时，任何弥补能力差距的努力都不会那么有效。你可能需要检查招聘流程，以便更好地了解如何避免未来出现这种情况。

在诊断过程中，一定要记录你的发现，并遵循任何人力资源的建议和程序。一个标准流程是记录你和团队成员同意在绩效改进计划中改进的内容。这个过程是一组明确定义的目标，团队成员必须在固定时间内实现这些目标。一定要经常进行检查，并记录对情况是否有所改善的共同理解。当情况有所改善时，这个过程对团队成员来说是一次重要的学习经历。更常见的情况是，差距太大，无法弥合。人力资源流程将确保相互尊重，公司受到法律保护。

8. 将概念结合在一起

组建团队包括雇用新的团队成员和继承现有团队成员。招聘新团队成员时,根据职位资历调整面试的严格程度,选择最关键的面试属性,并收集广泛的信息以全面了解候选人。在继承现有团队成员时,通过主动分享你的主张来建立融洽关系,解释你希望团队如何工作,并阐明你将评估团队进展的目标。

在了解了团队成员的长期职业目标后,你可能希望定期建立一对一的关系,并了解他们。为了了解你的团队并帮助他们相互了解,你可以使用心理评估来量化他们在团队建设过程中的心理优势。Clifton StrengthFinder 可用于个人理解、团队理解、协作参与、团队领导。

在提供反馈方面,在强化或抑制行为方面,频繁及时的反馈比每季度或年度绩效评估更有效。平衡正反馈和负反馈可以避免所有持续反馈都是负反馈的感觉。在正式的绩效评估中,花时间写下反馈,吸取团队成员的长处,并在过去的观察和未来的期望之间保持平衡。

如果一个有价值的团队成员表示他们想退出或辞职,放下你正在做的事情,让他们谈谈,只问一些澄清的问题来找出真正的原因。与你的经理和人力资源部一起制定解决方案,让他们觉得自己可以安心地留下来,而不会因为你的强迫而背上污名。

管理表现不佳者,诊断动力和能力原因。虽然能力原因可以通过指导来解决,但你只能从工作环境中解决动力原因。当表现不佳既有动力方面也有能力方面的原因时,你可能需要首先解决动力方面的原因。

这是关于处理辞职队友和管理表现不佳者这一有点沉重的话题的大量信息。下面让我们转换话题,讨论在你的直接团队之外扩大你的影响力。

4.2.2 以个人和团队的方式推进跨部门的协作

作为 DS 经理或员工数据科学家,你的影响力超越了你的团队。你也有能力和责任影响和改进合作伙伴团队的运营,包括产品、工程和业务职能,以便为组织创造价值。你有 2 个层面的影响力需要传播:个人和团队。

1. 作为个人产生的影响

作为个人,通过与业务合作伙伴的频繁沟通,你可以提供严格的建议,以深入了解他们面临的挑战,不仅是在项目方面,而且在日常流程方面,这些都可以显著提高合作伙伴团队的生产力。让我们来看一个展示个人影响的例子。

启动一项功能通常不是一个顺利的过程。一位经验丰富的 DS 实践者可能已经在某个变体中看到了这种情况:在工程合作伙伴团队花费数周时间设计、开发、测试、集成和发布一项功能后,用户体验看起来与预期相符,但收集的数据看起来并不理想。几周后当你被邀请查看一些难以解释的 A/B 测试结果时,你会发现不完整的跟踪事件、治疗和控制之间存在偏差的样本量、数据管道中的错误,以及操作仪表板上缺失的指标。这些问题引发了新一轮的工程缺陷修复、测试、集成和发布,然后再次尝试验证产品假设。

你可以通过定义方法学来帮助工程团队更快地识别问题,以便在功能启动后快速验证跟踪功能。该方法应测试以下几方面的情况:

- 事件是根据跟踪规范触发的。如 3.2.2 小节所述,这种严谨性包括对可用性、正确性和完整性的验证。可用性是指跟踪信号的存在。正确性是指满足数据格式规范。完整性意味着事件的收集没有损失。
- 数据通过指标数据链处理,并显示在结果仪表板上。可能有许多指标,例如,点击率和会话长度,它们涉及一定程度的聚合或处理。传入的事件信号通常必须进行适当的注释,并放置在特定的位置,以便被指标数据链接收。
- 用户是根据实验规范选择的。爬虫会导致实验中选择的用户太多或太少。例如,机器人过滤问题可能会让太多的爬虫进入在线实验,从而妨碍对人类用户行为洞察的有效学习。实验设置中的错误也会导致测试中的用户太少,因此在合理的实验时间窗口内不太可能收集到足够的数据。其他错误会使用户的选择偏向于治疗或控制,打破统计上随机的用户选择假设,并导致结果无效。

可以将这种跟踪方法记录在案,以影响工程合作伙伴团队采用数据最佳实践,并在功能的集成测试期间和发布的第一天进行自检。记录在案的最佳实践可以加强发现错误的反馈回路。此外,还可以向产品团队和业务垂直团队提供此类方法文档,以提升特性和读取 A/B 测试。创作、共享和传播数据驱动的最佳实践证明了你可以对提高组织的整体效率和产出产生的影响。

2. 作为一个团队产生的影响

作为 DS 团队,你可以对你的同级 DS 团队和业务合作伙伴团队产生更广泛的影响。在第 4 章的团队建设练习中(见 4.2.1 小节),你可能观察到一些团队成员在 DS 的特定领域表现出色。

你可以赋予这些团队成员独特的优势,为成员提供建议,并扩大他们对不同团队的影响力。主题可以包括统计学建模、用数据讲故事、特征工程中的自然语言处理和因果推理。你如何有效地促进这些技能和知识的共享?

拥有独特而宝贵技能的团队成员可能会很快被干扰工作的询问所困扰,无法专注于自己的工作。他们可能会成为自己专业知识的受害者。有一种技能可以减少临时性的干扰,保护你的团队生产力,并使他们有能力建立自己的影响力,有一种方法可以尝试:那就是设定办公时间。

024

团队中拥有宝贵技能的成员容易因其他成员的频繁求助而被打乱工作节奏,难以全力以赴完成核心工作。设立固定的"开放答疑时间"能够有效管理这些求助需求,保障团队成员的专注力和效率。

建立高效办公时间的有效起点包括 4 个部分(见图 4.5),如下:

- 确定目的——我们可以明确地确定办公时间的目标受众。以下是确定目的几个例子:
  - 建模办公时间使同行数据科学家能够为手头的项目使用最合适的建模技术,并提高建模过程的严谨性。

- 数据访问办公时间使业务合作伙伴能够通过简单的查询独立提取数据,选择要使用的最佳数据源,并创建仪表板来跟踪业务指标。

- 讲述故事的办公时间有助于同行数据科学家将他们的分析转化为影响力,并打造强大的传播者品牌。

■ 定义一种方式——每周留出 1～2 个固定的 30 分钟时间,可以最大限度地减少对团队成员办公时间的干扰。一个经常性的时间也可以为上班提供一些确定性,即当需要帮助时,拥有宝贵技能和知识的团队成员可以在最少的协调下获得帮助。

确定目的	定义一种方式
定义目标受众,以及如何在目的声明中通过办公时间帮助缩小技能差距。	留出固定的时间,比如每周30分钟,以尽量减少协调成本。
指定主题	遵循最佳实践
起草为办公时间准备的指南,比如要携带的数据或文件。	发布目的、格式、主题,并在维基上注册,通过电子邮件向目标受众宣布。

图 4.5　建立高效办公时间的 4 个组成部分

■ 指定主题——为了充分利用 30 分钟的会议,需要制定一套准则,其可以帮助成员为这样的会议做准备。对于建模办公时间,带有初始建模挑战或初始结果的项目计划可以帮助建立提供反馈的环境。对于讲故事的办公时间,与明确定义的目标客户进行演示的初始版本有助于将会议重点放在改进 DS 的结果交付上。

■ 遵循最佳实践——要高效地开展办公时间议题,你可能需要在维基上发布目的、格式和主题,并通过电子邮件向目标受众发布公告。一个共享的报名表还可以最大限度地减少与观众的协调成本。如果某一周没有报名,你可以取消前一天晚上的课程,以阻止未做好准备的临时状况。

作为数据科学家,我们应该以数据为导向,不断改进办公时间的最佳实践。一定要在会后收集反馈和感受。好的感受还可以突出你的团队正在产生的影响,激励和招募更多的数据科学家同行成为教练,进一步延长办公时间。

办公时间只是扩大团队在组织中影响力的众多方式之一。其他方法包括每周举办研讨会,与同行 DS 团队分享关键项目的经验教训,或为业务合作伙伴举办手工艺培训课程,以更好地利用数据工具自助解决简单的数据问题。所有这些行动都可以扩大你的团队对组织其他成员的积极影响。

4.2.3　向上汇报需认同优先级,沟通进展并有效升级问题

如果你是 DS 经理,你在团队中代表组织,也在组织中代表团队。如果你是一名员工数据科学家,那么你代表的是公司重要 DS 计划的利益。在向你的经理汇报时,你可以是高级经理、董事或其他高级员工,你可以完成 3 个基本方面的工作,如图 4.6 所示。

1. 调整优先事项

对于一群人来说,要想作为一个公司一起执行,每个人都必须履行公司计划中的一部分。在正常的计划周期内,以及出现特殊变化时,你和你的经理之间必须保持优先级

调整优先事项	报告进展	升级问题
• 在常规规划周期内保持一致； • 随着特别变化的出现而重新调整； • 当一致交付面临风险时，将意外降至最低。	• 分享当前的里程碑； • 分享关于数据源、假设、工具和方法的学习； • 及时交付可能性的最新情况。	• 认识到不一致性和不解决问题的负面影响； • 探索解决方案； • 升级管理者支持的未解决的权衡。

图 4.6 对经理进行管理的 3 个方面

一致。

在定期的计划周期内，你的职责是解释经理的高层次的倡议，并将其细化为一组项目和规范，供你的团队执行。这一调整过程首先需要澄清你对经理高层计划的理解。这最好用书面形式完成，以基于对战略增长方向的坚定把握，并与公司的愿景和使命保持一致。在典型的业务环境中，高层计划不应该经常更改，这种调整通常每季度只发生一次。

虽然项目的优先顺序是为了向高级别的倡议迈进，但在优先顺序过程中必须做出许多假设。数据科学家及其技术负责人对项目创新和影响做出最佳判断；项目的范围、影响、信心和努力；他们评估战略与长期数据战略的一致性。我们在 2.2.1 小节中描述了这些技术。

在定期的计划周期中与你的经理保持一致，你会寻求他们对项目组合的反馈，以提供高级别的计划，并验证优先顺序过程中做出的假设。成功意味着他们的反馈会被及时记录下来，并有一个你的经理可以签署的计划。

当运行环境的条件发生变化时，也会出现一些特殊的变化。此时，你的经理可能会提出优先事项的变更，以便与团队一起实施。

在向上管理方面，如果你觉得优先级的变化使你的团队无法按时交付成果，那么与你的经理坦率地谈一谈权衡的问题，可以最大限度地减少日后因优先事项的变化而无法兑现现有承诺的意外情况。支持这些权衡的事实和数据对你的经理至关重要，这样他们就可以决定如何前进。

2. 报告进展

在计划执行期间，进度报告对于与经理沟通至关重要。进度报告涉及的不仅仅是分享当前的阶段性成果。它还应该包括过程中的任何重要经验教训，以及这些经验教训对实现未来里程碑的影响。

考虑到团队的生产力，进度报告应包括学习内容，例如，所探索的数据源、所使用的生产力工具、所做的假设和开发的方法等。3.1.3 小节在与团队其他成员分享的背景下描述了这些学习的每一项内容。

在管理团队时，分享团队的经验可以让你的经理了解你的工作，建立对你的管理能力的信任，并提供反馈。你的经理可能知道其他团队的经验，以帮助加快你的进度。他们还可以帮助将问题升级，为所做的假设提供额外的背景，并将你的最佳实践更广泛地推广给其他团队。

025

> 在向上管理中,你需要调整优先事项、汇报进展、上报问题。汇报进展不仅仅是分享进度,还可以包括项目中积累的经验教训及其对未来的影响,以建立上级对你管理能力的信任。同时,这也为你的经理提供了一个机会,为你介绍其他团队的经验,从而加速你的进步。

向上管理的另一部分是根据你目前的学习情况,分享完成持续承诺的可能性的最新信息。数据源探索是否发现了其他风险?是否有一些项目可以通过使用生产力工具来加速?生产力工具中是否存在需要解决的缺陷,并将导致进一步的延迟?是否有需要重新审视的假设?

这些评估将帮助你的经理管理与业务伙伴的期望,以应对可能的延迟。他们还可以让你的经理提供替代解决方案或支持,帮助项目回到正轨。你的经理还可以利用这些经验,对其他团队中可能受益于相同最佳实践或遇到相同挑战的项目进行成功可能性评估。

3．升级问题

即使是出于最好的意图,当与面临不同限制的合作伙伴合作时,也会出现挑战和差异。当项目面临风险时,情况可能需要升级。让我们在与合作伙伴建立信任的工作关系的同时,讨论问题的明确升级。

在升级之前,团队应首先认识到未解决的偏差和负面影响。有时,影响可能很小,以至于项目交付的一些延迟对所有相关方来说是破坏性最小的权衡。当不一致对结果产生重大负面影响时,必须确定受影响的利益相关者,并首先集体合作确定可能的解决方案,以确定利益相关者之间是否能够解决挑战。当你能够解决这些差异时,情况就变成了进度报告,包括确定一个挑战,并通过分享经验来解决它。

当差异无法解决时,你可以管理报告链上的升级过程。升级意味着你已经用尽了执行能力范围内的所有选项。然后,你应该将问题与其他利益相关者一起提交给你的经理,强调不一致、无法解决的重大负面影响、已经探索的替代解决方案,以及没有经理的支持无法解决的权衡。

对偏差的精确描述可以让你的经理快速掌握问题的全部背景。负面影响的重要性使你的经理能够将解决问题与他们正在处理的所有其他问题适当地放在首位。已经探索出的替代解决方案使他们能够专注于在更广泛的资源集合中尚未尝试的内容,解决、推迟或升级问题向上发布报告链。通过调整优先级、报告进度和升级问题,你可以开始与管理者建立信任的工作关系,以执行 DS 项目。

记住,作为一线 DS 经理或员工数据科学家,你应该有信心分享你的观点。你更接近数据科学家和项目。你应该比组织中的任何人,包括你的经理,更好地了解团队的实施能力。有了这些知识,你就有责任管理你的经理的期望,以发挥团队的全部潜力。

4．把它结合起来

综合来看,在管理方面,你需要履行 3 项基本职责:调整优先事项、报告进展和升级问题。在调整优先事项时,准备将经理的高层计划准确地转化为团队的优先项目,并将其提交给经理进行反馈。在报告进展时,分享经验教训及其对实现未来里程碑前景的影响。当升级问题时,确保事件能够产生足够大的负面影响。如果可能的话,强调不一致、无法解决的重大负面影响、已经探索的替代解决方案，以及没有经理支持无法解决的权衡。这样，你的经理就可以在报告链上完整地解决、推迟或继续向上汇报问题的全部情况。

保罗（第 1 章案例 4）在担任 DS 经理 6 个月后感到筋疲力尽，他可以使用这些技巧来管理他的上司。他可以与上司协调优先事项，以明确他应该在哪里投入更多的时间和团队资源，他还可以升级他无法满足的合作伙伴的请求，以防止他的团队在太多的项目上过于分散。

4.3　专家知识——精通领域的精髓

第 1 章的保罗接受了许多请求，他感到不知所措，精疲力竭。他只取得了好坏参半的结果，在关注点上几乎没有表现出领导力。

你的团队希望你将他们的日常工作与大局联系起来。你有责任利用专业领域知识确定战略和战术机会，并将其转化为团队目标和优先事项。本节为保罗和类似情况下的经理提供了工具，以获得领域知识，从而有效地评估、预测团队和业务合作伙伴的请求，并确定其优先级。有了这些工具，保罗和你就可以给团队提供所需的领导力，并鼓舞团队的士气。

如何才能成功做到这一点？以下 3 个要素至关重要：
- 了解业务伙伴的关注点，扩展自己的业务知识面；
- 深析领域痛点，参考基准，解读数据，发现新机会；
- 以回报率确定优先级，用业务知识缓解数据不确定性。

为了帮助将 DS 功能与业务需求联系起来，拓宽领域知识对于服务广泛的业务合作伙伴（如金融、营销、产品和客户服务）至关重要。使用不同的关键绩效指标（Key Performance Lndicator，KPI）和优化技术来推动业务影响将是有益的。

在满足特定业务需求的同时，也有一些基本的数据机会，只有具备深厚 DS 专业知识的人才能实现。你有责任提出并执行可能立即或随着时间的推移对收入、成本或利润产生重大影响的想法。

在提出新的 DS 项目时，优先考虑的往往是对业务影响最大的项目。然而，评估业务影响的关键参数经常缺失。企业领导人经常在缺少数据的情况下做出决策。我们可以向他们学习，利用专业领域知识，对这些关键参数进行最佳估计。然后，我们可以利用我们的分析能力来评估结果对广泛估计的敏感性，从而对我们评估项目的影响更有信心。

4.3.1　了解业务伙伴的关注点，扩展自己的业务知识面

许多第一次担任数据科学家的经理和员工在与其他数据科学家互动时都很精明和自信。然而，与商业伙伴会面时，讨论很快就会变得尴尬。话题似乎来自不熟悉的角度，初次担任管理者和员工数据科学家的人可能会发现，独立思考和自信应对很有挑战性。

如果这件事发生在你身上，别担心，因为你并不孤单。这种尴尬通常源于对业务合作伙伴的基本问题及其问题和请求的真正意图的理解不足。通过扩大对这些基本业务关注点的理解，你可以预测并准备他们的问题和请求。

026

初级管理人员或数据科学家最初在与业务合作伙伴交谈时可能会感到尴尬。这经常是由于你对业务合作伙伴的核心关注点、需求和意图的了解有限所致。你可以尝试拓宽你的对领域的理解。

在组织中,特别是在快速发展的组织中,每个业务功能都面临着实现其目标的巨大压力。表4.1展示了不同业务职能部门的一些基本关注点和关键绩效指标。

正如你在表4.1中所看到的,各种业务功能的基本关注点差异很大。在任何时候,一个业务伙伴都可能专注于验证或优化一个特定的KPI子集。

作为DS经理或员工数据科学家,必须了解公司的收入来源以及它们可能面临的风险。你可以通过研究面向公众和私人的文件,并努力了解你的业务伙伴来做到这一点。

表 4.1 各种业务职能和样本 KPI 的基本关注点

业务职能	处理的基本问题	关键绩效指标
市场营销	找到对现状不满的客户,并提供帮助	■ 品牌召回——品牌意识; ■ 推广者分数(Net Promoter Score,NPS)——宣传品牌的倾向; ■ 客户获取成本(Customer Acquisition Cost,CAC)——获得一个顾客
销售额	与有意愿的客户进行交易以带来收入	■ 获胜机会比率——合格潜在客户的成交百分比; ■ 销售周期长度——从交付周期到结束的时间(B2B); ■ 商品总值(Gross Merchandise Value,GMV)——商品成交总量(美元)
分配	优化物流,促进交易中的合作与协调	■ 交货时间——从下单到交货的时间; ■ 运输费用——下单的所有交货费用; ■ 存货周转率——整个库存的出售次数
产品	提供满足客户期望的满意度	■ 转化率——从一个阶段到另一个阶段的用户比例; ■ 客户流失率——一段时间后离开的客户比例; ■ 扩散性——产品从一个用户传播到另一个用户的速度
资金	保持财务可行性,同时优化企业价值和现金流	■ 毛利率——总销售收入减去商品成本; ■ 每用户平均收入(Average Revenue Per User,ARPU)——总收入/用户; ■ 终身价值(Lifetime Value,LTV)——全年未来净利润
客户服务	建立客户信任,保持进一步交易的意愿	■ CSAT 分数——通过调查获得的客户满意度得分; ■ 首次响应时间——从发出调查到初步回应的时间; ■ 平均解决时间(Average Resolution Time,ART)——解决问题所需的时间

有时,要克服的最具挑战性的障碍是愿意提出"愚蠢"的问题。当你感到更自信时,找

更聪明的人,问更多愚蠢的问题。很快,在你使用的每个业务功能中进行几次这样的会话之后,你将能够预测要解决的常见问题。

除了广泛的业务理解之外,专家知识中的"专家"部分还要求你遵循业务领域的严格要求。以下是将 DS 功能与业务需求联系起来时常见的 3 个混淆示例:

- 月度环比(Month-over-Month,MoM)增长;
- 商品总值(Gross Merchandise Value,GMV)与收入的关系;
- 客户获取成本(Customer Acquisition Cost,CAC)。

1. 月度环比增长

MoM 通常用月增长率的简单平均值来衡量。然而,衡量这一指标的目的通常是利用历史数据预测未来增长的影响。随着组织的发展和产品功能的成熟,增长往往取决于当前业务规模的复合值。准确地说,复合月增长率(Compounded Monthly Growth Rate,CMGR)可以成为衡量 MoM 增长的更有意义的指标。

CMGR 使用以下公式计算:

$$CMGR = (最近一个月/第一个月)^{(1/月份数)} - 1$$

在一个不断增长的业务中,它将小于平均值。这也是潜在风险投资者用来衡量各公司的基准。

2. 商品总值与收入的关系

GMV 是特定时期内通过市场交易的商品的总销售额。这是消费者的消费,也是衡量市场规模的一个有意义的指标。然而,这并不是市场的收入。

收入是市场赚取的 GMV 部分,包括市场为提供服务而收取的各种费用、广告收入和赞助商收入。根据市场提供的服务,收入可能包括退货手续费、运输和手续费、客户服务费和支付处理费。

3. 客户获取成本

获取客户的成本可以决定商业模式的成败。对于初创公司和成熟公司来说,这通常是一个备受关注的商业运营指标。虽然人们可以简单地将其定义为以每个用户为基础的获取用户的全部成本,但其解释和计算有很多变体。

严格地说,CAC 是获得下一个增量用户所需的支出。在分子中,全部成本应包括所有推荐费、积分和折扣。获得的用户数量应仅包括付费渠道的用户,不应与分母中的有机流量混合。之所以使用这个定义,是因为付费营销渠道提供了最直接的杠杆,可以通过额外的营销支出而实现。

然而,有人可能会说,付费营销的一些影响可能并不准确地归因于获得的用户。合理设计的分割测试有助于评估有机流量的一部分是否应归因于付费活动。

在某些情况下,包括付费和有机流量的 CAC 混合视图也可以作为报告指标提供信息。它可用于监控 CAC 与客户 LTV 之间的关系。在公司发展的特定阶段,低于 LTV 的 CAC 可以证实客户获取支出符合业务战略。

这 3 个业务指标(MoM 增长、GMV 收入和 CAC)是业务合作伙伴词汇表的一部分。它们说明业务指标不应被视为表面价值。你也有责任理解为什么要使用它们,以及如何正确计算它们来指导未来的业务决策。

你可以查看风险投资公司 Andreessen Horowitz 的博客文章《16 个创业公司指标》（16 Startup Metrics），了解更多关于商业指标的讨论。在 DS 项目的合作中，我们的目标是产生商业影响，只有说出商业伙伴的语言，才能获得他们的信任和尊重。

为了将其整合在一起，你负责确定战略和战术机会，以定义团队目标和优先级，并将 DS 能力与业务需求联系起来。你可以了解在不同业务职能部门（包括营销、销售、分销、产品、财务、客户服务）中解决的基本问题，以及对他们来说重要的 KPI。其中，将公司商业模式与收入联系起来的关键绩效指标的细微差别，如 MoM 增长、GMV 和 CAC，对于澄清问题和调整战略尤为重要。

4.3.2　深析领域痛点，参考基准，解读数据，发现新机会

作为一名经理或员工数据科学家，团队期待你将 DS 能力与公司优先级事项联系起来。你的职责要求你超越业务合作伙伴的要求，这些机会只有具备深厚 DS 专业知识的人才能识别。你负责提出和执行对收入有重大影响的想法，以及对业务有长期影响的数据策略。实现这一目标的一个过程是通过基准、解释和生成（Benchmarking, Interpretation, and Generation, B. I. G.）的方法，利用专家知识提出有影响力的想法：

- 基准——基准测试旨在了解公司内部业务视角之外的领域背景。现有内部数据可能包含现有业务的偏见和限制。通过与外部资源进行基准测试，DS 可以成为构建业务环境的合作伙伴。

  参考基准数据集可以来自政府或公司。政府来源包括联邦机构，如劳动统计局、人口普查局，以及各州和城市的公共记录。私人公司的数据可以来自 Google Trends 的在线内容、Dun and Bradstreet 的公司实体数据或 LinkedIn 的人才数据和专业关系。

- 解释——这是对基准统计数据中客户群体的解释。它可以为你的优先级决策提供量化依据，并将你的团队集中在影响最大的项目上。

- 生成——当新的机会在基准业务环境下产生，并以量化基础为优先顺序时，你更有可能发现能够产生巨大影响的基本机会。

虽然你可以自己在基准测试和解释步骤中构建专家知识，但生成步骤通常在团队环境中运行良好。让我们来看一个 B. I. G. 方法的例子，该方法用于在一家面向消费者的金融服务公司内推动智能手机用户的日常财务健康。

027

作为经理或资深数据科学家，你的职责不仅包括了解业务合作伙伴的需求，还包括发掘识别核心数据机会。尝试使用 B. I. G. 方法：基准分析（Benchmark）、解释（Interpret）、生成（Generate）。

1. 领域背景

财务健康被定义为对个人财务生活的有效管理。无论一个人的年收入是 2 万美元还是 20 万美元，财务健康都与量入为出、紧急情况、退休储蓄和投资有关。然而，根据美联储 2019 年发布的 2018 年美国家庭经济状况报告，由于有太多的诱惑吸引民众消费，近 40% 的美国成年人无法用现金、储蓄或可以快速还清的信用卡来支付紧急情况下的 400 美元。

许多金融健康公司正在提供基于移动应用程序的解决方案,以推动用户为退休储蓄更多资金。它们允许用户将信用卡和借记卡账户连接起来,并使用汇总的交易数据提供储蓄和投资服务。一些银行还提供借记卡和支票账户,其功能是降低用户在日常交易中的银行费用。通过为数百万用户提供服务,金融健康公司积累了大量数据,因此有大量机会对其推送进行个性化,以帮助用户养成为其金融未来建立储蓄和投资的习惯。

为用户建立良好的理财习惯可以让用户和金融健康公司受益匪浅。从出生开始每天只投资 2 美元的习惯,在 68 岁退休时可以积累超过 100 万美元的储蓄(假设平均预期年回报率为 7%,按 68 年内每年投资 730 美元计算)。

对于促进财务健康的公司来说,更多在金融平台上建立储蓄习惯的用户可以减少用户流失,从而增加用户的 LTV 和公司的企业价值。

2. 基　准

以政府数据为基准,美国成年劳动人口的年收入中位数为 5.2 万美元。扣除税收和 FICA,意味着每月约有 3 600 美元的实际收入。根据美国劳工统计局消费者支出调查,收入中位数的人每月支出中位数按以下类别细分:

- 收入——每月存入银行账户约 3 600 美元;
- 住房——租金、水电费、家具和用品约 1 300 美元;
- 基本开支——交通、食品和医疗费用约 1 600 美元;
- 可自由支配的费用——娱乐、服装、教育等约 700 美元。

3. 解　释

解释消费者支出类别对于开发专家知识至关重要。这 4 类消费支出分别如下:

- 收入——这是每个月最重要的财务事件。用户一拿到钱就觉得自己最富有,并且更愿意为紧急情况和退休储蓄。
- 住房——这是固定的费用并且很难改变,每个月从自己的账户中支出后感到不开心。
- 基本支出——这是每月相对一致的支出,有很多优化的机会。
- 可自由支配的费用——这些开支是可以削减的,但它们伴随着高昂的情感成本。试想一下,放弃每周晚上和朋友一起看电影,只为了每月节省 50 美元去实现一个遥远的未来目标,很少有人会这么做。

在鼓励用户养成储蓄和投资习惯时,信息的个性化可以将响应率从较低的个位数提高到 10 倍以上。面临的挑战是如何高效地创建许多高度个性化的文本,以吸引足够多的受众,从而使投资回报率变得有价值。

如何做到这一点? 关键在于系统地理解客户和商家之间的交易环境。

4. 生　成

在明确了基准和解释之后,生成步骤可以从团队头脑风暴中受益。该团队可以共同开发各种推送,并与真实用户进行测试:

- 收入——通过检测和识别用户账户中的收入,我们可以促使他们在感到自己最富有的时候为自己的长期财务健康做出贡献。
- 住房——虽然很难直接促使人们为退休储蓄和投资,但租金或抵押贷款付款可以有效地训练人们留出现金用于短期付款,让用户建立良好的财务习惯。

■ 基本支出——优化基本支出的技巧包括:如果食品开支很高,并且通常来自高端杂货店,建议使用套餐服务。套餐是一个很好的选择,有高质量的食材和合适的比例,可以最大限度地减少浪费;如果日常杂货店购买的食品开支很高,说明人口众多,那么开通一家仓储店会员也可能是减少开支的一种手段。在这一类别中减少的任何费用都可以存起来并进行投资。

■ 可自由支配的费用——在过去的几年中,诱惑捆绑这一概念受到了极大的关注。行为心理学家凯瑟琳·米克曼(Katherine Milkman)及其同事在 2014 年的一项研究中提出了这一概念,它包括将即时满足的来源与一种不太有趣但应该做的活动捆绑在一起。

作为诱惑捆绑的一个例子,每周晚上去看电影可以提供即时的满足感,而为自己的财务未来储蓄则是应该做的活动。当即时满足的支出被检测到时,它们可以用来推动用户将他们的特定交易与对自己未来财务的贡献相匹配,为他们自己的财务未来做出贡献。这种推动已经被证明是非常有效的,由此产生的参与度是普通营销推动的 10 倍以上。

在关于基准、解释和生成三步流程的过程中,我们展示了如何通过对业务环境的量化基准、解释其含义以及与团队一起产生想法来建立专家知识。基准测试步骤使用来自政府或私营部门的外部数据,以了解内部业务视角之外的领域背景。解释步骤旨在理解这些统计数据对你的客户群的影响。生成步骤利用你的团队来创建一组不同的想法,以产生巨大的业务影响。使用 B.I.G. 方法,你可以根据团队的 DS 能力和业务战略生成新的专家知识。

4.3.3 以回报率确定优先级,用业务知识缓解数据不确定性

作为 DS 经理或员工数据科学家,评估项目优先级涉及计算投资回报率(ROI),以确定该项目是否值得进行。当缺少投资回报率计算的组成部分时,我们该怎么做?

这种情况经常发生,因为用于投资回报率计算的数据组成可能需要时间才能体现出来。例如,LTV 中针对子脚本客户的客户流失部分可能需要几个月才能披露。估计金融贷款利润率的借款人的拖欠率可能需要几个季度才能发现。

输入缺失是一种挑战,尤其是对数据科学家来说,因为我们创建的智能系统需要完整的输入来预测输出。当输入缺失时,我们的第一反应是开始弄清楚输入应该是什么。相比之下,商业专业人士,尤其是高管,经常被迫在信息缺失的情况下做出商业决策。

这就是智力和智慧的关键区别。智力是在信息完整的情况下做出正确决策的能力,而智慧是在信息不完整的情况下做出正确决策的能力。我们如何运用智慧来计算缺少信息的投资回报率?

028

> 智慧与智力的关键区别在于做出最佳决策所需要的信息完整度。在信息完整的情况下,智力可以帮助你做出最佳决策;智慧可以帮助你在信息不完整的情况下做出最佳决策。

首先,投资回报率只是确定项目优先级的众多因素之一。投资回报率的计算公式通常为

$$投资回报率＝范围\times影响/努力$$

如 2.2.1 小节所述,优先考虑的其他因素包括项目创新性、成功的信心以及与数据策略的一致性。在许多情况下,只要投资回报率的大小顺序正确,它就足以提供足够的信息来对项目进行堆叠排序,以便做出决定。

为了快速评估投资回报率,让我们看看 3 个组成部分:范围、影响和努力。

1. 范 围

如 2.2.2 小节所述,项目计划包括对项目客户的描述。该描述可用于评估项目的潜在影响范围。在快速发展的公司中,不确定性往往是在项目完成后对前瞻性影响的估计。当你对使用什么数字来达到目标有疑问时,你可以向组织的产品或财务主管寻求建议,他们通常将这些预测作为企业路线图的一部分。

2. 影 响

这是项目为目标客户提供的预期提升或改进。对于普通的受众来说,规模可能更大,对于更广泛、更具影响力的受众来说,规模可能更小。在项目完成之前,很难估计有多少改进是可以实现的。类似项目在类似背景下的经验可能会有所帮助。

在缺乏类似项目经验的情况下,你可以将注意力转向使项目有价值所需的改进程度。考虑到客户的影响力,1％的提升能否带来令人信服的投资回报率? 如果是 10％或 50％的提升呢? 从这个角度来看,我们可以评估使项目有价值所需的影响对于所提出的解决方案是否现实。

例如,在产品开发的早期阶段,预期会有 10％～20％的改进,因为基线实施有很大的改进空间。在一个经过多年反复改进的相对成熟的产品中,1％～2％的改进可能是显著的!

3. 努 力

可以用工程周或数据科学家周来估算启动和迭代解决方案所需的努力。当一个团队或团队成员过去在类似的组织中进行过类似的项目时,估计可能相对简单。如果这是第一次在组织中规划此类 DS 项目,则将项目分解为里程碑,并将每个里程碑估计为大、中、小,这有助于提供粗略的总体估计。

在通过分析项目的范围、影响和努力来估计投资回报率后,你可以注意到那些低置信度估计的组成部分,并在不确定估计值偏离 10％或 30％时检查整体项目优先级的敏感性。在大多数情况下,有一组投资回报率极高的项目,它们是很好的优先级选择。如果有接近的竞争者,那么你总是可以将敏感度分析中的误差纳入到更细微的优先考虑因素中。

表 4.2 提供了一个金融科技初创公司项目组合样本的投资回报率估算。通过在不确定的情况下估计范围、影响和努力,你可以观察 ROI 对这些不确定性的敏感性。

投资回报率是指货币回报与投资的比率。为了评估一项投资的美元价值,这里使用的经验法则是,经验丰富的数据科学家每周工作费用为 2 万美元。该金额包括基础设施工程和数据工程支持、产品管理、项目管理和人员管理间接费用。其通常用于咨询公司和初创公司的项目成本估算。

对于不同成熟度的 DS 组织来说,这有什么不同? 2.3.3 小节讨论了组织在学习阶段、新兴阶段、功能阶段、整合阶段和文化阶段的五个 DS 实践成熟度水平。在学习阶段和新兴阶段,组织不具备生产 DS 项目的能力。在本小节的讨论中,我们将重点讨论功能到文化的各个阶段。

表 4.2　DS 项目及其 ROI 范围

项　目	范　围	影　响	上　行	努　力	不确定性	ROI
个性化的推送活动以节省更多	通过 10 次活动获得 50 万用户	提升了 30% 的参与度;8% 的保留率;50 美元/用户 LTV	200 万美元	10 周构建;3 周维护	留存率可提高 5%～10%	7.7 倍;15.4 万美元/周(9.6 万～19.2 万美元)
用户追加销售优质服务	300 万用户	1.5%～3%;50 美元/用户增加到 200 美元/用户收入	675 万美元	30 周建设;20 周维护	构建工作可以是 25～38 周	6.75 倍;13.5 万美元/周(11.6 万～15 万美元)
特性 X 的用户激活改进	40 万用户	提升 20%;25%～30% 转换;45 美元/用户收入	90 万美元	3 轮测试共 8 周	收益可能是 30～50 美元/用户	5.6 倍;11.3 万美元/周(7.5 万～12.5 万美元)
每周邮件活动打开率优化	130 万用户;52 周电子邮件/年	打开率 8%;在每点击 0.1 美元的条件下,打开邮件的点击率为 23%	12.4 万美元	2 周用于优化	构建工作可能需要 2～4 周	3 倍;6.2 万美元/周(3.1 万～6.2 万美元)
合作伙伴推广的个性化改进	100 万用户	每月 25 万的促销收入提高 10%	30 万美元	6 周用于改进算法	构建工作可能需要 5～8 周	2.5 倍;5 万美元/周(3.7 万～6 万美元)
客户教育优化	50 万用户	50 美元/用户的付费用户转化率增加 1.5%	37.5 万美元	10 周构建;3 周维护	影响可能在 1%～2% 之间	1.5 倍;2.9 万美元/周(2 万～4 万美元)

随着数据组织变得更加成熟,同一个项目可以使用更好的 DS 基础设施,并在更短的时间内完成。然而,每周 DS 工作的工具支持开销可能不会减少。对于功能性、整合性和文化性阶段的 DS 项目来说,每周 2 万美元是一个合理的估计。也就是说,随着 DS 组织的成熟,其整体生产力也会提高。在成熟的 DS 组织中,同样的项目可以在更短的时间内完成,并且可以使用更好的工具,实现更高的投资回报率。

为了确定 DS 项目的投资回报率,我们首先必须确保回报率与该组织希望改变的指标一致。然后,从财务角度考虑资助 DS 项目与构建其他产品功能的机会成本是至关重要的。经验法则是,具有 5～10 倍满载投资回报率的项目值得投资。在表 4.2 所列的示例中,有一组项目的投资回报率为 5.6～7.7 倍,其余项目的投资回报率为 1.5～3 倍。投资回报率最高的 3 个项目通过了评估。其余的项目可能在日后仍有意义,因为届时会有更好的基础设施来减少所需的工作量,或受众增加,从而在同样的技术改进下提供更好的收入杠杆。

通过说明投资回报率敏感范围的不确定性,你可以继续推动项目的优先顺序和合作伙伴/高管的认同,即使在缺少数据的情况下也是如此。通过参考过去项目的专家知识,可以减少这些不确定性范围,以获得更准确的 ROI 估计,从而实现更好的优先级排序。

4.4　自我评估和发展重点

祝贺你完成了关于经理能力的章节。这是成为一名对多个团队有影响力的员工管理者或员工数据科学家的重要里程碑!

能力自我评估的目的是通过以下方式帮助你内化和实践这些概念:

- 了解自己的兴趣和领导力优势;
- 通过选择、实践和回顾(Choose,Practice,and Review,CPR)流程练习 1～2 个领域;
- 制订优先实践计划,进行更多的 CPR 练习。

一旦你开始这样做,你将勇敢地采取措施,委派责任,培养强大的团队,丰富你的领域知识,同时清晰地了解道路。

4.4.1　了解自己的兴趣和领导优势

表 4.3 总结了本章讨论的能力领域。最右边的一栏可供打钩选择。没有评判标准,没有对错,也没有任何具体的模式可以遵循。请按照自己的想法进行选择。

如果你已经意识到其中的一些方面,这是一个围绕你现有的领导优势建立关系的好方法。如果有些方面还不熟悉,那么从今天开始,这是你评估它们是否对你的日常工作有帮助的机会!

表 4.3　管理人员和员工数据科学家能力的自我评估

能力领域/自我评估(斜体项目主要适用于经理)		?
技术	*委派任务需明确要求,优先高效项目*	*以简洁的要求授权项目*	
		授权时优先考虑全垒打和小胜利	
	让项目框架兼容,避免方法分歧困扰决策	管理常见的 A/B 测试方法	
		管理分析框架和报告架构	
		管理数据丰富功能	
		管理共享业务指标	
	分析战略/成本/风险,建议自建或购买方向	评估购买和构建选项的策略、成本和风险,以加快团队速度	

能力领域/自我评估(斜体项目主要适用于经理)		?
执行	培养团队协作,使集体产出超过个体能力总和	雇用新的团队成员:适当地投入时间	
		继承团队成员:分享你的管理风格	
		通过一对一对话了解团队成员	
		建立团队:通过量化评估建立信任	
		绩效评估:及时评估积极和消极的方面	
		管理表现不佳的人,处理辞职的成员	
	以个人和团队的方式推进跨部门的协作	个人影响力:实施和推广最佳实践	
		团队影响力:建立专家身份,促进分享	
	向上汇报需认同优先级,沟通进展并有效升级问题	协调规划和临时变更的优先事项	
		进度报告:包括探索的数据来源、使用的生产力工具、做出的假设和制定的方法	
		升级问题:与第三方一起自信地升级,并在可能的情况下提出解决方案	
专家知识	了解业务伙伴的关注点,扩展自己的业务知识面	熟悉营销、销售、分销、产品、财务和客户服务等领域的KPI	
	深析领域痛点,参考基准,解读数据,发现新机会	利用外部数据进行领域洞察的基准测试	
		解释:理解对你的细分市场决策的影响,并关注你的团队	
		基于问题情境创造新机会	
	以回报率确定优先级,用业务知识缓解数据不确定性	理解智力和智慧的区别	
		使用范围、影响和努力来评估ROI敏感性,并在决策中获得更多信心	

4.4.2 实施 CPR 流程

正如 2.4 节中的技术带头人能力评估一样,你可以尝试 2 周检查一次的简单 CPR 过程。对于你的自我审查,你可以使用基于项目的技能改进模板来帮助你安排 2 周内的行动:

- 技能/任务——选择要使用的功能。
- 日期——选择 2 周内可以使用该功能的日期。
- 人——写下你可以应用该能力的人的名字,或者写下自己的名字。
- 地点——选择你可以应用该能力的地点或场合(例如,在下一次与团队成员一对一或与工程合作伙伴的交流会议上)。
- 回顾结果——与之前相比,你做得如何? 相同,更好,还是更糟?

通过在自我评估中对这些步骤负责,你可以开始锻炼自己的力量,并发现管理者和员工数据科学能力中的任何盲点。

小　结

- 管理者和员工数据科学家的技术能力包括委派项目、管理结果一致性以及推荐购买与构建决策的工具和实践。
  - 在委派项目时,你可以从 6 个简洁的要求开始,并根据风险和回报确定优先顺序,可以从全垒打和小胜利开始。
  - 在管理一致性时,使用共享的 A/B 测试方法、分析框架和报告架构、数据丰富功能、业务指标。
  - 在购买与构建建议中,评估战略、成本和风险问题,以加快团队速度。
- 当你能够建立一个长久的团队,培养坚持的能力,然后通过合作伙伴扩大影响,并管理好你的经理时,执行才会有效。
  - 在组建团队时,使用最佳实践来组建和培养由新成员和现有成员组成的团队,使用定量评估,进行绩效评估,管理表现不佳的团队成员,并处理离职的团队成员。
  - 在影响合作伙伴时,你可以通过创作流程利用个人影响力,或通过建立专家身份和促进知识共享利用团队影响力。
  - 在向上管理时,你可以主动调整优先级,在分享经验的同时报告进展,在可能的情况下,在提出解决方案的同时清晰地上报问题。
- 当你将知识扩展到多个业务领域,了解基本的领域机会,并在缺少数据的情况下评估 ROI 以确定优先顺序时,专家知识可以提高你的效率。
  - 在扩展知识时,你可以熟悉营销、销售、分销、产品、财务和客户服务方面的 KPI。
  - 在了解基本领域机会时,你可以使用外部数据进行基准测试,解释其含义,然后创造新的机会。
  - 尽管缺少数据,但在评估投资回报率时,你可以利用领域知识创建影响力、影响和努力评估,然后进行敏感性分析,以定量地增加对决策的信心。

参考文献

[1] A. S. C. Ehrenberg and W. A. Twyman, "On measuring television audiences," Journal of the Royal Statistical Society, series A (general), vol. 130, no. 1, pp. 1-60, 1967, doi: 10.2307/2344037.

[2] G. T. Doran, "There's a S. M. A. R. T. way to write management's goals and objectives," Management Review, vol. 70, no. 11, pp. 35-36, 1981.

[3] D. Shapero, "How to manage projects: Double down, delegate, or destroy." LinkedIn. https://www.linkedin.com/pulse/20130114082551-314058-double-down-delegate-or-destroy/.

[4] R. Kohavi, Trustworthy Online Controlled Experiments: A Practical Guide to A/B Testing. Cambridge, UK: Cambridge University Press, 2020.

[5] P. Hung and G. Low, "Factors affecting the buy vs, build decision in large Australian organisations," Journal of Information Technology, vol. 23, pp. 118-131, 2008, doi: 10.1057/palgrave. jit. 2000098.

[6] L. Hogan. "Questions for our first 1:1." Laura Hogan. https://larahogan.me/blog/first-one-on-one-questions/.

[7] T. Gallup and B. Conchie, Strengths Based Leadership: Great Leaders, Teams, and Why Peo-

ple Follow. Washington，DC，USA：Gallup Press，2008.

[8] N. L. Quenk，Essentials of Myers-Briggs Type Indicator Assessment. New York，NY，USA：Wiley，2009.

[9] E. Meyer，The Culture Map：Breaking Through the Invisible Boundaries of Global Business. New York，NY，USA：PublicAffairs，2014.

[10] A. Grove，High Output Management. New York，NY，USA：Random House，1983.

[11] J. Jordan et al，"16 startup metrics."Andreessen Horowitz. https：//a16z. com/2015/08/ 21/ 16-metrics/.

[12] "Report on the economic well-being of U. S. households in 2018,"Federal Reserve. ［Online］. Available：https：//www. federalreserve. gov/publications/files/2018-report-economic-well-being-us-households-201905. pdf.

[13] "Consumer expenditure survey,"Bureau of Labor Statistics. ［Online］. Available：https：// www. bls. gov/cex.

[14] Katherine L. Milkman，Julia A. Minson，and Kevin G. M. Volpp，"Holding the Hunger Games Hostage at the Gym：An Evaluation of Temptation Bundling,"Manage Sci. 2014 Feb；60(2)：283-299. https：//www. ncbi. nlm. nih. gov/pmc/articles/PMC4381662/.

第5章 领导人才的美德

本章要点

- 通过指导、辅导和建议来培养团队；
- 自信地代表团队，为更广泛的管理职责做出贡献；
- 观察和缓解系统反模式并从事件中学习；
- 通过将复杂的问题提炼成简洁的叙述来提高清晰度；
- 管理制造商的计划与经理的计划。

作为管理者或员工数据科学家，你有责任实践有效的 DS，并用 DS 最佳实践培养团队成员的习惯。作为一名 DS 从业者，这些美德是刻骨铭心于你性格中的习惯性行为。

道德是工作中的行为标准，使数据科学家能够避免不必要的自我破坏。对于 DS 经理和员工数据科学家来说，这包括通过指导、辅导、建议、在跨职能讨论中自信地代表 DS，以及建设性地对涉及 DS 的系统进行审查来培养团队。

严谨是我们对待 DS 的匠心和勤勉。这包括通过带头维护可靠的结果来进行更大的思考，深入思考以有效诊断和分类，从事件中学习，并通过将复杂问题提炼为对合作伙伴的简明解释来简化复杂问题。

态度是我们对待 DS 的积极情绪。要保持积极的态度，就要在忙于决策者的日程安排到管理者的日程安排中调整好个人心态，培养下属对工作的信任，培养组织的学习和分享的文化。

当你在培养你的团队时，你实际上是在决定你的团队文化。你如何选择实践强烈的道德、勤奋的严谨和积极的态度决定了你的团队的长期发展。

5.1 道德——秉持行为的准则

领导就是服务。作为一名管理者或员工数据科学家，你有责任培养你的直属团队，以完成他们一生中最好的工作。同时，你在跨职能互动中代表你的团队。作为管理团队的一部分，你也被要求为更广泛组织的关键业务决策做出贡献。

你的职业道德是为你所属的各个团队服务的行为准则。本节讨论职业行为的 3 个具体方面：

- 通过适当引导、辅导和指导提升团队成员能力；
- 在跨职能讨论中打造其他部门对 DS 的信任；
- 参与并踊跃承担组织内的多种管理事务。

在为团队服务时，这些区别和实践是必不可少的，以避免不必要的、自我造成的崩溃，并为积极、敏捷和高效的工作环境创造机会。

5.1.1 通过适当引导、辅导和指导提升团队成员能力

发展 DS 团队不仅仅是雇用更多的数据科学家。提高现有团队成员的能力也可以对组织产生更大的影响。培养现有团队成员的能力是需要时间的。

还记得第 1 章案例 5 中的奥德拉吗？在没有从一个她认为自己非常胜任的职位获得工作机会后，她感到失望和困惑。奥德拉非常关注自己的职业道路和发展，但她并没有那么关注自己的团队。

管理者的一项职责是授权团队成员在其职业生涯中做最好的工作；另一个责任是尽可能照顾好团队和公司。本小节可以为奥德拉提供一种工具，帮助她履行职责，创建互惠互利的职业网络，并建立一些终身的友谊。

029 经理的职责是赋能团队成员，让他们能够完成职业生涯中最出色的工作；另一项职责是照顾好团队和公司的利益。

作为管理者或员工数据科学家，培养团队成员以提高团队影响力的一个挑战是没有单一有效的方法。详细的培养方式可能对初级团队成员有用，而同样的培养方式会让一些高级团队成员感到被过度管理和约束。一些高级团队成员可能更喜欢不干涉他人的方法，而同样的过程可能会让一些初级团队成员感到被忽视。

如果每个团队成员在职业生涯中处于不同的阶段，这是否意味着他们每个人都需要不同的培养方式？这将是非常令人不知所措的，即使是对于拥有小团队的经理来说也是如此。幸运的是，当你开始管理更多的团队成员时，模式就出现了。

让我们了解 3 种培养团队成员及其职业发展问题的方法：指导、辅导和建议，如图 5.1 所示。

区别	指导 释放团队成员的潜力，最大限度地提高他们的绩效。	辅导 与经验不足的同事分享智慧和知识。	建议 提供信息和方向。
你为这段关系带来多少自己的东西？	只对团队成员的自我发现和成长进行观察并提供反馈。	分享你过去的经验，帮助团队成员培养技能。	为解决团队成员的挑战提供信息和指导。
你需要多少先前的专业知识来亲自应对这些挑战？	之前不需要在手头的挑战中有任何经验。	需要一些相关的经验来突出成功道路上的盲点。	对于团队成员的具体挑战，需要有直接的经验提供具体的反馈。
成功是什么样子的？	提供支持和问责。	认可学员对理想自我的愿景，并成为发展所缺能力和美德的指导者。	帮助团队成员了解特定问题的复杂性，并做出更明智的决策。
长期影响是什么？	团队成员可以通过自我成长学习独立解决问题。	团队成员可以通过所建立的技能学习解决类似问题。	团队成员依靠进一步的支持来解决类似问题。

图 5.1 通过指导、辅导和建议来发展团队

1. 指 导

指导是释放团队成员潜能,使其表现最大化的过程。这是一个定制的开发过程,采用一对一的形式。指导是不断观察并提供反馈,重点关注提问过程。通过这些问题,一个好的管理者可以帮助团队成员明确目标,关注需要做的事情,并发现实现这些目标的最佳策略。

要进行指导,首先需要为团队成员创造一个安全、无需判断的环境,让他们有一个自我发现和成长的过程。你应该表现出真正关心团队成员的福祉,并对他们潜在的失败恐惧保持敏感。

为了有效地进行指导,管理者必须首先积极倾听团队成员在说什么和不说什么,通过语调和肢体语言区分情绪,并反思和总结任何观察结果。当有疑问时,指导者可以使用开放式问题来培养更清晰的情况。当你的团队成员声称:"是的! 我说得再好不过了!"时,你就知道自己已经成功了。

要成为一名优秀的管理者,你应该深入了解情况,引导团队成员确定具体、可测量、可实现、相关和有时限的明智目标,并设计新的行动以达到预期的结果。团队成员对自己的行为和结果负有最终责任。你们是来提供支持和责任的。

2. 辅 导

辅导是与经验不足的同事传授智慧和分享知识的过程。为了让辅导工作顺利进行,你需要从一个真实的关系开始,摆脱典型的经理-员工结构,专注于团队成员的职业发展。从某种意义上说,作为一名员工数据科学家,辅导可以是一种更自然的培养关系。

为了使辅导有效地发挥作用,主题应该扩展到目标、重点、过程和战略指导之外,包括对本书所述能力的掌握和美德的实践。虽然能力的指导可以立即有利于执行,但美德的指导可以对团队成员的性格产生持久的影响。

要成为一名优秀的辅导者,你应该倾听团队成员对理想自我的看法,并通过不断认可他们的观点来接受。通常,他们的愿景超出了团队的范围。珍惜与雄心勃勃的团队成员在一起的时间,尽可能帮助他们参与与其理想相符的项目。你可能会赢得他们的信任并让他们自愿奉献,帮助他们在项目的高潮和低谷中完成最好的工作。

3. 建 议

建议是提供信息和指导的过程。作为一名顾问,你在帮助团队成员实现目标方面有着直接的经验和深刻的知识。你通过对具体问题给出具体的反馈来提供价值。

为了使建议工作顺利进行,你必须了解团队成员的优势和劣势,并将他们安排在突出他们优势并帮助他们解决劣势的项目中。4.2.1 小节讨论了可以量化团队成员优势的心理评估,如 Clifton StrengthFinder。

为了有效地提供建议,你必须首先评估自己是否具有专家知识和经验来提供帮助。如果你没有,要么采用辅导方式,要么推荐其他潜在的指导。如果你具备专家知识,就应该积极倾听,在全面了解问题之前暂不做出判断。了解问题后,你可以指导团队成员做出可行的选择。理论依据、个人经历和推荐背后的原则可以让你的建议更有力,更容易被记住和采纳。你的指导的一部分应该是确保团队成员在快速找到解决方案之前对选项进行评估。应该明确的是,决策和结果是团队成员的责任。

要想成为一名优秀的顾问,你可以随时深入了解复杂问题,帮助团队成员做出更明智的决策。建议包括向他们介绍之前未经检验的替代方案,并扩大他们的行动步骤。除了具体的决定和行动外,你的建议还可以减少团队成员在面对困难或不确定的情况时经常感到的焦虑和困惑,并灌输冷静和信心,为更周密的计划和行动创造空间。

4. 何时使用指导、辅导和建议这 3 种方法

指导、辅导和建议这 3 种方法有很多相似之处。为了更好地完成其中任何一项任务,你需要从与团队成员建立安全、真实、相互尊重的关系开始。

指导、辅导和建议之间有 3 个关键区别:

- **你将自己的多少东西带入到这个关系中?** 指导的重点是观察并为团队成员的自我发现和成长提供反馈。辅导侧重于分享你过去的经验,帮助团队成员培养技能。建议的重点是如何提供信息和指导,以解决团队成员的挑战。
- **面对眼前的挑战,你需要多少先前的专家知识?** 对于指导,你不需要以前在这个挑战中的经验。在一般流程中的经验通常足以提出明智的问题,从而更清楚地了解团队成员的情况。对于辅导,你需要一些相关的经验来发现团队成员的盲点,帮助他们避免成功路上的陷阱。对于建议,你需要直接的经验来对团队成员的具体挑战给出具体的反馈。
- **成功是什么样子的?** 指导时,你会提供支持和责任感。在辅导时,你要支持团队成员对理想自我的愿景,并引导他们在成为有效数据科学家的道路上培养缺失的能力和美德。在提供建议时,你可以帮助团队成员了解手头特定问题的复杂性,从而做出更明智的决策。你的目标还包括减少焦虑和困惑,培养冷静和自信,这样你的团队成员就可以采取更有效的行动。

当我们澄清这些基本差异时,你可以开始了解如何区分指导、辅导和建议。

对于从事创新项目且成功可能性很高的资深团队成员,指导足以提供反馈,并通过自我发现和成长建立信心及经验。当高级团队成员承担具有挑战性且失败风险增加的项目时,辅导可能会有所帮助。你可以利用你的经验来发现潜在的盲点和项目陷阱,并指导团队成员发展成功所需的关键技能。当初级团队成员应对特定挑战时,如果你对方向和最佳实践有专家知识,那么你可以向他们提供建议,这样他们可以更好地理解问题的复杂性,并做出更明智的决策。

你可以灵活地在这 3 种培养模式之间切换,以培养你的团队成员,并对组织产生更大的影响。如果运用得当,那么你的努力可以让你的团队成员在职业生涯中表现最佳。

第 1 章中的奥德拉过于专注于建立自己的职业生涯,没有证明她在培养自己的团队。她可以使用这里讨论的指导、辅导和建议技巧,使她的团队成员能够在职业生涯中做最好的工作。

5.1.2 在跨职能讨论中打造其他部门对 DS 的信任

作为 DS 经理或员工数据科学家,业务合作伙伴希望你在跨职能项目的 DS 进展中获得信心。当你代表团队从 DS 的角度发言时,你的业务伙伴可能会想到的问题包括:

- 我们能相信这个人吗?
- 我们能相信我们所听到的吗?

■ 此人是否具备该学科的背景知识?

你可能看过一些初级数据科学家的演讲草稿。为了做到严谨,他们通常会在开始时用 10 分钟介绍实验设置和注意事项,然后是初始结果,最后是分析中的许多技术不确定性。这样的演讲会带来更多的问题而不是答案,让观众感到比以前更困惑,也不会与跨职能的业务合作伙伴产生太多信任。

DS 的结果很难呈现,因为在任何一种分析中都存在许多不确定性和警告。然而,数据科学家的责任是回答问题,而不是引起混乱。你如何帮助弥合这一差距?

有 2 种从产品管理学科借鉴的方法可以以互补的方式提供帮助。第一,你的分析可以实践"强观点,弱坚持"。第二,你可以用讲故事的方式来构建有说服力的叙述和预测。图 5.2 所示说明了面临的挑战和缓解这些挑战的方法。

合作伙伴的担忧

· 我们能相信这个人吗?
· 我们能相信我们所听到的吗?
· 此人是否具备该学科的背景知识?

强观点,弱坚持	通过讲故事进行有说服力的陈述
· 尽早寻求合作以获得集体智慧;	· 理解你的听众;
· 克服常见的偏见;	· 提供可采取行动的建议;
· 有一个有效的决定。	· 拟定一个清晰的结构。

图 5.2　代表团队的挑战和方法

1. 强观点,弱坚持

当业务合作伙伴寻求 DS 的观点时,他们正在寻找一个量化驱动的业务决策观点。如何利用有限的时间和资源,将团队的精力集中在回答业务问题上?

"强观点,弱坚持"的观点可能会有所帮助。这个练习需要你的直觉来引导你快速得出第一个结论。无论第一个结论多么不完美,这都是一个强有力的观点。然后,你可以寻找定量证据来证明自己是错的,这就是为什么人们对这个观点持否定态度的原因。

这种做法对 DS 组织是有益的,因为在 DS 组织中,严谨的优点被发挥到了极致,以至于组织变得很难决策。该概念为团队继续运营提供了非常需要的行动力,而进一步的分析则是为了提供反例。

具体而言,该概念有 3 个主要好处:

■ 尽早寻求合作以获得集体智慧;

■ 克服常见的偏见;

■ 有一个有效的决定。

(1) 尽早寻求合作以获得集体智慧

虽然许多 DS 项目在最后都会进行评审,但通常很少有时间在不影响进度的情况下进行重大更改。在一个项目开始时,你需要有一个明确的假设来指导更详细的迭代。在产品中,这可能是一种改变关键成功指标的方法。在 DS 项目中,这可能是导致客户流失的原因,也可能是提高留存率的方法。然后,团队可以有更多的机会提出不确定的证据,并引入额外的想法、直觉和观点,以反复强化持有较弱的观点。

（2）克服常见的偏见

3.2.1小节讨论了3种常见的认知偏见,包括确认偏见、否认前因和基数谬误,这是Buster Benson列出的175种偏见类别之一。通过寻找确凿的证据,你可以反驳确凿的偏见。相比之下,人们倾向于只寻找证实其观点的证据,从而导致确认偏见。当你在这个过程中发现不同的观点时,你可以通过选择具有统计意义的结果来克服选择偏见,而不仅仅是选择积极的实例。你也可以通过为可能发生的情况而不是不切实际的乐观的最佳情况进行规划来对抗乐观偏见。

（3）有一个有效的决定

当形成强烈的意见时,你可以根据最佳可用数据做出运营决策。如果优先级发生变化,或者需要比预期更早做出决定,那么你可以依靠最佳可用数据来做决策。

这种"强观点,弱坚持"的方法是最基本的,可以迅速推动商业决策的清晰性。在跨职能讨论中代表DS时,有效地传达你的建议是成功灌输信心的下一步。

2. 通过讲故事进行有说服力的陈述

为了在展示DS结果时成功地传达见解并赢得信任,你必须首先了解你的受众,提出具体的建议,并制作易于理解的叙述结构。

（1）理解你的听众

不同的听众有不同的经历。针对工程合作伙伴的演示需要解决与针对产品或销售组织的演示不同的问题。工程合作伙伴可能关心组件的可靠性、对现有用户体验服务级别协议（Service Level Agreements,SLA）的性能影响、维护的方便性、测试的方便性。产品组织可能更关心A/B测试、发布流程,以及新功能将如何影响产品转换和客户流失。销售组织可能更关心新产品功能如何影响胜算率、销售周期和销售团队薪酬。

鉴于目标受众的差异,你可以指导团队成员在展示结果之前提出以下问题:

- 我的听众是谁?
- 他们最关心的是什么? 项目的背景是什么?
- 他们需要什么证据来相信结果?

（2）提供可采取行动的建议

商业伙伴的注意力有限。首先提出建议,说明如何使用清晰的、数据驱动的证据来支持这个建议。你也可以提出你可能在"强观点,弱坚持"的探索过程中考虑过的多个选项,并强调不同选项之间的权衡。

030

在提供可执行的建议时,应以具体建议开头,然后用数据驱动的清晰证据加以支持。

指导团队成员的问题包括:

- 你想传达的主要信息或建议是什么?
- 为什么这是更大组织的最佳选择?
- 有哪些不同的选项,为什么这项建议是首选选项?

（3）拟定一个清晰的结构

在确定了主要建议后,你的分析应该已经检查了潜在的不确定证据,并产生了足够的信心来支持该建议。剩下的工作是以令人信服的方式讲述这个故事。

在讲故事时,少往往就是多。为了突出关键建议,应只包含支持该建议的要点,并将与故事不直接相关的任何信息保留在附录中。这与确认偏差不同,在排除相互冲突的证据的情况下,提供精心挑选的结果。如果有相互矛盾的证据,那么我们应该停止精心设计介绍,回到与现有证据一致的不同假设上来。

指导团队成员制作清晰演示文稿的问题包括:

- 这项建议有什么影响?
- 主要建议是什么?
- 支持该建议的证据有哪些?

你可以在 5.2.3 小节中找到关于演示格式严谨性的更多讨论。总而言之,"强观点、弱坚持"的方法可以通过收集不确定的证据来对抗确认偏差,从而将团队的工作重点放在增强对当前最佳假设的信心上。一旦你对结果有足够的信心,你就可以使用讲故事的技巧,通过对受众的深入理解、可操作的建议和精心设计的说服性叙述,与客户沟通,从而引导和建立跨职能业务的信任合作伙伴。

5.1.3 参与并踊跃承担组织内的多种管理事务

作为一个组织管理团队的成员,你可能被要求对更广泛的组织职责做出贡献。这些可能包括与人员相关的领导层事务以及与技术相关的事务。当你有雄心壮志承担更大的责任并产生更大的影响时,这些职责将阐明组织各个部门的广泛关切,并为实践领导力提供培训环境。

031

当你有雄心壮志承担更大的责任并产生更重大的影响时,参与和履行更广泛的管理职责将揭示组织各部门的广泛关注,并为实践领导力提供培训环境。

图 5.3 显示了数据科学经理应承担的更广泛职责。这看起来可能会让人不知所措,尤其是如果你最近被提升为团队领导角色,并且没有接受过正式的管理培训。虽然本书可以指导你进行 DS 管理,但你的特定组织中可能存在文化差异,需要采用特定的方法来处理管理职责。

正如你可以为你的团队成员提供指导、辅导和建议一样,你也可以寻找教练、导师和顾问来帮助你加深对领导责任的理解,这样你就可以在情况需要时实践这些责任。

虽然你可以向你的经理寻求指导,但他们不一定是你唯一的导师。许多管理挑战在技术团队中很常见。你可以在你的公司或行业中寻找其他运行良好的团队,并向他们的经理寻求指导或建议。

虽然你的许多管理职责(如招聘、晋升和项目审查)的履行需要合作伙伴组织的支持,但你也需要通过支持同行组织来回报。以下是一份互利的机会清单,可以让你与合作伙伴团队建立更密切的关系:

- 为合作团队面试候选人;
- 为合作伙伴团队成员提供晋升建议;

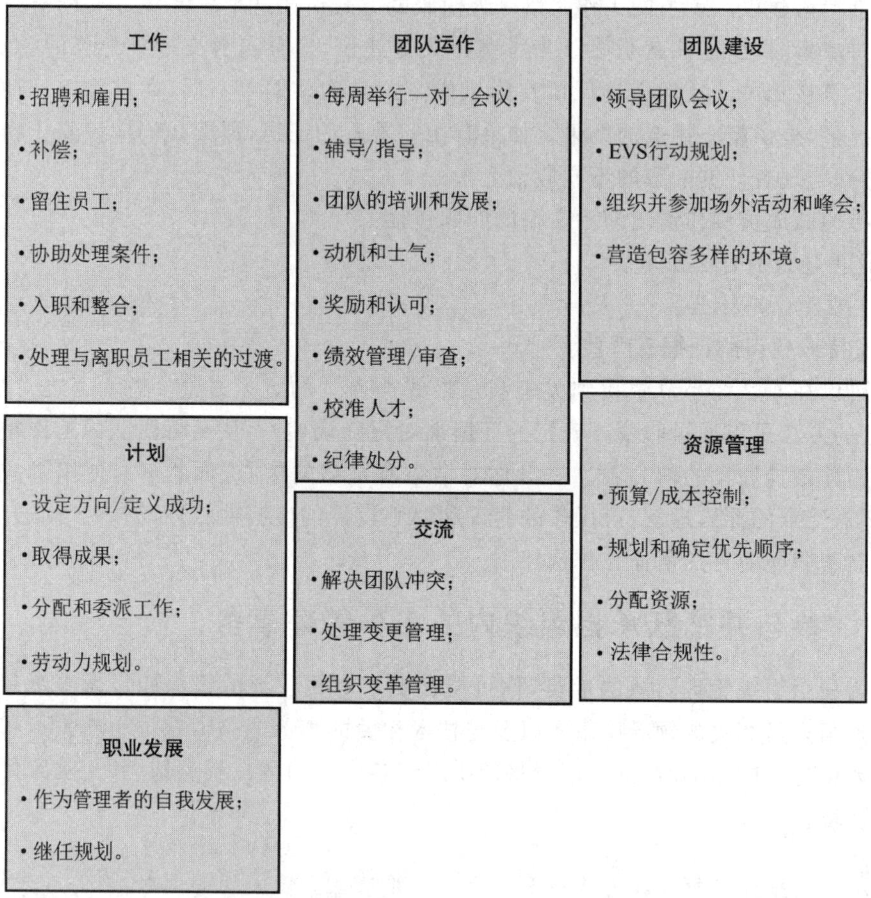

图 5.3 数据科学经理应承担的更广泛职责

- 回顾产品路线图;
- 审查基础设施路线图;
- 审查业务运营。

1. 面试候选人

业务合作伙伴会不时寻求你的帮助,以评估候选者能否成功成为你团队之间的合作伙伴。这是你尽早与潜在同事会面并向业务伙伴提供反馈的机会。

在这种情况下,应在面试前核实你的业务伙伴对反馈的期望,并了解你应该探索哪些领域。这些面试也是候选人与未来跨职能合作伙伴见面的机会。像对待商业伙伴那样礼貌,尊重对方,同时探索应聘者与 DS 合作的知识和经验的界限。

有时,你可能会被要求对你的商业伙伴的招聘决定提供坦率的反馈。在其他时候,你可能会被要求问一些简单的问题,并专注于推销候选人加入公司。记住,你是在为你的合作伙伴做这些面试,你首先应该尊重他们的喜好。

2. 推广建议

就像你努力培养团队成员的能力和美德一样,你的合作团队也在努力培养他们的团队成员。在与合作伙伴团队合作时,观察合作进展顺利的领域和有待改进的领域。当业务合作伙伴希望提拔与你共事的合作伙伴团队成员时,你应该有证据表明你有积极的经验和发展领域。

如果你观察到合作伙伴团队成员在你的团队中表现出色,则不要等到晋升的时候再表达。一定要及时向他们表示感谢,同时也要让他们的经理知道。这是建立人际关系最有力的方式之一,但在工作繁忙时却经常被忽视或拖延。

3. 回顾产品路线图

收集培训数据、准备数据管道、构建模型和测试许多 DS 功能的影响可能需要几个月或几个季度的时间。了解产品路线图上的产品和功能的里程碑可以让你预测产品的未来需求。审查过程使你能够就产品时间表是否可行以及对算法初始版本的期望是否现实提供反馈。

在产品路线图审查中,你还可以帮助产品业务合作伙伴澄清成功的核心指标,了解测量中的潜在挑战,准备支持性诊断指标,并制定工程规范以可靠地捕获指标。

4. 审查基础设施路线图

审查基础设施路线图是了解和预防即将到来的基础设施更新的重要机会。DS 通常被要求为基础架构决策提供观点和反馈。

在许多 DS 组织中,预测模型是使用通过依赖于特定数据源的数据管道处理的特征创建的。对底层基础设施路线图的任何更新都可能是中断性的,并且在迁移数据管道和重新校准/再培训模型的过程中具有成本价值。同时,基础设施必须随着时间的推移不断更新,以满足更新、更具响应性的产品功能的需求。

你可以就基础设施更新对 DS 流程和服务的影响提供反馈,也有机会帮助基础架构合作伙伴团队了解当前的瓶颈,并开发其他功能,使你的工作对组织更有影响。

5. 审查业务运营

在数据驱动的运营方法中,DS 经理通常被邀请每周或每两周进行一次业务运营审查。对于你来说,这是一个很好的机会,可以让你对你希望产生影响的业务领域保持关注。如果任何业务更新影响了团队的工作,那么你可以通知团队成员,并在需要时将问题上报给你的经理。

这些审查还可以让你发现更多机会,在这些机会中,DS 可能会有帮助。你可以将 DS 的优先级转移到业务需要的地方,以推动产生影响。根据你对产品路线图和基础设施路线图的理解,你还可以揭示任何即将发生的资源冲突,这样当项目需要更多时间来完成时,业务合作伙伴就不会感到不安。

DS 是一项团队运动。管理层的团队合作比技术项目合作更广泛,它还扩展到团队之间的协作和管理责任的相互交换。这些机会包括在面试候选人时进行合作和互惠,推荐团队成员晋升,以及审查产品路线图、基础设施路线图和业务运营。以下是与业务伙伴建立信任的几个例子——一个有效的 DS 经理的行为标准。

对于第 1 章中过于专注于建立自己职业生涯的奥德拉来说,在更广泛的管理职责上做出回应可以帮助她在工作中建立一个跨职能的支持系统,并帮助她减少以自我为中心,更加关注更广泛团队的成功。

这是关于道德行为标准的严肃讨论。现在也许是反思这与 DS 技术领先者的道德行为标准有什么不同或相似的好时机。

5.2 严谨——强化高水准的实践

严谨是对更高标准的不断追求。3.2节广泛讨论了数据科学家的科学严谨标准、监控异常情况的勤奋程度,以及创造企业价值的责任。虽然这些领域仍然至关重要,但DS经理和员工数据科学家必须努力超越这些标准,以寻求更广泛、更深层次的严谨性。

本节讨论指导DS团队实践的3个方面:

- 警惕并缓解DS和ML系统中的反模式架构方案;
- 注重从已发事件中总结经验,吸取教训;
- 简明语言,简化问题,提升认知清晰度。

我们希望建立一个更广阔的视角,预测DS解决方案在维护可靠结果方面的潜在挑战,深入探讨事件,从失败中吸取教训,并通过简化DS中的许多固有复杂性,为合作伙伴提供清晰的思路。

5.2.1 警惕并缓解DS和ML系统中的反模式架构方案

为了产生持续的影响,DS团队必须创造创新的解决方案,以捕获可用或潜在可用数据资源中的业务潜力。该团队还需要维护现有的解决方案,以便过去对DS的投资能够随着时间的推移继续产生回报。

虽然你可以依靠技术线索在执行特定项目时阐明技术权衡,但你有责任观察和检测项目中出现的任何DS反模式,并在它们对项目造成广泛干扰之前缓解它们。

032　团队经理和资深数据科学家需识别并纠正项目中的反模式,防止其负面影响蔓延到其他项目。

反模式是不受欢迎的DS实践,它会增加失败的风险。就像象棋大师可以观察棋盘并清楚地说出哪一方可能获胜一样,DS经理或员工数据科学家应该能够在项目开始失败之前观察并检测项目中的反模式。

DS和机器学习系统中有许多常见的反模式。我们重点介绍了2015年NIPS论文《机器学习系统中隐藏的技术债务》(*Hidden Technical Debt in Machine Learning Systems*)中讨论的6个方面:

- 胶水代码;
- 管线丛林;
- 死亡的实验代码路径;
- 记录不足的数据字段;
- 过度使用多种语言;
- 对原型环境的依赖性。

1. 胶水代码

机器学习算法可能是计算密集型的并且调整起来很复杂。幸运的是,我们可以使用现成的预优化机器学习库组件,其中许多甚至可以作为可下载的开源组件使用。

然而,这些组件中的每一个都是为特定的使用场景设计的,这些场景需要输入和输出为特定格式,以特定语言访问,并通过特定的批处理或流连接器。为了利用这些库组件,通常会实施大量胶水代码来将你的特定用例连接到现有的库组件。

如图 5.4 所示,部署到生产环境的许多实际系统包含大量代码,用于数据采集、数据验证、特征提取、机器资源管理、分析工具,以及服务于基础设施、配置和监控的流程管理工具。相比之下,只有一小部分代码库是机器学习(Machine Learning,ML)系统。

图 5.4　ML 代码库只是实际代码库中的一小部分

当使用场景被过度适应于一种算法实现的特殊性时,在系统的整个生命周期中维护大量的胶水代码可能会很昂贵。当调整特定领域的属性以匹配算法的实现要求时,预测性能可能会下降。例如,必须对连续目标变量进行离散化以使用基于分类的机器学习基础设施。使用具有不同输入和输出格式的替代算法实现的改进变得困难。挑战可能来自重新布线的胶水逻辑中的测试和部署基础设施。

减轻胶水代码反模式的一种策略是使用 API 包装特定的算法实现,该 API 可以与多种替代算法实现一起使用。在 Python 机器学习生态系统中,ScikitLearn 做得很好,允许数百种算法实现共享一小部分输入和输出连接器。如果你打算使用内部实现并希望将来迁移到外部实现,那么这种抽象级别尤其重要,反之亦然。

2. 管线丛林

为了使数据访问民主化,集中的数据存储库通常与不同的团队共享。共享存储库可以包括原始数据和为业务报告及模型构建准备的摘要数据。

最初,这可以在资源始终受限的环境中最大化协作和重用。随着贡献者数量的增加,生产者-消费者关系的脉络可能会迅速变得复杂。拥有 4～5 层的数据链并不少见,最终的联合表可能会汇总来自数百个原始数据源和数十个数据准备步骤的信息。

当一组特定的摘要数据被选为面向高管的运营指标时,或者当它被选为投入生产的机器学习模型的输入特征时,汇总数据的可靠性就变得至关重要。不幸的是,当数百个原始数据源中的任何一个或 4～5 层数据链中的数十个数据准备步骤中的任何一个发生故障时,都无法生成最终输出。

不同处理步骤的调度使逻辑依赖性进一步复杂化,因为当针对上游步骤调整计算资源时,下游步骤可能会错过 SLA 或使用陈旧数据进行计算。现在部署新的通道需要昂贵的端到端集成测试。检测故障并从故障中恢复变得困难且成本高昂。虽然放弃现有的管道丛林并从头开始重建数据准备管道是不切实际的,但你可以引入人员、平台和实践来缓解这一挑战。

对于人员组件,数据科学家和模型部署工程师之间的协作是关键。当数据科学家在不考虑数据脉络和处理可靠性的情况下对模型进行原型设计并将黑盒模型交付给模型部署工程师时,就没有机会考虑在可靠性和模型性能方面进行权衡。当数据科学家和模型部署工程师一起工作时,你可以做出许多取舍。例如,你可以选择是使用下游数据字段以更好地重用工作,还是使用上游数据源以减少对其他数据处理步骤的依赖。

对于平台组件,有很多工具,例如,Colibra Lineage 可用于通过产生中间结果的脚本和查询来映射数据脉络。对于工作流管理工具,例如,Apache Airflow 还可以跟踪现有数据管道的调度、完成时间和完成率。这些数据可用于调整调度并最大化现有通道的完成率。

在构建模型或进行分析时,需要有一个流程来从数据处理通道中的最早点找到所需的数据。这是为了防止管线丛林随着时间的推移变得更深、更难以管理。此外,数据处理通道的早期层的可靠性需要尽可能稳健,因为早期层的中断可能会对下游处理步骤造成更广泛的负面影响。应该分配时间来重构数据处理步骤,以尽可能压缩处理层。

3. 死亡的实验代码路径

受控实验方法是程序代码中的条件分支,将有限的部分用户或执行发送到另一条代码路径,以测试新的功能。虽然其中一些实验会产生积极的结果,并成为主要生产代码路径的一部分,但许多实验会产生消极或无关紧要的结果,并且只测试一次,然后就被放弃了。

虽然每次更改的成本可能很低,但当一个组织每年进行数百到数千次实验时,累积起来的废弃代码路径可能会变得势不可挡。尤其是当工程团队中出现混乱时,替代代码路径的众多条件分支可能很难理解、维护,并可能成为一个很大的负担。

2012 年,骑士资本的交易系统在 30 分钟内损失了 4.4 亿美元。其根本原因被诊断为来自过时的实验代码路径的意外行为,这些代码路径在代码库中保留了近 10 年,并被重用标志重新激活。为了缓解这种类型的问题,你可以定期声明要删除的实验,并与工程团队合作删除和清理死亡代码分支。

4. 记录不足的数据字段

表中的数据字段具有有限的类型,例如,整数、浮点实数或文本。要使集中式数据存储库正常工作,必须仔细记录每个字段,以确保重用。

好的文档应该包括诸如整数字段是否编码计数、唯一标识符或分类数据等详细信息。浮点实数字段应指定它是表示美元金额、比率、乘数、决策阈值还是其他值。文本字段应该指定它是唯一标识符、分类字段、自由形式描述,还是具有不同的含义。

一个好的描述还应该包括字段的任何不变量,包括缺少值的期望(空与无)、期望范围、期望值和期望格式。例如,某个字段是否为交叉引用项,因此不应有空值或无值? 如果浮点值是一个百分比,那么它是否应该始终介于 0 和 1 之间? 对于分类字段,它可以接受哪些有效值? 对于表示序列号或分类码的文本字段,是否有特定格式,如字段应满足的序列中的位数或字符数?

优秀文档的不变性检查可以自动地在早期检测数据通道中的错误。它们对于捕捉来自非预期的副作用的错误是非常宝贵的。

5. 过度使用多种语言

DS 领域中有许多编程和数据查询语言,这些语言都具有用于统计分析、自然语言处理(Natural Language Processing,NLP)和图形处理的优秀现成软件包。每种语言在某些方面都很好,但在其他方面却不行。

例如,R 语言有很好的统计分析包,但对于 NLP 或大规模并行处理(Massively Parallel Processing,MPP)来说效率不高。Python 语言非常适合机器学习和 NLP,但不适合并行处理或图形处理。Spark 语言非常适合于 MPP 和机器学习,但不像 R 语言有那么多的统计分析包。Cypher 语言和 APOC 语言非常适合于图形查询和图形算法,但不适合详细的NLP 或统计分析。

许多 DS 项目和系统最终使用多种语言的组合。基于网络的笔记本系统,例如,Jupyter 笔记本或 Databricks 笔记本,使数据科学家能够在同一个笔记本中使用多种语言。虽然你可以利用最合适的分析和机器学习工具,但维护往往成为一项挑战。这些已部署项目和系统的任何后续所有者都必须熟悉所有语言才能进行迭代改进,这可能会显著增加所有者转移的成本和难度。作为 DS 经理或员工数据科学家,你有责任权衡限制语言使用或组织培训,以确保在团队成员转换时,关键项目不会出现单点故障。

6. 对原型环境的依赖性

3.2.3 小节讨论了原型设计的好处,以探索失败风险最高的项目的可行性,因此,如果所设计的项目将失败,那么你可以尽早发现并调整。用于新产品或功能原型的环境可以使用真实的生产数据,并通过快捷方式或手动步骤来模拟最终自动化系统的样子。

然而,如果特性在原型环境中基于模型投入生产,那么这是技术债务累积的症状,是一种需要关注的反模式。对原型环境的依赖可能表明生产环境过于繁重,无法部署到其中。原型环境通常不那么健壮,在其中维护原型可以快速使用你现有的资源,并限制团队对组织的影响。

常见的解决方案包括清楚地跟踪功能的状态,并敏锐地意识到在原型环境中运行的功能的数量。明确那些应部署到生产环境中的功能的项目,并明确指出不这样做的负面后果,然后与管理人员合作确定这些项目的优先级。

总之,我们讨论了 6 种 DS 反模式,以供你在团队长期生产力中注意,包括胶水代码、管线丛林、死亡的实验代码路径、记录不足的数据字段、过度使用多种语言,以及对原型环境的依赖性。这些反模式通常会自然而然地出现,尽管我们在 DS 团队成熟轨迹的各个阶段都有着良好的意图。在日常项目决策中,团队要依靠你,即团队经理或员工数据科学家,站出来并设定期望,以平衡短期效率和长期的团队生产力。

5.2.2 注重从已发事件中总结经验,吸取教训

作为 DS 经理或员工数据科学家,你有责任确保团队从过去的事件中严格学习。如果同一个根本原因在一段时间内引发多次故障,而没有采取任何措施来改善这种情况,那将是管理的失败。指导你的团队在事后总结过程中深入研究,这是一个可以展示你领导力的一个地方。

从事件中无效地学习可能会影响团队士气。正如我们从斯蒂芬的案例(第 1 章中的案例 6)中所看到的那样,未能制定路线图来防止更多与技术债务相关的故障可能会导致最佳团队成员遗憾地流失。

033

未能从事件中有效学习或预防技术债务问题可能损害士气,长期下来会导致核心成员流失。

在 2.2.3 小节中,我们介绍了技术领导在处理事件时的执行挑战,其中团队成员的安全感和责任感必须平衡。我们总结了一个五步结构,可用于总结团队当前和未来成员的学习经验。我们可以使用步骤③中的"五个为什么"流程来确定根本原因。

① 简要说明。

② 详细的时间安排。

③ 使用"五个为什么"程序的根本原因:

   – 组建团队并制定问题描述。

   – 询问团队中的第一个为什么:为什么会发生这样或那样的问题?

   – 再问 4 个连续的为什么,并跟踪所有合理的答案。

   – 在所有可能的答案中,寻找问题的系统原因。

   – 制定纠正措施,从系统中消除根本原因。

④ 解决和恢复。

⑤ 缓解未来风险的行动。

事后分析流程的目的是从过去的错误中吸取教训,防止将来再次发生具有相同根本原因的故障。"五个为什么"技术最早由丰田佐吉(Sakichi)提出,并在丰田公司用于改进制造过程。它已在多个行业的运营中得到应用,包括改善过程、精益制造和六西格玛过程。虽然事后分析的细节应该委托给你的技术负责人,但你在根本原因分析(步骤③)中的支持是将学习制度化的关键。以下类型的具体支持是对于根本原因最为重要的分析:

- 参与——确保所有参与事件的 DS 和合作伙伴团队成员都在场。我们需要那些经历过这一事件并了解问题的明显部分和不明显部分的人提供第一手信息。

- 时间安排——明确时间表,以便在事件发生后的两到三天内进行验收。在记忆犹新,且人们还没有将思维方式转换到其他项目时,记录学习情况是很重要的。

- 指导——指导技术领导避免"五个为什么"过程中的常见陷阱,并确保问题的深度得到充分理解。

让我们通过一个示例来深入研究一个数据通道故障的根本原因。在本例中,一些日志丢失,并且一周内没有为部分用户生成公司范围内的重要指标。

- 为什么数据通道会发生故障?
  原因——新功能的推出导致了重大跟踪中断。

- 为什么新功能的推出会导致跟踪中断?
  原因——功能启动没有经过渐变过程,即以迭代方式向 1%、10%、50% 和 100% 的用户启动,从而降低功能风险;相反,该功能是直接面向 100% 的用户推出的。

- 为什么功能启动会跳过迭代过程?
  原因——紧张的发布时间表没有时间进行功能升级。

- 为什么发布时间表没有留出时间进行功能升级?
  原因——新产品经理没有接受过为公司发布最佳实践分配时间的培训。

■ 为什么新产品经理没有接受上市最佳实践方面的培训？

原因——公司发展迅速，我们还没有针对新产品经理的数据驱动发布进行严格的入职培训。

在本例中，根本原因是我们可以作为数据科学家采取行动，以防止一整类问题再次发生。这是一个我们以前可能没有意识到的差距。DS 团队可以在合作伙伴团队入职过程中发挥带头作用，向新产品经理解释数据驱动的产品发布流程。

并非所有的根本原因分析都需要 5 个层次的原因，有些可能需要更多层次才能找到根本原因。"五个为什么"过程指的是比一层或两层更深的比喻。

在"五个为什么"过程中，你需要指导团队克服哪些常见陷阱？让我们详细了解以下 3 点：

■ 从症状而非根本源上停止调查；
■ 诊断出的原因不必要或不足以导致故障；
■ 评估的原因不是过程，而是人。

1. 从症状而非根本源上停止调查

在上面的例子中，如果我们在第二个"为什么"时停止查询，不遵循坡道流程将是一个症状，即紧张的发布时间表不允许团队遵循发布的最佳时间。其他人介入并询问未遵循启动最佳实践的原因是合理的。然而，发布是由发布时间表指导的，对于非常紧急和高置信度的修补程序，可以有很好的理由跳过坡道过程。我们必须进行诊断，以发现这次事件并非如此。

根本原因通常是一个中断的过程、一个可改变的行为或一个尚不存在的过程。不要在出现症状时停止调查，例如，没有足够的时间或投资，这些问题往往超出你的直接控制范围。如果我们继续问为什么，我们可以在你的控制范围内进行一些真正的流程改进，这对所有相关方都是有益的。

2. 诊断出的原因不必要或不足以导致故障

在剖析事件原因时，有些原因是必要但不充分的，而有些原因是充分但不必要的。在上一个示例中，第三层原因——"为什么功能启动会跳过迭代过程？"——可能是平台中缺乏方便的用户界面来设置迭代过程。这是一个必要但不充分的原因，因为一个好的用户界面是必要的，但产品经理仍然需要知道如何使用平台来避免这一事件。

另一个原因是，发布平台不会强制所有功能发布都经过坡道过程。这将是一个充分但不是必要的原因，因为我们可能希望在明确的紧急情况下启动热修复程序，而无需经过坡道过程。只要产品经理知道何时使用启动坡道流程，并拥有可用的工具和培训，就应该有必要和充分的条件避免将来发生此类事件。

3. 评估的原因不是过程，而是人

"五个为什么"的过程应该在团队中培养信任和真诚的氛围。我们应该在这个过程中给予怀疑的好处，并在这个过程中假设团队成员的最佳意图，并开发能够帮助团队成员与我们一起完成其职业生涯中最佳工作的流程。

本着这种精神，我们不应该使用模糊的原因，例如，人为错误或工人的疏忽，或者更糟糕的是，将所有责任归咎于团队成员。试着让答案更加精确，诸如"一个计划没有留出时

间来实施一个过渡过程"或"某人没有接受过现有过程的培训"之类的答案指向特定的问题。这些更准确的答案可以修改和改进,以便采取具体措施防止类似事件再次发生。

总之,从过去的事件中严格吸取教训需要及时深入地分析根本原因。作为 DS 经理或员工数据科学家,你有责任参与事后调查,优先安排他们的日程安排,并指导你的团队和合作伙伴团队克服常见的陷阱。这些常见的误区包括过早的从症状而非根源上停止调查,诊断不必要或不足以导致故障的原因,以及评估原因如何与过程无关而与人有关。

你的严谨努力将以一个越来越强大和数据驱动的执行环境的形式得到回报,这样你的团队和合作伙伴团队将有更少的故障,并有更多的时间来产生更大的商业影响。从事件中有效地学习是斯蒂芬(第 1 章中的案例 6)可以采取的一种做法,以提高团队士气并建立自己的领导身份。

5.2.3 简明语言,简化问题,提升认知清晰度

在你的工作中,你可能会面临许多复杂的技术和商业环境。你被赋予了管理团队的责任,因为你有能力应对巨大的复杂性,但其他人可能在处理复杂性方面没有那么熟练。现在是时候磨练你的技艺,简化你在工作中遇到的复杂性了。

严谨往往与提供细节相混淆。有句老话:"我问他现在几点了,他教我怎么做手表。"当我们对自己的工作充满热情时,我们经常会落入这个陷阱。一个冗长的解释可能会让你看起来很聪明,但它可能不会帮助你产生更大的影响。

正如领英的高级职员数据科学家 Harry Shah 所描述:"你对组织的影响不在于你创造了多少复杂性,而在于你在一个已经很复杂的环境中可以简化多少复杂性。随着你(作为个人贡献者或团队领导者)职业生涯的发展,问题的复杂性会增加,但你的解决方案不应如此。优雅而简单的解决方案永远是最好的。"

034

"你对组织的影响并不在于你创造了多少烦琐的步骤,而在于你能够在已经复杂的环境中简化了多少步骤。随着你在职业生涯中的成长(无论是作为个体贡献者还是团队领导者),问题的复杂性会不断增加,但你的解决方案不应随之增加。优雅而简单的解决方案永远是最好的。"

——Harry Shah

至少有 3 个方面可以力求简单:定义、算法和演示,如图 5.5 所示。

定义的简单性	算法的简单性	演示的简单性
• 建立跨组织的信任,通过对复杂概念进行15秒的描述来实现; • 避免被认为对那些不熟悉复杂性的人居高临下。	• 更简单的模型更容易解释和理解,部署和维护成本更低; • 指导团队在可接受的性能下,尽可能采用最简单算法和方法。	• 明确故事情节,吸引观众; • 在标题幻灯片上声明你的目标,不要超过3个关键想法,并在每张幻灯片的标题上始终突出关键叙述。

图 5.5 将复杂问题提炼成简明叙述的 3 个方面

1．定义的简单性

通过简单性证明严谨性的一种方法是，开始为在你的领域没有多少背景的人精心设计 15 秒的复杂概念描述。这样做的目的是与你的业务合作伙伴达成共识并建立信任，然后你可以与他们建立后续步骤的一致性。

例如，解释曲线下面积（Area Under the Curve，AUC）可以简化到："一个指标，表明预测模型对业务合作伙伴有多好。"社交网络中的一个成功指标，如明确的用户关系，可以解释为"如果用户 A 添加用户 B，用户 B 确认，那么我们称为明确的用户关系。"如果你不能在 15 秒或更短的时间内解释一个概念，则很可能是你对它了解不够或你没有很好地解释它。

指导团队的一个方面是避免被认为是屈尊于那些不熟悉 DS 项目的人。你可能听过一些数据科学家在回答商业伙伴的询问时说："这很复杂。你不用担心不理解的东西，我有办法解决。"他们也可能会对 DS 同龄人说："只需阅读代码！"或者"这些都记录在我的 Jira 评论中。"

这样的回答可能会让同行和业务合作伙伴对他们不了解的系统部分一无所知。这种感觉会转化为公司重要客户体验所依赖的关键系统中的恐惧和怀疑。

另外，当定义得到明确和简化，并在 DS 中捕捉到复杂概念的意图和目的时，同行、合作伙伴和其他管理者将不胜感激。这些简化定义的努力在很大程度上有助于建立跨组织的信任。

2．算法的简单性

管理 DS 项目的严谨性包括指导团队使用最简单的算法和方法，以了解数据中的历史模式并预测未来趋势。如果要在两个系统实现之间做出选择，而这两个系统实现在复杂性和可比结果上存在数量级的差异，那么理性的选择是选择更简单的算法。例如，当选择一个简单的线性模型和一个集合模型时，如果其中有许多子模型都能获得相似的模型结果，那么简单的线性模型应该是一个更好的选择。

更简单的模型是对历史模式的更简洁的定量叙述，更容易解释和理解。它还需要更少的数据样本进行训练。如 3.2.2 小节所述，在更简单的模型中，数据漂移也更容易检测，因为需要跟踪的输入参数更少。从总成本的角度来看，更简单的模型部署和维护成本更低。当团队成员从一个项目转移到下一个项目时，交接的负担也会减少。

考虑到这些因素，我们不难发现，著名的百万美元 Netflix 挑战奖中的大奖解决方案从未被部署。获奖的解决方案是一个过于复杂的集合模型。根据 Netflix 自己的技术博客，"我们测得的额外精度增益似乎无法证明将它们引入生产环境所需的工程努力是合理的。"

3．演示的简单性

严谨的演讲意味着要花时间将故事情节具体化，让听众在旅途中与你同行并给他们带来精彩。它不是把所有的信息放在幻灯片上，而是实现你所设定的目标。

演讲的目标可以是传达一个过程，调整前进的道路，或者回顾新的见解和发现。你可以在标题幻灯片上声明这个目标，为演讲设定一个共同的目的。然后，演讲就变成了一段旅程，在这段旅程中，你将带领观众实现一个共同的目标。通过这种方式，你与听众的关系将从演讲者和听众转变为共同创作者，以实现共同目标。

关于演讲内容，我们在 5.1.2 小节中讨论了理解观众、提供可操作的建议，以及制定清晰的结构，主要集中在详细阐述了讲故事的过程。本小节重点讨论格式的清晰性。

为了使演讲令人难忘，你应该简化它，使其不超过 3 个你想让观众接受的关键想法。可以纳入更多想法，但只能作为关键想法之一的证据支持。每一个关键的想法都可以用任何负面的后果来说明，以强调与听众一起花时间解决它的重要性。你可以在 IdRather-BeWriting.com 上找到更多展示关键想法的技巧和示例。

进入演示细节的严谨性，每张幻灯片的标题应该概括出幻灯片的主要内容。幻灯片标题的顺序应该从头到尾概述你的故事。表 5.1 显示了一个演示示例，该演示将利益相关者与新的用户转换倾向评分相结合。

如表 5.1 所列，一个明确的目标和提纲可以使演示重点突出，让合作伙伴一眼就能看出关键的叙述。一个明确的目标出现在标题幻灯片，使观众了解演示的目的。示例演示的 3 个主要主题是：新分数的优势、基础算法功能和对应用程序的模拟影响。演讲结束时讨论了下一步的计划。当这些技巧得到一致使用时，你的团队可以有力地将业务合作伙伴和高管团结在一条产生影响的有效途径上。

表 5.1　典型的演讲目标和纲要与明确的目标和纲要的比较

典型的纲要	明确的纲要
标题：倾向性评分 2.0。 **目标**：展示最新见解，并与下一步保持一致。 **幻灯片标题**： ■ 倾向评分影响； ■ 倾向评分 1.0 版本； ■ 2.0 版本的差异； ■ 2.0 版本的优势； ■ 2.0 版本的性能； ■ 模型架构细节； ■ 模型性能详细信息； ■ 模型性能稳定性； ■ 应用程序 #1； ■ 应用程序 #2； ■ 下一步	**标题**：倾向性评分 2.0。 **目标**：如果我们就指标可用性的新提议框架和时间表达成一致，那么本次会议将取得成功。 **幻灯片标题**： ■ 倾向性得分——对转换意向的评估。准确的评估是我们成功的基础，具有广泛的影响。 　– 1.0 版本通过轻量级意图信号锁定过去的活动。 　– 2.0 版本结合了明确的意图和更广泛的信号来预测未来的意图。 　– 2.0 版本也能更好地区分用例。 　– 2.0 版本细分准确预测意图。未来一周的参与和细分市场密切相关。 ■ 识别相似者——建立了一个相似模型来捕捉模式，以预测未来 1 周的参与度。 　– 相似模型成功预测了未来的参与，平均错误率为 2%。 　– 相似的细分市场每周都保持稳定，80% 的相似的细分市场在 4 周后仍处于同一细分市场。 ■ 应用程序 #1——通过更好的目标和效率提高 5% 的转化率。 ■ 应用程序 #2——80% 的预测高倾向用户在未来 1 周内为 WAU。 ■ 下一步——在应用程序 #1（以用户为目标的用例）的生产和测试中部署 2.0 版本

如前所述，你对组织的影响不是来自你创造了多少复杂性，而是你在一个已经很复杂

的环境中简化了多少复杂性。严谨性体现在简化定义、算法和演示，并将复杂问题提炼成简洁的叙述，供同行、业务合作伙伴和高管使用。

5.3 态度——积极正向的思维

对任何一位数据科学家来说，担任人员管理角色都可能是一个巨大的转变。作为一名数据科学家，你已经具备了克服失败的毅力，在应对事件时保持好奇心和协作的精神，并培养了与商业伙伴的相互尊重。对于熟悉个人贡献者类型的工作安排的人来说，增加管理责任可能会感到混乱。此外，你不仅要对自己在工作中的积极性负责，还要对团队的积极性负责，也要对公司在危机时期的积极性负责。

本节讨论 DS 经理应采取的态度的 3 个具体方面：
- 理解并迎合创作者日程与管理者日程的差异；
- 用目标管理和正负面反馈来建立对团队的信任；
- 用交互、重复和递归机制营造组织的学习文化。

保持积极的态度对于建立一个高效的工作环境至关重要，在这个环境中，你的 DS 团队可以为组织创造最大的影响。

5.3.1 理解并迎合创作者日程与管理者日程的差异

作为一名管理者，你的团队成员、商业伙伴、经理和其他高管都需要你的时间和注意力。你的一天通常被分成 30 分钟的时间段，你整天都在忙着开会。在许多周结束时，你可能会感到精疲力竭，几乎没有时间反思和专注于你的项目，也没有时间去取得你想要的成就。

如果你有这种感觉，那么你并不孤单。在 DS 中，从个人贡献者角色过渡到管理层可能很难，而且难以承受。了解制造商的计划和经理的计划之间的差异可以帮助你适应新的情况。2009 年，Y. Combinator 创业加速器的联合创始人 Paul Graham 首次推广了制造商计划与经理计划的概念。

Paul 写道："大多数有权势的人都在经理的日程表上，这是命令的日程表。但还有另一种利用时间的方式，这在程序员和作家等创造东西的人中很常见。他们通常喜欢至少以半天为单位来使用时间。你不能以一小时为单位来编写或编程，因为这几乎没有足够的时间开始。"

035

> "大多数有权势的人都按照管理者的时间表工作。这是一种军事指挥的时间表。但还有另一种使用时间的方式，这种方式在那些开发创新的职能中很常见，比如程序员和作家。他们通常更喜欢以至少半天为单位来使用时间。一小时的时间很难有效地写作或编程，这点时间几乎只够开始而已。"
>
> ——Paul Graham，Y. Combinator 的联合创始人

1. 制造商的计划和流程

作为数据科学家，我们都曾在雇用公司的日程安排中经历过富有成效的一整天的数

据分析和编码工作。当我们在一个项目上工作时,需要时间将业务需求内部化,获得问题的实际需求,收集和解释可用数据,并制定项目架构和下一步执行的策略。这可能需要30分钟到两个小时的集中精力才能进入流程,这是一个在心理上被认可的精神状态,其特征是在活动过程中有一种充满活力的专注、充分参与和享受的感觉。

当在这中间安排了一个会议时会发生什么? Paul Graham 将会议比作正在执行的软件程序突然出现了一个例外。"它不仅会让你从一项任务切换到另一项任务,还会改变你的工作模式。一个会议通常会打断一个上午或下午的工作,从而至少浪费半天时间。此外,有时还会产生连锁效应。如果我知道下午会被打乱,那么我就不太可能在上午开始做一些有意义的事情。"

在管理团队时,你有责任保护团队的输出能力。一个重要的方面是为团队成员创造一个进入流程的环境。图 5.6 展示了你可以为你的团队和你自己关注的 6 种具体情况。

常规日程安排	一对一日程安排	无会议日(半天)
• 每日的常规日程是团队获得信息、联系和校准的机会。 • 选择一天中的某个时间,在不破坏团队流程的情况下在一起 5~10 分钟(例如,午餐前)。	• 每周一对一的会谈对你的团队成员来说是一件大事,所以不要在临近日期时取消。 • 尊重团队成员的时间表,尽量提前24小时重新安排。	• 为团队成员安排一周中的几天,让他们有进入流程的时间。 • 支持并与合作伙伴协调,挤出时间来提高团队的生产力、自尊和绩效。

场外头脑风暴	自助式基础设施	待命程序
• 为专注于共同应对重大挑战的团队创造流动时间。 • 建立关系,促进深入讨论,持续3个多小时(事先做好准备)。	• 技术解决方案、培训和文档可以使合作伙伴能够自行处理某些请求。 • 你可以专注于培训合作伙伴,提出更具战略性的要求。	• 团队成员可以通过解决团队无法自助的临时请求,轮流保护彼此的流程。 • 待命流程还为成员提供了对他人工作的更广泛了解。

图 5.6 保护团队流程的 6 种技巧

2. 常规日程安排

在敏捷软件开发过程中,每日常规日程安排团队了解、联系和校准正在进行的项目的机会。对于采用敏捷软件开发流程的 DS 团队来说,一个挑战是选择一天中的某个时间,让团队在不中断流程的情况下在一起 5~10 分钟。

有些团队选择在早上 9:30 或 10:00 前做这件事,即在大多数团队成员开始一天的工作之前进行。然而,随着团队的发展,一些成员的日程安排可能会更早地开始工作。早上 9:30 或 10:00 的站立活动会将早晨的时间一分为二。强迫每个人提前开始一天的工作对于许多工程计划来说是不现实的。可以选择在工作日结束时安排站立活动,但有些团队成员可能有家庭义务,例如,到学校接孩子,而其他人则更喜欢一直工作到吃晚饭。

我们发现在上午 11:30 到中午午餐前安排 5~10 分钟的站立时间是一种折中的办法。所有的团队成员都在中午的时候出现,午餐对大多数人来说是自然的休息时间。作为一个侧面特征,渴望去吃午餐可以让站立动活动显得简短。唯一的冲突是团队成员偶尔有午餐约会,可以根据具体情况进行管理。

3．一对一日程安排

你可能已经经历过了。你的经理安排了和你一对一的会面，但在最后一刻，他们取消了。你在工作时花了一上午的时间在脑海中思考会议，而现在你一整天的注意力都毫无意义地受到了影响。

从经理的角度来看，对他们的时间有很多要求。当团队讨论出乎意料地拖延或高管们要求紧急事项时，在日历上的所有会议中，一对一似乎是最不具破坏性的，可以推迟到另一天。

为了尊重团队成员的计划，并让他们有时间进入流程，尽量按计划完成一对一谈话。如果这是不可能的，那么尽一切努力至少提前 24 小时重新安排时间，尤其是在你可以预期的情况下，例如，在一个季度结束时为高管提供评论和路线图。对于团队成员一对一之前的团队讨论，尝试预测所需的讨论量，并做出相应的安排。你总是可以提前完成会议，并将一些时间返回给与会者。当你真诚地尊重团队成员的流程时，即使是在一对一的日程安排中，你的团队成员也会注意到并欣赏你的行动。

4．无会议日(或半天)

一些 DS 团队设立了一周中的几天，让团队成员有流动时间。根据团队成员的不同，可能是周三下午、周四上午、周五或其他时间。

只要你的团队成员能够灵活地与团队其他成员协调，安排必要的协调沟通，你就可以通过与业务合作伙伴交流来节省团队成员的流动时间以增强他们的能力。这时，你团队的生产力、自尊心和团队绩效都会得到改善。

这种技巧不仅适用于团队，也适用于你自己。你可以每周留出半天时间进行更集中的战略思考。这可能是一段单独的时间，也可能是与团队中的一些成员就一个战略主题进行头脑风暴的时间。目标是将你集中的精力使用到能够推动重大决策的重要决策上。

5．场外头脑风暴

有时候，办公室的干扰让一个专注的团队无法集中足够的精力来处理一些重要的挑战。由于挑战各不相同，一些挑战可以由数据科学家团队解决，而另一些挑战则需要由工程、产品和用户体验方面的专业人员组成的跨学科团队解决。

场外会议或在办公室之外的长时间会议是一种很好的方式，可以让团队有一段时间来应对挑战，并让团队一起进入流程。他们通常需要 3 个或 3 个以上的小时，事先做好准备，留出时间建立关系，同时深入大量细节。这些目标通常不适合典型的 30～60 分钟的时间模式。

场外头脑风暴不应与团队建设活动混淆，团队建设活动的主要重点是建立关系，而不是共同解决特定的挑战。异地也不意味着要走很远，可以是在办公室隔壁有一间私人房间的餐厅。这样可以让团队从办公室的许多干扰中解脱出来，专注于融入流程，解决一些重要的挑战。

6．自助式基础设施

虽然有一些组织方法，例如，站立式调度、一对一日程安排、无会议日和场外头脑风暴，可以帮助团队成员融入流程，但我们也可以使用技术解决方案来减少团队受到的干扰。当你分析团队收到的查询时，可能会发现有一些查询子集可以通过正确的数据基础架构和访问自行处理。投资于提供自助服务的基础设施,以及可靠访问数据所需的培训和文档,可以使合作伙伴能够更及时地访问数据,并为你的团队成员创造空间,专注于更具挑战性且不容易自动化的问题。

随着公司的发展,自助式基础设施将变得越来越重要,以使灵活的数据科学家团队产生巨大的影响。为了在这方面取得成功,请确保在创建自助式基础设施时遵循产品开发最佳实践,因为它们是面向内部的数据产品。

7. 待命程序

对你的团队来说,许多临时传入的查询可能无法通过自助方式解决。当个别团队成员进行临时查询时,可能会对所有相关方造成阻碍。团队成员的流程不断中断。没有明确的机制来跟踪这些临时的询问,而作为经理,你几乎没有机会保护团队不受干扰。最终,该组织将遭受 DS 项目的意外延迟,你的团队成员可能会被迫加班以使项目回到正轨。

或者,你可以要求所有的查询首先到你这里来集中处理,但是你会成为处理过程中的瓶颈,即使有很多其他需求,查看查询也会很快占用你的所有时间。我们如何解决这个问题?

为 DS 团队进行临时查询的一种方法是建立一个待命流程。对于 5~15 名数据科学家的团队规模,团队成员可以轮换为每周处理特殊请求的待命人员。待命流程成为一道防线,为团队其他成员留出尽可能多的流动时间。这还集中了临时请求,因此自助服务基础设施的新机会可能会出现,并分配了分流的工作量,因此你不会成为这个过程中的瓶颈。

虽然待命团队成员可以对查询进行优先级排序,但解决这些问题有时需要其他团队成员的领域背景和专家知识。让数据科学家翻译合作伙伴的请求,并在其他具备背景和专家知识的 DS 团队成员的指导下执行解决方案,主要有 3 个好处:

- 待命团队成员可以根据查询的紧迫性和对团队的客观影响来筛选和限定查询。
- 对于本周未待命的 DS 团队成员,指导另一位数据科学家解决一项查询流程可以减少干扰,提高效率。
- 随着时间的推移,你的团队成员不仅可以建立关于他们自己工作的制度性知识,还可以建立关于每个团队成员正在从事的工作的制度性知识。最佳想法和实践可以在项目之间传播。多个团队成员可以了解不同产品线之间的数据的细微差别。这样,当一位数据科学家休假或离开团队时,他们的领域知识在团队中仍然可用。

鉴于这些优势,待命流程可以非常有效地保护团队成员的注意力和流程,并在团队中保留更多的团队知识。

总之,了解并保护制造商的日程安排可以让团队成员更好地集中精力,融入流程。你可能还会发现出现其他的积极态度,例如,提高注意力、自尊心和表现力等。从短期来看,积极的态度有助于提高团队的工作效率。从长远来看,这可以提高团队成员的保留率,帮助他们加速实现各自的职业目标。对于第 1 章中的奥德拉来说,留意经理和制造商的日程安排是一个很好的方式,可以证明她关心她的团队及其生产力。

5.3.2 用目标管理和正负面反馈来建立对团队的信任

作为 DS 经理,你不再在团队项目中做出详细的技术决策,但你要对他们的结果负责。

如果这让你感觉不舒服,那么你并不孤单。许多第一次当经理的人都有这种感觉,这是微观管理的常见原因。对于经验丰富的管理者来说,这种感觉指向了一个更深层次的信任问题。鉴于目前的情况,你是否相信你的团队成员能够做出最佳的技术决策?

一些管理者选择放手,将项目交给团队成员,让他们独自完成,这往往会给执行结果带来比组织角度所需的更多风险。这样的信任度合适吗?对团队成员的信任需要时间来建立。建立信任的过程有一些最佳实践,可以减少你获得团队成员信任和信任他们所需的时间。

Ken Blanchard 博士和 Spencer Johnson 博士在他们的书《新一分钟经理》(*The New One Minute Manager*)中描述了一组最佳实践。它从设定目标开始,深入到为在经理和团队成员之间建立信任并提供及时正面和负面反馈的具体技巧,如图 5.7 所示。

设定目标	积极的反馈	消极的反馈
• 调整最终结果,避免对细节进行微观管理; • 专注于建立信任,从而自主完成目标设定和跟踪。	• 注意团队成员在建立信任方面所做的事情是否正确或大致正确; • 提供具体、及时、有效的表扬,增强良好表现和信心。	• 在重申你对这个人的价值观的同时,具体说明出了什么问题,从而建立信任; • 将消极的情况转化为动力和支持。

图 5.7　信任团队成员的 3 个步骤

1．设定目标

■ 目的——设定目标的目的是在完成一个项目或履行一系列责任时,与最终结果保持一致,避免对具体决策进行微观管理。这个过程应该注重建立信任,这样团队成员就可以尽可能自主地完成目标设定。

■ 实践——实践包括在新任务或责任开始时,通过 4 种技巧与团队成员共度时光:
　– 与团队成员一起制定目标,并了解良好的表现是什么样子。
　– 让团队成员在一张单张纸上写出每个目标以及交付日期。
　– 要求团队成员每天回顾与最重要目标的一致性,并评估交付日期的进度。
　– 如果工作与目标不匹配,鼓励团队成员调整他们对目标的关注。

■ 益处——与团队成员并肩工作以制定目标可以鼓励团队成员对目标和绩效标准拥有所有权。将最重要的目标放在一页上,这样就可以每天回顾这些目标。当团队成员的努力偏离目标或进度偏离交付日期时,他们可以自我调整。实际上,这鼓励团队成员更加自主,并使他们能够自我管理自己的进步。

■ 指导——我们如何设定这些目标?有 3 个步骤可以指导团队成员明确以结果为导向的目标。
　– 人们在做什么,或没有做什么,从而导致了问题?
　– 你希望看到发生什么?
　– 你打算怎么办?

团队成员应该描述问题以及他们希望看到的情况。如果他们不清楚自己希望看到发生什么,那么就还没有问题,只是不满而已。问题是观察和期望之间的差距。

036

未明确期望的情况只是抱怨，问题是观察与期望之间的差距。

当团队成员发现问题时，解决方案是他们可以建议的一系列步骤，以弥补观察和预期之间的差距。以结果为导向的目标是对解决方案的一页描述，可以定期审查，以帮助在交付日期之前实现。

并不是所有的目标都需要经过这个过程，3～5 个最高目标通常可以覆盖 80% 的重要结果。让我们来看一些例子。在建立预测模型时，一个目标可能是评估预测模型的输入是否稳定可靠。当存在数据质量问题或固有的数据存在偏差时，需要在构建模型时对数据进行表征并加以考虑。

另一个目标可能是启动模型，这涉及到指定模型需要在影子模式下测试多长时间（模型正在运行，业务合作伙伴正在监控，但尚未根据结果做出决策），然后部分用户才会信任它。建立信任的绩效指标（均方根误差[Root Mean Square Error，RMSE]、优化的美元金额、风险价值[Value at Risk，VaR]）是什么？你知道你在目标设定的实践中取得了成功，这时你的团队成员可以向自己提出合格的问题，并带着精心设计的一页目标来到你面前进行审查。

2. 积极的反馈

■ 目的——积极反馈的目的是通过注意团队成员何时做得正确或大致正确来建立信任。这可以鼓励团队继续做好工作。当大多数管理反馈倾向于负面时，这也是团队学习预测积极和消极反馈的一种方式。

■ 实践——你如何让你的积极反馈更有影响力？《新一分钟经理》引入了 6 个步骤：
  - 尽快赞美他人。
  - 具体说明他们做对了什么。
  - 告诉团队成员他们的影响，你对他们的影响有多好，以及这对他们有多大帮助。
  - 暂停片刻，让赞美之词逐渐融入其中（暂停 5～7 秒就可以了）。
  - 鼓励团队成员多做同样的事情。
  - 明确表示你对团队成员有信心，并支持他们的成功。

■ 益处——早期提供具体的积极反馈有助于团队成员准确了解他们应该在哪些方面保持出色的工作。它还训练你的团队成员认识到自己做得对，这样他们就可以对自己做得好感到满意，即使你不在身边表扬他们。

■ 指导——识别好的工作以提供积极反馈的指导，不需要看团队成员的表现。指导可以来自团队成员的进度报告、产生的结果或建立的流程，以及你从合作伙伴那里收到的反馈。

当一个团队成员开始一个新的项目或承担新的责任时，你持续的积极反馈将非常重要，尤其是当其他一些项目进展不顺利时，可能会影响你作为经理的情绪。

当新成员加入团队时，他们可能很难在第一次就把事情做得完全正确。即使他们已经大致正确了，这也是一个很好的赞扬他们努力的机会，并鼓励他们下次完全正确。

随着时间的推移，当你看到你的团队成员成长为一群更自信、更有效的数据科学家时，你知道你已经成功地实践了及时、具体的积极反馈。当团队成员学会表扬自己和彼此，即使你不在身边也能保持积极性时，你真的成功了。

3. 消极的反馈

- 目的——消极反馈的目的是通过明确团队成员出了什么问题来建立信任，同时重申你对团队成员的价值。它将消极的情况转化为对团队成员的激励和支持，帮助他们回到正轨。

- 实践——你如何让你的负面反馈更有影响力？《新一分钟经理》引入了 7 个步骤：
  - 尽快改变人们的方向。
  - 首先确认事实，然后一起回顾具体错误。
  - 分享你对错误及其广泛影响的感受。
  - 暂停片刻，以便有时间让反馈深入。
  - 告诉他们自己其实比自己的错误要更优秀，并对他们有很好的评价。
  - 提醒团队成员你对他们有信心并信任他们，支持他们以获得成功。
  - 当重定向结束时，它就结束了。

- 益处——早期提供少量的消极反馈的好处是对团队成员来说不是那么难以承受。具体化可以让你准确定位并消除不良行为，保留表现好的人。分享你的感受，描述更广泛的影响，并在事后暂停，为团队成员提供一个机会，让他们感到错误的责任及其对组织的影响。重申团队成员的能力可以让你与他们建立信任，让他们作为一个人感到自信，这样他们就可以在职业成熟中成长，防止将来发生类似的错误。

- 指导——如果错误是由于没有明确设定目标造成的，作为经理，你应该对错误负责，并明确目标。对于实践中的第 1 步到第 4 步，重点是错误。你能够明确指出哪里出了问题，这会让团队成员感觉到你掌握了一切，从而建立起信任。把重点放在不良行为上而不是人身上，可以减少团队成员认为自己受到攻击从而产生防卫心理的感觉，并能够让团队成员抓住从错误中吸取教训的机会。第 5 步到第 7 步的重点是建立团队成员的信心，帮助团队取得更好的结果。重申对团队成员的信任不仅能让他们感觉更好，还能让自己在与他人互动时处于更信任的状态。

如果你必须对团队成员的同一类型错误提供多条消极的反馈，错误的性质可能会从能力问题转变为动机问题。在某个时候，你需要评估错误给组织带来的成本，以及你是否有能力让这样的人留在团队中。

总而言之，共同设定目标并及时提供具体的正面和负面反馈的最终目的是向人们展示如何管理自己，并当你不在的时候帮助团队取得成功。《新一分钟经理》介绍的概念的关键基础是，我们不仅仅是我们的行为，我们是管理我们行为的人。我们可以对表现不佳的人很严厉，但不能对个人。这样，你可以在团队中保持积极的态度，同时信任团队成员的执行。

对于詹妮弗来说，她的团队感觉到了被微观管理的压力，这些设定目标、提供正面和负面反馈的技巧有助于建立双方一致同意的进度，以检查项目的进度，并与团队成员建立信任。

5.3.3　用交互、重复和递归机制营造组织的学习文化

随着组织的发展，将学习制度化变得非常重要。数据科学家与产品、工程和运营团队

进行跨职能合作,在实现业务影响的过程中存在许多不足。如果学习没有制度化,相同类型的故障可能会在团队和职能部门之间反复发生,从而显著降低项目成功率。

在2.2.3小节中,我们讨论了在执行过程中,如何在速度和质量上实现技术领先的平衡。在3.3.2小节中,我们讨论了技术主管在应对事件时应如何保持团队的好奇心和协作精神。在5.2.2小节中,我们讨论了DS经理和员工数据科学家应该让团队深入研究处理过程的根本原因。

作为DS经理或员工数据科学家,你也有责任培养一种学习制度化的文化。人类的神经系统通过图5.8所示的3个基本过程进行学习:交互、重复和递归。下面让我们分别进行讨论。

交互	重复	递归
• 交流解释以加深战略知识; • 通过事后会议深入探讨根本原因,防止类似错误再次发生。	• 定期和频繁地练习战略知识; • 定期审查记录在案的事后分析报告,作为基础设施脆弱性和良好事故缓解实践的商业案例。	• 加深理解,设计更强大的解决方案; • 随着基础设施的改善,可以发明新的做法来缓解甚至防止某些类型的事件发生。

图5.8 创建制度化学习文化的3个过程

037 制度化的学习文化可通过人类神经系统的三大基本学习机制构建:交互、重复和递归。

1. 交 互

为了建立交互关系,每一次会议的讨论都是为了防止类似事件再次发生。这不是把责任推给一个人。解决方案应该包括一个系统性的改进,消除导致根本原因发生的情况,而不是将"坏苹果"排除在团队之外。

假设一个事件涉及一个产生不可靠预测的重要模型,并且发现一个产品特性破坏了一个模型数据源。作为系统的一部分,必须将过程落实到位,以防止这种情况发生,即在这种情况下有问题的功能再次启动。

一种解决方案可能涉及记录和沟通生产中所有模型的关键数据源。模型所有者有责任与产品所有者讨论数据源,查看产品路线图,通过功能改进发现任何潜在的中断,并告知产品所有者最终模型对其功能产生的任何数据敏感性。只有通过与具有更大业务影响力共同目标的合作伙伴团队相互协调和理解,此类解决方案才能取得成功。

2. 重 复

在一个快速发展的组织中,仅仅记录事件的原因并将其存档是不够的。它们需要被定期审查。写得好的报告就像是商业案例。其强调了当前基础设施中常见的脆弱性,展示了现有的事件缓解做法,并概述了未来流程和基础设施改进的路线图。

强大的组织,例如,谷歌,采用网站可靠性工程的做法,每月在新闻信函中回顾一次典型的事后分析。当你的组织没有很多事后分析时,每季度分享一次也可以。这种做法的目的有3个:

- 对于新的团队成员来说,这是一个了解他们正在构建的系统的复杂性和繁杂性的机会。
- 它提供了对事故响应程序和技术的审查,这些程序和技术在尽量减少事故影响方面发挥了良好的作用。
- 就像开源软件一样,当分析报告将被未来的同行查看,而不仅仅是存档时,制作高质量文档的动机更大。

3. 递　归

学习中的递归是随着时间的推移加深对主题理解的过程。随着数据基础设施和模型部署环境的改善,新的做法可以减少甚至防止过去的类似事件再次发生。

事后分析记录了事件发生时可能采取的缓解措施。当我们利用过去的事后分析来培训团队中的新数据科学家时,也有机会重新考虑现在有哪些新知识、流程或实践可用于减少类似情况(如果发生)的负面影响。

递归的做法对于一个重视从过去的失败中学习的文化至关重要,它允许每一个事件以多种方式向前发展。当团队能够专注于事后总结的未来利益时,它可以将团队的态度转变为积极的态度,即使在危机时期也是如此。

总之,交互、重复和递归是建立制度化学习文化的 3 种工具。这些工具可以将事后过程中的另一种消极体验转化为团队未来几年重视的学习机会。

接下来,你将有机会自我评估并确定重点发展领域。

5.4　自我评估和发展重点

祝贺你完成了关于经理和员工数据科学家美德的章节!这是成为 DS 员工管理者或员工数据科学家的一个重要里程碑。

美德自我评估的目的是通过以下方式帮助你内化和实践这些概念:

- 了解自己的兴趣和领导力优势;
- 通过选择、实践和回顾(Choose, Practice, and Review,CPR)流程练习 1～2 个领域;
- 制订优先实践计划,进行更多的 CPR 练习。

一旦你开始这样做,你将勇敢地采取措施,实践强烈的道德规范,在严谨中建立勤奋的氛围,并保持积极的态度,以推动团队的长期发展。

5.4.1　了解自己的兴趣和领导力优势

表 5.2 总结了本章讨论的美德。最右边的一栏可供打钩选择。没有评判标准,没有对错,也没有任何具体的模式可以遵循。请按照自己的想法进行选择。

如果你已经意识到其中的一些方面,这是一个围绕你现有的领导优势建立关系的好方法。如果有些方面你还不熟悉,那么从今天开始,这是你评估它们是否对你的日常工作有帮助的机会!

表 5.2 管理者和员工数据科学家美德的自我评估

能力领域/自我评估(斜体项目主要适用于经理)			?
道德	通过适当引导、辅导和指导提升团队成员能力	通过观察和提供反馈进行指导,以明确目标,关注所需内容,并发现实现目标的最佳策略	
		通过传授智慧和分享知识来辅导团队成员的职业发展	
		通过提供信息和指导提供建议,包括对具体问题的具体反馈	
	在跨职能讨论中打造其他部门对 DS 的信任	实践"强观点,弱坚持"的方法来寻求合作,克服共同的偏见	
		在有说服力的叙述和演示中使用讲故事的方式	
	参与并踊跃承担组织内的多种管理事务	帮助合作伙伴团队成员的面试、晋升和反馈;参与产品路线图、基础设施路线图和业务运营的审查	
严谨	警惕并缓解 DS 和 ML 系统中的反模式架构方案	胶水代码——清理包装以允许算法升级	
		管线丛林——记录数据谱系	
		死亡的实验代码路径——管理代码生命周期	
		记录不足的数据字段——使用类型和不变量自动检测数据通道中的错误	
		过度使用多种语言——限制语言或交叉培训团队成员以提高可维护性	
		对原型环境的依赖性——清楚地说明了技术债务,以避免执行停滞	
	注重从已发事件中总结经验,吸取教训	组织团队参与并安排事后调查	
	简明语言,简化问题,提升认知清晰度	使用"五个为什么"流程指导团队避免陷阱	
		定义的简洁性——明确了 15 秒的技术术语定义,在谈话中尊重他人	
		算法的简洁性——仔细检查复杂度和操作成本之间的权衡	
		演示的简洁性——使故事情节清晰明了,不超过 3 个要点	
态度	理解并迎合创作者日程与管理者日程的差异	通过站立式调度和一对一日程安排、无会议日、场外头脑风暴、自助基础设施和待命流程等技术,调整制造商的时间表和流程	
	用目标管理和正负面反馈来建立对团队的信任	目标设定——指导团队成员设定自己的目标	
		积极的反馈——提供及时、具体的鼓励	
		消极的反馈——提供及时、具体的反馈,激发行动的责任感,然后通过信任和鼓励建立信心	
	用交互、重复和递归机制营造组织的学习文化	交互——在事后会议上参与讨论,深入探讨错误的根本原因	
		重复——对过去的事件进行定期审查,将最佳实践放在首位	
		递归——监控事件的处理方式,并迭代改进缓解过程	

5.4.2 实施 CPR 流程

还记得 3.4 节中的技术领导者的美德评估吗？你可以尝试 2 周检查一次的简单 CPR 过程。对于你的自我审查，你可以使用基于项目的技能改进模板来帮助你安排 2 周内的行动：

- 技能/任务——选择一种美德进行工作。
- 日期——选择 2 周内可以使用该美德的日期。
- 人——写下你可以应用该美德的人的名字，或者写下自己的名字。
- 地点——选择你可以应用该美德的地点或场合（例如，在下一次与团队成员一对一或与工程合作伙伴的交流会议上）。
- 回顾结果——与之前相比，你做得如何？相同，更好，还是更糟？

通过在自我评估中对这些步骤负责，你可以开始锻炼自己的优势，并揭示 DS 经理和员工数据科学家美德中的盲点。

小　结

- 管理者或员工数据科学家的道德规范包括提高团队成员的能力，在跨职能讨论中代表团队，与同行和合作伙伴团队一起参与并履行更广泛的管理职责。
  - 为了提高团队成员的能力，你可以创造一个安全的环境，并在适当的情况下提供指导、辅导和建议。
  - 自信地代表团队，实践"强观点，弱坚持"的方法来寻求合作，并在有说服力的叙述和陈述中使用讲故事的方式。
  - 为了在更广泛的管理职责上做出贡献和回报，你可以帮助合作伙伴团队成员的面试、晋升和反馈，并参与产品路线图、基础设施路线图和业务运营的审查。
- 严谨是观察和缓解 ML 和 DS 系统中的反模式，从事件中有效学习，提高清晰度并降低复杂性的技巧。
  - 观察和减轻系统的反模式，注意并避免过多的胶水代码、管线丛林、死亡的实验代码路径、记录不足的数据字段、过度使用多种语言以及对原型环境的依赖性。
  - 为了有效地从事件中学习，组织团队参与事后分析，并指导团队避免"五个为什么"过程中的陷阱。
  - 为了提高清晰度和降低复杂性，通过简化定义、算法和演示，将复杂问题提炼成简洁的叙述。
- 态度是 DS 经理和员工数据科学家在管理制造商的计划、信任团队成员的执行，以及创建学习文化时，在团队中培养的情绪。
  - 为了适应制造商的日程安排和团队成员的流动时间，经理可以在站立式调度和一对一的日程安排中保持尊重，规定无会议日，组织场外头脑风暴，创建自助基础设施和建立待命流程。
  - 在执行过程中与团队建立信任，引导团队成员设定自己的目标，提供及时、具体的积极反馈，以鼓励更积极的行为，并为他们的错误提供及时、具体的消极反馈，然后通过鼓励重塑他们的信心。

– 创造一种制度化学习的文化,通过在事后讨论事件来实践交互性,通过定期回顾过去的事件来实践重复性,通过迭代改善和缓解过程来实践递归性。

参考文献

[1] P. Saffo. "Strong opinions weakly held." Saffo. com. https://www. saffo. com/02008/07/26/strong-opinions-weakly-held/.

[2] Buster Benson, "Cognitive bias cheat sheet: Because thinking is hard," betterhumans, 2016. https://betterhumans. pub/cognitive-bias-cheat-sheet-55a472476b18.

[3] D. Scully, "Hidden technical debt in machine learning systems," 28th Int. Conf. on Neural Information Processing Systems, December 2015, pp. 2503-2511.

[4] F. Pedregosa, et al. , "Scikit-learn: Machine learning in Python," JMLR, vol. 12, pp. 2825-2830, 2011.

[5] "Introducing Collibra Lineage. "https://www. collibra. com/blog/introducing-collibra-lineage.

[6] "Apache Airflow. " https://github. com/apache/airflow.

[7] "SEC charges knight capital with violations of market access rule. " US Securities and Exchange Commission. https://www. sec. gov/news/press-release/2013-222.

[8] "The ＄440 million software error at Knight Capital. " Henrico Dolfing. https://www. henrico-dolfing. com/2019/06/project-failure-case-study-knight-capital. html.

[9] O. Serrat, "The five whys technique," Knowledge Solutions. Singapore: Springer, 2017, doi: 10. 1007/978-981-10-0983-9_32.

[10] "Netflix recommendations: Beyond the 5 stars. " Netflix Technology Blog. https://netflix-techblog. com/netflix-recommendations-beyond-the-5-stars-part-1-55838468f429.

[11] "I'd rather be writing principles. " I'd Rather Be Writing. https://idratherbewriting. com/simplifying-complexity/macro-micro. html.

[12] P. Graham. "Maker's Schedule, Manager's Schedule. " PaulGraham. com. http://www. paulgraham. com/makersschedule. html.

[13] K. Blanchard and S. Johnson, The New One Minute Manager. New York, NY, USA: William Morrow and Company, 2015.

[14] T. Hecht, Aji: An IR＃4 Business Philosophy, The Aji Network Intellectual Properties, Inc. , 2019.

[15] J. Lunney and S. Lueder. "Postmortem culture: Learning from failure. " Google. https://landing. google. com/sre/sre-book/chapters/postmortem-culture/.

第三部分
总监：管理职能

凭借在管理项目方面的卓越能力，以及在领导一支高效的数据科学家团队方面的方法，你已经准备好承担更大的责任。你可以与团队一起领导 DS 职能部门，管理经理，解决你无法直接见证的挑战。你还可以作为首席数据科学家，参与范围更广的合作，领导更复杂的工作，成为个人贡献者。

DS 职能级别的领导需要一套不同于领导项目或团队的技能。你有责任在更长的时间内产生更显著的影响，通常需要多个季度才能体现出来。这一角色的不同之处在于，时间跨度较长的项目所需的重点和优先顺序需要明晰。

重点和优先顺序的清晰性来自于对公司商业模式的深刻理解。可以利用这种理解来制定路线图，以实现战略业务目标，同时避免管理和技术上的缺陷。

有效的路线图将最终目标分解为一个个的分步战略，供团队领导来执行。执行这些路线图需要敏锐地感知组织中出现的新问题，包括技术问题和人员问题。只有成功完成一个个的分步战略，才能实现最终的业务目标。

有效的执行通常需要一个特定的团队组织来执行公司特定的计划。团队可以构建并多次迭代重组，以不断优化管理人员、流程和平台。为了能长期执行公司制定的长远战略，还需要为人才培养过程创建一个稳健的招聘流程，并为团队成员提供清晰的职业道路。

这些战略的成功需要在公司的职能层面领导 DS 团队。在第 6 章和第 7 章中，我们将深入探讨，可以通过技术、执行、专家知识、道德、严谨和态度等方面来说明所需要的能力和美德。

第 6 章　领导职能的能力

本章要点

- 制定技术路线图,在正确的时间提供正确的功能;
- 赞助和支持有前途的项目;
- 通过管理人员、流程和平台实现一致的交付;
- 通过清晰的职业道路和稳健的招聘流程建立强大的职能部门;
- 预测业务需求并推动根本性影响。

作为 DS 总监或首席数据科学家,你可以通过设计路线图和支持能够增加 DS 功能影响的技术来证明你的能力。成功还需要始终如一地执行路线图,并在预测和准备即将到来的业务需求时应用专家知识。

路线图是一种战略计划,描述了一个组织为实现既定的结果和目标需要采取的步骤。它作为一种工具,很有价值,并能够使团队朝着共同的目标前进。制定和交流技术路线图对于具有明确时间节点的项目中协调团队成员、合作伙伴和高管来说至关重要。技术路线图可以包括数据、模型、基础设施和流程的路线图。根据期望的业务成果和它们的技术依赖性,对路线图的优先级进行排序,以便在正确的时间为正确的人提供正确的支持。与战略技术方向一致,当 DS 项目出现但又缺乏具体的短期支持时,你有责任支持它们,并通过合作伙伴来获得资金。

对于路线图的执行,重点是在规定的预算和时间内交付业务。这一重点包括组织和重组团队,通过调动人员、流程和平台来提供业务,使其尽可能高效。为了增加该职能的影响,需要提高现有团队成员的能力,并证明在关键领域增加员工人数是合理的。最重要的是,随着执行环境和时间的推移,通过目标调整和业务重心偏移来与高层领导保持一致,这对于 DS 总监或首席科学家来讲是非常必要的。

领域知识对于跨产品开发阶段时预测、制定和推动关键业务至关重要。当业务需要特定的智能组件(如个性化或反欺诈功能)时,具有领域专业知识的 DS 总监或首席数据科学家可以快速将领域经验应用于紧急产品功能或业务挑战。例如,当面临困难的战略决策时,如果通过一定的功能组件和依赖关系,来深入理解基本业务模型的驱动因素和组织的战略路线图,则能够更好地权衡利弊。

作为 DS 总监,虽然可以不参与日常技术决策,但你的主要责任是建立一个能够实现执行团队业务目标的 DS 职能。这个构建过程涉及技术、执行和专家知识方面的能力。

作为首席数据科学家,需要负责职能层面的技术指导,以制定路线图,协调职能和合作伙伴职能,实现执行团队的业务目标。让我们在本章进行深入的讨论。

6.1 技术——技能与工具的结合

强大的 DS 职能以清晰的重点和优先顺序为导向。功能不必很强,但一个灵活的团队会产生很大的影响。例如,在宜人数码,一个由 6 名数据科学家组成的团队与 3 名反欺诈调查员合作,历时 1 年,防止了每年 3 000 万美元的欺诈损失。这些具有显著影响力的 DS 团队成功的原因通常可以追溯到 DS 总监和首席数据科学家的 3 个主要技术能力:

- 制定规划技术路线,推动协作,实现业务目标;
- 为适当的人群,在适当的时机,构建适当的功能;
- 为项目的成功寻求赞助者和推动者。

清晰的技术路线图对于有效执行来讲至关重要。然而,由于每个合作伙伴都有自己的执行优先级,因此创建路线图来协调各种产品和功能部件可能会很有挑战性。这一挑战在大公司尤其突出,因为在大公司中每个职能团队可能每个季度都能达到要求,但总体业务目标没有实现。

总监和首席数据科学家的职责是确保数据、模型、基础设施和流程的技术路线图得到确认和适时调整,以便通过逐步完成分步战略来实现总体预期的业务成果。我们将在6.1.1 小节中对此进行讨论。

路线图可能因许多原因而不一致,例如,改变优先顺序或从受控实验结果中获得新的知识。我们必须时刻准备好调整优先事项,以及调整业务方向。专注于利用经验在正确的时间为正确的人提供正确的支持,可以确保有限的资源在当时集中在最有影响力的项目上。这证明了 DS 功能的效率,6.1.2 小节对此进行了讨论。

有时,可能会出现不属于现有路线图的重要 DS 项目。让事情变得更复杂的是,一些项目虽然对业务目标的长期成功至关重要,但缺乏短期的直接业务收益。如果不是无法拒绝,那么通常很难将它们纳入工作范围。作为总监或首席数据科学家,有责任支持这些项目,以确保及时进行长期投资,为整体业务目标做出贡献。我们将在 6.1.3 小节中讨论这一点。

6.1.1 制定规划技术路线,推动协作,实现业务目标

请记住,路线图是一个战略计划,描述了一个组织为实现既定的结果和目标需要采取的步骤。作为一种工具,它们非常有价值,可以帮助团队实现共同目标。

半导体行业的一个著名路线图是国际半导体技术路线图(International Technology Roadmap for Semiconductors,ITRS),它在过去 50 年中推动了 DS 的数字化转型和进步。该路线图确立了未来 15 年内的研究方向和时间表,以同步努力解决一系列技术难题,包括系统设计过程、半导体材料、制造化学品和设备、组装、封装,以及半导体产品测试。它的成功是不言而喻的。电子技术在我们日常生活中的广泛使用,是由日益复杂的半导体设计和制造过程生态系统促成的,它将数百亿个晶体管集成到一个芯片中。该路线图确保计算成本呈指数下降,因此随着时间的推移,更复杂的算法可以应用于更广泛的数据。

对于 DS 来说,精心设计的路线图也具有类似的同步能力,可以协调多个团队和职能部门,以协作和协调实现总体业务目标。你可能还记得在第 1 章中,斯蒂芬是一位备受尊

敬的领导,他注意到团队士气低落,出现了一些令人遗憾的内耗。DS 团队感受到了缺乏清晰的技术路线图的痛苦。让我们来谈谈这意味着什么。

038　精心制定的发展路线可以使多个团队和职能部门协同合作,共同完成业务目标。制定发展路线是数据科学职能领导者的一项核心技能。

一个清晰的技术路线图可以分为 5 个步骤。这些步骤如图 6.1 所示。我们将逐一进行介绍。

图 6.1　制定有效技术路线图的 5 个步骤

1. 定义业务目标

业务目标是对公司使命和愿景的具体化表现。它能够推动团队和职能部门达成共同目标,以进行协作和协调。对于依赖用户形成使用习惯的面向消费者的产品,每日活跃用户(Daily Active Users,DAU)或每周活跃用户(Weekly Active Users,WAU)的改善可以作为成功的衡量标准。

对于服务于中小型企业(Small and Medium-sized Businesses,SMB)的产品而言,业务目标是推动客户收入流中不可或缺的一部分。一些公司已经成功实现了这一商业目标。例如,Stripe 用于在线支付,Square 用于离线支付,OpenTable 用于在线餐厅预订。

对于企业产品来说,一个商业目标是成为客户实际使用过程中不可或缺的,比如 GitLab、Slack、Zoom 和谷歌文档等。

一个常见的错误是定义一个过于狭窄的业务目标。一个典型的例子是使用实时分析进行个性化推荐。当一个业务目标与其他人的优先级不相关时,很难在不同团队和职能部门之间就共同目标达成一致。在本例中,推动跨团队协作的更高层次目标可能是增加客户参与度,其中个性化是一种方法,实时分析是一种技术。

2. 准备和研究

为了实现更高级别的业务目标,必须首先通过验证客户需求和技术路径来了解潜在的内容。验证客户需求涉及到确定成功实施路径的约束和要求。你可以在路线图中扮演产品经理的角色,采访利益相关者,并综合对利益相关者有意义的中间的里程碑。

例如,对于有客户支持热线的产品,限制客户支持团队获得客户信任的因素有哪些?公司客户的需求是什么以便他们可以依靠公司的产品来完成重要的业务流程?

虽然你可能还没有答案,但在构建路线图时,通过这些问题的第一手信息可以帮助你确定中间里程碑的方向。DS 功能的新技术每天都在涌现。如果想利用某些尚未在特定使用场景、特定规模或特定团队中测试的技术组件,则需要验证该技术。在制定路线图之前,可以进行概念验证(Proof of Concept,PoC)来作为准备步骤,或者我们可以分配一个初始的时间节点来验证技术,这样技术风险就不会在以后扰乱路线图。在部署经过验证的技术时,我们可以利用之前的部署经验来评估在未来路线图中纳入这些技术的复杂性和风险。

3. 设计战略步骤

有了清晰的业务目标、客户的需求和可用的技术的准备，就可以制定指导团队的路线图了。

DS项目涉及许多技术和商业领域。我们可以制定多种类型的路线图来提升业务影响力。让我们看看8种常见的路线图。如果你的功能中缺少其中一些功能，则可以先建立一个初始功能。如图6.2所示，如果实施了初步路线图，则有机会扩大或深化其范围。

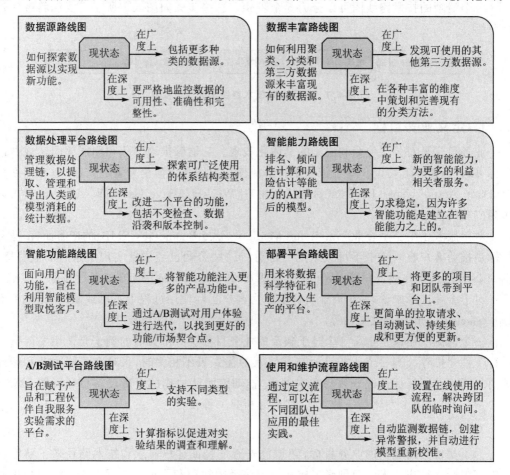

图6.2　制定路线图以提升业务影响力的8个方面

（1）数据源路线图

数据源路线图描述了如何探索新数据源以实现新功能，以及如何使现有数据源更稳定。公司中有多种类型的数据源，如营销转换数据、销售交易数据、客户关系数据和财务规划数据。

在扩大数据来源的多样性时，在线用户行为数据可以为拥有网站或应用程序的公司的用户参与度提供信息。用户的内容，如评论或帖子，也可以进行研究，以了解用户的兴趣以及在线平台的创建和消费模式。

为了深入研究支持生产模型的数据源，我们可以严格监控数据的可用性、准确性和完整性，如2.2.2小节和3.2.2小节所述。

（2）数据丰富路线图

数据丰富路线图描述了如何使用分类、集群和第三方数据引用来丰富现有数据源。我们可以增加数据范围的广度或者深度。在广度方面，我们可以发现更多可供使用的第三方数据源；在深度方面，我们可以在不同的丰富维度上对现有的分类进行整理和完善。

例如，信用卡公司经常试图通过分析用户的信用卡交易历史来了解用户的消费习惯。可以通过第三方商户分类代码（Merchant Categorization Code，MCC）表来导出支出类别。但是，如果我们想在外出就餐时了解某人的烹饪偏好，我们需要广泛寻找替代的第三方API，或者深入使用 NLP，从餐厅名称或位置信息中获取烹饪偏好。

（3）数据处理平台路线图

数据处理平台管理数据处理链，这些数据链的提取、整理和导出用于人类或模型消费的统计数据。要广泛了解要使用的体系结构类型，可以从临时流程到计划的每周流程，到日间、近实时的微批量运行，再到完全基于事件的流式体系结构。还可以合并图形数据库来加速关系查找，并帮助检测数据实体之间的间接关系。

为了深入改进一个平台上的功能，该平台可以将速率有向无环图（Directed Acyclic Graph，DAG）依赖项与处理步骤之间的不变检查结合起来，以验证数据质量。还可以存储和分析有关数据变化和数据版本的元数据，以进行错误跟踪和数据审核。

（4）智能能力路线图

智能能力是用于排名、计算倾向、估计风险等的 API 背后的模型。它们推动了搜索、销售跟进、营销点滴活动和反欺诈机制等情报功能。

更广泛的范围可以包括为其他利益相关者服务的新型情报能力。为了深入研究现有的情报能力，可以改进模型，以产生更高的精确度和回报率。

智能能力路线图应力求稳定，因为许多智能特征可以建立在相同的智能能力之上。一个典型的例子是购买倾向评估 API 如何推动个性化、销售、营销和客户服务功能。

（5）智能功能路线图

智能功能是面向用户的功能，旨在取悦客户。它们基于特定的市场表现形式和适合的产品。例如，可以基于智能能力计算下一个最佳行动的个性化建议（Next Best Actions，NBA），可以构建智能功能以更精确地进行营销活动和销售跟进。

为了扩大范围，你可以在更多的产品功能中注入智能功能。为了深化对现有功能的投资，可以通过 A/B 测试对用户体验进行迭代，以找到更好的功能/市场匹配度，并在潜在的首要地位和新奇效果逐渐消失时继续监控功能的有效性。

智能功能路线图应该通过迭代和不断调整来实现其灵活性，因为许多功能不会像最初提出的那样有效。2~5 轮迭代可能是路线图中证明特定功能假设的合理时间。

（6）部署平台路线图

部署平台用于启动 DS 功能和能力。一些团队可能与软件工程团队共享公共部署平台，而其他团队可能使用基于笔记本的基础设施，以最大限度地减少从开发到部署的障碍。

为了扩大部署平台的覆盖范围，可以将更多项目和团队带到平台上。更深入地说，可以改进部署过程，例如，采用更简单的请求交互、自动化测试、持续集成和更方便的更新等方式。

部署平台效率是 DS 团队经常被忽视的一个方面。改进它可以对所有 DS 项目的运营效率产生广泛影响，这在大型 DS 组织中尤为重要。

（7）A/B 测试平台路线图

A/B 测试平台的能力决定了创新的速度。一个有效的 A/B 测试平台可以使产品和工程合作伙伴能够自行满足许多实验需求。效率低下的产品可能会成为功能发布的瓶颈。在这个路线图上取得的进展还可能涉及购买与构建的决策，并且不限于团队的能力。

为了扩大范围，A/B 测试基础设施可以支持不同类型的实验，例如，由访问、用户、广告商、社交网络中的用户群控制的实验，或者针对广告活动的不同处理方式的拆分预算测试。为了深入研究特定类型的实验，A/B 测试基础设施可以计算各种指标，以便调查和理解实验结果。对于中长期影响，A/B 测试基础设施可以提供延迟监控以及替代指标，以使用短期信号预测长期效益。

（8）使用和维护过程路线图

随着 DS 功能的成熟，可以通过定义流程在不同的团队中应用最佳实践。与使用计划相关的流程尤其重要，因为维护义务可能会随着时间的推移而累积。为了扩大使用和维护流程的范围，可以设置使用流程，以高效地处理跨团队的临时查询，并安排模型维护，以确保数据漂移和不断变化的产品环境不会影响模型的预测性能。要深入了解具体的维护实践，可以创建一个计划表，以自动监控数据链，创建异常警报，并自动执行模型配置重新校准过程。在这些过程中应用最佳实践可以释放宝贵的 DS 资源，用于更有影响力的新项目，同时保持过去项目的预期影响。

通过在路线图中指定上述战略步骤，你就为 DS 功能创造了提供更多业务影响的潜力。然后，必须通过与合作伙伴的优先事项保持一致来优先考虑这种潜力。

路线图的类型很多，如果你感到有点迷失方向，则是完全正常的。在我们调整路线图之前，进行仔细的思考是有必要的。

4. 调整路线图

我们之前提到 DS 是一项团队运动。许多路线图需要与业务和工程合作伙伴进行协作和协调。与合作伙伴保持一致是产生业务影响的先决条件。具体而言，一致性包括同意并承诺关键绩效指标、路线图里程碑的顺序、范围和时间表。

（1）关键绩效指标

关键绩效指标（Key Performance Indicators，KPI）是成功的定义。它们应该是实现最终业务目标所必需和足够的。例如，在客户支持中心的推荐系统中，为了提高解决效率，必要条件是满足推荐延迟的特定服务级别协议（Service Level Agreement，SLA）。充分条件是能够实时聚合反馈以训练更好的模型。如果不满足必要条件，则很难为商业伙伴带来成功。如果一个条件是充分的，但不是必要的，则可以将其放在未来成熟的路线图上。

（2）排　序

有些里程碑节点依赖于合作伙伴先完成某些任务，而其他里程碑节点要求合作伙伴在同一时间一起完成一个项目。因此，合作的步调必须协调一致。

（3）范围界定

项目的范围可能过大，也可能过小。当业务合作伙伴希望在已经成熟的模型上提高 10％时，除非环境发生重大变化，例如，出现新的数据源，否则提升的预期可能过大，不切实际。如果一个项目的定义过于狭隘,不适用于有限的人群子集,那么范围可能太小,不值得跨团队协作的投资。即使该项目已经启动,一旦出现意外的紧急问题,它也有可能被解除优先级。

（4）行程安排

除非为里程碑节点的预期完成日期设定了具体日期,否则路线图尚未完善。要避免含糊的日期,比如本季度或下一季度。如果没有设定交付日期,那么让团队和合作伙伴对调整负责将是一个挑战。当很难为某一里程碑节点确定一个特定的日期时,可以在季度的最后一天作为交付日期,通常可以帮助控制任何延迟到天或周而不是季度。

5．对最终的业务结果负责

随着路线图的执行,可能需要为实验、迭代、处理新组件的集成风险以及测试新功能分配额外的时间和资源。

在评估是否执行路线图项目时,要问自己一个简单的问题:如果需要两倍的时间,那么是否仍然值得去做? 如果答案是否定的,那么你应该找到具有更高投资回报率的路线图。

对于第 1 章中备受尊敬的领导斯蒂芬来说,DS 团队士气低落让他感到困扰,这里所描述的绘制清晰路线图的能力会对他有所帮助。通过清晰的路线图,斯蒂芬可以更好地与团队沟通创新路径以及偿还技术债务的路径,还可以更好地与合作伙伴协调,确定项目里程碑节点的优先级;另外,还可以提高团队士气,有助于减少未来令人遗憾的内耗。

6.1.2　为适当的人群,在适当的时机,构建适当的功能

DS 总监或首席数据科学家的主要职责是定量地指导组织在正确的时间为正确的人提供正确的支持。它涉及使用 A/B 测试验证产品假设,调整项目方向,并确定路线图内的里程碑的优先级。

1．构建正确的功能

A/B 测试是一种受控实验,其中一个功能的多个版本被同时实现并部署到不同的随机队列中。队列是受控的,因此它们之间的唯一区别是被测试的特定特征。可以测量测试队列的用户响应,以推断向所有用户启动功能时的业务影响。

假设验证过程是无效的,即受试的不同队列之间没有差异,并收集证据以拒绝该无效假设。如 3.2.1 小节所述,这种方法避免了确认偏差。

例如,产品合作伙伴可能对电子邮件活动有一个产品假设,即在主题行中插入用户的名字可以提高电子邮件打开率,并改善对活动的响应。对照 A/B 测试将为一系列电子邮件活动选择两个不连贯、随机选择的队列,其中对照组和实验组之间的唯一区别是主题行。

当我们观察实验组的结果时,可以发现与对照组相比,打开率在统计学上是显著增加的。然后,我们可以拒绝无效假设,并确认该产品假设是有效的。

与此同时,我们还观察到,打开电子邮件的用户的回复率有所下降。当打开率上升时,预计会出现一些下降,因为更吸引人的主题可以吸引不那么积极的用户打开他们的电子邮件,从而减少平均回复率。在这种情况下,我们发现在实验组和对照组中,每封邮件

的回复率在统计学上没有显著增加。尽管主题行测试能够提高打开率,但它无法提高每封电子邮件的回复率。通过严格收集和评估证据以验证产品假设,可以确保团队正在构建正确的功能。

2. 为合适的人构建合适的功能

对 A/B 测试结果的仔细评估还可以帮助我们确定是否为合适的人构建了合适的功能。这可以通过在全球范围内对所有用户进行实验,并在特定的细分市场上对结果进行局部分析来实现,以分析是否存在特定的用户群体,一个功能对他们最有利。

继续以上面的电子邮件活动为例,我们可以确定与某个产品具有不同交互频率的用户群。通过分析每周活跃用户(WAU)、个别用户和非活跃用户的回复率,我们发现,当使用更个性化的主题行时,一旦打开电子邮件,WAU 组的回复率在统计学上有显著提高。这种影响在个别用户和非活跃用户中并不显著。通过对 A/B 测试结果的深入分析,可以通过电子邮件内容的个性化质量来解释这一观察结果。更活跃的用户在电子邮件内容中获得了更准确的个性化设置。

3. 在正确的时间构建正确的功能

为了在正确的时间构建正确的功能,应该对功能进行优先级划分、测试和部署,以便为客户产生最积极的影响。当过去的功能发布有明确的 A/B 测试结果文档和遇到的挑战时,它们可以作为资源评估和项目优先级划分的有用参考。

在产品开发中达到这样的成熟度需要时间和资源。如图 6.3 所示,可以使用以下 4 个阶段来评估当前的成熟度水平:

① 爬行——为 A/B 测试的实践打下基础,并证明其可行性。
② 步行——标准化运行实验的指标和数据链,并建立信任。
③ 奔跑——按比例运行 A/B 测试,并评估所有新功能和更改。
④ 飞翔——使用产品和工程工具使 A/B 测试更接近客户。

在爬行阶段,团队每年可以进行大约 10 次测试。对于成熟度级别的每一次增加,容

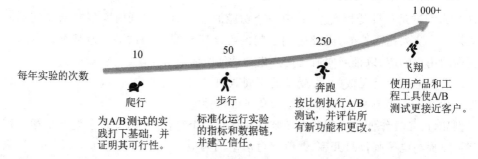

舞台	爬行	步行	奔跑	飞翔
平台复杂性	没有平台;人工编码的实验	所需平台;可以是第三方或内部	具有警报和迭代支持的新平台功能	先进的功能,如自动关闭有害实验
总体评估标准(OEC)	为每个实验定义的几个信号	成功、护栏和数据质量的一组结构化指标	根据实验结果定制;可以是加权组合	OEC稳定;可用于设定绩效目标

图 6.3 实验进化的四个阶段:爬行、行走、奔跑和飞翔

量可以增加 4～5 倍,达到步行级别每年约 50 次测试,奔跑级别每年约 250 次测试,飞翔级别每年超过 1 000 次测试。领英等许多公司已经成功地建立了一种实验文化,提供了大量的参考案例,以便在正确的时间为正确的人构建正确的功能。

4．每年是否有那么多功能需要启动和测试？

以下是 6 个测试可以对业务带来影响的维度:

- 功能多样性——每个业务功能在一个月内至少可以有几个正在进行的项目进行测试。这些功能包括营销渠道/叙事、销售/增长方法、客户支持、用户体验、基础设施性能和应用内功能。
- 由外而内——许多测试可以作为对观察到的客户行为、对客户反馈的解释或检测到的竞争对手的行为的响应而开发。
- 跨职能头脑风暴——一些可供测试的功能替代方案可能来自与合作伙伴团队的合作以及具有不同专业领域的团队成员之间的思想交叉碰撞,这可能会改变用户定位、用户转换过程和技术平台。
- 微调整——测试也可以来自增量调整,以提高现有产品的有效性,例如,叙述、图像、号召性用语（Images,Calls to Action,CTA）、社会证明、调查、订单流、设计和报价。
- 重新评估过去的 A/B 测试——可以重新访问和刷新机构知识库,看看过去的结果是否仍然有效。
- 特征渐变——测试可以渐变并保持在不同的百分比水平,以评估长期影响。

即使对于一个产品组合有限的公司来说,这个列表也很容易达到数百个并行测试。瓶颈通常在于基础设施的成熟度,因为这决定了运行测试的成本。

5．当有太多想法时,我们如何确定优先级？

2.2.1 小节分享了评估项目所需的风险、影响、信心和努力的框架。优先考虑的项目通常是高信心、高影响、低风险和低努力的项目。高风险和高努力的项目通常都是经过精心挑选的,这样在任何时候都只有一个或两个影响最大的项目被执行,以保持团队的战斗力。

你可能会评估某些想法或项目是否与更广泛的数据策略保持了良好的一致性。这些是你可以帮助支持的项目,我们将在 6.1.3 小节中讨论支持项目的最佳实践。

6.1.3　为项目的成功寻求赞助者和推动者

DS 项目可以在 A/B 测试结果的有效经验指导下,执行 DS 路线图,从而产生巨大的影响。DS 总监或首席数据科学家还能做些什么来引导这些有前途的项目走向成功?

许多 DS 项目失败不是因为它们的技术指标过高,而是因为在业务职能之间的协调和沟通中缺乏信任,这导致项目缺乏关注和资源。随着协作团队的优先级发生变化,重要资源往往会被转移,项目也会受到影响。非技术问题导致的项目失败会对 DS 团队的士气造成特别严重的打击。还记得第 1 章中的斯蒂芬和他的团队的内耗吗?原因往往看起来很模糊,失败似乎超出了项目负责人的控制范围。失败也会在路线图上造成影响,同时距离组织的最终业务目标越来越远。

作为总监或首席数据科学家,需要确保 DS 项目得到赞助和支持,以将失败风险降至最低,图 6.4 说明了这两个角色。

赞助者	支持者
高级业务主管,有权召集主题专家、人员、数据、设备和资金来制定解决方案。 职责: • 阐明项目的问题。 • 确定团队目标。 • 验证项目章程中的商业案例。 • 向高管证明投资回报率、优先级和紧迫性。 • 在项目启动、整个项目里程碑和完成时提供评估和批准。	熟悉项目技术和商业价值的中高层管理人员,也是成功项目成果的商业受益人。 职责: • 接受这方面的教育。 • 创建一致的愿景。 • 准备向他人推销这个愿景,然后实施它。 • 发展和维护关系。 • 倾听、征求意见并处理异议。 • 保持乐观、充满希望、有耐心。

图 6.4 数据科学项目的两个基本角色:赞助者和支持者

赞助者负责阐明项目的问题,定义团队的目标,并在项目章程中验证商业案例。赞助者通常是具有重要业务目标的高级业务主管,并有权召集主题专家、人员、数据、设备和资金来制定解决方案。他们可能不知道所有的技术细节,但将负责评估业务目标是否已经实现。

支持者是对项目的技术和商业价值非常熟悉的中高层管理人员,也是项目成功的商业受益者。当一个合作项目伙伴团队试图调整优先级并考虑放弃该项目时,支持者必须成为一个强有力的倡导者,并与伙伴团队协商,重新确定项目的优先级。当项目遇到压力时,支持者会鼓励和激励团队继续前进。

039

> 项目赞助者可能不了解技术细节,但可以调动专家、人力、数据、设备和资金以推进项目。项目推动者则对项目的技术和业务价值有深入的了解,可以通过鼓励和激励使团队不断前进。

作为 DS 总监,可能是 DS 生产力项目的赞助者和支持者。在大多数有增加收入或降低成本的项目中,赞助者是一名业务主管,而支持者是一个负责盈亏的产品所有者。在一些组织结构较简单的公司,这两者的责任可能由同一业务主管承担。当你或团队想在一个有希望的项目上工作时,你有责任寻找一个有动力的项目赞助者和一个有能力的项目支持者。

1. 作为赞助者

如果你有首席执行官授权,以执行一项全公司的计划,并拥有资源和资金,那么你可以成为项目的赞助者。以 DS 为中心的举措的例子包括控制金融科技公司的交易欺诈风险或控制社交游戏平台的滥用行为。

当在赞助者的角色中工作时,需要负责阐明项目的问题,定义团队的目标,并在项目章程中验证业务案例。可以根据公司所有其他项目,为首席执行官、财务主管和任何其他高管证明项目的 ROI、优先级和紧迫性。

在项目启动、里程碑节点和项目完成过程中,都需要赞助者的评估和批准。项目的成功或失败也将反映出你部署资源的能力,同时一旦成功也将实现业务目标。

2. 与赞助者合作

如果你非常熟悉项目的技术和商业价值,并且是项目成功结果的商业受益人,那么你可以成为项目的支持者。作为数据科学的主管,你可以成为数据和建模平台升级、A/B 测试基础设施开发和集成等项目的支持者。

3. 作为支持者

作为项目支持者,你可以在很多方面为项目成功做好准备,以下是 6 个主要的领域:

- 接受有关的教育;
- 创造一致的愿景;
- 准备向他人推销这个愿景,然后实施它;
- 发展和维持关系;
- 倾听、征求意见和处理反对意见;
- 乐观、充满希望、有耐心。

(1) 接受有关的教育

了解某个主题可以与合作伙伴团队建立信任,以便在公司优先事项转移时始终将项目放在首位。同时还能帮助团队成员在紧张时刻保持高的积极性和专注力。

通过书籍、博客、文章以及参加研讨会和会议,了解某一主题。案例研究特别有用,因为它们提供了真实世界里的挑战、成功和项目中无法预测的失败经验。

(2) 创造一致的愿景

所倡导的项目应该是你能为他人带来效益的一部分。一个以产品为中心的愿景可以使客户的选择更简单、及时和个性化。一个更注重技术的愿景是利用有价值的信息来服务个人和组织的需求。正如这些例子所说明的那样,愿景应该是简洁的,用不超过 6～7个词来表达。它还应该清楚地表达出该愿景如何为他人提供商业价值。

在整个项目中,一个一致的愿景可以为你建立起作为项目负责人的身份和信任。团队成员可以通过在项目过程中进行权衡来与这个愿景保持一致。

(3) 准备向他人推销这个愿景,然后实施它

对于所支持的项目,可以准备 30 秒、3 分钟、15 分钟和 30 分钟的演示文稿,以向团队和合作伙伴展示。30 秒的极短版本长度为 100～150 字,可以在乘坐电梯或步行到会议室期间进行传达。3 分钟版本适合在喝咖啡或吃午餐时讨论。15 分钟和 30 分钟的版本分别是 30 分钟和 60 分钟会议的理想选择,在那里你可能是合作伙伴团队会议议程的一部分,并且留出了提问和反馈的时间。

在推销愿景时,确保演示文稿中包含听众,以突出项目如何为他们的工作做出贡献,这也是与观众建立联系的理想方式。例如,如果你正在与团队成员会面,请描述该项目及其愿景如何降低客户获取成本、提高转化率并简化工作流程。这些内容可以吸引受众的注意力,并更好地与他们的关注保持一致。也就是说,除非在项目中明确提及,否则一定要小心不要设定任何不切实际的期望和过度的妥协。

(4) 发展和维持关系

DS 是一项团队业务。大多数项目都需要多个团队之间的协作与协调。可以与项目赞助者合作,确定项目中包含的合适人员、获取资源并与合作伙伴确定项目优先级以获得成功。

项目启动会议应包括项目赞助者和所有的内部团队主管,以正式传达项目范围内的里程碑节点等相关信息。高级执行官可以就如何为公司目标做出贡献的更广泛的视角进行沟通。启动会议也是伙伴团队主管互相认识的机会,了解他们的里程碑对其他人的影响。

要成功地支持这个项目,很重要的是要及早抓住新出现的情况。与团队成员和合作伙伴团队主管建立一对一的联系,以了解他们在个人层面上的情况。当你注意到优先级的变化或延迟发生时,需要及时讨论并解决它们,因为未解决的问题可能会破坏你们的关系。当你看到积极的情况时,可以通过电子邮件正式感谢合作伙伴。经他们同意,也可以和他们的主管分享。

让你的项目成为合作伙伴的首要目标的一个方法是定期推销项目。通过在 5 分钟的谈话中使用 30 秒版本的演示文稿或在 30 分钟的午餐中使用 3 分钟版本的演示文稿,可以推动合作伙伴保持对项目里程碑节点的关注。

(5) 倾听、征求意见和处理反对意见

如果合作伙伴同意与你见面,并听取你的演讲,那就太好了！这就是倾听和学习的时刻。你可以通过倾听,试图理解你的合作伙伴的观点,包括他们的感受和反应以及他们的关注点。

如果你的合作伙伴提出问题,这表明他们正在积极努力地加深他们的理解。另外,需要确保你理解清楚了问题,这样就可以公开和诚实地回答。

如果你的合作伙伴拒绝了这个想法,不要究其原因,也不要表达抗拒。微笑并感谢他们的时间。这种情况会不时发生,最好的做法是留下一个好的印象。

(6) 乐观、充满希望、有耐心

作为项目支持者,没有人比你更热衷于这个项目。项目合作伙伴依赖于你,以确保没有人过早退出项目。当项目变得困难时,团队成员依赖于你来激励他们。

在项目开展过程中,可能会遇到负面评论。这时,需要关注与合作伙伴的关系,并在适当的时候耐心地向合作伙伴解释。在组织障碍或技术障碍发生时,要乐观、充满希望和耐心。这是保持正能量以及保证项目通过的关键。

作为项目支持者,还需要负责确保项目成功的明确性;与所有团队成员、项目合作伙伴、项目赞助者和他们的老板进行沟通;感谢他们每一位在项目实施中的支持。这可以帮助你获得赞助和支持未来的项目。

4. 与支持者合作

对于主要受益方不是 DS 而是业务线的大多数项目来说,DS 项目的支持者是一个在业务线中负有盈亏责任的产品人员。作为 DS 总监或主要数据科学家,职责是向业务线产品的支持者提供必要的背景技术信息和业务见解,以制定宣传策略和演示文稿。另外,还可以推荐路线图和备选方案,以帮助支持者创建令人信服的愿景。

在一些会议中,关注支持者可以额外获得合作伙伴的第一手感受和与项目相关的反对意见。当优先级发生变化时,可以通过提供与项目合作伙伴协商的替代范围和途径来帮助项目支持者,通过调整或重新安排以达到最终的业务目标。

5. DS 项目的基本角色

有执行力的赞助者和支持者对于一个有希望的 DS 项目来说是至关重要的,这样可以获得有效的路线图以及强大的吸引力。赞助者负责验证业务案例并收集资源以寻求解决方案。支持者是项目的最高顾问,他对项目的技术和商业价值非常熟悉,也是成功项目成果的商业受益者。

作为总监,可以成为 DS 中心项目的赞助者,也是 DS 基础设施项目的支持者。大多数时候,需要你为他们的项目确定一个赞助者和支持者,并且你的团队支持项目的赞助者和支持者的工作,以确保 DS 项目的成功。在斯蒂芬的例子中,他可以为自己的项目找到强有力的赞助者和支持者,这可以为他的团队提供信心,让他走出士气低落和其他故障的恶性循环。

6.2 执行——最佳实践的落地

在管理职能部门级别上的挑战通常与逐季度和逐年份地实现业务目标有关。解决方案包括构建一个具有强大团队、灵活和一致的流程以及强大平台的 DS。为了实现项目的成功和功能的高效,可以专注于与其他职能部门的主管进行合作,并高效地执行。

本节讨论 DS 功能中关于执行的 3 个方面:

- 通过管理人员、流程和平台,让部门稳定输出成果;
- 通过清晰的职业蓝图构建强大的职能团队;
- 用第一团队概念和向上两级思维支持高管策略。

保持 DS 工作结果的一致性是一项挑战,因为成功的 DS 项目通常需要与许多合作伙伴协作。合作伙伴之间的优先事项必须协调一致,以取得好的效果。对于不同业务线和业务职能的合作伙伴来说,许多 DS 流程都是不熟悉的。在大多数公司中,进行高效 DS 所需的平台通常是一项正在进行的工作。意外的故障和缺乏流程或平台可能会导致意外的项目延迟或失败。6.2.1 小节分享了与人员、流程和平台合作的最佳实践,以便在早期初创公司和成熟公司中始终如一地交付成果。

数据科学家来自不同的背景,雇用和留住他们是一个挑战。6.2.2 小节讨论了两种技术,以更灵活地配备人员。一个技术是通过明确的 DS 职业道路,培养现有团队成员承担更多责任。为不同级别的团队成员提供一套明确的角色和责任,可以通过提供特定的发展领域来激励他们,让他们在组织的职业发展过程中保持专注。另一种技术是建立一个强大的、标准化的招聘渠道,以提供源源不断的候选人。这两种技术的目的都是为了更快地为项目提供人员,并让你更快地实现业务目标。

作为一名总监,主要职责是与同行合作,以支持执行层的工作。作为一名首席数据科学家,主要职责是推动职能部门的主动性。6.2.3 小节介绍了团队的概念,在为高管的倡议提供服务时优先考虑合作。另外,讨论了对高管的管理过程,以及如何保持跳级对话来了解你上司的上司的意图。

6.2.1 通过管理人员、流程和平台,让部门稳定输出成果

作为 DS 总监或首席数据科学家,你的成功体现在你的职能部门能够始终提供一致的

结果。同时,连续实现季度和年度目标可能具有挑战性,尤其是当沉浸在团队内部以及与各种合作伙伴的信任建立和关系管理中时。作为一名主管,当从详细的技术决策和业务情况中脱离出来时,必须对非正常状态更加敏感,例如,团队成员的流失、项目的延误和事故的发生,并查找团队问题的根本原因。

虽然可以在团队成员退出、项目失败或事故发生时做出响应,但主动发现问题对于尽早避免失败至关重要。我们可以从三个角度来看挑战:

- 人事管理;
- 过程管理;
- 平台管理。

1. 人事管理

在主管级别,授权你的经理完成他们的工作,并且只有在出现问题时才介入,这可能很吸引人。虽然这是最终的目标,但团队的授权必须与你对公司底线的责任以及早期诊断和干预以避免项目失败相平衡。图 6.5 展示了管理人员相关的挑战以及保持交付结果一致性的技术。

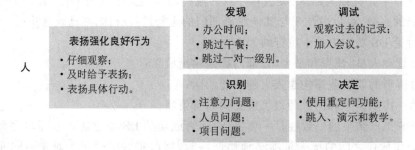

图 6.5　管理与人员相关的挑战的 5 套技巧,以保持交付结果的一致性

5.3.2 小节解释了如何通过与 DS 经理设定目标来实现这一平衡,从而与结果保持一致,并避免管理过度。它包括在一个新项目或一个新任务开始时花时间与他们在一起,以澄清期望,赞扬正确的事情,并为纠正错误提供重定向。

为了表扬正确的做法,你可以观察团队的行动,并注意观察那些深思熟虑后承担责任并产生积极结果的行为。通过赞扬与 DS 组织愿景一致的行动,可以积极地增强你的愿景并改善文化。

通过积极表扬符合你愿景的行动,你可强化团队的责任感并逐步改善组织文化。

值得注意的一点是,当你感谢一个人的积极贡献时,重要的是专注于行动,而不是此人,可以使用以下短语:

- "这个项目做得很好,因为……"不是"他们在这个项目上很棒……";
- "这个问题处理得很好,因为……"不是"他们在……方面很棒";
- "这次行动树立了一个好榜样……"不是"他们是其他人效仿的榜样……"。

当你赞美这个人,而后来他们又遇到困难时,会容易让他们产生自我怀疑。对于团队的其他成员来说,如果成功听起来像是一些超级明星团队成员天生的能力,那么很容易让他们失去动力并停止尝试。

对积极的行动和方法给予具体的赞扬,如仔细的计划、坚持不懈的努力或协作的态度,能够提供其他人可以学习的成功经验。这本书为你提供了许多描述具体赞扬的叙述,你可以用来描述积极的行动。

为了及早发现问题并为团队中的 DS 经理提供反馈,除了与直接下属进行正常的一对一沟通外,还可以使用以下 3 种技巧,以提高职能部门的存在感,每种方法各有优缺点。

- 办公时间与开放交流;
- 跨级别的午餐交流;
- 跨级别的一对一交流。

(1) 办公时间与开放交流

这是收集团队反馈的最灵活的方式。它包括每周分配时间让任何人安排时间与你进行讨论。虽然这种方法原则上听起来合理,但它存在 3 个强有力的前提:

- 团队成员可以识别出新出现的问题,以更好地描述它们。
- 团队成员足够勇敢地跳过其经理报告问题。
- 团队中的管理人员没有阻止把问题上报给你。

这些前提可能会导致错过许多早期阶段的问题,因为团队成员没有上报。办公时间的交流可能是你最重要的沟通方式,但如果这是你使用的唯一技术,可能会导致许多问题恶化,并为未来埋下隐患,例如,团队成员流失、项目延迟和计划失败等。

(2) 跨级别的午餐交流

这项技术是可扩展的。你可以每月与跨级别的团队成员共进午餐,以了解团队的工作方式。如果有 3~5 位经理要报告,就可以为此目的每周进行一次午餐交流。跨级别的午餐交流的成功有 4 个方面需要考虑:

- 跨过级别——团队成员的经理不得出席午餐会。
- 定期安排——不会让人觉得你的 DS 经理或他们的团队出了什么问题。
- 关注积极的一面——大多数人都不愿意在同事或经理的经理面前抱怨他们的经理。
- 专注于你能提供哪些帮助——无论是解释公司的高层目标,解决合作伙伴的协作挑战,还是简化烦琐的流程,或是更高效的工具可以提高团队生产力的领域,在某些地方,只有你的影响力才能使团队更成功。

团队午餐的一个重要功能是发现项目进展顺利的地方。可以在更广泛的团队中强调这些成功,并帮助在整个组织中推广最佳实践。这种技术类似于 5.3.2 小节中共享的"让一个人做正确的事情"的管理方法。以下是一些可以在跨级别会议中使用的具体问题:

- 你对正在进行的项目最喜欢/最不喜欢的是什么?
- 你认为最近团队中谁的表现非常好?
- 你认为我们可以对产品做出什么样的改变?
- 你认为我们可能会错过一些机会吗?
- 你认为该组织整体情况如何? 我们能调整什么吗?
- 你是否有不了解的业务领域?
- 你认为是什么使你现在无法做到最好的工作?

- 你在公司工作得快乐吗？

- 我们能做些什么让工作更有趣？

注重机会和未来可以使午餐更愉快。可以讨论在沟通、协调或执行方面的不足，这些问题可以立即解决，或者选择在跨级别的一对一交流过程中深入研究。当人们不出席或团队成员不发言时，你也可以寻找潜在问题的迹象。这也可能会使团队成员在一对一的交流中能更轻松地展开话题。

（3）跨级别的一对一交流

通过跨级别午餐交流和其他的跨级别交流，你可以为一对一交流确定主题和团队成员。在一对一交流的环境中，一些更保守或谦逊的团队成员可能会更乐于分享他们的成就，而其他团队成员可能会更开放地讨论困扰他们的问题。

在跨级别的一对一交流中，可以使用这些问题：

- 你最喜欢/最不喜欢的项目是什么？

- 你对你的经理或项目合作伙伴有什么意见吗？

- 你在公司工作有多高兴（或不高兴）？

- 你认为该组织整体情况如何？我们有什么可以改变的吗？

- 有没有什么事情可能会让你现在做不到最好的工作？

关于对其经理的跨级别反馈的意见，至关重要的是要设定一个背景，即你正在寻求他们的帮助，以更好地发展其经理的职业生涯，他也是你的直接下属。这是你对直接下属的责任。每个人都有盲点，任何能帮助他们的经理成长的东西都是值得赞赏的。

跨级别的一对一交流可能有助于诊断问题，但在时间投入方面代价高昂。即使是一个 30 人的普通团队，每天进行一次交流也需要六周的时间。最好是在其他交流方式的基础上开展，这样你就可以根据不断变化的需求来改变跨级别一对一交流的频率。

2．识别、调试和解决组织的功能失调

办公时间交流、跨级别的午餐交流和跨级别的一对一交流是早期识别组织功能失调的第一步。你发现的问题通常只是从不同角度分享的情况的碎片。这需要你对可能出现的错误做出假设，并收集信息来验证或推翻这些假设。

041

作为数据科学总监，组织的系统性问题经常需要通过零星的症状来识别。诊断这些场景时要在提出假设后逐步辩证。

（1）识　别

以下是帮助识别和诊断的常见功能障碍：

- 注意力

  - 一个项目缩小了范围，以满足团队不满意的时间节点要求。范围缩小是否涉及到功能和技术质量？为什么团队成员会担心？它是如何决定和传达的？

  - 团队成员对如何委派的决策感到困惑。是否有分配决策责任的流程？它是如何传达的？

  - 团队成员不清楚项目何时完成。代码完成了吗？A/B 测试开始了吗？职责是如何划分的？

- 团队成员对他们为什么被选中参与项目感到困惑。目标、角色和责任是如何确定的？

■ 人
- 团队中正在崛起的成员工作出色，但却感到被忽视。是否有计划指导他们担任领导角色？
- 年轻成员感到不知所措。是否将范围过大的项目委托给了尚未做好准备的团队成员？
- 一些团队成员给团队带来了很多负面影响。如何解决问题并进行沟通？
- 团队会议不是很有用。公司范围内的计划是否共享？是否与团队分享了传承、合作伙伴计划和团队亮点？

■ 项目
- 项目没有获得成功所需的支持。项目倡导者是否缺乏领域知识或组织权威？我们需要用一个新的项目支持者来重建这个项目吗？
- 项目不再是商业领域的首要任务。是公司的重心改变了吗？我们是否应该重新安排或推迟项目？
- 团队成员没有获得必要的节点反馈，合作伙伴感到困惑或惊讶。项目是否缺乏与利益相关者的跟进？用常规的交流节奏重新审视合作伙伴会有帮助吗？
- 团队成员不清楚什么是足够好的，团队成员、经理和合作伙伴之间的目标不一致。是否缺乏成功的具体衡量标准？是否明确传达了可用的成功指标？

这些团队障碍可以帮助你形成关于执行或绩效问题根本原因的假设。你仍然需要验证你的假设并不断调试。

（2）调　试

调查潜在的团队执行问题可能是一个以数据为依据的过程。你可以观察过去的记录，也可以观察团队的动态。观察过去的记录可以在没有太多团队协调的情况下完成。这包括查看过去的任务完成情况、事件报告、电子邮件、共享聊天内容、项目或代码审查评论以及休假或病假记录。

过去的记录有时不会显示任何重大问题。你可能需要参加一些团队会议，观察团队是否理解他们的目标。会议是否有效？人们热衷于讨论吗？人们喜欢彼此吗？人际关系中是否存在需要解决的紧张关系？能够第一手诊断问题有着显著的优势。但是，请记住，你的出现可能会改变团队的行为。当你不在那里时，你可能看不到存在的问题。

（3）解　决

经过验证的问题可能是 DS 经理需要解决的，同时，DS 经理有责任改进团队的成果。对于 DS 经理，首先指出错误所在，然后重申你对他们的信任可能就足够了。这在 5.3.2 小节中进行了详细的描述。

在某些情况下，当问题涉及到技能问题时，可能需要深入团队并帮助解决问题。向陷入困境的管理者解释所做的事情，可以帮助他们在下次的类似情况中做得更好。

3．过程管理

流程是可以从人到人、团队到团队、组织到组织的最佳实践。当观察团队和合作伙伴的行动时，可能会注意到通过人们现有的实践来加强或重组而产生的积极和消极的结果。

管理流程涉及执行和委派现有流程,并驱动流程更改。图 6.6 给出了 3 种技术,用于保持交付结果的一致性。

流程

强化良好流程	注意故障	管理流程
• 注意积极的结果和赞扬; • 使用 PoC 扩展应用场景。	• 通过事后调查找出根本原因; • 重建中断的流程。	• 委托现有流程; • 推动流程变更。

图 6.6　用于保持交付结果一致性的 3 种方法

(1) 强化良好流程

作为总监或首席数据科学家,可能会注意到积极的、可转移的实践方法,当遵循这些实践方法时,可以持续产生良好的结果。因此,可以围绕这些实践方法制定一个流程,然后让支持者在整个组织中传播这个流程。

最佳的实践方法可以在 DS 的许多领域找到。2.2.2 小节介绍了 9 种常规类型的 DS 项目,其中有机会发现每种项目的最佳实践方法:

- 规范定义和实施方法——确定工程领域的支持者,以推动准确定义和实施,作为特性开发的一个组成部分,以确保特征的有效性在首次发布时能够准确测量。
- 监控和推出——功能通过阶段性地从不到 1% 的用户群向所有用户逐步推广。推广工作受到监控,所有合作伙伴团队都积极主动地与 DS 合作,以平衡推广工作中的速度、质量和风险因素。
- 指标定义和目标确定——与业务伙伴协调制定符合业务目标的指标定义,以评估功能权衡,特别是当目标函数涉及使用短期信号来预测长期行为的代用指标时。
- 数据洞察和深度分析——涉及深入了解当前产品景观、发现特征差距以及就建立新的特征路线图提供建议(见 2.3.3 小节)。
- 建模和 API 开发——在功能工程、模型路线图开发和对合作伙伴的期望设定方面有大量的最佳实践方法。例如,将场景与已知的优化技术进行映射(见 2.1.1 小节)、发现数据中的模式(见 2.1.2 小节)以及评估解决方案的成功率(见 2.1.3 小节)。
- 数据丰富——选择和实施能够揭示新机遇的第一方和第三方数据具有许多与发现、评估、ROI 估计、部署和价值实现相关的最佳实践。有效意味着在不触发对数据隐私性的情况下,使用户体验愉快。
- 数据一致性——最佳做法是在标准指标定义上保持一致,并在各业务线上实施该标准,从而使整个组织的资源能够得到更有效的分配。
- 基础设施改进——一个明确的基础设施改进可以帮助管理合作伙伴的期望,并在困难的对话中维持合作伙伴的关系,以部署基础设施变革。
- 监管项目——最佳做法包括遵守特定行业的法律法规,以减少不合规风险。

在向团队介绍新的最佳实践时,一个好方法是使用概念项目的证明来验证它们在组织中的工作情况。许多外部最佳实践必须调整以最佳地适应特定团队的需要。

(2) 注意故障

当注意到项目和计划中出现故障时,通过 3.3.2 小节和 5.2.2 小节中描述的严格事后流程,可以发现其根本原因,并制定调整路线图,进而从根本上解决这些问题。总而言之,严格的事后总结包括制作一份文件,其中包含事件摘要、详细的事件时间表、使用"五个为什么"方法分析根本原因、解决和恢复,以及减轻未来风险的措施。这是过程改进的迭代性质,从而消除或缓解故障条件。

在新生组织中,流程可能尚未定义。在更成熟的组织中,由于不遵循现有流程,可能会发生故障。作为总监或首席数据科学家,有责任和权限定义新流程,或检查现有流程未遵循的根本原因。环境是否发生了变化,以至于现有的流程不再有意义?团队中是否有人员变动,导致执行流程的角色和责任不再明确?根据你的评估,可能需要重组流程或寻找新的流程拥护者来负责流程执行。

(3) 管理流程

制定和执行流程有 8 个步骤。虽然你不必自己完成每一步,但你确实需要在每一步上对你的代表进行指导,以便这些过程能够成功地为你的职能提供一致的结果。

① 确定利益相关者——一般包含团队成员、合作伙伴和管理人员,这些人员参与了成功定义和指标定义的过程。流程的利益相关者可以承担不同的角色:

- 执行者——将执行流程的团队成员。
- 支持者——在执行权衡时,支持培训和指导执行人员、维护流程并记录流程的人员。
- 顾问——他们会随时间对流程的改进提出建议。
- 总经理——执行评估过程成功的人员。
- 学者——告知团队成员、高管、合作伙伴、经理以及可能受流程影响的任何人。对于较小的组织,一个人可以承担多个角色。一个执行官也可以在一开始就支持一个过程,然后在稍后委派支持者角色。

② 澄清当前的情况和故障——这澄清了没有流程时的机会成本,有时会通过团队与流程的产出差距来说明。机会就是要缩小差距。

③ 描述拟议的新流程——这是新流程涉及的逐步建议,其中明确定义了角色和责任。

④ 通过合作伙伴投入制定成功的细节和指标——合作伙伴的观点、偏好和约束,对于设计和制定过程以持续成功执行至关重要,特别是当流程中的步骤需要承诺及时响应或伙伴团队的签字时。

⑤ 通过宣传方案——在执行人和高管的授意下,流程的支持者必须通知参与新流程的所有团队。这可以通过在合作伙伴团队会议上的演示来实现,以宣传遵循流程的重要性,并激发支持以执行流程。

⑥ 支持流程变革以获得资源分配——在高管和团队领导的支持下,获得执行流程所需的资源。

⑦ 跟踪流程并调试合规性问题——负责人有责任在执行权衡时保护流程,检测合规性问题,观察团队的动态,预测潜在的故障,并尽一切可能保持流程执行到位。

⑧ 沟通早期的胜利和持续的成功——广泛地沟通每一次胜利,为更多的团队从这个过程中受益聚集动力。

当组织快速增长时,加入团队的材料中必须包括现有的流程和制定这些流程的原因。当从流程的执行中获得巨大的胜利时,你可以进行演讲来分享你的流程并为自己建立一个身份,为任何未来的流程改进建议准备支持。

为了成功地驱动流程更改,可以及时清晰地和权威地传达变更。一个强有力的方法是从一对一的交流开始,协调记录计划,宣布统一的记录计划,并在前进之前征求任何问题或意见。这些步骤在 3.1.2 小节中进行了详细描述。

4. 平台管理

为了进一步民主化最佳实践或最佳流程,可以构建平台来自动化流程,以便更多的团队成员能够有效、一致、可预测地产生高质量的结果。图 6.7 说明了平台管理的两个方面,即实施最佳实践和工具的民主化访问。

实施最佳实践	工具的民主化访问
• 运行严格的A/B测试框架; • 构建仪表板和报告基础架构; • 标准化数据扩展功能; • 跨业务线建立通用指标。	• 开发易于使用的界面; • 对常见操作员错误具有鲁棒性的工艺工具; • 操作高可用性平台; • 培训受众有效操作工具并解释结果。

平台

图 6.7 平台管理的两个方面,以一致地交付结果

最佳实践可以通过 4.1.2 小节中强调的 4 个平台进行操作。这些平台可以使 DS 职能部门持续地产生高质量的模型和分析。它们是:

- A/B 测试框架;
- 仪表板和报告基础设施;
- 数据丰富能力;
- 通用的度量工作流。

成功的平台使最佳实践民主化,不仅是数据科学家,而且还包括分析师、工程师、产品经理和管理人员。由于受众的多样性,平台必须易于使用,对常见的操作员错误具有强大的鲁棒性,并且高度可用。培训需要根据工具的受众细分进行定制,以正确操作平台并正确解释输出。部署平台的成功经验包括 Tableau 和 Looker 等第三方分析平台的普及,Optimizely 和 Growing IO 等第三方 A/B 测试平台的普及,以及 Airflow 和 Azkaban 等开源指标工作流管理平台的普及。

平台也可以在内部建立。Acorns 是美国的一家新银行,希望通过帮助美国人实现财务自由来为他们提供服务,我们在应用程序的新闻馈送中开发了一个互动系统,以有效地促使客户为更好的财务未来进行储蓄。基于合理的行为经济学原理和高度个性化的信息是根据用户的具体消费模式创建的,以吸引他们提高储蓄的机会。针对性强的信息是有效的,但覆盖面窄,而针对性不强的信息覆盖面更广,但往往效果不佳。我们面临的挑战是如何试验出最能吸引人、最能保持成本效益的劝导措施。

我们建立了一个推送信息平台,以便每年开发、推出和测试数以百计的变体。该平台的效率降低了推出任何特定鼓励措施的成本,并使针对小型受众的高度针对性鼓励措施成为可能。这产生了一个有效的建议组合,提高了客户保留率,并避免了用不相关的建议向大多数用户发送垃圾邮件。

5．通过功能成熟度进行管理

在早期阶段的公司中，DS 主管往往专注于组建团队，定义新的流程，而对建立 DS 平台的支持很少。在成熟的公司中，DS 主管往往担心员工流失、流程陈旧和过时，以及遗留平台积累的技术债务。

通过人员、流程和平台来管理 DS 的执行，可以让你注意到团队成员的最佳实践，将其构成流程，教给 DS 职能部门的其他成员，并通过平台将其自动化，让合作伙伴也能使用。这样一来，今天的最佳成果就会成为明天的成功标准。如果管理成功，那么这些实践可以改变公司文化，使 DS 职能部门能够更持续地为组织实现季度和年度目标。

042 人员、流程和平台是管理数据科学执行成熟度的三部曲，你可发现并提炼明星团队成员的最佳实践流程，逐渐将流程推广，并将其自动化。这样就可以把今天的最佳执行案例转化为明天的统一执行标准。

6.2.2 通过清晰的职业蓝图构建强大的职能团队

建立强大的 DS 职能是 DS 总监的主要职责。然而，在许多季度计划和年度目标中，团队发展和人才培养经常被作为旁注提及。在构建强大的 DS 功能时，有 2 个主要挑战：

- 许多 DS 团队成员只在小型组织的小型团队中工作。如果不接触复杂的组织运作，他们就很难培养敏感度，欣赏担任高级领导角色所需的技能。
- 招聘通常是 DS 团队成员的额外负担。当他们被抽调去面试候选人时，面试前准备、进行面试和面试后讨论的时间往往没有在计划中得到考虑。这样许多公司面试混乱的场面也就不奇怪了。

我们可以通过 2 套工具解决上述 2 个挑战：

- 为了发展 DS 团队成员的职业生涯，需要一套明确的机会、责任和成功评估指标。本书的结构可以帮助你明确 DS 团队成员的职业蓝图。
- 为了获得最佳的 DS 人才，可以在执行计划中制定具体的人才获取项目，并分配时间和资源，以明确招聘目标、寻找候选人、在面试前培训面试官、提供面试指导方针，以及在没有个人偏见的情况下进行面试后讨论。这些都是 DS 标准化面试流程的一部分。

1．开发和实施 DS 职业蓝图

本书致力于数据科学家的职业道路。作为 DS 总监，可以使用职业蓝图作为自己职业道路的参考。你也可以用它来指导你的团队成员自我评估和自我提升，以在技术领导、经理和主管级别上形成良好的表现。虽然许多职业蓝图描述了每位数据科学家应该达到的晋升最低标准，但本书解释了数据科学家期望的水平和目标。

优秀的领导者不是完美的数据科学家。他们利用团队来弥补自己的个人弱点。最后，他们团队的产出才是领导者有效性的体现。

043 优秀领导者并非完美的数据科学家，他们常常依靠团队弥补不足，因为领导力最终体现在团队的成果上。

为了激励团队成员成为最好的数据科学家,可以按照图6.8所示的6个步骤构建并实施与组织最相关的DS职业蓝图,让我们逐一了解这6个步骤。

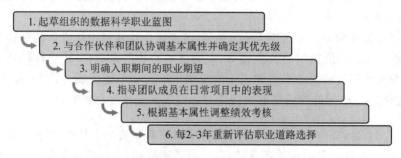

图 6.8　实施职业蓝图的 6 个步骤

第 1 步:起草组织的数据科学职业蓝图

起草一份数据科学职业蓝图的目的是阐明你在建立一个具有更广泛组织文化职能的优先事项。它必须与特定行业的工程、产品和运营文化的愿景相一致。在传统行业中,DS功能可能专注于优化现有流程或开创实验文化。在一个快速更新的新行业中,DS可能是一股稳定的力量,它可以设定并推动一个指标,使组织能够持续且集中地取得进展。

本书所介绍的概念为选择符合你的组织成熟度的基本领域提供了基础。每个组织都需要一套领导者必须擅长的基本属性,以及其他可选的、不错的属性。较小的公司可能会强调在认识和解决出现的问题方面的所有权和自主权。较大的公司可能强调在工作中要有明确的角色和责任,并对合作伙伴组织的优先事项实施影响。当你明确了职能部门的愿景以及你想在DS职业蓝图中强调的角色和责任时,你就完成了这一步。

第 2 步:与合作伙伴和团队协调基本属性并确定其优先级

这一步的目的是为你的合作伙伴和数据科学家提供一个思路,让他们知道什么是不同责任级别的良好表现。你可能需要在讨论中埋下种子,并询问团队在以前和现在的角色中被视为良好做法的问题。你有责任接受这些意见,并将其综合为DS职业蓝图的一个连贯的叙述。当你为合作伙伴和你的团队提供了明确的思路时,他们就更有可能调整并拥有进入下一个职业阶段的路径。

第 3 步:明确入职期间的职业期望

随着团队的发展,与每个新成员分享团队的期望是很重要的。这些里程碑节点旨在成为垫脚石,而不是绊脚石。它们提供了学习、实践和展示如何成为更有效领导者的机会。

在入职过程中明确职业期望可以帮助新团队成员在新角色中快速提升能力,形成理想的美德。他们可以更快地在团队中完成职业生涯中最好的工作。10.3.5小节详细讨论了入职问题。

第 4 步:指导团队成员在日常项目中的表现

人无完人。当每个新的团队成员能够在考虑到每一级领导的期望的情况下评估自己的优势和差距时,你可以帮助他们确定组织中的帮助来源。

改善职业蓝图中的所有领域可能会让人不知所措。通常行之有效的做法是,每季度挑选 2～3 个关键的基本属性作为重点,以学习、练习和展示在特定领导级别上的能力。你可以把项目委托给团队成员来练习这些属性,并通过项目来指导他们。

当你在这种辅导实践中获得成功后,你的团队成员将能够在 1～3 年内积累成就,清楚地证明他们的领导能力得到了提高,这样他们就可以进入职业生涯的下一个阶段。

第 5 步:根据基本属性调整绩效考核

当你指导你的团队成员时,你有责任将他们的个人职业发展目标与他们通过所从事的项目对公司倡议的贡献结合起来。这样一来,绩效考核就可以与他们职业道路上的里程碑同步进行。

这种一致性并不像一些人想象的那样具有挑战性。例如,如果你在技术领导层面指导一个团队成员的严谨性,在启动一个新的数据处理管道时,带头编写并检查就可以了。这些活动可以附加到许多需要计算指标或功能的 DS 项目中的一个,学习的内容可以被记录下来并在多个团队中分享。一旦成功,这样的项目就能很好地展示领导力,团队成员可以在他们职业生涯的下一个阶段继续发展。

第 6 步:根据公司成熟度和需求,每 2～3 年重新评估职业道路选择

数据科学家的职能和他们服务的行业往往发展得太快,以至于任何特定的职业蓝图里程碑都无法长期保持不变。与此同时,能力(即技术、执行和专家知识)和美德(即道德、严谨和态度)往往是相辅相成的,并能够经受时间的考验。你可能需要每隔 2～3 年就回到本书中来,重新评估 DS 职业路线图的具体里程碑。

如果你的职业蓝图的里程碑变得陈旧,它们就会成为表现出色的员工在你的组织中推进其职业生涯的障碍。由于市场上对 DS 领导人才的竞争非常激烈,当明星团队成员在其他地方找到更相关的职业发展道路时,你将面临明星团队成员流失的风险。

在重新评估职业蓝图时,确保已经接近在现有职业蓝图中实现晋升的团队成员不受影响。如果你在明星团队成员迈向下一个职业里程碑时改变评估标准,你可能会很快失去信任。

以上 6 个步骤可作为 DS 职业蓝图的生命周期,你可以为企业中的数据科学家建立一条清晰的路径,让他们在企业中服务多年后发展自己的能力和美德。

2. 建立健全的 DS 招聘流程

人才招聘管理是一个职能部门主管最重要的职责之一。你是该职能部门的主题专家。高管和团队成员都希望你能为邀请谁加入团队设定标准。

DS 的人才招聘是很难的。表 6.1 说明了 DS 的典型候选人项目。一个典型的招聘目标,即在一个季度内招聘 3 名数据科学家,可能需要 270 个小时来完成。这个过程需要在所涉及的各个职能部门中花费大约 0.5 人的工作,这对资源的使用是非常大的。

为了在一个季度内实现招聘 3 名数据科学家的目标,应该每周进行 3～4 次电话面试,每周进行 1～2 次技术面试,每周进行 1 次合作伙伴/高管面试。很多时候,我们谈论建立一个高质量团队的重要性,但却没有将团队、合作伙伴和高管对实现这一目标所需的时间承诺的期望统一起来。

表 6.1　一个每季度招聘 3 个人的人才招聘样本

人才项目	候选人数	小时/候选人	总小时数	利益相关者
1. 组建项目	—	—	3	招聘经理
2. 确定招聘标准	3	3	9	招聘经理
3. 寻找候选人	100～150	1/3	50	HR＝>规模
4. 进行筛选面试	30～50	1	50	DS 团队＝>规模
5. 进行技术面试	15～20	5	100	DS 团队＝>规模
6. 进行合作伙伴/高管面试	8～10	5	50	合作伙伴＝>规模
7. 出价	6	2	12	人力资源/招聘经理
8. 接受要约	3	2	6	招聘经理
总计			280	招聘经理

044

我们经常谈论建立高质量团队的重要性，却忽视与各方（团队、合作伙伴和高管）对建立高质量团队所需的时间投入达成共识。

大公司已经很好地解决了这个问题。职能领导可以在团队中制定标准化的招聘流程。这里的目标不是剥夺经理的招聘决策和责任，而是让他们从早期招聘阶段的细节中解脱出来，这样他们就可以在招聘的末端集中精力做出最具战略性的决策。

让我们浏览人才招聘中的每个阶段，并讨论当你计划每月雇用 1 名以上的数据科学家时，资源最密集的阶段如何扩展：

① 制定人才招聘项目——为了承诺在特定的时间窗口内实现具体的招聘目标，你应该制订一个招聘计划，并与利益相关者沟通你对他们承诺的期望。例如，如果你希望在面试小组中有一个产品伙伴，就安排 2～3 个产品经理组成的小组，你可以联系他们，每周安排具体的面试。这个规划过程也可以强调需要培训多名团队成员，以达到每周 3～4 次筛选面试的速度。

② 定义招聘标准——你应根据当前的项目需求和数据科学家在组织中确定的基本领域，精心制定每个空缺职位的招聘标准。每个候选人都有较强和较弱的能力和品德。一个合适的角色不会在基本领域上妥协，也不会不必要地要求其他领域同样强大。寻找完美的候选人往往会导致无法迅速雇用优秀的候选人来完成 DS 职能的执行目标。

③ 寻找候选人——这是你寻找候选人的开端，这里的行动决定了你在招聘中所得到的候选人的质量。你可以吸引两种类型的候选人：主动候选人和被动候选人。

主动候选人是指在你的时间窗口内积极寻找新工作的候选人。在正常的市场条件下，数据科学家的任期平均约为两年，招聘窗口约为一个半月，你将只看到你所在地区的 DS 人才库的 1/12 左右。你可以通过在各种招聘会和求职网站上发布招聘信息来接触他们。如果你要求候选人必须是本地人，你将被限制在你所在地理区域的候选人才库中。

被动候选人是指那些不积极为新职位进行面试的合格候选人。你可以在领英上找到他们的资料，并联系他们，看他们是否愿意接受新的机会。当你联系被动候选人时，回应率可能很低,因为这些候选人不太可能改变工作地点。在这个过程中,效率是其价值的关键。在主动和被动候选人之间,根据招聘的质量和公司人才品牌的实力,你可能需要在报名阶段确定 30～50 名候选人,以促成一次招聘。

扩大这一过程的一个技巧是组织数据科学家和合作伙伴挖掘他们的专业网络以获得推荐。假设组织在最初挑选员工时非常谨慎,那么现有数据科学家和合作伙伴的专业网络(来自学校、以前的公司和志愿者组织)以及他们的二级关系都是潜在的候选人。有些团队甚至会组织竞赛,为推荐通过筛选面试的候选人(每位成员)最多的团队颁发奖品。

通过推荐介绍的候选人通常更有机会成为员工。挖掘人们的职业网络可以大大扩展招聘过程。

④ 进行筛选面试——取决于你的人才品牌和你能产生的候选人库,筛选面试可以有两种选择:资格审查或销售面试。当你身处一个拥有强大人才品牌的知名公司,或者是行业内知名的 DS 领导时,你将会对想要填补的职位产生很多兴趣。要求候选人完成一套案例研究,可以帮助确定优先邀请谁来参加后面几轮面试。这些类型的案例研究通常涉及一组分析或建模任务,时间不应超过 3～8 小时,要求候选人在 3～7 天内在家完成。

当你的人才品牌不那么强大时,一开始就要求带回家的案例研究可能会让潜在的强大候选人望而却步。筛选面试应该尽快完成以促使候选人进入下一个面试阶段,并对技术能力进行基本检查,以节省技术面试官的时间。

为了扩大这个阶段的规模,虽然你可以让有积极性的团队成员来进行筛选面试,但培训是至关重要的,以确保候选人在与公司的第一次接触时留下良好印象。案例研究与演讲的面试应该着重于倾听和提出问题。当候选人提出标准解决方案中没有预料到的想法时,应该对其保持尊重的态度。销售和资格审查面试应该由尽可能高级的团队成员进行,这样候选人就能感觉到被重视,并有动力在后面几轮面试中了解公司的情况。

筛选面试和技术面试之间的转换指标应谨慎使用,以调整案例研究的复杂性。如果合格的候选人选择不继续面试,那么也应该对其进行跟踪,以调整面试过程中所需的机会销售数量。

⑤ 进行技术面试——技术面试是评估候选人具备该领域实力的过程,包括技术、执行和专家知识,这在本书中已经讨论过。为了避免面试过程中的个人盲点和偏见,通常会成立委员会。

技术面试通常是以 3～4 次面试的顺序组织的,时间长度为 45～60 分钟。每次面试应涵盖团队招聘的 1～2 个基本领域。应注意向每位候选人使用相同的问题,以确保候选人的回答具有可比性。

在每次面试之前,所有的面试官之间应该进行 10～15 分钟的快速沟通,以便就团队招聘的职位和每个面试官负责的特定重要领域进行协调。随着招聘过程的成熟,这种沟通可以通过电子邮件或即时通知的方式异地进行。

每次面试后,应该对每个候选人的表现进行 15 分钟的沟通,讨论其优点和危险点。然后可以决定候选人是否可以进入下一阶段的面试。

为了扩大这一阶段的规模,多个面试官对同一基本领域的评价应该是一致的。这需要训练面试官承担标准化的面试模块,提出一致的问题,评估一致的要点。在评价反馈时,应考虑到面试官对某一模块的评价是比较宽松还是比较严厉的个人偏见,以便对候选人尽可能地公平。

⑥ 进行合作伙伴/高管面试——面试的这一阶段旨在评估候选人在道德、严谨和态度方面的心理社会美德,如本书所述。一个由产品、工程合作伙伴以及至少一名高管(比如你自己)组成的面试委员会应该参与其中。面试委员会中有合作伙伴可以让应聘者了解他们将在不同职能部门与谁合作,并让你的合作伙伴对你雇用的人有发言权。

合作伙伴/高管面试通常以 3～4 次面试的顺序进行,时间为 30～45 分钟。与技术面试一样,每次面试应涵盖团队招聘的一到两个重要领域,面试前和面试后同步进行,以突出面试重点,并将面试模块标准化,使不同候选人的面试流程保持一致。

⑦ 提供工作机会——为了不让前几个阶段的努力付诸东流,这部分招聘流程中的候选人的经历至关重要。了解你所招聘的候选人级别的市场价格,并与你的人力资源伙伴保持一致,在可能的情况下提出有竞争力的报价。对于初创公司,一定要帮助候选人了解薪酬中任何股权部分的可能。

许多精明的 DS 候选人会自己做独立的薪酬研究并进行谈判,所以一定要在内部保持一致,在你的报价策略中留出一些加薪空间。这可以避免在获得提高薪酬的批准时周转时间过长,从而导致你错过候选人做出决定的时间窗口。

一些不太精通的数据科学家不会就报酬进行谈判。请确保给他们一个合理的薪酬水平。当人们在加入后发现自己的报酬水平低于平均水平时,会影响他们的工作态度和积极性。到那时,管理起来会更加复杂,因为要证明加薪的合理性会更加困难。

⑧ 收到录取通知书——恭喜!候选人已经接受了你的邀请。然而,现在还不是放松的时候。大多数录用通知中都有关于录用有效期的说明和待核实的资料。背景调查有两个目的:一是对过去的经验进行理智的检查,二是了解在候选人入职后如何更好地与他们合作。为了达到这两个目的,招聘经理应该亲自进行背景调查。

从接受录用通知到员工入职的第一天,招聘经理的责任是每周至少与未来雇员保持一次联系,话题包括设备偏好、公司新闻和入职建议等。在很多情况下,现有的雇主提出了一个你的准雇员无法拒绝的还价,而招聘经理却不了解情况。

正如这里所说明的,这个招聘过程的目的是使 DS 招聘尽可能地稳健和可扩展。它提供了消除偏见的保障,并设置了基本的质量控制,以帮助招聘经理尽可能做出最佳的招聘决定。牢记这些流程建议,你就可以建立一个强大的 DS 功能。

3. 从内部开发或从外部招聘

根据 DS 职能部门的发展路线图,你可以从内部培养 DS 领导人才,也可以从外部招聘 DS 领导人才。从组织内部培养领导者有几个优点,内部优秀成员熟悉行业领域、组织历史和背景。如果他们在团队中受到尊重,只要他们愿意走出自己的舒适区,学习新的领导技能,他们就能成为一名优秀的领导者。

培养内部领导也有其局限性。领导技能的培养需要时间,而且新的领导人往往会遇到棘手的问题;同时这些学习过程往往是以团队内部的流失风险为代价的。内部培养的领导人,尤其是那些刚从学校加入公司的人,可能对行业内的最佳实践接触有限。他们对业务流程和领导风格的理解可能仅限于从一家公司内部观察和学习到的东西。

从外部招聘领导人才有很多优势。当组织快速发展时,外部领导人才可以迅速填补职位,构建组织。他们从整个行业引入的经验和最佳实践可以快速提升团队水平,使其达到更成熟的运营状态。

引进外部领导人才也有很多风险。寻找候选人的简单行动会使希望晋升到更高级领导职位的内部明星团队成员失去动力。引进过程可能需要几个月的时间，特别是当人才需要时间来结束他们目前的职位时。即使人才的能力看起来很匹配，但管理风格和文化的契合度往往只会在工作中体现出来。每一次招聘中的失误都会让组织付出高昂的代价，最终将使领导者被迫淘汰出局。

你如何决定何时从内部培养人才，何时从外部招聘人才？经验法则之一是执行速度。当雇用和入职 DS 领导人才可能需要四分之二到四分之三的时间时，你可以看看现有团队成员是否有潜力在 6～9 个月内发展必要的技能。如果在未来 6～9 个月内，你没有任何有能力并愿意成长为组织所需的管理角色的团队成员，那么就应该从外部招聘了。

当你的组织中有一个高潜力的团队成员时，宣布发展他们的意图会有很大的激励作用。应该建立一个路线图，指导他们学习必要的技能，并为他们精心设计和委派项目，以建立团队内的领导身份和与伙伴团队的信任关系。

当你有幸在你的组织中拥有多个高潜力的团队成员，能够并愿意在未来 6～9 个月内上位时，就是建立更有雄心的路线图的时候了。一个更雄心勃勃的路线图可以为你的团队成员提供更多的机会，释放他们的潜力。如果他们在你的组织内看不到职业成长的道路，而其他地方有很多 DS 的机会，那么减员就会成为真正的风险。

第 1 章中的斯蒂芬，这位受人尊敬的主管因 DS 团队士气下降而感到困扰，他可以指定一个清晰的职业蓝图，并建立一个强大的招聘通道，以吸引积极的团队成员为其职业成长的下一个阶段而努力。在团队中拥有成功推进职业生涯的同龄人的例子，可以提高团队的士气，有助于减少未来令人遗憾的减员。

6.2.3 用第一团队概念和向上两级思维支持高管策略

始终如一地交付成果和建立强大的职能是支持高管通过 DS 执行顶级公司计划能力的方法。为了在职能层面能够有效执行，这里有 2 个不明显的能力需要学习：

- 第一团队的概念；
- 向上两级的思考能力。

这一概念和能力旨在让你超越 DS 职能的视角来解读团队互动的动态，并将你的时间和职能的重点放在对大局的关注上。

1. DS 总监的第一团队

Andy Grove 在其著作《高产出管理》（*High Output Management*）中描述了一个成功组织的文化价值，他说："个人所属的更大群体的利益高于个人自身的利益。"这种利他行为不仅限于个人贡献者及其团队。

Patrick Lencioni 在其著作《团队的五种智能障碍》（*The Five Dysfunctions of a Team*）中创造了"第一团队"一词。在职能层面，如图 6.9 所示，第一团队指的是一个组织中向同一个上司汇报的同行和主管团队。

例如，对于向首席技术官报告的 DS 组织来说，你的第一团队包括数据工程、产品开发工程、质量管理工程、站点可靠性工程、技术研究、企业安全和 IT 的同级主管。让这个团队成为第一团队意味着这个团队的优先事项将超过你的 DS 组织的任何优先事项。

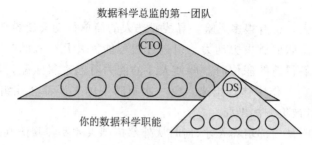

数据科学总监的第一团队

你的数据科学职能

图6.9　数据科学总监的第一团队

为什么是这样的？如果我们调查 DS 董事的第一优先权，无论是根据 CTO 组建的团队还是根据他们自己组建的团队，大多数人都会选择后者。

毕竟，作为 DS 总监，日复一日培养起来的团队，需要依靠他们为公司创造 DS 成就。你已经亲自雇用了他们中的许多人，而且你与他们一样对 DS 感兴趣并拥有专业知识。作为他们的领导者，你自然会觉得有责任优先考虑他们的利益。

事实证明，在组织层面上，这可能是危险的。当每个职能部门将自己的利益置于第一团队的优先事项之上时，Lencioni 将这种情况比作联合国或美国国会的环境，在那里，董事们将开会为自己的选民游说，而不是寻求更大的利益。

Andy Grove 和 Patrick Lencioni 都概述了创建成功组织的做法，即在组织的每一个层面，都必须非常清楚地表明，优先考虑的是对公司或组织有利的事情，而不是领导者的直接安排。

045

你的"第一团队"是指在组织中与你同级并向你的上司汇报的团队。打造成功组织的重要实践就是要优先关注公司和第一团队利益，超越自己部门的利益。

如果是这样优先考虑对公司或组织有利而非领导者的直接安排，那么你精心培育的 DS 功能将何去何从？DS 是一个高度协作的领域。当你作为职能负责人与第一个团队协调不好，无法将公司或组织的优先事项与合作伙伴的职能相协调时，你的团队成员在没有合作伙伴团队负责人支持的情况下试图完成工作时会遭受极大的损失。

作为首席数据科学家，你的第一个团队也是你的同行，他们都是同一个老板。你的责任是与你的第一个团队合作，解决你老板的先验问题。"第一团队"的概念不仅能让你和你的同事更好地为老板的工作重点服务，而且还能为公司带来更大的利益，让你的 DS 团队成员有一条更清晰的成功之路。

2. 向上两级的思考能力

虽然本书谈到了领导力，但我们首先都是追随者。事实上，作为 DS 总监或首席数据科学家，你是公司高管的追随者。

6.2.1 小节讨论了作为一种管理技巧的跨级别会议。你也应该期待与你上司的上司进行对话。根据公司或组织的规模，可能是与首席技术官、首席执行官或董事会成员的对话。

高管们看重的是那些能够持续有效地进行两个层次思考的团队成员。在 DS 中，这意味着不仅要考虑 DS 的特殊性,而且还要考虑情报能力对客户心理、营销手法、人才品牌、财务底线、市场感知、法律含义和社会影响等方面的影响。

例如,当金融科技公司为客户带来新功能时,他们会不断平衡产品的易用性和保护客户免受金融欺诈。然而,欺诈者总是在寻找新的方法让人防不胜防。机器学习模型可以用来捕获和阻止欺诈,但总是有欺诈没有被及时捕获从而导致客户的损失。这些遗漏的案例可以作为机器学习的样本,随着时间的推移不断改进反欺诈模型。

DS 层面的想法是提高反欺诈模型的准确性。一个层面的想法是监控欺诈损失对单位经济和利润率的影响,这决定了公司的运营策略,即在给定的客户增长速度轨迹下,可以容忍的欺诈数量。

考虑到潜在的运营战略,从两个层面考虑欺诈损失对公司生存的财务影响。首席执行官和董事会需要估计在筹资方面需要预算多少资金,以便公司在达到下一里程碑节点之前有足够的时间和精力,以获得更高的估值和资本注入。

向上两级的思考能力并不意味着跳过你的上司来与你上司的上司进行交谈。相反,这意味着理解你上司的上司的意图,以更好地支持上司为他们的第一团队服务。

046

> 在组织中,能够持续有效地站高两级思考的团队成员很受重视。站高两级思考并不意味着跳过你的上司直接与上司的上司对话,而是指理解上司的上司的意图,从而更好地支持你的上司服务于他的"第一团队"。

如何学会两个层次的思考? 以下是可以尝试的 3 件事:

- 思考向上两级的上司的优先事项——在公司的沟通会议上仔细倾听,了解公司的优先事项。与上司的上司进行一对一的提问,聆听他们的回答。了解他们是谁,他们还不知道什么是你可以帮助他们学习的,以及他们喜欢如何工作。坦率地回答他们的问题,放松自己,让他们知道你是谁。
- 观察向上两级的上司的风格和个性——一些高管在私下比在公开场合更容易接触,因此一些高管更喜欢在私下讨论问题,而不是在公开场合讨论,还有一些高管更喜欢口头对话而不是书面沟通。同时,还有一些高管更喜欢简短的交谈,而不是长时间的讨论。有些高管更喜欢做细致的选择题,而不是聆听高屋建瓴的建议。主动匹配他们的风格可以让你的建议更有效。
- 帮助他们对重要问题形成意见——在讨论你的想法时,避免简单地寻求他们的判断,因为你是 DS 首席专家。直接寻求判断会让他们陷入一种困难的境地,即试图找出要问什么问题来评估摆在你面前的决策。例如,如果你认为该团体变得过于规避风险,那么就开始更广泛地讨论风险。分享团队过去如何应对的例子,然后询问他们的经验和想法。

大多数领导人理解向权力机构说真话的困难,但他们必须依靠自己的团队获得诚实的反馈。寻找机会就他们议程的关键方面提供坦诚的反馈。如果在当前的组织环境中,在实施他们的计划时遇到了挑战,请通过外联手段让他们注意到相关的动态,并分享之前其他人如何绕过它的案例。

由于与上司的上司进行互动的机会有限,你不会每次都表现得很好。但是,只要你对他们的意图和风格保持敏感,你就会随着时间的推移提高管理能力,并具有提出更好建议的能力。

6.3 专家知识——精通领域的精髓

作为负责 DS 的高级管理层的一部分,团队成员希望你在职能范围内明确重点和优先级。上司和同事希望你能清楚地把重点放在使用 DS 来实现高管的业务目标上。对重点的把握来自于对业务增长关键需求的清晰理解,包括:

■ 参考市场周期,预估现产品成熟度的业务需求;

■ 用初始解决方案应对问题,以降低风险,加大回报;

■ 用深度领域理解固本培元,避免盲目提升 KPI。

6.3.1 参考市场周期,预估现产品成熟度的业务需求

产品或服务在周期方面的专家知识可以帮助你了解和预测即将到来的合作伙伴的需求。你可以提出并调整 DS 路线图,调整资源以雇用员工,准备流程,建立平台,甚至在风险出现之前就将其最小化。

为了评估产品或功能的成熟度,我们参考了 Geoffrey Moore 技术采用阶段,如图 6.10 所示。你可以预测每个阶段需要的 DS 能力,主动与合作伙伴团队确认需求,并协调和调整 DS 团队要遵循的路线图。

技术采用周期包含不同的阶段,如表 6.2 所列。

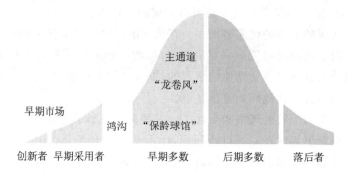

图 6.10 Geoffrey Moore 技术采用阶段

表 6.2 技术采用周期阶段

成熟期	客户类型	共同关心的问题	相关 DS 项目
早期市场	创新者; 早期采用者	寻找产品/市场契合点	客户细分; 专题片参与
跨越鸿沟	早期多数	证明商业成功; 寻找产品/市场	LTV 预测; 投资回报率估计
"保龄球馆"	早期多数	将一个细分市场的胜利转化 为另一个细分市场的胜利	客户意识; 客户获取; 功能采用

成熟期	客户类型	共同关心的问题	相关DS项目
"龙卷风"	早期多数	在高速增长中管理运营效率	激活、收入和推荐渠道
主通道	后期多数	培育现有占领的市场	优化收入和保留率; 增值功能采用漏斗; 强大的A/B测试基础设施客户细分; 潜在收购尽职调查
成熟市场	落后者	调查下一个市场(例如,探索国际市场)	客户细分潜在收购尽职调查

1. 早期市场

在早期市场上,该产品慢慢被少数热爱技术的客户所采用。这些是创新者。然后,这项技术得到了更多市场的关注和采用——这群客户愿意忽略功能的不完整性甚至缺陷,因为他们看到了产品的潜力和未来的巨大机遇。这些都是有远见的早期客户。

目标是为技术营销人员、产品经理和工程团队等合作伙伴提供可量化的产品市场匹配度。技术营销人员将专注于细分目标市场,并发现客户行为的趋势。客户细分项目是了解谁是创新者和早期采用者以及如何在营销渠道中识别他们。

与产品经理合作的项目可以包括对目标客户群进行解释和预先确定,以及设计具有可测试假设的实验,这些假设可以为商业决策提供信息,以增加公司在某个细分市场的投入。特定领域的早期成功案例可以成为与更多客户建立信任的参考。

与工程团队的合作可以包括列举测试条件,以确保成功指标可用、正确和完整。这允许准确测量用户参与度,以检测在采用过程中导致摩擦的缺陷或瓶颈。

2. 跨越鸿沟

当一款产品跨越鸿沟时,它正在走向成熟,以吸引早期的大多数客户,这些客户是务实的,并且希望为他们现有的问题提供可参考的解决方案。他们只购买成熟的产品。来自早期采用者的有力证明是产品具有低风险和高回报的特点。

目标是与营销和销售团队一起提供可重复的销售流程。与市场营销部门的合作关系可以专注于生成客户的绩效解释和竞争定位评估,而这通常使用外部数据。与销售伙伴的关系可以专注于在细分市场中产生高质量的前景,衡量为客户创造的价值,并通过考虑客户总拥有成本(Total Cost of Ownership,TCO)的投资回报率估算来证明商业上的胜利,以作为参考。

3. "保龄球馆"

在一个细分市场取得重大胜利并站稳脚跟,就像在保龄球比赛中击倒了最前面的一个球瓶。此时,产品进入"保龄球馆"阶段。这一阶段的客户是早期的大多数,他们将帮助指定和创建整个产品。一家公司可以在一个细分市场中利用这些决定性的胜利来扩展到相邻的细分市场,然后进行迭代,直到他们拥有一个整个市场都能接受的产品。

目标是向可扩展的目标受众交付整个产品。需要寻找的合作伙伴包括营销、产品、业务运营和工程。DS可以帮助营销团队提高在新细分市场的影响力,以提高知名度。它还可以帮助提高目标定位精度,从而提高活动的有效性。项目可以包括支出转化归因、营销渠道效率优化和营销支出优化。

与产品团队合作时,重点可以是深入挖掘,以改进客户获取渠道;消除瓶颈,并为产品有效扩展做好准备。在与业务运营和工程部门合作时,调查客户如何采用产品的特定功能可以帮助我们找到加速采用和减少客户流失的方法。

4. "龙卷风"

随着客户采用率的上升,进入了"龙卷风"阶段。该组织已经完成了整个产品的生产,并面临来自其早期大多数客户的激增需求。在这个高速增长的阶段,公司需要以指数级的规模来满足对产品和服务的需求。优先使用有限的资源来提高运营效率,成为其占领市场的速度的核心。

目标是提供可扩展的入职培训。合作伙伴包括市场营销、销售和业务运营。通过市场营销,可以利用多样化渠道来增加覆盖范围,优化转换效率,从而降低客户获取成本,实现价值的最大化。

通过与销售部门的合作,DS可以根据机会大小为销售团队的潜在客户排定优先级。DS还可以生成成交倾向估计,以将销售团队的注意力集中在最有前途的客户上。通过与业务运营部门的合作,DS可以在试用期时帮助优化客户,通过个性化的方式来吸引客户,并为价值增长找到最有效的方法。

5. 主通道

随着市场的成熟和产品在市场上的验证,增长变得有限。利润率仍可能很高,而且新增客户是后期多数客户的一部分。这些客户需要培养,以避免被提供低利润替代品的竞争对手抓住。这一阶段的目标是为客户创造和提供终身价值(Life Time Value,LTV)。合作伙伴包括营销专业人员、产品经理、销售专业人员和工程团队。

通过与营销部门合作,你可以专注于破坏者的识别和竞争分析,以抵御未知的挑战。与产品团队的合作可以专注于保留优化、LTV扩展,以及为新的功能演化创建平台,比如Salesforce的Einstein AI平台。这些关键措施可以利用企业的规模,超越竞争对手,保护利润率。

与销售团队的合作伙伴关系可以专注于更新和优化销售渠道,以实现上市(Go-To-Market,GTM)功能,并通过展示和报告,宣传所创造的客户价值。与工程团队的合作可以专注于提高增量功能快速A/B测试的效率,以保持和提高创新速度。

6. 成熟市场

一些总是持怀疑态度的买家只有在其他人都证明产品有效后才会对该产品感兴趣。这里的目标是识别并应对下一次的破坏。DS的合作伙伴包括技术营销人员、产品经理和高管。与技术营销人员的合作可以专注于细分新的目标市场,发现客户行为趋势,识别干扰因素,并进行竞争分析。与产品团队的合作伙伴关系可以专注于确定目标细分的优先级,并确定干扰因素和潜在收购目标。与高管的合作包括对潜在收购目标进行尽职调查,以验证其技术能力。

在任何时候,一家公司都可能有多条处于不同成熟阶段的产品线。了解DS功能的内在需求可以让你主动与合作伙伴团队讨论需求和优先事项。在成功预测合作伙伴的未来需求后,我们可以使用 2.2.1 小节中介绍的规划技术,通过评估风险、影响、信心、努力,并与数据策略保持一致,来确定需求的优先级。

并非所有的功能都需要内部构建。有许多新兴的第三方工具和数据源可以加快功能的上市时间。当业务需求可以尽早确定时,就可以在业务运营需要外部工具之前,分配足够的时间来评估这些工具。

总之,产品或服务采用周期方面的专家知识可以帮助你了解产品或运营团队的未来需求。通过识别早期市场、跨越鸿沟、"保龄球馆"、"龙卷风"、主通道和成熟市场阶段,可以预测、构建、雇用或引入相关的能力,以满足组织的增长需求。

6.3.2　用初始解决方案应对问题,以降低风险,加大回报

虽然有一些项目可以根据产品采用周期进行预测,但也有一些新出现的挑战必须迅速应对。通常,没有足够的时间、资源或历史数据来探索最先进的解决方案。在时间允许和情况需要的条件下,需要利用你的专家知识,制定一个初始解决方案,以及一个最先进的解决方案的路线图。

如 3.2.3 小节所述,初始解决方案经常与概念验证(Proof of Concept,PoC)项目相混淆,图 6.11 对比了这些差异。

初始解决方案		概念验证
新出现的挑战: 需要快速、成熟的解决方案。	**形势** 挑战是如何出现的?	计划中的项目; 复杂且有风险。
低风险,最大限度地重复使用: 有总比没有好。	**信心** 失败的风险有多大?	检验出最高风险的部分 以消除项目的不确定性。
以影响力为目标: 做20%的工作,获得80%的回报。	**影响** 你应该对什么进行优化?	旨在消除风险; 短期影响是次要的。
尽可能多地接触用户,实现 回报最大化。	**影响力** 谁会看到这些结果?	只限于小范围的受众以测试 新的、通常是未经证实的想 法,以降低风险。

图 6.11　对比初始解决方案和概念验证项目

虽然它们都是更宏大的技术路线图的起点,但初始解决方案和 PoC 项目之间有 3 个关键区别:

- 信心——最初的解决方案应该是具有信心的,应尽可能重复使用现有的已验证的构建块。他们的重点是基于这样一种信念,即有总比没有好,他们可以在做得好与做得快之间进行权衡。如 3.2.3 小节所述,PoC 项目旨在以最低置信度探索项目部分的可行性,以消除不确定性。如果项目按照最初的架构失败了,我们可以尽早发现并转向另一种解决方案。

- 影响——就所用的努力而言,初始解决方案的影响应尽可能大。在可能的情况下,目标是完成 20％ 的工作,以获得 80％ 的回报。PoC 项目希望首先消除最高的失败风险,而 PoC 的影响通常是次要考虑因素。

■ 影响力——初始解决方案希望尽可能多的用户参与进来,为紧急问题提供解决方案。PoC通常仅限于小部分受众,以测试新的、通常未经验证的想法,然后再向更多人群推广。

利用这些区别,让我们看看个人金融应用领域的两个初始解决方案案例。第一个例子是个人理财应用的前端挑战,以增加用户参与度。另一个例子是在推出新的资金转账服务时管理欺诈行为。

047

初始解决方案可以用 20% 的低风险投入获取 80% 的效果,并同时制订偿还技术债务的计划。初始解决方案往往与概念验证(PoC)项目混淆。概念验证项目优先验证风险最高的组件以消除总体项目的不确定性。

1. 案例 1:增加用户参与度

新银行(neo bank)的浪潮已经兴起,它们通过纯在线平台,有时甚至是纯智能手机平台,为客户提供金融服务。这种模式大大降低了银行服务的开销,使新银行能够向人们提供免手续费的银行账户,无需最低存款额,也不收取平均每年数百美元的银行手续费。

然而,一个重大挑战仍然存在。人们使用银行服务最多一年几次。新银行激发客户更多互动的一种方式是,为客户正在进行的购买提供更大的优惠。这产生了一种双赢局面,新银行获得了提供增值服务所需的参与,客户在消费时可以省钱。这种增加参与度的挑战可以归结为一个推荐问题,即使用客户过去的购买行为来个性化品牌的优惠。

为了提供推荐品牌产品的初始解决方案,有许多可能的解决方案,包括 2.1.2 小节中提到的基于动量的简单线性模型,以及基于内容的筛选、矩阵分解和基于深度学习的方法,如图 6.12 所示。

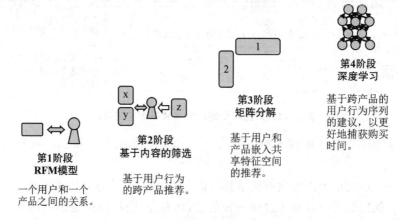

图 6.12 推荐引擎的路线图

基于高置信度和有限时间内最高影响的标准,简单的基于动量的线性模型可能是一个不错的选择。对于与商业相关的场景,具有重复购买模式的品牌是最明显的首选品牌。你可以应用经常性、频率和货币化模型来选择哪些购买应该被首先推荐。

一些品牌的商品在银行交易中很容易辨认。其中包括百货公司、杂货店、便利店和连锁餐厅。你可以确定近期因素,如自上次购买以来的时间;频率因素,如过去三个月内的购买次数;货币化因素,如每次购买的美元支出,以预测未来一到两周内再次发生购买的可能性。基本假设是,如果一个品牌是最受欢迎的,那么该品牌的产品可能更适合用户。

通过将团队的重点放在可以在 6~8 周内快速开发和推出的初始解决方案上,可以改善大部分客户的体验。有了最初的解决方案,就可以评估何时值得对基于内容筛选、矩阵分解和深度学习的其他选项进行更大的投资。

2. 案例 2:减轻欺诈

随着新银行与现有金融机构进行资金转账,欺诈的机会也出现了。在 ACH 银行转账、移动远程支付、信用卡或借记卡刷卡过程中可能会发生欺诈。它可以第一方欺诈的形式出现,即账户持有人故意实施欺诈,也可以第三方欺诈的形式出现,即账户持有人以外的人实施欺诈。当几乎没有用于检测欺诈模式的数据时,许多欺诈可能会在产品生命周期的早期发生。大规模有组织的第三方欺诈会造成严重损失,甚至会扰乱现金流和业务运营。

在缺乏历史数据的情况下,最初的解决方案可能涉及一组基于常见欺诈技术的规则来制定记分卡。这样一个记分卡的目的是突出明显有风险的案例,以便进行进一步的欺诈调查。在记分卡中,根据先前的专家知识识别风险因素,并为这些风险因素分配权重。选择一个阈值,使得每个得分高于阈值的客户或交易都被视为有风险,说明这值得调查。

基于记分卡的初始解决方案可能只需要 1~2 周的时间。这样的记分卡是一种生成模型。我们可以通过精确性和召回高风险案例来评估其表现,这些案例是基于欺诈是否真的发生在事后。

图 6.13 展示了反欺诈解决方案的技术路线图,以标记潜在的欺诈交易,从一个简单的记分卡开始,发展到基于工程或学习功能的深度学习模型。

第1阶段
记分卡

基于专家知识的生成模型。

第2阶段
简单的线性模型

从数百到数千的样本中学习到的。

第3阶段
调查驱动的特征工程

理解欺诈机制,并纳入更多类型的特征。

第4阶段
先进的非线性模型

应用提升和堆叠来学习具有严重不平衡样本的复杂特征空间。

第5阶段
深度学习和知识图谱嵌入

应用深度学习模型和知识图谱结构嵌入来发现欺诈风险。

图 6.13　反欺诈解决方案的技术路线图

有了几百到几千个数据点,就可以将模型更新为从数据中学习的交易级欺诈检测模型(第 2 阶段)。随着新的欺诈案件的出现,团队可以决定何时与欺诈调查人员合作,开发更多功能(第 3 阶段)。此外,还有机会根据现有功能和数据重点升级到更好的模型(第 4 阶段)。如果欺诈情况严重且投资合理,则可以应用深度学习和知识图中的结构嵌入来提取其他难以找到的欺诈指标。

总而言之,领域知识和见解对于快速建立初始解决方案至关重要,这些解决方案可以提供即时价值,而不会为未来的解决方案路线图带来太多技术债务。在这里演示的两个案例中,团队可以在两周到两个月内部署简单的解决方案,然后随着更多数据的获得不断改进解决方案。如以上两个案例研究所示,在启动初始解决方案时,还必须展示路线图。当团队实施初始解决方案时,未来改进解决方案的路径可以推动架构权衡。

6.3.3　用深度领域理解固本培元,避免盲目提升 KPI

无论是基于产品采用周期预测业务需求,还是应用初始解决方案来应对紧急问题,项目和路线图都应该与在行业中产生的根本性影响保持一致。

什么构成了根本性影响?无论是面向消费者的产品还是面向企业的产品和服务,根本性影响最终都有助于获得客户和留住客户,从而提供长期的业务生存能力。

对于收购,你正在优化客户收购流程,因此收购成本低于客户 LTV。为了留住客户,你培养了消费者的习惯或企业对你的产品或服务的依赖,以创造客户价值,然后随着时间的推移将其货币化。

相比之下,不产生根本性影响的工作涉及虚假指标,例如:

- 购买流量以增加每月活跃用户数或下载量——重点应放在获取可能转化的客户上。
- 向用户发送不相关的电子邮件以提高参与度——这可能会增加短期参与度,但可能对长期参与度不利,因为用户习惯于忽略你的电子邮件,或者更糟的结果是直接退订。
- 通过批准大量新贷款暂时稀释整体拖欠率——如果审批流程不改进,那么新贷款将有类似的拖欠率。
- 在移动广告图片中使用夸张信息来诱骗用户点击广告——点击可能会暂时提高点击率,但用户会感到厌烦,并且你可能会被踢出局。

作为一个案例研究,让我们看看 DS 在面向消费者的金融行业中对改善客户获取和客户保留的一些基本影响的案例,如图 6.14 所示。

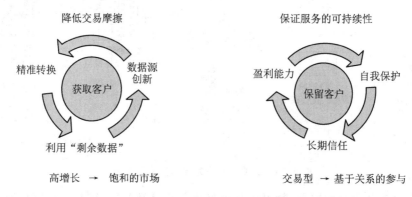

图 6.14　案例研究:对客户获取和保留的基本影响

1. 获取客户

随着客户越来越多地通过移动设备与金融机构接触,有效的基于互联网的客户获取策略对于金融服务公司来说变得至关重要。DS 的作用是在客户被引入服务时提供更好的用户体验,从而降低客户的交易摩擦。创新机会的 3 个领域包括数据源创新、精度转换和利用"剩余数据"。

（1）数据源创新

智能手机设备保存着丰富的信息，因为用户可以随时随地携带这些信息。它们有一个唯一的设备标识符——一个特定的电话号码。它记录了我们使用过的 IP 地址、我们去过的地点、我们用来登录服务的账户信息、通讯簿中的联系人，以及我们下载和正在使用的所有应用程序。

人们可以选择共享数据的某些方面，因为共享可以让他们受益。我们经常分享我们的位置数据，以找到最近的 ATM 机，并在我们出国旅行时自动取消信用卡反欺诈限制。一些用户共享他们的联系人，以选择他们可以向其网络中的谁转发促销活动。其他人则可以使用相册将照片附在存款支票上。对于紧急贷款，我们可以共享访问我们的银行账户，下载历史财务记录，以证明我们的信誉。DS 可以使用在用户许可下收集的信息来简化注册和激活过程，并提供更个性化的服务，以降低获取客户过程中的摩擦。

（2）精准转换

精准转换创新了金融交易流的可用性。众所周知，金融数据流可以预测有影响力的见解。

Acorns、Chime 和 Varo 等新型银行在获得用户授权的条件下，可以连接到用户现有的银行账户，以管理账户之间的转账，并查看这些账户内正在进行的交易。对收入水平和消费习惯的解读被用来帮助用户为紧急情况留出资金。

通过持续查看用户的收入和支出数据，可以检测用户财务生活中的转折点或触发事件，例如，毕业、搬家、找新工作、结婚和生孩子。在这些转折点，保险、经纪和退休账户的金融服务获取成本可以显著降低。即使当客户没有主动寻找新的金融产品时，如果有更好的选择，那么他们也可以在这些转折点上更开放地尝试一种。检测并利用拐点来降低转换成本是一个根本性的影响。

（3）利用"剩余数据"

在获取互联网客户渠道中，并非所有用户都适合公司提供的特定产品和服务。许多贷款和保险产品就是这样。你也可以在面向消费者的免费产品中观察到这一点，注意到有大量的用户已经注册，但并不活跃或没有贡献收入。在注册过程中，你收集了一些关于这些非活跃用户的信息。从你的客户获取渠道中流出的额外信息称为"剩余数据"。

这些"剩余数据"在很多方面都很有价值。当你了解了大量有关用户的信息，并确定目前无法为其中许多用户提供服务时，你通常可以对最适合这些用户的第三方合作伙伴进行有根据的评估。

如果你能建立一个推荐流程，该流程可以改善客户体验，那么客户可以从公司对行业的了解中受益。这一过程还可以带来转介收入，以抵消客户获取成本，这些成本可以再投资于客户获取。通过将"剩余数据"货币化来分摊客户的获取成本是一个基本的业务。

2. 保留客户

保留客户包括提供一致的产品质量和确保服务的可持续性。从长远来看，质量和可持续性可以让组织继续为客户提供良好的服务。面向消费者的金融行业的 DS 创新应以盈利、自我保护和长期信任建设为目标。

（1）盈利能力

金融产品的盈利能力取决于管理成本。例如，在贷款中，准确评估信用风险并严格监控不断变化的市场条件的建模数据链对于维持贷款产品的利润率至关重要。

有 7 个方向可以维持和提高生产中模型的盈利能力：

- 确定数据源——扩大客户群，以便你能识别客户的信用度；
- 选择数据源——降低评估贷款申请的成本；
- 特征挖掘——从现有数据源中提取有用的细节；
- 评估特性并开发特性组合——以维护和监控模型特性的有效性和稳定性；
- 管理增量和不平衡——及时整合日常运营中的新数据，并调整不平衡性；
- 制定建模策略——以平衡建模的复杂性和准确性；
- 评估结果并生成决策解释——以提供快速反馈机制。

通过严格的建模过程，AI 的应用可以为盈利的金融贷款模式提供基础，并有助于产生根本性的影响。

（2）自我保护

在有利可图的金融商业模式下，面向消费者的金融公司还必须保护自己免受欺诈。如今，许多交易都是在智能设备上进行的，交易双方之间没有面对面的互动，所以这可能会使欺诈更猖獗。

例如，在网上借贷中，数百万美元的贷款可以在几分钟内获得批准，并在几小时内错误地分散给欺诈者，而没有收回还款的希望。欺诈者已经为已知的漏洞创建了完整的剧本，并通过整个黑市生态系统来隐藏他们的踪迹。DS 在这里的作用是推荐和实施增加欺诈成本的方法，而不中断非欺诈客户的产品体验。

在一个案例中，Yiren Digital 基于用户数据创建了 FinGraphs 知识图，拥有 2.6 亿个节点和 10 亿条联系。它被用来发现正在进行欺诈的贷款代理，并能在一年内阻止 3 000 万美元的贷款欺诈。

在另一个案例中，丹麦银行建立了信用卡交易深度学习反欺诈模型，使用 6 层剩余卷积神经网络将欺诈警报的假阳性率降低为原来的 $\frac{1}{100} \sim \frac{1}{10}$。DS 的创新是实现反欺诈能力的理想选择，节省下来的损失直接用于提高利润，这从根本上影响了公司的生存和增长。

（3）建立长期信任

在面向消费者的金融行业，客户服务是许多用户重视的领域。尤其是当技术系统或网络出现故障时，能够打电话给客户服务部从而获得安全的感觉至关重要。即使一家拥有数百万用户的新银行也可能雇用数千名客户服务员。

然而，客户服务也很容易受到网络钓鱼电话的影响，网络钓鱼电话是通过电话进行的，以提取用户账户的信息或数据点，用于以后的攻击。黑客使用社会工程技术，比如编造虚假故事和提供虚假来电号码，诱骗客服人员提供用户的敏感信息。

注意：网络钓鱼电话不同于网络欺诈。网络欺诈是一种欺诈行为，即发送声称来自信誉良好的公司的电子邮件，以诱使个人泄露隐私信息。网络钓鱼电话是通过电话进行的语音请求，目的是提取有关用户账户的信息或数据点，以便用于以后的攻击。

智能聊天机器人技术（文本或语音）可以减轻客户服务代理的工作量，并防止不合规的人为错误泄露用户信息，以保证金融公司与其用户之间的信任。

总之，让团队专注于基本影响是 DS 总监的一项重要职责。基本影响包括获取客户的有效性和保留客户的经济性。本节提供了面向消费者的金融行业的 6 个例子,其中一些可以应用到你的领域。

6.4 自我评估和发展重点

祝贺你完成关于总监和首席数据科学家能力的章节!这是领导 DS 职能的一个重要里程碑。

能力自我评估的目的是通过以下方式帮助你内化和实践这些概念:

- 了解自己的兴趣和领导力优势;
- 通过选择、实践和回顾(Choose,Practice,and Review,CPR)流程练习 1～2 个领域;
- 制订优先实践计划,进行更多的 CPR 练习。

一旦你开始这样做,你就会勇敢地采取措施,实践强烈的道德规范,建立严格的纪律,并保持积极的态度,以推动团队的长期发展。

6.4.1 了解自己的兴趣和领导优势

表 6.3 总结了本章讨论的优点。最右边的一栏可供打钩选择。没有评判标准,没有对错,也没有任何具体的模式可以遵循。请按照自己的想法进行选择。

如果你已经意识到其中的一些方面,那么这是一个围绕你现有的领导优势建立关系的好方法。如果有些方面还不熟悉,那么从今天开始,这是你评估它们是否对你的日常工作有帮助的机会!

表 6.3 总监和首席数据科学家优点的自我评估领域

能力领域/自我评估(斜体项目主要适用于经理)			?
技术	制定规划技术路线,推动协作,实现业务目标	通过明确业务目标、验证客户需求和技术路径、制定中间里程碑、与合作伙伴路线图保持一致,以及对最终业务结果负责,来协调和沟通团队	
	为适当的人群,在适当的时机,构建适当的功能	通过 A/B 测试验证产品的假设以构建正确的东西。在全球范围内运行 A/B 测试,并在本地评估结果,为合适的人构建功能;通过从 A/B 测试为正确的人构建正确的功能	
	为项目的成功寻求赞助者和推动者	确定或承担项目赞助者的角色,以阐明项目的问题,定义目标,并验证项目章程中的商业案例	
		确定或承担项目支持者的角色,在项目优先顺序中成为强有力的倡导者,并激励团队在压力环境中向前迈进	

能力领域/自我评估(斜体项目主要适用于经理)			?
执行	通过管理人员、流程和平台,让部门稳定输出成果	不仅与直接下属互动,还与更广泛的组织进行互动来管理人员,包括办公时间交流、跨级别午餐交流和跨级别一对一交流,以识别成就和最佳实践,并调试和解决组织的功能失调	
		通过推广可转移的最佳实践来管理流程,以确保团队之间的工作一致性,尤其是在快速增长的团队中	
		通过自动化最佳实践管理平台,为更广泛的受众实现功能民主化	
	通过清晰的职业蓝图构建强大的职能团队	*通过为团队成员制定一套明确的机会、责任和成功标准来留住最佳人才*	
		通过在你的执行计划中将人才获取作为一个项目,分配时间和资源来明确招聘目标、寻找候选人、培训和进行面试以及面试后讨论,从而获得最佳人才	
	用第一团队概念和向上两级思维支持高管策略	优先与你的第一团队(向你的经理汇报的同事)合作,以实施公司计划	
		向上跨两个级别进行思考,通过将视角扩展到上司在决策中考虑的变量,向上司提出更好的建议	
专家知识	参考市场周期,预估现产品成熟度的业务需求	利用产品/服务采用周期预测业务需求,以雇用人员、准备流程和建立平台	
	用初始解决方案应对问题,以降低风险,加大回报	在时间允许和情况需要的情况下,利用领域专业知识部署紧急问题的初始解决方案,以及最先进解决方案的路线图	
	用深度领域理解固本培元,避免盲目提升 KPI	通过数据源创新、精度转换和利用剩余数据来获取客户	
		通过创造和获取客户价值、防止欺诈和滥用以及与客户建立长期信任来留住客户	

6.4.2　实施 CPR 流程

正如 2.4 节中的技术带头人能力评估和 4.4 节中的经理人能力评估一样,你可以尝试 2 周检查一次的简单 CPR 过程。对于你的自我审查,你可以使用基于项目的技能改进模板来帮助你安排 2 周内的行动:

- 技能/任务——选择要使用的功能。
- 日期——选择 2 周内可以使用该功能的日期。
- 人——写下你可以应用该能力的人的名字,或者写下自己的名字。
- 地点——选择你可以应用该能力的地点或场合(例如,在下一次与团队成员一对一或与工程合作伙伴的交流会议上)。
- 回顾结果——与之前相比,你做得如何? 相同,更好,还是更糟?

通过在自我评估中的步骤,你可以开始锻炼自己的优势,并揭示 DS 总监和首席数据科学家能力中的盲点。

小 结

- 面向总监和首席数据科学家的技术包括制定技术路线图的工具和实践,指导职能部门在正确的时间为正确的人提供正确的支持,以及赞助和支持有希望的项目以获得成功。
  - 在制定技术路线图时,可以通过明确业务目标、验证客户需求和技术路径、制定里程碑节点、与合作伙伴的路线图保持一致,以及对业务成果负责来协调和指导团队。
  - 在指导职能部门时,可以使用 A/B 测试验证产品的假设,并根据过程不断调整项目方向和优先级。
  - 在赞助有前途的项目时,可以验证商业案例,并为解决方案调动资源。在支持有前途的项目时,创建并销售一致的愿景,建立关系,并在困难时期激励团队。
- 总监和首席数据科学家的执行能力包括通过管理人员、流程和平台提供一致的结果;通过职业规划和招聘建立强大的功能;在顶级公司计划中为高管提供支持。
  - 在交付结果时,可以注意到明星团队成员的最佳实践,将其转化为流程,并通过平台将其自动化,这样今天的最佳结果将成为明天的成功标准。
  - 在建立强大的职能时,可以用本书中的概念起草 DS 职业蓝图,并指导团队进行日常项目。也可以将招聘视为人才获取项目,以获得合作伙伴和团队的支持。
  - 在支持高管时,使用"第一团队"的概念来优先考虑同级主管之间的合作,并为上司的计划提供服务,并从向上两级的方面进行考虑,以更广泛的视角提出建议,帮助上司解决上司的上司的担忧。
- 总监和首席数据科学家的专业知识可以通过预测产品开发阶段的业务需求、用经验证的初始解决方案应对紧急问题,以及推动行业的基本业务影响来证明。
  - 在预测业务需求时,可以参考每个产品应用阶段要求的 DS 能力,主动与合作伙伴团队确认需求,并与你的团队协调和调整路线图。
  - 在应对紧急问题时,在时间允许和情况需要的情况下,制定一个具有高度信心、最大业务影响和广泛覆盖客户范围的初始解决方案,以及一个最先进解决方案的路线图。
  - 在推动基本业务影响的同时,通过数据源创新、精度转换、利用剩余数据、盈利能力、抗欺诈能力以及与客户服务建立信任等方面的机会,提高获取客户和留住客户的能力,以实现长期的业务生存能力。

参考文献

[1] A. Fabijan et al., "The evolution of continuous experimentation in software product development: From data to a data-driven organization at scale," ICSE'17, May 20-28, 2017. [Online]. Available: https://exp-platform.com/Documents/2017-05％20ICSE2017_EvolutionOfExP.pdf.

[2] Y. Xu et al., "From infrastructure to culture: A/B testing challenges in large scale social net-

works," KDD，2015.

［3］R. Seiner. "So you want to be a data champion?" The Data Administration Newsletter. https：//tdan. com/so-you-want-to-be-a-data-champion/7193.

［4］C. Fournier，The Manager's Path，Sebastopol，CA，USA：O'Reilly Media，2017.

［5］Y. Xu et al.，"SQR：Balancing speed，quality and risk in online experiments," KDD 2018，pp. 895-904.

［6］A. S. Grove，High Output Management，New York，NY，USA：Vintage Books，1995.

［7］P. Lencioni，The Five Dysfunctions of a Team：A Leadership Fable，San Francisco，CA，USA：Jossey-Bass，2002.

［8］G. Moore et al.，"Crossing the Chasm：Marketing and Selling High-Tech Products to Mainstream Customers," HarperBusiness，2006.

［9］T. Wang and J. Chong，"Is knowledge graph and community analysis useful in financial anti-fraud analysis?" O'Reilly，2016. ［Online］. Available：https://www. linkedin. com/in/jike-chong/detail/treasury/position：679798820/.

［10］R. Bodkin and N. Gulzar，"Fighting financial fraud at Danske Bank with artificial intelligence," in Artificial Intel. Conf.，O'Reilly，New York，2017. ［Online］. Available：https://learning. oreilly. com/videos/oreilly-artificial-intelligence/9781491976289/9781491976289-video 311819/.

第 7 章　领导职能的美德

本章要点

- 在整个职能范围内建立项目的正规化流程；
- 作为领导者进行辅导，并组织团队职业发展计划；
- 推动成功的年度规划流程，同时避免规划"反模式"；
- 争取合作伙伴和团队的承诺；
- 在你的职能范围内认识到多样性和包容性，并培养成员的归属感。

作为总监或首席数据科学家，你的美德可以塑造该职能的美德，你的行为也成为该职能的焦点。你关注哪里，职能部门就倾向于在哪里具有不错的发展。你的言语、行动和习惯塑造了 DS 职能部门的文化，那么有哪些具体的工具和做法可以为你提供必要的帮助来指导你的职能部门？

你的道德或行为标准体现在你如何在整个职能部门建立项目的正规化流程；你如何通过解释、表达和请求来指导团队；你如何组织计划以提供职业发展机会。你的严谨表现在：如何推动有效的年度计划流程，避免项目计划出现"反模式"，以及确保合作伙伴和团队的承诺。富有同情心的态度体现在你如何认识和促进多样性，如何在决策中实践包容性，以及如何培养工作中的归属感。让我们逐一探讨道德、严谨和态度的各个方面。

7.1　道德——秉持行为的准则

管理 DS 职能部门有很多挑战。项目通常需要很长的时间跨度和大量投资来展示业务影响。人才不断地被外部竞争对手所挖走，每隔几年可能就会更换雇主。你可以采用什么样的道德行为标准来保持高效的职能部门，从而激励团队成员？

对于项目，你可以预测并排查项目中的早期问题，从而引导职能部门远离系统性障碍。建立项目的正规化流程可以帮助你提高项目的成功率，提高团队成员的成就感，从而更好地保留住你的团队成员。

对于团队来说，通过展示你希望做的事情来领导是越来越困难了。通过分享你对形势的理解、你对方向的表达以及你对协调行为的要求，你的领导才能更好地体现。你的角色更多的是成为一名教练，以提高团队成员的能力。

一周指导项目和指导团队成员的时间有限，因此组织团队成员职业发展的路径可以有效地提供可扩展的领导机会。这些路径还为团队成员提供了清晰的思路，让他们了解自己的成长维度，并认识到自己的成就。

7.1.1　在 DS 职能范围内推行项目策划和执行的规范化

根据职能部门的大小，每个季度可能有数十到数百个项目在进行中。你如何跟踪这些项目？当项目不可避免地遇到困难时,你如何决定将哪些项目投入更多或更少？当每个项目都满足其绩效指标要求,但没有产生整体业务结果时,会发生什么？

作为一名职能领导,你最有能力洞察职能中的系统性问题。不考虑这些系统性问题可能会导致资源没有分配给影响最大的项目。这可能会导致产品竞争力的丧失,对初创企业来说,还会导致宝贵的现金流的丧失。

048

没有及时识别并解决跨项目的系统性问题会导致资源浪费。浪费可能来自于规划中的估算偏差,模块整合中的挑战,以及排期、沟通和利益方面的风险。这种资源浪费可能导致产品竞争力的下降,初创企业还可能损失宝贵的现金流。

保持项目领先地位的一种方法是雇用项目经理来正式定义和管理这些项目。项目经理可以监督、帮助培训和指导 DS 技术主管和经理,帮助你在项目开发过程中领导项目。

在 2.2.2 小节讨论技术负责人的职责时,我们介绍了项目计划的结构。其包括:明确项目动机、定义、解决方案架构、执行时间表及风险。技术负责人应处理来自新数据源、潜在合作伙伴团队、新的数据驱动功能、产品的细微差别及解决方案体系结构依赖性的项目特定风险。

总监或首席数据科学家应根据经验或观察发现跨项目出现的系统问题的早期症状。图 7.1 所示为正规化过程中需要克服的 5 大系统性项目问题,你可以引导职能部门避免系统故障,包括:

- 项目范围评估偏差;
- 项目整合挑战;
- 项目进度风险;
- 项目沟通风险;
- 项目利益相关者风险。

- 项目范围评估偏差——项目范围评估是在规划过程中对项目进行优先排序的一个重要步骤。评估包括指定功能的范围和实施时间的范围,以达到特定的业务或产品的目标。对项目范围的高估或低估可能是项目是否被优先考虑的区别。具有挑战性的是,这并没有一个正确的答案。

不同的技术领导者和管理者在预测和处理 DS 中的常见挑战方面有不同的经验和优势,因此他们对类似项目有不同的范围评估。过去的经验和个性也会在项目范围评估中造成盲点。例如,一位经验丰富的技术负责人,有 5 年在固定终端平台上开发企业产品的经验,他可能不知道使用以移动平台为中心的消费产品的所有细微差别。在一系列成功的项目之后,一些人可能低估了未来的潜在挑战。

作为一个职能部门的领导,你可以在计划过程中采取一些做法,以减少项目范围评估偏差的人与人之间的差异。常用技术包括:
- 由经验丰富的技术负责人主持的关于办公时间范围界定的早期反馈;
- 在项目建议书审查中对范围的广泛反馈;
- 项目完成时的范围评估验证,以纠正偏差。

范围评估偏差	整合挑战
范围评估是对项目所需时间和资源的评估。 • 挑战 —— 低估/高估可能会让项目失去资金。没有一个正确的答案，因为每个人都有不同的优势和盲点。 • 解决方案 —— 提供早期和广泛的反馈；在项目结束时验证评估，为将来的评估进行校准。	数据科学通常提供必须集成到产品中的众多组件中的一个。 • 挑战 —— 技术风险、团队风险和模糊不清的问题比比皆是。 • 解决方案 —— 系统地将风险处理委托给最接近挑战的团队成员。职能领导负责澄清角色上的歧义。

进度风险	沟通风险	利益相关者风险
在一个项目中安排变更可能会影响另一个项目。数据科学计划会受到函数之外的变化的影响。 • 挑战 —— 集中式职能结构更容易受到调度风险的影响。 • 解决方案 —— 使用项目管理支持，或尝试分散或联合的团队结构。	项目是跨时区进行的，这可能会对团队动力造成影响。 • 挑战 —— 会议安排上的不敏感会让远程团队感到被忽视。 • 解决方案 —— 起草并执行工作原则，尊重远程团队的工作时间，建立信任的工作关系。	数据科学项目可能涉及许多长期合作的利益相关者。 • 挑战 —— 涉众优先级可能会改变并影响DS项目。 • 解决方案 —— 关注人际关系，监控项目优先级的变化，及时影响重新确定优先级和重新调整的决策，并在变化不可避免时及时做出调整。

图 7.1　项目正规化过程中需要克服的 5 大系统性项目问题

这些技术可以利用项目经理进行系统管理，来作为项目流程正规化过程的一部分，以便在你的组织内最好地创造和使用机构知识。

■ 项目整合挑战——在大型项目中，DS 通常提供许多必须集成才能创造业务价值的组件之一。项目整合是一个具有挑战性的过程，存在技术风险、团队风险和模糊性。每个风险领域都应系统地委托给最接近挑战的团队成员。

技术风险最好由项目技术负责人解决。团队风险最好由 DS 团队经理处理，他们负责与合作伙伴建立密切的工作关系，并解决个人和团队之间的任何直接问题。项目中的模糊性可以由技术负责人解决。角色和职责中的模糊性可以上报给经理或职能领导。

■ 项目进度风险——在技术团队作为由职能部门组织的集中资源库的公司中，项目调度挑战尤为突出。我们在 8.1.3 小节中讨论了这种类型的组织，包括 DS 职能部门的咨询和集中结构，其中项目需要在整个职能部门中进行规划。一个项目的延迟可能会影响许多其他项目，而团队成员则需要等待从延迟的项目中退出。

在这些组织结构中运作时，项目管理支持至关重要，因为 DS 项目进度可能会受到职能部门无法控制的意外延误的影响。还有一些技术可以保持职能部门的生产力。你可以维护一个几乎没有外部依赖关系的积压项目，例如，数据源探索或技术债务解决，这样你的团队即使在意外的外部延迟阻止他们启动新项目时也可以取得进展。

最终的解决方案是与高管合作，将技术职能重组为分散的、集中的或联邦结构。如 8.1.3 小节所述，这些结构为产品或业务线指定专用资源，以防止一个项目延迟影响许多其他项目。

■ 项目沟通风险——许多公司现在都有地理位置不同的团队,他们在有意义的项目和倡议上进行合作。协调时区差异可能会影响团队的状态。这对于美国西海岸和印度次大陆的团队成员之间的协作,或者美国东海岸和东南亚的团队成员之间的协作来说尤其具有挑战性。在这些情况下,一个地点的团队可能正在推动一个项目,而12小时之后的另一个团队可能正在支持该项目。工作日不重叠,只有一个团队在正常工作时间工作。安排会议时考虑不周会让远程团队在沟通过程中感到被忽视,并损害已有的工作关系。

为了应对这些挑战,一些操作原则可以帮助创造一个高效的工作环境,尊重不同地域团队的贡献:

– 端对端的参与——两地的团队应该对项目有端对端的了解,以尽量减少背景和关键决策考虑方面的差距。

– 终端利益相关者的参与——两个地方的团队应该被邀请参加与终端利益相关者的关键会议,以推动项目向前发展。这意味着在各自时区的方便时间与最终利益相关者召开会议,让远程团队参与最终利益相关者的挑战和反馈。

– 内部沟通——你可以在考虑时区差异的情况下安排项目内部同步会议。会议时间可以在更方便的清晨或深夜时段之间交替。

– 成果展示——项目工作人员应向最终利益相关者展示工作成果,以确保有效提供见解并展示其成就。

这些操作原则可由主管制定,并由技术负责人、团队经理和项目经理执行,以建立信任的工作关系。在可能的情况下,还要在不同地点的团队之间建立个人关系。人际关系可以缓解项目沟通紧张的情况,防止远程团队失去动力或精疲力竭。

■ 项目利益相关者风险——DS项目的利益相关者不断重新确定其项目组合的优先级并重新调整其组合。这是意料之中的,因为他们预测并应对动态技术和业务环境中的内部和外部变化。DS项目容易受到利益相关者重新排序和重新调整的影响,因为它们需要很长的时间才能成功。

作为DS职能部门的领导者,确定拥有更稳定利益相关者的项目可以降低利益相关者风险。你的职责包括培养利益相关者的关系,监控项目的优先顺序,以及跟踪项目对利益相关者的影响。当你发现优先级变化的迹象时,你可以迅速影响重新确定优先级、重新调整决策,并在利益相关者触发的变化不可避免时帮助DS团队调整重心。

总之,作为有效管理DS职能的行为标准的一部分,你需要一套最佳实践和支持来实施这些实践。项目流程正规化过程是一种最佳实践,可以帮助你随着时间的推移更有效地部署资源。聘请项目经理可以为你提供开发和管理项目所需的支持,并允许你委派职责,以跟踪和缓解范围评估偏差、集成挑战、计划风险和沟通风险。

7.1.2 以领导的角色解读局势,陈述方向,协调合作

为了在职能层面上发挥作用,你需要尽可能多地向你的团队授权,这样你就可以专注于制定技术路线图,支持有前途的项目,组建团队,并支持高管实现他们的DS愿景。你的领导实践也需要从个人领导转变为社会领导。你的行动可能会从建议和指导转向辅导。这些领导实践

和行动有什么不同？图 7.2 说明了其关键区别。

个人领导者	社会领导者
• 典型角色——技术负责人和团队经理；	• 典型角色——董事和高管的典型角色；
• 领导方法——通过展示自己的能力来应对技术和人员挑战。	• 领导方法——通过提供对形势的解释、方向的叙述和协调行动的请求来领导。
团队成员通过观察领导者在以下方面的行为来学习最佳实践：	团队成员希望领导：
• 管理技术项目；	• 解释外部市场变化或内部技术事件发生时的情况；
• 影响合作伙伴；	• 指定目标和里程碑，以及下一步 的成功标准。
• 坚持专业严谨和道德。	

图 7.2　个人领导者和社会领导者的区别

对于个人领导者，他们的团队成员通过观察领导者在管理技术项目、影响合作伙伴、维护职业的严谨性和职业道德时的行动来学习最佳实践。当你是技术带头人或经理时，这很常见，因为你指导和辅导你的团队。

你可能还记得 5.1.1 小节，指导应侧重于分享你过去的经验，以帮助团队成员培养技能。咨询的重点是如何提供信息和指导，以解决团队成员的具体挑战。

作为一名董事，你往往离具体的技术挑战太远，无法提供过去的经验或具体的解决方案。但你仍然可以通过指导成为一名有效的领导者。

社会领导者通过提供对形势的解释、方向的叙述和协调行动的要求来领导。我们通常会发现主管和主要数据科学家在这一层面上进行研究。当外部市场变化或内部技术事件突然发生时，团队希望你能够解释情况。在业务规划周期和应对事件时，团队会向你寻求目标和里程碑，以及下一步的具体成功标准。

当团队成员相信你对情况的解释，并且方向的叙述符合你对他们协调行动的要求时，他们会选择授予你制定规则、目标和路线图的权力。你怎样才能做出解释、叙述，以及团队能够团结一致的要求？

049　个体领导通过展现个人能力应对挑战，社交型领导通过解读、指引和协调行动引导团队。

1. 对形势的解读

你可以首先了解情况是否有必要以及如何在短期和长期内影响你的组织、你的合作伙伴的组织以及你的技术路线图（见 6.1.1 小节关于制定技术路线图）。你的责任是首先从利益相关者那里收集关于影响的信息，然后综合这些信息，形成你对团队方向的认知。

2. 方向性的叙述

当新情况不影响你的路线图时，你可以向团队重申他们会坚持到底。再次确认有助于团队的稳定，可以解决他们在新情况下遇到分歧时的焦虑。

当新情况导致路线图的变化时，需要花时间与利益相关者一个接一个地重新调整新方向，以尊重他们的观点。当你对方向性的叙述进行充分研究时，这种努力可以帮助你与团队建立信任。

不先与利益相关者重新调整新的方向,可能会导致后来叙述的逆转。这损害了你未来所有叙述的权威性,因为团队会质疑你的叙述是否可能在以后被推翻。

3. 协调行动的请求

对于一个社会领导者来说,协调行动的要求是最具挑战性的组成部分。请求中有很多细节。在主管级别,你可能不知道成功所需的所有协调细节。这种失败模式的常见问题是团队实现了你制定的KPI,但该功能未能产生预期的业务影响。

帮助协调行动的一种技术是使用成长模型。成长模型(GROW model)是其4个阶段名称的首字母缩写:目标(goal)、现实(reality)、障碍或选择(obstacles or options)、意愿或前进方向(will or way forward)。从第3章开始,你可能在确定发展重点领域时使用了它。该框架已在谷歌和麦肯锡等组织中成功应用,以吸引员工、激发绩效并最大限度地提高生产力。作为DS的社会领导者,建立信任和协调承诺对你来说是非常有效的。表7.1说明了成长模型的4个阶段,并提供了一组问题,以帮助设定目标、评估现实、确定障碍和选项,并为未来的道路做出承诺。

表7.1 使用成长模型时可供参考的40个主要问题

目 标	1. 你希望在业务影响方面取得什么成果?
	2. 哪些目标与技术路线图一致?
	3. 成功是什么样子的?
	4. 你如何衡量成功?
	5. 你为什么希望实现这个目标?
	6. 如果你实现了这个目标,会有什么好处
现 实	1. 与你的目标相比,你现在在什么位置?
	2. 你如何描述今天正在做的事情?
	3. 目前哪些措施效果良好?
	4. 到目前为止,是什么促成了你的成功?
	5. 到目前为止,你取得了什么进展?
	6. 你认为是什么阻止了你?
	7. 这次你怎么能扭转这种局面?
	8. 你认识其他实现你目标的人吗?
	9. 如果你问,他们会怎么说?
	10. 以1~10分表示,情况有多艰巨/严重/紧急
障碍/选择	1. 你认为下一步需要做什么?
	2. 如果你什么都不做会发生什么?
	3. 如果可能的话,你会怎么做?
	4. 你的第一步是什么?
	5. 如果你那样做会发生什么?
	6. 你知道谁遇到过类似的情况吗?
	7. 还有谁能帮忙?
	8. 什么已经对你起作用了?你怎么能做得更多呢?
	9. 对你来说,最具挑战性的部分是什么?
	10. 每种选择的优缺点是什么?
	11. 你以前是如何应对类似情况的?
	12. 你能做些什么不同的事情

续表 7.1

	1. 你认为你现在需要做什么？
意愿/前进方向	2. 你打算什么时候开始？
	3. 你打算怎么做？
	4. 你怎么知道自己成功了？
	5. 还有别的事吗？
	6. 在 1～10 的范围内，你的计划成功的可能性是多少？
	7. 怎样才能得到 10 分？
	8. 在 1～10 分制中，你对实现目标的承诺/动机如何？
	9. 怎样才能成为 10 分？
	10. 你认为哪些路障需要规划？
	11. 有什么遗漏吗？
	12. 你需要我或其他人做什么来帮助你实现这一目标

（1）目　标

在要求采取协调行动时，你可以从分享你的描述开始。这样，你就可以为与你的技术领导或 DS 经理讨论他们的目标建立背景。在 5.3.2 小节中，我们讨论了与你的直接报告一起设定目标的技巧，以鼓励对目标的所有权。通过成长模型辅导团队成员，可以训练他们的方向性叙述，使你有能力成为一个更有效的社会领导者。

在指导团队成员设定目标时，在你的方向性叙述中寻找他们的关注点。假设你对方向的描述是为了更深入地了解客户，而你的团队成员在自然语言处理（Natural Language Processing，NLP）方面拥有丰富的经验和专家知识。在这种情况下，你可以鼓励团队成员推荐涉及 NLP 的目标，以提高客户的理解。

为了进行指导并提供反馈，你可以选择使用额外的资源来强化与既定技术路线图一致的目标。这种强化可以是工具或数据的形式，以帮助加快实现技术路线图里程碑的进度。例如，在深入了解客户时，你的团队成员可能会建议使用 NLP 来提高客户的理解。你可以通过提供额外的数据工程资源来鼓励该团队成员，以加快收集和清理更多的非结构化自然语言数据来训练模型。

为了明确目标，你可以指导团队成员制定明确、可测量、可实现、相关且有时限的 SMART 目标。当团队成员被激励去制定目标时，就会有更大的自主权去实现它们。

（2）现　实

现实阶段包括对当前形势的评估。在现实阶段指导团队成员可以让他们共同理解当前现实与目标之间的差距。

表 7.1 中的一系列问题为团队成员提供了反思当前情况的机会。反思过程可以包括评估当前的挑战、收集利益相关者的观点，以及对产品或功能进行基准测试。你可以使用其他管理层视角来补充反思的结果。此处汇总的信息可用于评估挑战的严重性和紧迫性，以便更好地确定优先级。

（3）障碍/选择

障碍和选择阶段包括一个对话，即讨论在当前现实中，我们在努力实现目标时可能会遇到哪些挑战和障碍。通过对挑战和障碍的共同理解，你可以指导团队成员集体讨论缩小差距的方法。

你在这里的指导可以专注于所考虑选项的广度和深度。在广度方面，可以消除位置、时间和资源方面的限制,以产生更多种类的选项,从而触发更多想法。就深度而言,详细说明这些选项的早期步骤及其后果有助于确定它们的优缺点。

(4)意愿/前进方向

在此阶段,团队成员会生成一组合理的选项,并对下一步提出具体建议。辅导包括帮助团队成员评估他们在追求目标的特定行动过程中的信心和动机。当团队成员能够创建具有跟踪进度结构的责任里程碑时,你就是成功的。

使用成长模型进行指导的关键是,团队成员要随着时间的推移学习如何从你的方向性叙述开始,独立创建目标、评估情况、集思广益,并为你的叙述制定一套协调的办法。随着时间的推移,你的指导会使你的团队成员成熟到一种状态,在这种状态下,他们不仅会让你解决不断升级的问题,还会带来完整的解决方案计划和建议供讨论和审查。

7.1.3 为提升团队成员能力铺路搭桥,增强归属感

随着时间的推移,辅导是提升团队成员能力的有效方法,但也有更多可扩展的技巧可供使用,让你可以自由地进行其他战略项目。更具可扩展性的技术可以让团队成员走上技术发展的道路,并在功能中建立归属感。图7.3所示为团队成员的4个职业发展机会。

建立主题专家身份 对于在某一领域具有专业知识的团队成员:抓住工作时间并传播最佳实践,这是一种在组织中建立身份的低成本方法。	**建立关系和实践领导力** 对于想要管理的团队成员:加入新的团队成员,这是一个自然的领域,可以指导队友并建立工作关系。
建立业务理解 对于希望扩大范围的团队成员:成为业务线的联系点(Point of Contact,PoC),从数据科学领域以外的角度看待问题。	**建立冗余的责任机制** 对于希望晋升的团队成员:进行继任规划在承担新职责时注意业务连续性。

图7.3 团队成员的4个职业发展机会

赋予团队成员权力的机会包括:

- 建立主题专家身份——抓住工作时间和传播最佳实践;
- 建立关系和实践领导力——接纳新的团队成员;
- 建立业务理解——成为业务线的联系点(Point of Contact,PoC);
- 建立冗余的责任机制——为继任者做计划。

让我们逐一研究每个机会。

1.建立主题专家身份:抓住工作时间

当团队成员在某个领域拥有专家知识时,你可以鼓励他们在办公时间就这个话题向其他人提供建议。专家知识的例子包括:数据源差别、数据处理链、受控实验设置、因果分析和在演讲中讲故事。

抓住办公时间是一个很简单的方法,每周可能不超过1小时。然而,它在确立团队成

员作为团队主题专家的身份,并允许他们接触各种团队挑战方面的作用非常强大。

4.2.2 小节介绍了抓住高效办公时间的 4 个关键要素:

- 确定目标——从明确的目标开始。
  - 例子——在演讲中讲故事有助于同行数据科学家将分析转化为影响力,并打造强大的传播者品牌。
- 固定一种模式——每周留出 1～2 个固定的 30 分钟时间,尽量减少对团队成员办公时间的干扰。
- 指定主题——充分利用 30 分钟的会议,为听众提供一套指导方针,为办公时间做好准备。
- 遵循最佳实践——目的、形式和主题可以在维基上公布,并通过电子邮件向目标受众公布。

对于个人贡献者发展成为技术领先者来说,抓住办公时间是一个重要的里程碑节点。这项技术可以很好地发挥作用,因为它可以从团队成员的力量领域激发领导实践。当一个办公时间得到充分利用时,团队中专家知识的提升可以对许多项目产生影响,这对组织是有益的。

虽然要求项目负责人在办公时间参加技术审查可能很有诱惑力,但最好是在办公时间自愿参加的。要求项目负责人在办公时间出席会议可能会将一个机会变成负担,阻碍项目进度,破坏团队活力,并错过了建立抓住办公时间的团队成员身份的关键。

相反,当办公时间的会议产生一些真正的影响时,你可以与团队分享他们的成功,宣传他们的好处。当他们不能按预期工作时,你可以收集反馈,与工作时间内的团队成员就可能更适合你的组织和文化的其他形式和主题进行反复讨论。

2. 建立关系和实践领导力:成为一名入职导师

帮助技术团队成员建立人际关系的一个机会是成为新团队成员的导师。入职导师是一个职责超出技术领域的角色。组织内任期的相对差异允许技术团队成员分享熟悉的行业和组织领域知识,同时专注于与新团队成员建立关系。

新团队成员的提升速度是成功的一个指标,你可以根据组织和行业的复杂性进行校准。新团队成员生产力的快速提升为组织创造了商业价值,并可以为团队内未来的工作关系建立信任。

为了提供一个平稳、快速的提升过程,导师可以利用一份入职文件,其中包括:

- 公司愿景和使命;
- 职能实践和生存原则;
- 相关产品和职能路线图;
- 与产品和工程合作伙伴建立关系;
- 在办公室内使用 IT 工具和方法;
- 重要会议及其节奏。

虽然可以招聘经理负责制定入职培训项目,但导师可以组织团队成员更新入职培训文件。导师还可以为最初的几天和几周推荐一个时间表,并提供一个有效的路径来获得基本工具和流程的实践经验,以及帮助新成员在社会上介绍给合作伙伴和团队。在入职过程结束时,导师还可以与新员工一起反思入职过程中哪些部分做得好,哪些可以改进,为未来的入职过程制作一个更好的模板。

通过指导新的团队成员,你的技术团队成员可以培养对领导团队成员的欣赏,并促进流程中的最佳实践。指导过程也是一个改善团队成员入职体验的机会,加速了你的团队从起步到产出的时间。

3. 建立业务理解:成为枢纽点

DS 职能部门需要与组织中的许多利益相关者互动。表 7.2 展示了业务线职能内的和跨职能的互动示例。作为职能部门领导,你对这些互动关系负有最终责任。你可以将其中一些职责委派给 PoC 角色的团队成员,以促进他们的成长。

表 7.2　向 PoC 下放职责的说明

项　目	产品 1: PoC:Andrea	产品 2: PoC:Brain	产品 3: PoC:Brain	产品 4: PoC:Christina
用户体验 PoC:Diane	项目 A	项目 D	—	
算法 API PoC:Frank	项目 B		项目 F	项目 H
数据聚合 PoC:Georgia	—	项目 E	—	
经济的 PoC:你自己	—		项目 G	
合法的 PoC:你自己	项目 C	—	—	项目 I

DS 的 PoC 是你团队中的成员,是合作伙伴就 DS 相关机会、问题和请求联系的第一人。这种安排有助于你的合作伙伴获得与 DS 功能的清晰接口。PoC 的职责包括:

- 了解合作伙伴面临的挑战;
- 聚合 DS 功能,以解决合作伙伴的难题;
- 设定合作伙伴对技术可行性的期望;
- 与 DS 团队合作,确定潜在解决方案的优先级;
- 不断升级对 DS 领导层的要求;
- 掌握合作伙伴领域知识和关注点,为未来的 DS 倡议和路线图提供建议。

作为职能领导,你可以将这些职责委派给多个 PoC,每个 PoC 负责一个不重叠的合作伙伴的联系。同时,一个人也可以为多个合作伙伴担任 PoC 角色。例如,Brian 是表 7.2 中项目 2 和项目 3 的 PoC。极端地说,如果你不下放 PoC 职责,你就是所有合伙人的 PoC。

050

作为数据科学总监,如果你没有下放 PoC 职责,那么你就是所有合作伙伴的 PoC。

承担 PoC 的职责可以让团队成员了解 DS 直接范围以外的业务和外部职能部门的关注。这个角色也提供了与非数据科学家保持关系的机会，综合合作伙伴的要求，影响 DS 的同行以及上报请求的机会。这些都是成为技术带头人的宝贵技能，他们不仅要负责沟通和协调，还要负责具体项目的成功。

4. 建立冗余的责任机制：规划继任者

规划继任者通常被称为一个确定和培养新领导人的过程，这些新领导人可以在旧领导人离开时取代他们。这一过程提高了有经验、有能力的员工的可用性，他们准备好在有机会时担任领导角色。

不太明显的是，规划继任者可以针对任何角色，而不仅仅是领导角色。我们在本节中讨论的 3 个角色（做工作时间的主人、入职导师、合作伙伴联络点），以及你职能部门的领导角色，都可以规划继任者。

051

> 继任规划通常被认为是一个选拔和培养新领导者的过程，以便在现任领导者离职时能够有接替人选。不过，继任规划不仅限于领导岗位，而且可应用于所有角色，以保留企业知识沉淀和最佳实践方式。

随着团队成员的成熟，他们注定会得到提升或进入不同的项目，承担不同的责任。典型的角色转换最多需要几周时间，在这个过程中，很多机构知识和最佳实践可能会丢失。

指导你的团队成员为其当前角色制订继任计划，鼓励他们关注使其自身和职能都取得成功的知识和最佳实践。通常，仅仅是明确记录知识和最佳实践的行为，就可以强化效果。这是职能构建过程的一部分。

培养初级团队成员以弥合技能差距可以激励高级团队成员，因为这使他们能够承担更多责任。指导和教授初级成员的过程也是对高级团队成员累积学习的强化。这样一来，继任就成为一个持续的过程，而不是你建立成功职能的道路上最薄弱的环节。

组织提供职业发展机会的计划是建立成功职能的重要组成部分。只有当团队成员觉得他们在组织中有发展的空间时，你才能充分发挥他们的生产力潜力。抓住办公时间，作为入职流程的一部分来指导新的团队成员，成为合作团队的联络点，并负责他们自己的成功规划，这些都是你衡量职能部门生产力并与明星团队成员建立工作关系的举措。

7.2　严谨——强化高水准的实践

严谨是为 DS 职能部门创造信任的工匠精神。将强大而严格的职能部门领导人与弱者区分开来的一个方面是他们对年度规划的处理。你可能经历过或观察过自下而上的极端的规划过程。这种做法往往缺乏重点，最终导致职能部门追逐的优先事项多于团队中数据科学家的数量。这种缺乏重点的情况会导致重要的项目无法获得足够的资源。而另一方面，当一个规划过程是自上而下驱动的，所产生的计划可能会要求不现实的目标，并疏远关键参与者，因为他们的观点和专家知识没有被考虑在内。

计划的严格性不在于计划的细节，而在于计划的方向和执行的灵活性。我们讨论了职能领导层规划的严格性，然后讨论了规划过程中需要更多关注的 2 个组成部分。

052 严谨的规划在于方向明确并为执行留有灵活性，不在于计划有多少细节。

其中一个组成部分是严格识别项目中的反模式，并迅速采取行动来解决它们。反模式是一些不良做法的模式，会导致项目失败，并失去高管、合作伙伴和团队成员的信任。我们强调了在项目规划、执行和完成方面的三种最主要的反模式，它们困扰着许多 DS 职能部门。

另一个组成部分是严格要求团队成员和合作伙伴对计划中的里程碑做出承诺。仅仅制订一个计划是不够的。与该计划保持一致涉及所有利益相关者的明确承诺，并就利益相关者的责任进行明确沟通。

7.2.1　年度规划严谨——优先事项，设定目标，灵活执行

一个成功而严谨的规划过程可以实现 3 个目标：突出先验知识，设定现实的目标，在执行中保持灵活性。最好的规划并不是最详细的。在 DS 中，许多问题、障碍和见解在规划过程中尚不清楚。在规划中预测他们意味着在现实的交付时间表中包含了灵活性，这样团队和合作伙伴就可以根据预期进行调整。

当你的公司有 100 多名员工，而 DS 团队有 10 多名成员时，规划过程可能会令人望而生畏。它需要高管、职能领导、合作伙伴和团队领导之间的合作，以探索未来的许多潜在路径，并在此路径上保持一致，设定合理的里程碑节点。如果不仔细对待，则可能会在探索和规划上浪费大量精力，在调整过程中可能会失去信任。

在领英、Airbnb 和 Eventbrite 规划最佳实践时，首先要明确自己的角色。
- 高管的角色：
  - 指定高层次的愿景和战略，以减少团队成员在最优先领域之外提出计划所浪费的精力。
  - 收集团队的反馈，整合项目并确定其优先级，从而使计划成为一个连贯的战略。
- 团队成员的角色：
  - 提出符合高层愿景和战略的计划。
  - 在开始执行之前，调整并确认最终计划。

更具体地说，规划可以采取 4 个步骤：
- 背景——领导层与团队分享他们的首要任务。
- 计划——各团队以建议的方式进行回应。
- 整合——领导将团队的建议整合到统一的计划中。
- 认同——强调差距和风险，设定目标并执行。

这些步骤如图 7.4 所示，让我们逐一看看这些步骤。

第 1 步：背景

规划的背景是对领导层认为的致胜之道的简明概述。这个规划过程的第一步包括两个阶段，其中第一阶段的可交付成果包括：
- 愿景和使命——理想的未来位置及其实现途径；

- 目标——特定时间范围内的特定结果；
- 战略——在时间范围内实现目标的途径。

图 7.4 4 步年度规划流程

- 战略支撑——3～5 个最高优先级目标，每个目标包括以下内容：
  - 描述——目标是什么？
  - 意义——如果我们不能实现它怎么办？成功会是什么样子？
  - 关键举措——实现成功的独特工作渠道。

作为 DS 的职能领导，如果这些事项尚不清楚，你可以与执行领导一起澄清。有时，领导团队可能会对某些细节犹豫不决。你仍然需要为你的团队准备一份书面的记录计划，这样你的团队就可以在尽可能多的背景下开始规划。

一旦确定了获胜的策略，并且最高目标的优先级反映了高管的想法，你就可以严格理解优先级背后的背景。这包括辨别高管们相信什么是真的，以及他们认为什么可能是真的。如果高管们的理解存在差距，则鼓励团队提出清晰的论点和相反的建议。

一套精心制定的战略支撑应优先考虑不超过 3～5 个重要的优先级目标。例如，面向消费者的成熟业务的战略支撑可能包括提高参与度、建立信任，以及在新的演示图中增加用户。任何更多的目标都可能表明，高管团队无法就优先事项达成一致。

规划过程的第二阶段可以在最高优先级目标明确后开始。在这一阶段，你将为每个最高优先级目标确定一个所有者，以制订关键计划，其中包括：

- 描述和策略——行动的过程是什么，我们为什么要采取行动？步骤的顺序是什么？

- 项目——功能之间的各种活动部分是什么？
- 时间表和影响——预期的时间范围是什么？如何衡量成功？
- 资源需求——工程、基础设施和营销支出需求是什么？
- 风险和依赖性——主要风险和初始缓解计划是什么？

最重要的目标和计划不需要与现有的组织结构保持一致。随着规划过程的进行，组织可以围绕最高目标进行重组，而不是试图迫使目标适应当前的组织结构。

被分配给最高目标的负责人应该是最了解最高目标的，而不一定是向你汇报的 DS 领导。这样做的目的是在公司愿景/使命和目标中详细说明最重要的目标，以便下一步的项目规划尽可能集中。

第一步的两个阶段完成后，你可以与更广泛的团队分享接下来 3 个步骤的时间表。以下步骤是项目计划、整合、认同，每个步骤可能需要 1～3 周的时间。

第 2 步：计划

在规划流程的第 2 步中，每个最高优先级目标的领导者都会组建一个团队，并根据第 1 步中建立的执行环境启动项目计划。在这一步中，背景是建议和讨论。如果团队认为战略或时间表存在重大挑战，那么现在是提供替代建议的时候了。

我们在 2.2.2 小节中讨论了项目级规划。对于规划，项目的动机来自最高优先级目标，项目的定义是关键举措。团队的规划工作主要是阐明解决方案架构，估计执行时间表（以工程月或季度为单位），并集体讨论项目风险。

在这一步中，必须验证项目定义是否有助于公司推进目标建设。你可以通过量化合作伙伴职能（如销售或客户服务）的潜在投资回报率来实现这一点，并得到他们对项目目标是否能产生影响的确认。

计划负责人可以确定一名团队成员，以团队计划的初稿开始计划过程，然后与团队一起迭代草案，同时从高管那里获得早期反馈。为了使计划切合实际，团队需要确认所有利益相关者是否接受。

当计划提案符合执行背景、具有重要且可实现的影响、所需资源明确和清晰时，就可以提交了。计划负责人还应该向团队设定一个期望，即无论计划提案多么完善，当你收到高管的反馈时，都会有变化。

在运行良好的流程中，计划负责人有机会亲自向管理人员介绍计划，以解决提案中的任何潜在差距。面对面会议可以帮助高管在年度规划的整合步骤中做出明智的决策。

第 3 步：整合

当团队评估了最高优先级目标的影响和风险后，执行团队就要做出一些艰难的权衡。整合步骤的目的是让执行团队对计划进行优先排序，分配资源，并将所有计划整合到一个有凝聚力的公司战略中。

在做出这些艰难决定时，高管们要问自己的重要问题包括：

- 最重要的项目是否有优先顺序和资金支持？
- 每个受资助的项目是否都有积极的投资回报率？
- 我们有多大把握让合适的团队开展合适的项目？
- 我们如何才能增强这种信心？

- 团队是否足够雄心勃勃？还是过于野心勃勃？
- 公司做得太多了吗？

综合计划应该尽可能简单。在执行过程中，市场波动和新的优先事项频繁出现。如果这个计划在现阶段看起来很复杂，那么以后执行起来会非常困难。

第 4 步：认同

认同步骤是一个关键步骤，可以建立或打破高管与其团队之间的信任。最终确定的计划首先与最高优先级目标的领导者及其组建的计划团队共享。这是为了确保没有遗漏任何关键内容。在整个公司共享计划之前，你可以通过获得他们的反馈并在最后一刻进行调整来建立信任。如果你只是给他们一个快速的提醒，而没有解决他们的担忧，你最终可能会失去信任。规划团队花了很长时间整理项目计划的细节，并寻求合作伙伴的协调。当他们的项目在没有明确叙述的情况下被削减时，或者当他们在缺少一些资源的情况下无法再致力于目标时，他们可能会对未来的另一次规划工作感到失望。

作为高级领导团队的一员，应确保在优先顺序决策中避免意外，并尽早分享决策背后的理由；帮助团队了解决策的来源，并让他们对下一个项目感到兴奋。

在职能领导层，你将接触全公司的年度规划流程。此过程中的许多实践和关注点也适用于季度规划。有了这 4 个步骤的规划流程作为参考，你可以努力在年底前为你的职能部门制订一个明确的年度计划，并为你的职能在新的一年中取得成功做好准备。

7.2.2 在规划、执行和完成项目时避免发生反模式

软件工程和 DS 中的模式是对经常发生的问题的可重复使用的解决方案。反模式是指那些会导致项目失败，并导致高管、合作伙伴和团队成员失去信任的不良实践模式。

有很多善意的数据科学家因陷入反模式的做法而导致项目失败。一个严谨的职能部门领导应该注意这些反模式，并引导团队尽快摆脱它们。我们强调了 3 个顶级的反模式，分别在项目计划、执行和完成方面，它们困扰着许多 DS 项目。

- 项目规划——规划灭亡的模式；
- 项目执行——消防演习的模式；
- 项目完成——弃之不管的模式。

053

> 一位严谨的职能领导者会注意避免项目规划、执行和完成中的反模式，例如"因过度规划而失败"的模式、"救火式操作"模式和"推卸责任"模式，并尽快引导团队摆脱这些反模式。

1. 项目规划：规划灭亡的模式

在 2.2.2 小节中，我们介绍了技术领先者的项目规划过程。虽然计划对于调整项目的预期至关重要，但一个项目在有仔细的计划的条件下也可能会失败，也就是按规划死亡的模式。有 2 种故障模式需要注意：

- 计划是在项目开始时制订和审查的，但没有根据执行情况进行更新或跟踪。许多执行中出现的问题没有及时与利益相关者沟通。当截止日期到来，项目尚未完成时，利益相关者会感到惊讶。这种情况经常发生在组织中，其重点是控制进度，而不是

交付结果。

■ 一个计划过于复杂,显示了大量无法追踪的细节。人们认为一切都在掌控之中,而把太多时间花在计划上,而不是交付结果上。如果出现延迟,则需要花费太多时间更新计划,这会导致进一步的延迟和更多的重新规划。

造成这些故障模式的原因在于缺乏务实、常识性的计划、日程安排和跟踪方法。项目计划的详细程度只需与你能跟踪的里程碑节点相当即可。

作为一种解决方案,对于 DS 项目,5～10 天的里程碑节点通常足够详细,因此我们可以在计划中细化这些细节,并在每周的基础上评估我们实现目标的进度。每个里程碑节点都应该有一套可验证的可交付成果和验收标准,这样我们就可以确信我们已经达到了这些目标。此类里程碑和关键交付物的示例包括:

■ 架构审查;

■ 模型原型;

■ 单元测试套件已完成;

■ 所有 P1 错误已修复;

■ A/B 测试计划;

■ A/B 测试结果分析;

■ 特征渐变。

计划的目的是通过制定项目的方向、确定项目的交付范围和预测项目的失败来增加项目成功的机会。项目跟踪为团队提供早期反馈,以做出回应并使项目回到正轨。以下是一些良好的跟踪状态:

■ 按计划进行——团队预计项目将按计划完成,没有新的风险。

■ 交付——项目按照验收标准完成,并被赞助商或客户接受。

■ 提前交付——该项目正在进行中,预计将比预期提前完成。

■ 有风险——项目遇到了问题,通过赶工仍有可能按时交付。

■ 延迟交付——项目遇到了问题,如果没有额外的帮助,交付将被推迟到新的日期。

按计划进行的状态和交付状态是不言自明的。为了突出其他几个状态,提前交付状态对于交付团队来说是成功的,这一点很重要。作为一名职能领导,你会想检查提前完成里程碑的原因,而不是浪费时间。是否有一些最佳实践可供分享?没有发生预期的风险吗?是否有一位富有创造力的团队成员做出了一些卓越贡献?如果计划是正在进行的,你有责任在计划中避免故意降低预期,这样未来的计划就不会不切实际。如果预期被故意降低,那么你需要与技术负责人讨论降低目标的风险,因为有希望的项目可能会因低投资回报率而被取消或降低优先级。

当一个项目处于风险中时,与计划的里程碑相比,该项目会被延迟,但在项目领导的能力范围内,仍然有一条道路可以让它回到按时交付的轨道上。作为一名职能领导,现在是时候向项目负责人表示感谢,在需要时通过提供支持来加强及时沟通,并授权技术负责人解决进度风险。当技术负责人能够学会通过延迟来管理项目时,它可以让你从更具战略性的角度来领导。

当项目延迟时,如果不调整范围、资源、截止日期或以上所有内容,项目就无法按时交付。你可以授权技术负责人与项目利益相关者合作,提出选项,以便项目发起人可以选择并批准变更。在可能的情况下,你可以通过调整资源来加快项目进度,同时澄清延迟对其他项目的影响,并通知所有利益相关者,从而支持你的技术领导。目标是在新的可实现范围或时间表上保持一致,以便项目能够交付。你的支持可以在你和你的团队领导之间建立信任,并为 DS 职能部门更好地合作以成功交付项目铺平道路。

2. 项目执行:消防演习的模式

消防演习的模式发生在 DS 项目已启动但由于设计、数据、流程、日程安排或团队分工而延迟时。冒着被取消的风险,该团队不顾一切地试图在很短的时间内完成该项目,在范围和质量上做出了妥协,并在这个过程中产生了大量的技术债务。

实际上,一些技术领先者可能会受到这种模式的激励。在项目的正常过程中,规范和体系结构在被宣布为可接受之前要经过严格的审查和迭代。在消防演习的模式中,管理团队可能会接受任何能够在截止日期前完成项目的规范和架构。这种紧迫性可以让技术负责人更容易通过规范和架构审查,而不必冒着在未来偿还技术债务的风险。在消防演习场景中无法执行严格的 DS。下面是消防演习场景无法执行严格的 DS 的几个潜在根本原因,以及你的领导层可能提出的解决方案:

- 分析瘫痪原因——团队陷入了一段漫长的分析和规划期,压缩了开发进度,导致了"消防演习"。项目分析和规划阶段的完成应有明确的里程碑。作为职能负责人,你可以指导技术负责人将项目置于风险状态或后期状态,以在将其移出分析和规划阶段时引起对项目的关注。
- 示意图工程——该项目处于架构原理图阶段,无法通过审查流程。作为一名职能领导,你可以认识到这种问题,并将项目推进到原型阶段,以证明任何潜在的技术风险,而不是在纸上讨论理论问题。
- 细节不明确——利益相关者不能就一些输出细节达成一致,项目就会卡在规划阶段。作为职能部门的领导,你可以指导技术负责人对项目的内部和外部部分进行架构,使内部组件能够灵活地支持输出格式的变化,而利益相关者则在以后完善具体的外部规划。

3. 项目完成:弃之不管的模式

当产品由一个团队开发,并打算由另一个团队操作时,就会出现弃之不管的模式。对于 DS 项目,当 DS 团队开发的模型由产品工程或现场可靠性工程团队维护时,就会发生这种情况。

当模型的代码可能已经完成,但尚未经过严格测试且文档记录不完善时,就会出现弃之不管的模式。缺乏输入和输出异常监测也使得模型在运行中容易出现意外行为,导致用户体验下降。

这种反模式的出现可能有几个潜在的根本原因。我们在这里探讨这些问题,并讨论可能的解决方案:

- 项目计划不够全面,无法为测试、记录和监测输入漂移和输出异常分配时间。作为一名职能领导,项目建议书应保持高标准的完整性。项目完成的预期应与将运行可交付成果的团队保持一致。你有责任为项目规划引入严格的标准。
- 由于早期阶段的延误、公司优先级目标的变化或资源限制,项目范围被削减。作为一名职能领导,你应该对削减范围对科技债务的影响设定明确的预期。削减某些领域可能是一个合理的制衡,但也应该明确提出所创造的科技债务的偿还计划。如果技术债务得不到及时解决,随着时间的推移,一个项目可能会对最终用户体验产生重大影响。

- 个人的执行问题可能是导致项目缺乏测试、文档或监控的原因。作为一名职能领导,你可以调查这是否是系统性的入职流程薄弱,系统性缺乏高级技术领导的指导,或个人能力或动机问题的症状。如果问题有系统性原因,那么可以改进流程,以减少未来发生的情况。如果是个人问题,那么最好在影响团队和合作伙伴的士气之前,了解个人更深层次的担忧。

作为一名职能领导,反思项目反复出现失败的根本原因是收集和记录这些反模式的绝佳方式。反模式为未来发现和纠正情况提供了丰富的制度知识。

7.2.3 用严谨的承诺确保合作中互相尊重,建立信任

承诺是对产生结果或输出的个人责任的声明。团队与合作伙伴的一致性是一种承诺形式,表明双方已达成一个共同目标,即在特定日期通过某个过程交付成果。确保合作伙伴和团队成员的承诺是项目协调和执行的关键。然而,语言和理解上的模糊性往往会成为障碍。

你是否遇到过这样的情况:你认为已经做出了承诺,但其他各方有不同的解释?我们可以利用严格的承诺技巧来最小化这些模糊性。

协调 DS 项目的承诺可以采取不同的形式。作为有效的职能领导,你可以首先注意并遵守各种形式的承诺,严格执行明确承诺,并从其他人那里征求明确承诺,以成功协调项目。

1. 承诺的形式

即使是简单的承诺,也会有明显的组成部分,如果缺失这些组成部分,则会降低你的团队的效率。例如,当你承诺接受一个合作伙伴的要求时,不管这个要求有多模糊,严谨意味着你将明确在特定时间内交付结果的满足条件。你还应该与合作伙伴确认接受请求的后果,包括降低与合作伙伴的其他项目的优先级,在项目期间协调投入和审查,并期望在未来的合作中团队之间有更好的工作关系。

在工作场所,你可以观察到 5 种形式的简单承诺:许诺、请求、断言、评估和构成性声明,如表 7.3 所列,每一项都有明显的组成部分,必须加以规定,以明确承诺。如果没有明确定义和履行承诺,你可能会失去对团队和合作伙伴的信任。

表 7.3　5 种形式的简单承诺及其组成部分

承诺形式	组成部分
许诺	满足的条件和完成的时间框架
请求	要求一个具体的承诺以及接受或拒绝的后果
断言	根据要求可以引用的对事实或真相的声称
评估	有根据和逻辑推理的解释或判断
构成性声明	目的和界限的声明

让我们从 DS 职能部门的背景中更详细地了解每个承诺：

■ 许诺——许诺是在特定时间内产生令人满意结果的承诺。例如，你可以向产品经理承诺，你将在周五之前提出一份分析报告和一份建议，并对下一步提出建议。反过来，产品工程合作伙伴也可以承诺跟踪用户行为，并在周三之前以特定形式向你提供跟踪数据进行分析。

为承诺指定一个时间范围是至关重要的。稍后我们将讨论"着手做"的承诺为什么不是承诺，因为你无法在承诺完成后协调行动。

■ 请求——请求是要求他人做出具体承诺的承诺，以及接受和拒绝请求的意愿和能力。

后果可以是自然的或强加的。自然的后果是在一个人接受或拒绝你的请求时自然发展的情况。情况可以包括：如果请求被接受，公司的倡议就会成功，或者通过满足请求为未来的合作建立信任和能力。强加的后果是你可以对你提出请求的人施加的情况，包括对成功执行的奖励或奖金，或对拒绝请求的绩效惩罚。

作为职能领导，你有权在你的职能部门中为团队成员带来积极和消极的影响。当使用强制后果时，后果必须足够重要，才能让你的请求被接受。你还需要愿意遵守强加的后果。如果你不能完成奖励或考核，你强加的后果在未来不会有什么影响。

在工作场所，向团队成员和合作伙伴提出要求时，自然的后果总是首选。这是因为与强加的后果相比，自然后果消除了在贯彻执行方面的意愿和能力限制。如果你的团队成员或合作伙伴接受或拒绝你的要求，自然的后果就会落到实处。如果你正在为想法而苦恼，想想对组织、个人、你自己以及你与他们的关系的自然后果。

出于这些原因，向团队成员和合作伙伴自己澄清后果，尤其是重大的自然冲突，可以使你的请求更有力，从而增加你的请求被接受和满足的机会。

■ 断言——断言是对真理和事实主张的承诺。当我们分享成果或对未来的道路提出建议时，它们无处不在。正如 3.2.1 小节所讨论的，科学的严谨性是组织中其他成员对我们工作的期望。你的职业声誉岌岌可危，所以要根据要求准备好推荐信。

同样，当我们听到来自合作伙伴或市场的断言时，我们应该知道这些断言的严格性的基本标准，这样我们就可以对我们的结果和建议有适当程度的信心来利用它们。

■ 评估——评估是对解释或判断的承诺。数据科学家使用定量标准，通过数学和逻辑上严格的方法来解释情况。我们的分析和预测模型的输出是对过去和未来的评估。当我们严格地分享评估时，我们不仅分享我们的解释或判断，还分享它们的基础和逻辑推理。这也是为什么在做出重要决策时往往需要进行可解释的分析和模型。当我们接受评估时，我们也有机会在接受之前检查评估背后的基础和逻辑推理。

■ 构成性声明——构成性声明是对存在方式的承诺，例如，通过构成的职业身份、项目章程或团队章程。对于数据科学家的职业身份而言，其承诺是严格地产生具有积极商业影响的可靠定量结果。项目章程承诺通过具体的交付物解决客户的难点。团队章程致力于明确团队方向，同时确定边界。在项目和合作伙伴团队中工作的严格要求是理解他们的章程，并按照声明的角色和职责工作。

在使用整体体制作为结构的组织中，需要流畅的构成性声明。在整体企业中，文化提倡自我管理的单位或小组的层次结构，每个单位或小组都有自己的管理程序,以构成团队,定义角色,做出决策,并评估绩效。像 Zappos 这样的公司已经成功实施了这种组织结构。10.2.4 小节将更详细地讨论作为一种组织结构的整体性。

当你做出并接受承诺时,作为 DS 职能领导,你的严格要求是与你的团队和合作伙伴一起理解并澄清这些承诺的组成部分,以便建立长期信任。

2. 对承诺的承诺

明确承诺后,你可以询问团队成员或合作伙伴是否可以做出承诺。你可能会得到这样的答案:

- "我试试看。"
- "我可能可以做到。"
- "我会尽力的。"

这些回应听起来像是承诺,但事实并非如此。你只能预期 3 种类型的响应:

- 明确的承诺包括承诺的内容和时间范围。
  - 例如:"是的,我承诺在周五之前交付产品。"
- 用提案重新协商承诺条款。
  - 例如:"不,我不会承诺这个提案,但我可以尽可能保证在下周五之前交付。"
- 拒绝承诺。
  - 例 1:"不,我不会承诺——我会努力。"
  - 例 2:"不,我还不能承诺。我需要仔细考虑一下。"
  - 例 3:"不,我还不能承诺,但我明天会给你回复。"

寻求承诺的目的不是强迫你的团队成员或合作伙伴做出承诺。这是一个了解他们是否能承诺的机会,如果不能,那么他们不能承诺的原因是什么?

在承诺对话中,当你的团队成员或合作伙伴对承诺回答"是"时,严格的做法是总结承诺的条款,以进行第二次确认。例如,你可以再次确认"很好。总之,你承诺在周三之前在数据库中交付每日跟踪数据。对吗?"如果你的团队成员或合作伙伴对此反应迟疑,那么最好是确认出潜在的风险,并立即采取措施减轻风险,而不是希望数据会在周三公布。

在承诺谈话的最后,如果承诺不能在商定的日期前履行,应尽早提出沟通要求。这可以最大限度地提高承诺得以履行的机会。

以书面形式发送后续通知,总结双方同意的承诺也是一种良好的礼仪。当你与团队经理的合作伙伴交谈时,他们可能会将承诺委托给他们的团队成员。书面总结可以最大限度地减少承诺的某些组成部分丢失的可能性。

作为一名职能领导,你的严谨性可以体现在宏观层面,如全公司的年度规划;也可以体现在细节层面,如通过协调对话确保承诺。这些实践是你在高级领导岗位上发挥有效作用的基本工具。对于你的团队成员来说,这些实践也是很好的沟通主题,让他们能够更有效地开展工作。

7.3　态度——积极正向的思维

态度是你处理工作时的情绪。作为一个职能部门的领导,你监督团队成员以积极和顽强的精神来克服困难(见 3.3.1 小节)。当项目成功或失败时,你建立一种制度化学习的文化(见 5.3.3 小节)。你指导新经理根据制造商的时间表调整经理的时间表(见 5.3.1 小节)。随着时间的推移,这些都是你将授权和指导你的项目和团队领导采取的做法。那么,在领导 DS 职能部门时,总监或首席数据科学家的态度是什么?

随着团队的发展,团队的多样性变得更加重要。作为一门量化的学科,我们倾向于将多样性简化为比例和构成的问题。虽然这些比例很重要,但它们落后于多样性这样一个指标。为了建立一个生产性的功能,多样性的影响要更深远。7.3.1 小节强调了多样性和生产力之间的关联和潜在因果关系。

如果把多样性比作邀请某人参加聚会,那么包容就可以比作请他们跳舞。在专业环境中,包容意味着倾听人们的意见,尊重他们的喜好,并积极征求他们的意见。7.3.2 小节讨论了如何承认和加强思想的贡献,以及如何让团队成员感到参与到他们的工作中。

作为一名职能部门领导,多样性和包容性是你可以做到的,而成功的真正衡量标准是团队成员的归属感,这需要团队成员之间更深层次的信任,而这种信任只能通过时间培养。归属感是一种挑战,很难建立,也很容易打破。让它发挥作用可能意味着技术债务和人才流失都很严重,并压垮一个具有深厚知识和富有成效的数据科学家库。7.3.3 小节讨论了如何在你的 DS 职能中培养归属感,以使团队成员全身心地为团队做出贡献。

054　多样性是邀请参与,包容性是主动邀请互动,归属感是让人自在融入。

多样性、包容性和归属感都有助于 DS 功能的积极态度。它们不是 DS 独有的,但考虑到 DS 职能可以为公司带来广泛的影响,你可以抓住一些独特的机会,让我们深入了解一下。

7.3.1　接纳团队成员的多样性,促进成员安全感

多样性说明了人们的相似之处和不同之处。人们经常讨论的多样性维度包括:种族、性别和民族。实际上,多样性还有更多的维度,包括一些可见的维度和一些不可见的维度。图 7.5 展示了多样性的各个维度,包括许多超越种族、性别和民族的维度,当你第一次遇见或与某人合作时,这些维度是看不见的。

就像在 DS 的任何高维空间中取样一样,即使你有一个成员很少的团队,他们仍然可以在图 7.5 所示的许多维度中代表不同的背景。这一特点使得多样性成为大大小小的团队的重要课题。

当你认识到团队中的多样性时,当团队成员感到安全地与团队成员分享他们在多个维度上的深层经验时,你还会发现其他好处。在众多的维度中,团队成员能够发现某些维度的共同属性的可能性大大增加。同时,这也导致了邦费龙(Bonferroni)校正的统计效应,即当多个假设被测试时(在这种情况下,当多个维度被比较时),观察到罕见事件或意外匹配维度的机会增加。

1. 促进多样性不仅仅是一项社会事业

促进多样性不仅仅是一项社会事业。它具有真正的生产力和业务影响。具有不同背景的 DS 团队在识别新的商业机会方面更具创新性。一个现实案例来自阿里巴巴的互联网金融子公司蚂蚁集团,它是中国最大的电子商务门户网站的一部分。一个客户的 DNA

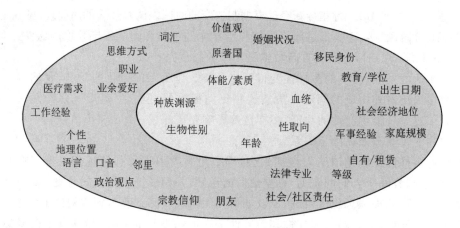

图 7.5　多样性的各个维度

项目提取了阿里巴巴电子商务网站上各种类型的客户购买行为之间的关系。众多发现之一是紧身衣购买和智能手机屏幕维修之间存在密切的关系。

要获得这种类型的发现,DS 团队需要具备多种背景,以识别数据背后隐藏的社会概念。基于这一发现,蚂蚁金融开发了一款智能手机屏幕维修保修产品,并将其销售给购买紧身服装的人。该产品一直获得良好的吸引力。

另一个现实案例可以在消费贷款行业中看到。许多发达国家缺乏集中的消费信贷系统,因此公司一直在使用手机账单记录和电子商务购买记录来评估贷款申请人的信誉。虽然一些信用建模团队专注于传统特征,如支付和拖欠历史,但背景更加多样化的团队希望更具包容性。具有呼叫中心分析和电子商务背景的数据科学家成功地发现了有效且新颖的功能,例如,电子商务记录中的通话时间和商品退货率:

- 通话时间——通话时间与贷款风险之间存在着深刻的联系。银行和贷款机构发出的逾期付款提醒和催收电话都是在正常营业时间从呼叫中心发出的。许多最近拖欠贷款的申请人在正常工作时间关掉手机,只在晚上和周末使用手机。手机使用行为的改变可以表明财务压力,而这种压力比公开的法律拖欠记录可以更早地被观察到。

- 商品退货率——商品退货率和高拖欠率之间也存在相关性。虽然确切的因果关系尚不清楚,但人们可以推测利用收益政策损害商户利益的道德风险,以及这将如何表明借款人偿还贷款的可能性。

如果没有一个经验丰富的 DS 团队,识别这些特性是不可能的。它们是你考虑通过建立不同的 DS 团队来产生真正的商业影响的具体方式。

2. 识别多样性的技术

在处理诸如多样性等敏感话题时,一些团队成员可能会有多年形成的强烈观点。最近的管理研究表明,在小组环境中,体验式学习环境最好能说明共同的盲点,分享经验,并允许就多样性提出问题。

体验式学习是一个过程,在此过程中,知识是通过在群体环境中转换经验而产生的。它的有效性仅次于第一手经验。体验式学习创造了一个承认多样性的专业环境,让团队成员培养他们的文化意识,并负责分享他们的观点。

这些小组会议需要制定基本规则,以避免特定与会者的即兴评论损害团队内的工作关系。设置安全空间时,你可以参考以下 4 条基本规则:

- 平等空间;
- 提前检查你的假设;
- 保留做人的权利;
- 进行协商一致的对话。

为了使空间平等,讨论的细节应该保密。保密性鼓励对多样性进行更有影响力的公开讨论。你可以分享经验和教训,但不能说闲话,也不能确定谁说了什么细节。更有发言权的团队成员应稍作保留,让其他人有时间发言。不那么直言不讳的团队成员应该试着大声说出来。在表达不同意见时,应针对想法或做法发言,而不是针对有不同意见的人。在对话中,每个人的真实性都是同样值得肯定的,所以在你进行多元化对话时,团队可以尊重多种观点。

要提前检查你的假设,不应该对别人的言论进行评判,也不应该对你的言论进行免责。每个人都作为个人而不是作为群体的代表发言。使用"我"的陈述来谈论你自己的观点,例如,"当你的行为是 Y 时,我感到 X",以表达你的知识。在多样性讨论中,每个人都应该相信团队的共同意图,即更多地讨论和学习关于一个复杂的话题。

为了保留做人的权利,当团队成员带着情绪化的评论越过基本规则时,请让他们休息一下,因为他们可能会度过糟糕的一天,但一定要礼貌地指出这一点。在考虑不同的观点时,通过强调团队成员在文化、种族、阶级、性别等方面的渊源,尊重背景的多样性。适当地承认讨论中的情绪,因为多样性的话题可能对某些人比其他人更敏感。如果有些评论对某些人来说过于敏感,那么就以大局为重,给予原谅。

要在这些学习中进行协商一致的对话,请通过适当的眼神交流来集中注意力,检查身体语言,询问并使用团队成员喜欢的代词来练习积极倾听。在会议中,鼓励每个人积极发言,但每个人也有权保持沉默。如果有人被迫发言,那么他们很可能不真诚,这可能会为谈话提供不好的数据。对话中的每一方都有平等的责任,如果你提出了问题,就应该发言寻找解决方案;如果你提出了解决方案,就应该界定问题。

许多 DS 从业者面临的挑战是,虽然科学是基于客观观察,但社会问题的真相是主观的,其取决于观察者的背景。尤其是当涉及到一个故事给人的感觉时,往往不止有一个真相。作为 DS 从业者,我们在建立关系以促进 DS 功能的多样性时,必须接受多样性的概念。

有了这些基本规则,多样性的学习可以首先专注于了解我们自己的多样性属性。一种方法是写下并分享我们如何在图 7.1 中列出的维度中识别自我。然后,我们可以列出自己的 5 大维度,并与团队分享。在这个练习中,你很可能会发现你的队友认同的许多方面在你的日常工作中没有出现。你还可能会发现一些维度,在这些维度中,你共享以前不明显的共同属性。当我们了解团队成员对自己的认同时,我们就可以开始讨论了。

3. 促进多样性的技术

在促进多样性时,有许多最佳做法可以考虑,也有许多陷阱可以避免。认识到你的职能部门已经存在的多样性是很容易的。引进具有更多多样性背景的新团队成员可能更具挑战性。

在许多成功的、快速增长的 DS 职能部门中,满足增长的招聘目标已经很困难了。对招聘经理来说,多样性的要求是额外的压力。满足多样性要求对招聘经理来说尤其具有挑战性,因为他们经常与人力资源团队采购的候选人管道一起工作。

反过来,人力资源部门的人才招聘团队是以他们成功招聘的经验和他们使用的机器学习的搜索排名算法为指导。搜索排名工具通常被训练为促进过去产生更多兴趣的候选人类型。因此,对 DS 候选人的历史文化偏见持续存在,并以许多根深蒂固的方式反馈给自己。

再加上社会因素,当多元化的候选人考虑加入你的职能部门时,他们往往会关注你的团队的现有多元化。因此,你的团队中最具挑战性的多元化招聘可能是你的第一个多元化招聘。

作为一个职能部门的领导,你有哪些最佳做法可以实施,以使其对相关的利益相关者公平?你可以考虑采用 2 步法来确定基准,然后推动变革。

(1) 基 准

作为 DS 职能部门的领导者,如果你的招聘行为中没有偏见,那么你可以首先阐明预期的多元化团队成员的数量。然后,你可以估计你的公司与同行的地位。例如,如果你要建立一个 12 人的团队,那么你是否应该以 6 名男性和 6 名女性数据科学家为目标?

2020 年,美国所有数据科学家的男女比例约为 7:3。为了检查你的团队在性别维度上是否是一个无偏样本,你可以使用 $p=0.3$ 的二项分布,来评估团队成员的数量。如果你的平均值在一个标准差之内,那么你在招聘过程中出现系统性性别偏见的可能性很低。

例如,如果你领导的是 12 名数据科学家,假设你的团队是美国数据科学家群体的随机样本,那么你应该预计团队中平均有 3～4 名女性数据科学家。如果你的团队中有不超过 2 名的女性成员和不低于 11 名的男性成员,那么你将与美国数据科学家的平均性别比相差不止一个标准差。

对于许多公司来说,候选人库仅限于本地候选人。你也可以用当地的候选人库来衡量你目前的团队组成。假设你的公司位于美国最大的大都市之一——洛杉矶。在这种情况下,拥有数据科学家头衔的专业人士的男女比例为 26%～74%(见图 7.6)。在你的 13 名成员团队(你和你的 12 名成员团队)中有 2 名女性数据科学家,这将使你在当地候选人库平均值的一个标准差之内。具有地理分布团队的公司可以利用跨多个地点的团队多样性来提高业务决策的质量。

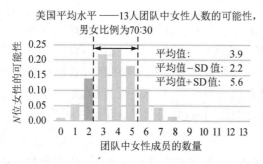
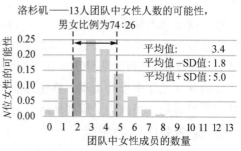

图 7.6 数据科学团队多样性的男女比例基准

（2）推动变革

多样性比率是一个公司的招聘和员工工作的结果。如果目前的多样性水平是不可接受的，你可以考虑纠正招聘或工作环境中的潜在偏见。你可以推动变革的一个地方是在人才漏斗的顶端。

首先，公开的职位应该被广泛宣传，所以每个人都有机会申请。其次，在寻找候选人时，为了抵制搜索和排查人才时的任何偏见，你可以要求在做出雇用决定之前，至少要有一定比例的不同候选人接受面试。招聘决定仍然可以是基于业绩的，招聘经理可以被授权专注于将合适的人才与合适的机会相匹配。

为了从根本上缩小 DS 的性别比例差距，我们作为一个领域可以激励不同背景的人成为下一代数据科学家和 DS 领导者的一部分。我们想邀请大家和我们一起踏上这段改善领导 DS 的人才多样性的旅程。

7.3.2 通过反思自己的行为，在决策中践行包容性

为了给你的职能部门创造一个安全和谐的工作环境，团队中只有具有不同背景的成员是不够的。你还需要承认和欢迎他们不同的文化背景并尊重每个人。

包容的概念可能比多样性更微妙，因为没有衡量其成功的硬性标准。我们从讨论和学习的角度突出挑战，以对比积极和消极的情况及其后果。

为了反思你在领导该活动中的行为，你可以问自己以下问题：

- 当我选择所有人或团队出游的时间和地点时，我传递了什么信息？
- 在为会议、电话、午餐、晚餐、委员会和拓展任务挑选与会者时，包括谁或不包括谁？
- 我对谁表现出了指导职业目标、项目、团队和机会的兴趣？
- 在会议上或书面上要求反馈时，包括谁或不包括谁？
- 如果我征求意见并最终转向另一个方向，我是否解释了为什么我没有按照别人的想法行事？

无论是有意还是无意，偏见都可能造成不包容的现象。仅仅声称一个人没有故意的偏见是不够的。我们都是在某个环境中长大的，有着某些假设，这些假设在我们的潜意识中形成了一些偏见。

055

> 无论是否有意的偏见都可能使一些团队成员感到在被排斥。在选择会议或活动时间、地点、参与者，以及对哪些人表现出兴趣以指导其职业目标、项目、团队和机会时，要警惕潜在的偏见。

例如，当你有一个具有挑战性的项目，可能需要短期加班才能获得晋升机会时，你是否会将其提供给 1 名男性或 2 名年幼子女的母亲，他们可能具有同等资格？如果你选择了单身男性，你是否以最好的意图做出决定，还是对你的团队成员的职业前景存在一些偏见？

1. 包容性的挑战：微举动

在包容性方面，许多常见的挑战来自于微表情，即办公室中弥漫的有意识或无意识偏见，其可能会伤害团队成员的感情，使他们感到不受欢迎，或损害他们的长期职业生涯。

在上面的例子中,如果团队成员是两个年幼孩子的母亲,却被反复错失机会,那么这是一种微表达和不包容的形式,尽管可能有任何良好的意图。偏见可能来自一种刻板印象,即幼儿的母亲不能同时优先考虑家庭和工作责任。更有效的方法是向母亲提供选择,并将其纳入决策过程。有很多女性可以同时兼顾家庭和工作。而我们大多数人在考虑给年幼孩子的父亲更多责任时,不会对他们持有类似的偏见。

有3种类型的微举动会破坏包容性文化:微攻击、微侮辱和微评价。

微攻击是有意识和故意的歧视行为。当匿名发表评论,在其他志同道合的同事之间讲冒犯性的笑话,或者当一个人情绪激动并失去控制时,这种情况经常发生。当你看到它们时,很容易识别。

微侮辱是指对一个人的身份或遗产不敏感的评论或行动。行为人通常不会有意识地意识到其行为的有害性。例如,"对于一个亚洲的数据科学家来说,这是一套相当自信的结果";"对于一个分析师来说,这个模型是相当严格的";或者"你是这里最聪明的金头发数据科学家"。这些话表面上看是一种赞美,但却隐藏着侮辱性的信息。

微评价是指无视或否定成员的想法或感受的评论或行动。例如,少数群体成员被告知他们过于敏感,这使他们的情绪无效;亚裔美国人反复被问及他们来自哪里,这暗示他们在自己的国家是外国人;团队成员提醒他们的同事,他们生活在一个后种族社会,会使他们受到不同的对待。

这3种类型都会让团队成员失去参与感,并强化偏见,破坏你为团队决策过程中的每个人提供安全环境的努力。

2. 减少偏见的技巧

减少偏见的第一步是对自己的偏见进行盘点。每个人都有偏见,这是他们的成长经历和人生旅程的一部分。即使是网飞公司(Netflix)的战略副总裁弗纳·迈尔斯也承认她在一次商业飞行中的个人偏见:当她在空中遇到湍流时,她对自己的安全感到担忧,因为机上的机长恰好是女性。她注意到了自己的偏见,因为她在回程的航班上遇到了类似的湍流,而机上的男机长却没有感到丝毫的担忧。

在工作中,你可能会遇到许多坎坷和挑战的情况。当我们处于压力之下时,我们会本能地依赖我们的个人偏见,特别是在为了我们自己的生存而应对各种情况时。

作为职能部门的领导,你可以先从否认和承认自己的偏见开始减少偏见。在面试应聘者、管理新员工和选择技术供应商时,你会注意到什么让你感到兴奋。你在简历中关注和忽略了什么? 这些年来你资助或指导过谁?

为了削弱你的偏见,通过脱离直觉思维和分析思维来减缓你的决策过程。记得检查你是如何做出对团队成员很重要的决定的。

与不同职能和背景的团队成员建立密切关系也有助于削弱你的偏见。刚开始的时候可能会感到不舒服,因为有很多不熟悉的话题,谈话可能会感到尴尬和奇怪。重要的是要克服不适,形成更深层的联系,这样的关系可以克服你现有的任何偏见。

偏见和微举动会在工作场所造成不适和压力,并导致团队成员脱离工作。要学会包容,就需要注意这些微举动何时出现,并将其拿出来反思,使其成为提高包容性的时刻。即使是在假期或团队午餐期间,不说出偏见和不做出微举动的行为也可以被解释为接受甚至认可。

没有人是完美的。当你造成了一种微伤害时,需要真诚地道歉。如果其他人经历了轻微的攻击,那么确保事后慰问被攻击的人,可以让他们感觉自己是团队中的一员。应该鼓励每个团队成员发挥自己的作用,积极指出偏见和微偏见,以确保你的 DS 职能部门有一个包容的环境。

7.3.3 培养团队归属感——平稳期主动,动荡期被动

当你认识到并促进了团队的多样性,并在决策中实践了包容性,你就可以开始培养职能部门的归属感。在一个多样性有限的团队中,团队成员之间可以有许多共同的属性来推动归属感。在一个多元化的团队中,推动归属感可能更具挑战性。

归属感可以通过主动和被动的方式推动。在职能部门稳定增长的时候,你可以用一套技巧来主动推动团队的归属感。在职能部门动荡时期,当外部因素威胁到公司的文化和团队时,你要对外部因素做出适当的反应。

这些不是简单的任务!让我们逐一探讨这两种情况。

1. 主动推动归属感

在正常情况下,以下是 3 种积极主动的方法以推动你在工作中的归属感:

- 识别多样性的维度——如 7.3.1 小节所述,我们可以识别多样性的不同维度。在图 7.5 中列出了 30 多个维度,从统计上看,团队成员可能有许多共同的属性和兴趣,而他们以前可能没有意识到。这些共同的属性和兴趣可以成为讨论的主题,让团队成员感到他们正在与具有共同人类经验的真实人一起工作。从这些理解中产生的关系可以在项目中不可避免地发挥作用。当队友们能够相互给予鼓励,并将彼此视为自己的一员时,就会在团队中产生归属感。

- 认识到彼此的优势——在 4.2.1 小节关于团队执行的内容中,我们讨论了 4 个层次的实现:实现你个人的领导力,实现你团队的领导力组合,实现个人如何互补,以及实现具有独特优势的队友如何承担起责任,提高团队在某一优势领域的表现。

  在 3 级和 4 级认知中,当团队成员看到他们的同龄人和整个团队在某些个人领导能力方面如何依赖他们时,团队中被接受、被重视和被需要是一种强烈的感觉。这可以增加团队成员的归属感。

- 推动一种承认的文化——你可以推动一种"让你的队友做正确的事情"的文化。这个技巧在 5.3.2 小节中作为一种管理技巧进行了讨论,但它也可以应用于整个职能部门。当团队成员学会重视和欣赏队友的努力时,可以鼓励队友更积极地相互帮助。接受帮助的一方可以感觉到他们被团队所接受。提供帮助的一方可以感觉到他们的努力得到了团队的赞赏。

  这些积极的行动可以通过公司的感谢信和公司赞助的礼物计划得到加强。他们也可以在记录良好行为以获得晋升奖励方面发挥一定的作用。

除了对 DS 团队的归属感,还有对合作伙伴团队的归属感以及对公司的愿景和使命的归属感。对于与合作伙伴团队的归属感,当你能够组织跨职能部门的团队建设时,识别多样性的维度和推动认可文化等技术可以很好地发挥作用。在中大型项目开始时,团队建设机会可以让更多人了解职能背后的人,因此合作可以更多地基于关系,而不仅仅是交易。

你可以在项目启动时将每个项目与它对公司愿景和使命的贡献联系起来，以增强项目成员的归属感。这种联系可以让每个团队成员认识到他们的贡献如何增加公司的企业价值和最终的成功。

2．被动推动归属感

动荡的时期可能会意外出现。诸如美国的"黑人的命也是命"运动、中东的紧张局势、股票市场的高度波动、总统选举中的激烈竞争等情况，其都是在一个成员持有不同观点的多元化团队中引发紧张的敏感因素。

尽管我们尽力创造一个促进包容和归属感的安全环境，但当我们整天被互联设备上的新闻轰炸时，情绪会发泄到会议中，社会话题也不可避免地会出现。

你如何处理那些令人不安的外部情况？在一个具有不同背景的团队中，人们可能会选择保持沉默，或者激烈地辩论，但这可能会产生不良后果。

开始这些对话可能具有挑战性，但保持沉默的后果更糟糕。当你保持沉默时，你的沉默可能会被认为是对某些多元化身份在工作场所被忽视的确认，这是一种微观的验证，如7.3.2小节中所讨论的。

你可能会试图联系那些你认为受新闻事件影响最大的团队成员来表达你的担忧。但人们对外部事件的反应可能会有所不同，而且方式意想不到。

例如，假设你与一名非裔美国团队成员就一些与种族和种族主义有关的令人不安的消息进行了探讨，而不是与其他团队成员。在某些情况下，非裔美国人的团队成员可能会因为他们的种族而感到被孤立，而其他对这条消息有强烈感觉的团队成员可能会觉得没有被包括在内。如7.3.2小节所述，尽管你的意图是好的，但这些行为可以被视为微侮辱的形式。

摆脱这种困境的一种方法是在团队环境中解决这个问题，并留出时间在私人会议上讨论它。你可以试着说："嘿，我想花点时间，谈谈头条新闻中发生的事情。我知道有时很难将这些事情与工作分开。我今天下午有一个小时的时间，任何人都可以来进行私人会谈。"有了这种方法，你可以为任何对这个话题有强烈感觉的人提供帮助，而不必假设要联系谁，或者与你谈论这个话题可能会或可能不会感到舒服。

如果你仍然关心特定的团队成员，你也可以在定期的一对一会议上通过以下方式获得评估，例如，"你之前已经表达过这些事件对你的影响有多大。你今天感觉如何？在1～10分的范围内，1分为'我只想躺在床上，与世隔绝'，10分为完全不受影响。"使用量表可以帮助你指导你的团队成员，而无需表达他们可能愿意或不愿意分享的潜在个人感受。

当团队成员分享他们的想法时，你应该在那里倾听。不要试图分享不同的观点，纠正小的事实错误，或淡化其重要性。你可以通过说"当你讨论对你和你的家人的影响时，你的声音中充满了情感"这样的话来进行观察，并重复你听到和看到的内容；"你对新闻事件的解释与其他一些部分团队成员不同，但是我同意"；或者"你现在需要什么？"如果你能与你的人力资源合作伙伴协调进行这些对话，帮助你的团队成员感受到被倾听的感觉，并认识到他们拥有的不同身份，那么你就可以帮助他们感受到对职能部门的归属感。

7.4 自我评估和发展重点

祝贺你完成了关于总监和首席数据科学家美德的章节！这是领导 DS 职能的一个重要里程碑。

美德自我评估的目的是通过以下方式帮助你内化和实践这些概念：

- 了解自己的兴趣和领导力优势；
- 通过选择、实践和回顾（Choose，Practice，and Review，CPR）流程练习 1～2 个领域；
- 制订优先实践计划，进行更多的 CPR 练习。

一旦你开始这样做，你就会勇敢地迈出第一步，使你的项目正规化，以避免系统性问题，作为社会领导辅导团队成员，组织团队成员规划自己的职业发展，推动成功的规划过程以明确重点，并在你的职能中培育多样性、包容性和归属感。

7.4.1 了解自己的兴趣和领导优势

表 7.4 总结了本章讨论的美德。最右边的一栏可供打钩选择。没有评判标准，没有对错，也没有任何具体的模式可以遵循。请按照自己的想法进行选择。

如果你已经意识到其中的一些方面，那么这是一个围绕你现有的领导优势建立关系的好方法。如果有些方面你还不熟悉，那么从今天开始，这是你评估它们是否对你的日常工作有帮助的机会！

表 7.4 总监和首席数据科学家美德的自我评估

能力领域/自我评估		?
道德	在 DS 职能范围内推行项目策划和执行的规范化	预测和识别问题的早期症状，以引导职能部门远离项目范围估计偏差、项目集成挑战、项目进度风险、项目沟通风险和项目利益相关者风险等领域的系统性故障	
	以领导的角色解读局势，陈述方向，协调合作	个人领导者通过展示自己的能力来领导，社会领导者通过提供对形势的解释、方向的叙述和协调行动的要求来领导	
		采用成长模式进行指导，分 4 个阶段来设定目标、评估现实、确定障碍和选项，并为未来的道路做出承诺	
	为提升团队成员能力铺路搭桥，增强归属感	为 DS 人才建立职业发展路径，帮助他们树立主题专家的身份，指导同龄人建立关系和实践领导力，积累业务领域的专业知识作为业务线的联络点，并建立冗余的责任机制	

续表 7.4

	能力领域/自我评估		？
严谨	年度规划严谨——优先事项,设定目标,灵活执行	严格规划,分4步实现3个目标。这3个目标是:突出重点,设定现实的目标,并在执行中保持灵活性。这4个步骤包括背景、计划、整合和认同	
	在规划、执行和完成项目时避免发生反模式	预测、识别和缓解在项目规划、执行和完成过程中导致项目失败的不良实践的反模式	
	用严谨的承诺确保合作中互相尊重,建立信任	区分5种形式的承诺,练习自己做出承诺,并从合作伙伴和团队那里获得承诺	
		通过严格的语言和流程确保并跟进承诺	
态度	接纳团队成员的多样性,促进成员安全感	认识到多样性是人与人之间既相似又不同的方式,具有超越种族、性别和民族的层面,在团队活动中培养文化意识,并承担分享观点的责任	
		促进多样性包括根据候选人库中的多样性对团队进行基准测试,通过寻找不同的候选人,通过机会均等的原则推动变革,同时运行基于绩效的招聘流程	
	通过反思自己的行为,在决策中践行包容性	承认来自不同文化背景的团队成员的差异,在会议安排、团队活动和职业指导方面尊重每个人	
		了解团队内部的社会偏见,减少微举动,如微攻击、微侮辱和微评价	
	培养团队归属感——平稳期主动,动荡期被动	通过识别多样性的维度,实现彼此的优势,并推动一种认可的文化,主动提升归属感	
		通过承认群体环境中的社会紧张关系,提供讨论敏感话题的机会,并在私人环境中提供支持,从而提高归属感	

7.4.2 实施 CPR 流程

与 3.4 节中的技术领导美德评估和 5.4 节中的团队经理美德评估一样,你可以尝试一个简单的 CPR 流程,并进行为期 2 周的检查。

对于你的自我审查,你可以使用基于项目的技能改进模板来帮助你安排 2 周内的行动:

- 技能/任务——选择要使用的美德。
- 日期——选择 2 周内可以使用该美德的日期。
- 人——写下你可以应用该美德的人的名字,或者写下自己的名字。
- 地点——选择你可以应用该美德的地点或场合(例如,在下一次与团队成员一对一或与工程合作伙伴的交流会议上)。
- 回顾结果——与之前相比,你做得如何? 相同,更好,还是更糟?

通过在自我评估中的步骤,你可以开始锻炼自己的优势,并揭示 DS 总监和首席数据科学家能力中的盲点。

小　结

■ 总监或首席数据科学家的道德规范包括在整个职能部门建立项目正式化的行为标准,指导团队成员成为社会领导者,以及组织制订职业发展机会的计划。

- 为了建立项目正规化流程,你可以预测并识别问题的早期症状,以引导职能部门避免项目范围界定、集成、进度安排、沟通和利益相关者承诺中的系统性故障。

- 作为一名社会领导者,你可以为团队成员提供情境解释、方向说明和协调行动请求。

- 为了提供职业发展路径,你可以通过办公时间帮助团队成员建立身份认同,通过招募新成员来实践领导力,通过成为业务线 PoC 来聚合领域理解,以及通过为团队成员制订晋升继任计划来构建冗余责任机制。

■ 对于总监或首席数据科学家来说,严谨是通过成功的年度规划,避免规划和执行反模式,以及确保合作伙伴和团队的承诺,推动更高的标准,以明确你的职能方向和重点。

- 为了在 DS 中推动成功的年度计划流程,你可以突出优先事项,设定现实的目标,并在执行中保持灵活性。这可以分为 4 个步骤:管理高管背景、收集团队建议、高管整合和调整认同。

- 避免导致项目失败的不良做法,在项目规划、执行和完成过程中预测、识别和缓解反模式。

- 为了确保承诺,区分 5 种形式的承诺,并与它们的组成部分合作,以严格的语言和流程确保并跟进。

■ 对于总监或首席数据科学家来说,态度是在 DS 职能部门所倡导的认识多样性、实践包容性和培养归属感的情绪。

- 为了认识多样性,为团队创造一种和谐舒适的环境,分享他们更深层次的体验和身份。为了促进多样性,请在当地人才库中确定团队多样性的基准,并在需要时推动变革。

- 练习包容,反思你的个人偏见,了解微举动的类型和危害,并学习识别它们。带头改善文化,维护信任,留住人才。

- 培养归属感,主动识别多样性的各个方面,实现彼此的优势,并推动文化认可。在紧急情况下,通过公开承认敏感问题做出反应,并提供私下讨论的机会。

参考文献

[1] T. Hecht, Aji: An IR♯4 Business Philosophy, The Aji Network Intellectual Properties, Inc., 2019.

［2］G. Alexander, "Behavioural coaching—the GROW model," Excellence in Coaching: The Industry Guide, 2nd ed. J. Passmore, Ed. (London; Philadelphia): Kogan Page, pp. 83-93.

［3］L. Rachitsky and N. Gilbreth. "The secret to a great planning process—Lessons from Airbnb and Eventbrite." First Round Review. https://firstround. com/review/the-secret-to-a-great-planning-process-lessons-from-airbnb-and-eventbrite/.

［4］W. H. Brown et al., Anti Patterns: Refactoring Software, Architectures, and Projects in Crisis, New York, NY: Wiley, 1998.

［5］D. Oliver, "Creating and maintaining a safe space in experiential learning," Journal of Management Education, vol. 39, no. 6, April 2015, doi: 10.1177/1052562915574724.

［6］"Global talent trends 2020," LinkedIn. ［Online］. Available: https://business. linkedin. com/talent-solutions/recruiting-tips/global-talent-trends-2020.

第四部分
高管：激励行业

成功的 DS 高管和杰出的数据科学家的影响力早已超出了他们的公司。他们通过创造高价值的成就来展示 DS 的影响力并激励他们的行业。他们以一种冷静自信的心态与高管一起工作，这便形成了深思熟虑的、及时的计划和行动，其核心是将他们组织中的人带到最好。

领导 DS 的高管可能拥有一个头衔，例如，首席数据科学家、首席数据官或数据副总裁等。有时，DS 团队向首席技术官、首席财务官或首席风险官报告。有贡献的高管其个人通常有一个头衔，例如，杰出的数据科学家或 DS 研究员。无论报告结构如何，DS 高管或杰出的数据科学家都应了解执行官的属性和实践，以使 DS 功能取得成功。

领导 DS 的高管的能力包括公司内部和外部的责任。这一范围比董事的范围更广，因为董事主要负责管理公司内部的 DS 职能。

作为内部的重点，DS 高管或杰出的数据科学家对公司的长期生存能力负责。这包括制定多年业务战略、明确 DS 使命、在各职能部门灌输数据驱动文化、抓住新的商业机会以实现业务目标，以及为新的数据驱动产品线制订业务计划。

作为外部的重点，他们负责澄清同行之间商业模式的竞争差异，建立强大的人才品牌和招聘渠道，并学习跨行业的最佳实践。虽然内部和外部计划都可以授权，但这些计划的倡导者和驱动者应该是你，即 DS 高管。

为了练习执行力，你必须将个人激情引导到为他人带来积极的改变上，锻炼积极的思维模式，用有效的情绪模式保持高管的行动力，并与团队一起规划有效的行动模式。

第 8 章将介绍 DS 主管和杰出的数据科学家的能力，讨论技术、执行和专家知识方面的内部和外部责任。第 9 章将通过讨论实践 DS 的道德、严谨和态度来详细阐述高管的美德。

第8章 领导公司的能力

本章要点

- 制定技术路线图,以协调团队并支持执行计划;
- 赞助和支持有前途的 DS 项目;
- 通过管理人员、流程和平台,实现始终如一的交付;
- 通过清晰的职业蓝图和稳健的招聘流程建立强大的职能;
- 预测业务需求并针对紧急问题应用初始解决方案。

领导 DS 的高管和杰出数据科学家的能力水平与董事不同。董事和主要数据科学家试图为 DS 职能带来明确的重点和优先权,而高管和杰出数据科学家关心公司的整体业务战略,并阐明公司如何在其行业内具有竞争力。

作为在技术层面领导 DS 的高管或杰出数据科学家,你负责构建数据方面的长期业务战略,并在业务流程的各个方面创建和推动数据驱动的文化。高管们有额外的责任根据其业务需求构建 DS 组织。

在执行方面,你负责将 DS 能力注入公司的愿景和任务;在组织、职能和团队层面建立强大的人才库;向首席执行官和团队成员阐明自己的角色和优先事项。

作为一名高管,要使用领域知识清楚地说明如何应用 DS 使产品和服务在同行中脱颖而出,识别和抓住新的商业机会,并清楚地说明新的数据驱动产品和服务的商业计划。凭借你在技术、执行和专家知识方面的能力,你可以通过释放 DS 的全部潜力来激励你的行业。

8.1 技术——技能与工具的结合

作为领导 DS 的高管或杰出数据科学家,你是一位有远见的主题专家,对技术趋势有着深刻的了解。公司依靠你来制定中长期商业战略并付诸实施。要做到这一点,你需要跟上新兴技术的发展,创建数据驱动的文化,并构建 DS 组织以满足你组织的业务需求。

为了制定中长期业务战略,你可以确定应该考虑哪些技术,以及应该如何组织技术堆栈,以使 DS 与公司的各种职能保持一致。要创建数据驱动的文化,DS 功能的所有方面,包括数据工程、建模和分析,都必须同时成熟。否则,一个方面的挑战可能会阻碍整体进展。

为了构建一个高效的 DS 功能,你可以根据整个业务组织对其进行结构调整。权衡包括沟通开销、深入领域洞察力的开发、团队成员职业发展和保留。有了坚实技术支撑的业务战略、数据驱动的企业文化和适合企业的结构,作为 DS 高管,你就能很好地解决技术方面的问题。

8.1.1　主持设计一至三年的数据业务战略和路线

作为通过 DS 制定商业战略以改变行业的富有远见的主题专家,你正在寻找能够从根本上改善商业运作方式的技术。你可以关注技术的两个方面,其中一个重点是哪些特定技术可以改变业务流程,例如,流处理、创建数据库、自助服务查询、数据/ML 操作自动化和全球数据治理。

另一个重点是技术组件是如何在堆栈中组织和架构的,从而允许跨功能高效协作,以推出产品和服务。例如,解决数据平台的稳定性和灵活性之间的紧张关系,以及使用中间件引入新的智能功能。

让我们看两个案例研究,其中一个侧重于可以考虑哪些技术,另一个侧重于如何组织技术堆栈。

案例 1:技术颠覆促进业务转型

这里讨论一个成熟的领域是如何组织、存储和访问数据的,以便企业能够快速响应市场上发生的事件。

在过去的半个世纪里,数据一直存储在数据库中,供分析人员和数据科学家访问,以便为人类决策提供见解和预测。这种模式是在各种基于人的业务流程中智能地使用数据,如营销、销售、运营和客户服务,为企业获取和服务客户。随着每个业务功能的决策过程被自动化为软件业务逻辑和 DS 模型,这种模式正在发生变化。

新的模式促进了软件的作用,即直接触发动作、反应和响应其他软件组件。在这种新模式中,业务流程基本上成为基于算法的决策流程,由人类监控其活动。

例如,对于经营个人贷款产品的商业银行来说,业务流程传统上是以人为基础的。如图 8.1 所示,营销推动客户获取,信贷团队评估信贷风险,贷款管理员评估行为风险,并就是否批准贷款做出最终决定,而咨询部门则致力于收款最大化。DS 团队可以与每个部门合作,为营销模型、应用模型、行为模型和收集模型创建算法。

图 8.1　具有数据科学支持的典型贷款申请流程

当有了有效的算法来自动化个人贷款流程的每个步骤时,这些模型可以由收到的贷款申请自动触发,使整个流程在几秒钟到几分钟内完成,而不是几天。

支持这种新模式的基础是事件流。事件是已执行动作的记录,例如,用户注册、登录尝试、贷款申请、商业交易、交付和支付。事件流是一系列不断更新的事件,包括历史记录和实时情况。

然后,你的整个数据基础架构可以组织成一个双速架构,其中一个包含传统数据库以提供记录系统,另一个基于事件流以形成参与系统。这种双速架构如图 8.2 所示。

Confluent 的联合创始人兼首席执行官杰伊·克雷普斯(Jay Kreps)将事件流描述为现代企业的中枢神经系统。他认为,这是一种将不同的 DS 辅助决策功能连接成一个由事件流连接的决策流程系统的方法。那么一个由事件流连接的决策过程系统是如何随时间

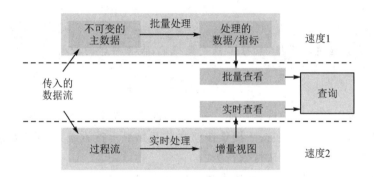

图 8.2　采用双速架构的数据基础设施

演化的？

事件流通常始于一个用例,该用例支持单一的、可扩展的实时功能。最初的使用可以在公司内部迅速蔓延到其他应用程序,因为一个事件流可以支持多个读者或"订阅者",对其进行处理、反应或回应。每一次重复使用都降低了其他相关用例的进入门槛。

当你正在努力建立中长期的业务战略时,这种良性循环可以让第一个应用程序建立起一些关键数据流,使更多的新应用程序加入平台并获得对这些数据流的访问新的应用反过来又带来了他们自己的数据流,丰富了系统中实时信息的可用性,以便做出更实时的决策。

通过对如何启用应用程序以及应用程序如何引入更多数据流进行排序,你可以制定出一个技术路线图,平衡每个里程碑的风险和回报,从而使投资对你的公司来说是可行和有价值的。

案例 2：应该如何管理技术堆栈？

作为一名高管或杰出的数据科学家,你的职责还包括管理数据技术堆栈中的基本紧张关系。这种紧张关系存在于数据/流程的维护和新的数据驱动产品功能的创建中。

（1）数据和过程的维护

在数据组织中,我们重视数据基础设施的稳定性,因此可以构建、迭代改进和维护数据的丰富性、模型、分析和业务逻辑。然而,业务线重视敏捷性,因此它们可以快速迭代产品、业务逻辑和预测模型,以响应市场条件、新客户见解和新业务计划。这种矛盾如图 8.3所示。

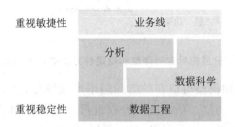

图 8.3　数据组织中敏捷性与稳定性的基本矛盾

这种紧张关系在新产品功能迭代中表现得最为明显,在这种迭代中,现有的数据接收和数据报告可能会中断。产品变更可能会对用于操作现有产品的数据链和标准化指标带来严重的副作用。

056 业务线追求敏捷,数据工程重视稳定,数据科学与分析则处于两者需求的权衡之中。

例如,对于应用程序中的搜索功能,一个好的改进可能是引入即时搜索。此功能允许搜索引擎在键入查询时甚至在按下搜索按钮之前开始显示搜索结果。该功能的一个版本是 2010—2017 年间谷歌的默认搜索行为。

虽然这种即时搜索功能可以让搜索感觉更具响应性,但在提交部分搜索查询时,它还可以显著增加对搜索 API 的调用。该功能还可能破坏报告指标和搜索相关性校准。在进行 A/B 测试时,这一点尤其困难,因为搜索引擎结果页(SERP)加载的数量以及测试和处理之间的相关点击率不再表示相同的用户搜索行为。

作为一种解决方案,需要对下游数据影响进行仔细规划和协调,以避免对关键运营指标和相关模型校准造成干扰。作为 DS 高管或杰出的数据科学家,你有责任确保数据工程团队在新产品/功能开发过程的早期就被告知。这可以让数据工程在维护数据基础设施的稳定性方面预测到潜在的挑战。

为了保护数据基础设施的稳定性并适应敏捷的产品迭代,你可以对数据链和模型使用分层的服务级别协议。成熟的组织为公司范围内的活动维护一套执行层的指标和一套生产层的模型。这些顶级指标和模型有明确的数据脉络,所涉及的数据源和数据链需要更高层次的规划和协调。然后,在较低的层级,如第 1 层和第 2 层,可以有专门针对业务线和实验模型的指标,这些指标可以更灵活地修改,以适应快速的产品迭代并对长期可靠性进行权衡。你可以根据你的产品所需的服务水平协议以及你维护它们的角色和责任来开发你的具体分层系统。图 8.4 展示了一个度量等级的样本,类似地,也可以为有层级的模型构建,如生产、运行和实验性测试。

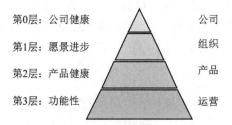

图 8.4 分层指标在敏捷性和稳定性方面提供了明确的权衡

在分层方法中,指标和模型可以在较低的层中形成原型,并通过提高数据源和数据链的稳健性而被推广到较高的层。指标的所有权也可以从产品团队转移到具有随时待命能力的集中运营团队。当度量和模型被修改或更新时,它们也可以从更高的层转移到更低的层,因为它们在一段时间内不会那么稳定。

分层可以设定期望值,并为 DS 领导者提供一个过程,以便在支持指标和模型上明确权衡投资回报率,从而使数据基础设施可以根据需要从而变得灵活或稳定。

（2）创建新的数据驱动产品功能

除了功能维护和增量迭代之外，我们还希望快速开发新的智能功能，以适应客户的需求。在开发新的智能能力时，你可能会在稳定性和灵活性之间面临类似的权衡。

智能功能可以是推荐引擎、反欺诈模型、降低流失率模型等。以推荐引擎为例，你可能会收到相关请求，例如，为移动应用程序、网站、电子邮件活动和客户服务追加销售提供个性化推荐。

一种选择是为每个情报产品请求建立一个单独的模型。正如你在第 6 章中可能记得的那样，你可能会面临一个具有挑战性的权衡：使用更多版本的类似模型为其他利益相关者提供服务，或者为当前的智能产品改进现有模型。6.1.1 小节更详细地介绍了这一点。

作为高管或杰出的数据科学家，实现这种权衡的一种方法是指导组织将智能功能构建为中间件。在推荐引擎示例中，各种请求的场景可以是对同一推荐 API 的参数化调用。参数可以包括用户倾向的个人偏好权重、多样性和覆盖率的总体流行度权重，或优化收入的预期回报权重。你还可以使用过滤功能为智能手机应用程序选择移动优化内容，或在电子邮件活动建议中检查深度链接可用性。

这种中间件方法允许产品所有者调整参数并构建 A/B 测试，以灵活地优化用户体验。同时，数据科学家可以专注于在不断变化的市场环境和随时间推移的用户行为中保持稳定的模型。

你可以将中间件体系结构应用于许多智能功能：

- 对于反欺诈模型，灵敏度和召回率可以定制，以适应不同的用例，如自动拒绝或人工调查的优先级。你还可以为各种用户年代调整用户风险因素和情景风险因素的权重，或者自定义欺诈模型中包含的欺诈攻击载体列表。
- 对于降低流失率的模型，你可以参数化季节性、更新周期和个人行为因素，以降低特定的流失率。

如图 8.3 所示，作为中间件的一组稳定模型还可以为分析团队提供额外的功能和指标，以构建新的用户群体并提取新的数据洞察力。它可以扩大 DS 团队的影响力，同时将团队资源集中在构建稳定的智能能力上。

在决定应用中间件体系结构之前，一定要先了解潜在的多样化需求，并密切关注各种应用程序的扩展需求。应用程序可能需要不同级别的可用性和可靠性，这可能会使共享中间件体系结构效率低下或不切实际。

8.1.2　打造并逐渐发展完善数据驱动的企业文化

文化决定了当 DS 高管或数据科学家不在时，人们将如何工作。将一个组织转变为拥有数据驱动的文化并非易事。你不能一夜之间创造并实施一个文化，因为这需要很多元素和协调，你可以在 DS 的不同方面分阶段来构建文化。

随着 DS 的发展，其出现了 3 个方面，包括：数据工程、建模和分析。数据工程专注于通过基础设施投资加强对数据的信任；建模的重点是将智能注入到业务功能和用户体验中；分析专注于使组织中的数据使用更民主化。成功的团队需要把这些方面的技能组合。成功的数据科学家通常对这 3 个方面都有广博的知识，并具有一定的优势。

057 当数据科学高管或杰出的数据科学家不在时，文化决定了人们将如何工作。文化的建立不是一蹴而就的。在数据工程、建模和分析方面，有许多元素需要分阶段来建立。

在创建数据驱动的文化时，首先要了解当前数据工程、建模和分析的成熟度阶段。有了这一认识，你可以清楚地阐明差距，从而判断一个方面的成熟不足是否会阻碍其他方面的进展，并优先考虑填补差距和推进组织的工作。让我们来看看 DS 中数据工程、建模和分析功能的成熟度级别，并通过一些案例研究来确定构建数据驱动文化的优先顺序。

1. DS 的数据工程方面

DS 的数据工程方面可以为企业提供关键业务决策所需的可信数据。对数据的信任来自安全可靠地聚合、处理和维护数据的能力。

图 8.5 展示了数据工程的 5 个成熟度级别，从采集到文化如下：

① 采集——来自商业交易、用户行为、营销活动、客户服务数据、实验数据和用户生成内容的数据，从各种来源汇总并以原始形式存储。

② ETL＋存储——原始数据经过丰富、处理，并以优化使用的形式存储。数据可以结构化、非结构化和基于知识图的格式存储，以支持各种检索模式。架构是根据业务需求进行架构和表达的。

③ 处理——通过自动化的可用性、正确性和完整性检查来确保数据质量。数据脉络是记录、维护和可搜索的。开发数据生命周期是为了避免数据累积导致系统臃肿并降低其使用效率。数据一致性确保了重要决策指标的单一真实来源。

④ 流媒体——双速系统的架构，其中一层是传统的记录系统，另一层是具有基于事件的流媒体功能的参与系统，能够在用户界面中实现实时报告、实时警报和实时交互。

⑤ 文化——可信的事件流基础已经作为一个"中枢神经系统"，以支持实时业务决策过程。安全和隐私的流程和平台已经成熟。强大的数据链由合作伙伴团队根据数据工程指南进行日常开发和安装。

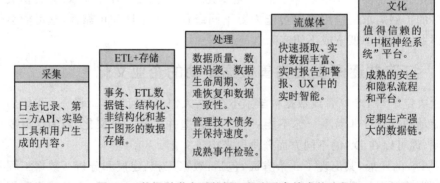

图 8.5　数据科学中以数据工程为重点的成熟阶段

许多组织都处于 ETL＋存储阶段，长期积累的技术债务使他们无法在数据处理方面取得成功。如果你在这里举步维艰，指标和模型的分层方法可以帮助你提高组织的成熟度，并首先将精力集中在最关键指标的数据治理上。你可以在 8.1.1 小节中找到更多详细信息。

如果你的组织已经达到处理阶段,那这将是一个不错的阶段。流媒体阶段的功能为吸引客户带来了独特的机会,但也为指标和模型增加了另一层复杂性。需要对为业务决策生成指标和模型功能的数据库查询进行重新组织,以适应流式数据,从而应对数据质量和一致性管理方面的新挑战。功能存储和功能服务器可以解决涉及批处理和实时处理的双速体系结构的复杂性,我们将在 10.1.4 小节中对其进行更详细的讨论。只有当合作伙伴团队能够有效地与你协调,利用事件流功能创造新的业务机会,并通过对数据资产的适当管理保持创新速度时,你的组织才能达到文化阶段。

2. DS 的建模方面

DS 的建模方面将智能注入到业务功能和用户体验中,从而其预测能力的重点是产生业务成果和战略影响。

图 8.6 展示了建模的 5 个成熟度级别,从构建临时模型到创建将智能融入业务功能和用户体验的文化。以下是有关每个阶段的一些详细信息,可帮助你识别组织所处的阶段。

① 临时性——预测能力的机会刚刚有了雏形。没有数据基础设施,因此项目必须从数据来源和处理开始。此时生产力很低,因为在产品中实施和部署模型需要大量协调工作。

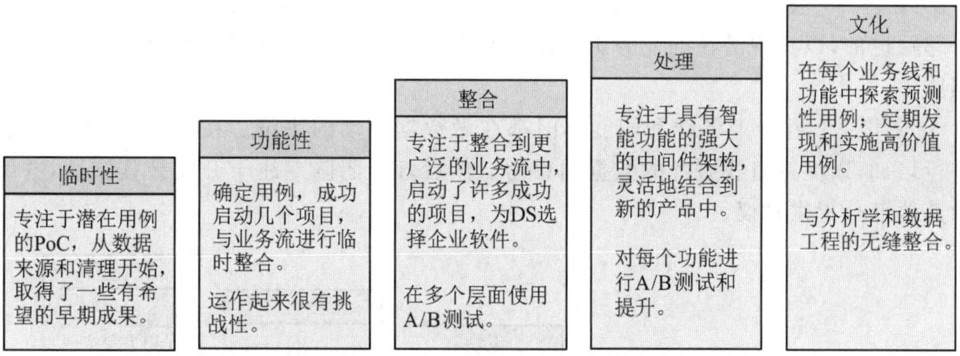

图 8.6　数据科学以数据建模为重点的成熟阶段

② 功能性——一些用例已经成功启动,并取得了积极的成果。解决方案的可靠性以及与业务合作伙伴协调以启动新功能的效率仍然存在挑战。

③ 整合——拥有有效的流程用于与业务合作伙伴协调,以启动新的预测能力。预测能力正被部署到广泛的业务功能和用户体验中。A/B 测试方法正在多个级别的产品中使用,包括前端 UI 和后端算法。

④ 处理——预测模型会自动校准,并积极监控输入数据的漂移。预测能力被整合到中间件中,以灵活地服务于更广泛的产品场景。A/B 测试正被应用于每项功能的发布中。

⑤ 文化——每个业务线和职能部门都在 DS 中抓住机遇。合作伙伴团队定期就新的高影响力用例进行阐述和合作。新功能与 DS 的分析和数据工程方面无缝整合。

许多 DS 组织都处于临时性和功能阶段。一些组织已经成熟到了整合阶段,在这个阶段,DS 建模和预测项目通常会启动到业务流程中,对有趣的业务模型产生相当大的影响。2.3.3 小节也讨论了这些阶段。

许多组织都在努力实现处理阶段,如 8.1.1 小节所述,其中的重点是建立中间件体系结构,并在现有模型不再提供预期性能时自动监测。当合作伙伴提出新的用例,并协调确定优先级和启动功能以获取重大业务影响时,你已经达到了文化阶段。

3. DS 的分析方面

DS 的分析功能为业务合作伙伴提供数据驱动的最佳实践和建议。它通过展示业务洞察力和深入的数据理解来建立自己的价值。它的最终目标是使数据科学家、合作伙伴和高管在商业决策中的数据使用民主化。

图 8.7 展示了建模的 5 个成熟度级别,从构建临时报告到创建自助式数据洞察文化。以下是关于每个阶段的一些细节,以帮助你识别组织所处的阶段。

① 报告——工作重点是回答业务伙伴的特别问题,并提供月度和季度报告以及业务预测。该团队通过被动地回应业务伙伴的要求来提高洞察力。

② 显示——常见的请求被自动显示,这些显示的数据会定期刷新并主动推送给业务伙伴。需要与数据工程团队成员进行强有力的协调以管理数据质量。

③ 发现——相关的指标正在被主动制定,关于产品和流程的建议在数据洞察力、建模和深入的领域理解的基础上被主动推荐给业务伙伴。与专注于建模的团队成员进行了强有力的协调,以提高建议的质量。

④ 处理——记录了日志、仪器和数据解释的最佳实践。衡量标准和建议是与产品伙伴一起跟进的,以实现潜在的业务影响。与数据工程团队成员有很强的合作关系,以管理数据质量。

⑤ 文化——每个业务线和职能部门都在做数据驱动的决策。在概念、流程和平台方面进行培训,以促进自我服务的数据洞察力。然后,DS 团队专注于开发最佳实践,并为组织的其他部分提供建议。

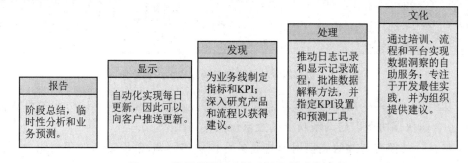

图 8.7　数据科学以分析为重点的成熟阶段

许多分析组织处于成熟的显示阶段,能够积极向组织推送一些报告。然而,剩余的临时请求占用了大量的资源,阻碍了组织达到发现阶段。在这个阶段,团队可以产生更深入的洞察力,对组织产生更大的影响。5.3.1 小节讨论了利用待命流程将团队从过多的临时请求的负担中解脱出来,同时有效地将最紧急和最重要的请求列为优先服务。

为了达到处理阶段,团队可以识别团队中最优秀的人的最佳实践,并创建流程,以便在团队内部、团队之间以及整个组织内将最佳实践制度化。它还涉及将最佳实践自动化到平台中,以允许更多团队成员更高效地使用最佳实践。6.2.1 小节详细讨论了这些问题。

为了达到文化阶段,团队可以专注于通过培训和支持来调整和授权整个组织,以产生和使用分析性见解。然后,以分析为重点的团队可以利用其分析专家知识,结合更先进的方法,例如因果推理,以提高组织辨别行动、干预或治疗如何影响业务结果的能力,从而建立因果关系。

4. 三方面同时成熟

将一个组织的文化转变为数据驱动的文化需要 DS 的数据工程、建模和分析方面同时成熟。任何方面的不足都可能会阻碍整个组织的转型。在所有这 3 个方面,处理阶段都是达到文化阶段的重要前置阶段。在文化阶段,团队专注于开发最佳实践并为组织的其他成员提供建议。

058

将组织文化转变为数据驱动型文化需要数据科学中的数据工程、建模和分析方面同步成熟。任何一个方面的不足都可能阻碍整个组织转型。

通过对上述成熟阶段的概述,让我们来看 2 个案例研究,其中 DS 组织在成熟度方面的进展受阻。

(1) 案例 1:技术债务

- 症状——该团队在生成报告、深入分析和对历史数据进行建模方面效率很高,但对业务的影响很低。在生产显示数据和测量工具时,数据一次延迟几天。新的智能产品功能正在开发和推出。然而,他们接受的是陈旧的数据培训,在生产中很脆弱。数据问题每隔一周就会出现,这需要数据科学家进入作战室解决。随着时间的推移,团队中的很大一部分人正在应对维护问题,而不是进行新的分析或开发新的智能功能。

- 根本原因——随着时间的推移,数据基础设施积累的技术债务已达到无法管理的程度。由于有数以千计的表,并且没有明确的模式、所有者或脉络,所以很难知道基础设施的哪些部分需要维护。团队每天都在努力保持基础设施的正常运行,几乎没有时间考虑如何解决问题。

- 解读——在数据工程的 ETL＋存储成熟期阶段,该组织受到技术债务的制约。这导致了在分析方面无法超过显示阶段,并且在建模方面无法超过整合阶段。

- 解决方案——你可以对指标和模型应用分层,如 8.1.1 小节所述。该方法可以帮助你将有限的资源集中在支持最具影响力的指标和模型上。这一重点包括在小部分指标上协同努力提高数据质量、数据来源和数据一致性。然后,你可以更现实地获得合作伙伴期望的数据的可靠性和可信度。

通过减少关键指标和模型数据链的脱节,你可以消除对以分析和建模为重点的团队成员的阻碍,从而将组织提升到更高的成熟度级别。

(2) 案例 2:智能特征的不均衡采用

- 症状——该团队通过一个业务功能的智能特性产生了成功的业务影响,但无法在其他业务功能的用例中获得吸引力。进行了多次尝试并开发了一些实验,成功地改进了一个特定指标,但这些解决方案也导致其他指标下降,甚至无法启动。

- 根本原因——分析功能在提出衡量业务成功的指标方面缺乏深度。由于没有关于与客户价值创造相一致的指标的明确建议,模型无法针对正确的优化目标,以迭代实现可启动的改进。

- 解读——分析方面的发现阶段缺乏成熟度阻碍了 DS 建模方面的进一步进展。在分析发现阶段需要深入的领域洞察力,以便将建模工作转移到功能阶段之外。
- 解决方案——你的团队可以深入了解你的业务部门的基本问题及其 KPI 定义中的细微差别。4.3.1 小节对其进行了描述,并在表 4.1 中进行了总结。这种深刻的理解使你能够产生更平衡的指标作为优化目标,将智能功能的优化与客户的业务价值相结合。你还可以对外部参考数据进行基准测试和解释,以了解优化空间,因此你可以选择能够释放最大潜力的改进,4.3.2 小节对此进行了讨论。

8.1.3 构建以创新和效率为核心的 DS 组织架构

作为 DS 高管,你有责任构建 DS 组织,以适应你公司的商业模式。在本小节中,我们将具体讨论 DS 组织的结构。10.2 节讨论了整个公司的结构,包括职能型、部门型、矩阵型和替代型。

根据你公司的成熟度和总体业务结构,有许多选项可用于构建 DS 组织。埃森哲(Accenture)为数据功能提出了 6 种类型的组织结构。表 8.1 总结了每种类型的优点和缺点。

表 8.1　组织结构类型及其优缺点

组织结构	描　述	优　点	缺　点
职能式结构	向技术、金融或风险管理等特定职能部门报告的数据科学家	■ 明确关注几个功能; ■ 随着时间的推移,能够深入理解特定功能	■ 对公司整体计划和环境的影响有限; ■ 招聘过程中严格面试的挑战; ■ 没有 DS 经理来指导职业发展和最佳实践
分散式结构	数据科学家分布在业务部门和职能部门,向负责的非 DS 领导汇报	■ 资源的明确分配; ■ 灵活处理临时请求; ■ 能够深入理解业务部门或职能	■ 由于重复、分散的报告和缺乏标准化,工作陷入僵局; ■ 效率低,各职能部门/业务部门之间没有优先顺序; ■ 招聘过程中严格面试的挑战; ■ 职业路径管理不明确,在最佳实践方面几乎没有改进
咨询式结构	数据科学家集中为业务部门或职能部门的特定项目提供临时咨询	■ 资源的流动分配; ■ 能很好地处理中小型 DS 项目; ■ DS 领导层管理着最佳实践和职业成长	■ 对功能或产品线索的依赖; ■ 长期项目(如数据质量改进),很难获得资金; ■ 在产品开发和决策方面投入很少
集中式结构	数据科学家集中在一个职能部门,根据企业级别的优先顺序从事长期项目	■ 能够与职能部门和业务领导一起工作,以确定优先顺序; ■ 能够更快地扩展并为基础工作提供资金,例如,提高数据质量; ■ 有利于职业发展和最佳实践的分享	■ 随着时间的推移,项目可能会与业务线失去联系; ■ 优先级划分导致的高开销; ■ 一些业务线或职能部门可能会收到断断续续的 DS 资源,这使得功能开发变得困难

续表 8.1

组织结构	描 述	优 点	缺 点
卓越中心结构	数据科学家致力于业务部门和职能；活动由一个中央实体协调	■ 集中协调可以协调联合行动； ■ 嵌入式团队主要处理领域知识； ■ 有利于职业发展和最佳实践分享	■ 没有一个集中的团队负责企业级项目； ■ 维护成本高昂，因为业务线和职能需求可能会随着时间的推移而变化，团队可能人手不足或过剩
联邦结构	大多数数据科学家致力于业务部门和职能；其中一些是集中的，并战略性地部署到企业范围的计划中	■ 集中化团队可以优先考虑公司的计划； ■ 嵌入式团队维护领域知识； ■ 有利于职业发展和最佳实践分享	■ 集中化团队和嵌入式团队之间的项目所有权可能会导致紧张关系

你如何在公司的各个阶段选择最合适的结构？让我们看看这些结构是如何在组织中产生的，以及如何发展它们：

- 职能结构——智能数据的使用案例经常出现在一个有远见的职能领导雇用几个数据科学家的公司。这种情况自然而然地导致了职能结构，即数据科学家向业务线或职能领导报告。职能结构允许随着时间的推移对职能或业务线的深入了解。然而，影响的范围仅限于公司的一个部分，并且受到业务线或职能领导雇用具有正确技能的数据科学家的能力的限制。为数据科学家指定合适的项目，指导他们的职业成长，并改进最佳实践，这也是一个挑战。在这种结构中，职能领导可以参考第 2 章和第 3 章中讨论的能力和美德，在他们的团队中雇用和发展强大的 DS 项目领导。

- 分散式结构——随着一个团队在利用 DS 产生业务影响方面的一些成功，其他团队也可能开始雇用数据科学家。这种情况导致了一个分散的结构，不同的业务线和职能部门有自己不同的 DS 团队。虽然这种结构为每个业务线或职能部门提供了专门的资源，但孤立的努力可能会导致重复的工作，报告中的指标不一致，以及缺乏流程的标准化。分散结构中的数据科学家的职业道路也不明确，这可能会增加流失的风险。虽然业务线或职能部门的领导可以根据第 2 章和第 3 章中讨论的能力和优点，在团队中雇用或培养强大的 DS 项目负责人，但这并不能从根本上解决工作重复的挑战。

- 咨询式结构——正如上文所述，虽然许多 DS 工作都以自下而上的方式发展，但一些公司也选择自上而下地部署 DS 功能，方法是创建一个集中的 DS 功能，为各种业务线和功能提供咨询服务。这种方法创建了一个咨询结构，其中 DS 功能是集中的，可以有效地部署到任何业务线或职能部门。最佳实践和职业发展可以通过专门的 DS 领导得到更好的管理。

  然而，这种结构在很大程度上依赖于功能或产品线来满足规格化要求。在每个项目中，沟通业务内容都会有很大的开销。项目可能会被积压很长时间，当项目最终得到优先处理时，结果可能不再相关。因此，成功的项目往往专注于回答特定的问题，并获得短期到中期的成功。长期项目，如数据质量改进，很难获得资金并确定优先级。

- 集中式结构——有了一位强大的 DS 领导,他可以与职能部门和业务领导一起工作,对计划进行优先排序和协调,我们可以将 DS 组织转变为集中式结构。在这种结构中,业务线和职能由一个中央团队提供,其资源可用于企业级计划和基础工作,如提高数据质量。一个集中的团队还可以更快地扩展,分享最佳实践,并为团队成员提供更清晰的职业发展机会。

  然而,随着公司范围内优先事项的转移,许多业务线和职能部门可能无法从一个集中的组织获得一致的支持,以建立长期的机构知识。每个季度为哪些业务线或职能部门安排 DS 资源的优先次序,其开销可能会令人难以接受。如果没有某种形式的专用资源,那么随着时间的推移,当数据科学家在业务线之间切换时,集中的 DS 团队可能会与特定领域的服务失去联系。

- 卓越中心结构——为了解决集中式结构的缺点,数据科学家可以专注于业务部门和职能,同时由一个中心实体协调他们的活动。该卓越中心结构允许集中协调联合计划,同时业务线和职能部门获得稳定的资源,以创建和维护关键领域知识。集中协调还为职业发展和最佳实践分享提供了机会,这可以提高人才保留率。

  然而,这种结构的维护成本很高。DS 在业务线和职能方面的需求可能会随着产品或业务周期的变化而变化。团队在任何特定时间点都可能人手不足或超编,而且也没有资源用于企业级计划。

- 联邦结构——为了更有效地使用 DS 资源,一些数据科学专家可以专注于业务单元和功能,而其他人则作为一个集中的团队运作。这种设置催生了联邦结构,其中致力于业务部门和职能的科学家可以维护领域知识。这种结构可以战略性地部署集中化团队,以应对企业范围的计划、改进共享技术堆栈,或在需要时支持特定的业务部门和功能。这种结构还为职业发展和最佳实践分享提供了机会,以解决人才保留问题。

  在联邦结构中运作时,DS 领导应该对集中式团队和嵌入式团队之间的项目所有权不明确的情况保持敏感。当中央团队被部署到与嵌入式团队协作时,应该有明确的职责和交接点,以尽量减少混乱和不安。

1. 组织结构的演变

对于一家从一两名数据科学家起步的早期公司来说,职能结构或分散式结构可以很好地工作。这些组织结构在特定的业务线和职能中提供了明确的重点,以产生早期的胜利,并为 DS 创造动力。

随着越来越多的业务线或职能部门逐渐建立 DS 部门的趋势,将其重组为一个集中的结构,可以利用成熟数据基础的资源探索机会。由于有 2~4 条业务线和不到 10 名数据科学家,优先级的开销仍然是可控的。

随着越来越多的业务线加入 DS 功能,跨业务的规划和资源平衡可能会开始产生巨大的开销。你可以将团队重组为联邦结构,以降低优先级的开销。与各业务线和职能部门合作的数据科学家可以继续专注于积累领域专业知识。集中的团队可以继续完善技术堆栈,并在需要时支持特定的业务线和功能。

当一个成熟的企业将 DS 整合到其产品和业务流程中时,卓越中心结构也可以很好地工作。它可以让数据科学家与业务线和职能部门密切合作,创建概念验证项目,展示 DS 价值,同时提供关于数据基础架构差距和成熟数据功能需求的反馈。

一旦概念验证项目获得成功,DS 功能在公司范围内得到认可,重组为联邦结构可以提高 DS 的整体效率,并允许企业级计划得到优先排序和执行。

2. 组织和重组以提高效率

作为 DS 主管,你也有责任构建 DS 组织以适应你公司的商业模式。在我们这里分享的 6 种组织结构中,没有一种能够适合所有人的组织结构。选择一个有效的结构需要考虑你的组织规模和文化、领导风格、团队中的人才、吸引更多人才的能力以及围绕员工创造的文化。

随着 DS 职能部门的不断强大,将其重组为不同的结构可以提高 DS 职能部门的效率。虽然你可以通过额外的沟通努力来克服任何一个结构的缺点,但选择一个合适的结构可以简化协调,提高人才保留率,并帮助该功能更容易地与市场上的可用人才一起扩展。例如,如果你只能吸引初级 DS 人才,一个集中的结构可以帮助你更好地控制可交付的质量。如果你能吸引高级人才加入你的团队,你可以通过一个联合或分布式的团队结构为他们提供更多的领导机会。

8.2　执行——最佳实践的落地

为了推动 DS 的执行,DS 高管可以将数据和智能预测的能力融入公司的愿景和使命,为该职能部门打造强大的人才品牌,并回顾和沟通各项举措和团队是如何在一段时间内取得成功的。这些职责与 6.2 节中讨论的总监级别的日常业务目标的实现相比是不同的。

跨职能部门的协调对于许多 DS 项目的成功执行至关重要。将数据和预测能力融入公司的愿景和使命中,可以为 DS 团队提供行政授权和影响力,以便在跨职能部门协调中与合作伙伴协调优先事项。

059　将数据和智能预测融入愿景和使命,可以赋予数据科学团队高管的支持和跨职能协作的影响力。

在一个成功的公司中,往往需要一支不断壮大的高质量数据科学家团队来执行越来越多的数据驱动计划。选择组建 DS 团队的目标,打造一流人才品牌,开发团队现有人才,是吸引和留住顶级人才的关键点。

在组织建设的不同阶段,与同事和团队透明地反映和沟通你在团队中扮演的角色通常是有帮助的。有时你可能是一名策略师,有时是一名导师或顾问,有时又是一名协调员,这可能会让不熟悉你职责的团队和合作伙伴感到困惑。在这些角色中,无论好坏,你都可以与团队和合作伙伴建立信任。现在,让我们详细了解一下,作为 DS 高管或杰出的数据科学家,你如何处理好执行方面的问题。

8.2.1　将数据科学能力融入企业的愿景和使命

当公司的规模超过 100～200 人时,高管们要与每一位员工沟通并调整公司的方向,可能会面临越来越大的挑战。明确的愿景和使命可以引导团队成员走上推动公司前进的道路。

2.3.1 小节讨论了 DS 技术负责人如何阐明他们对公司愿景和使命的理解,以便在参与之前能够理解其项目的目的。本小节讨论了这一愿景和使命在执行层面的制定。

愿景是一个组织期望的未来位置。它是梦想,是团队的真正方向,其主要目标是激励和创造整个公司的共同目标感。愿景在变革时期提供了一种稳定感。对于一家寻求可重复和可扩展商业模式的初创企业,DS 高管通常需要促进艰难的业务转折,埃里克里斯(Eric Ries)将其定义为"战略的改变,而不是愿景的改变"。在一家成熟的公司里,DS 高管必须通过改变商业战略来注意、观察和适应商业环境的变化,同时保持愿景的一致性。

使命定义了公司的业务、目标以及实现这些目标的方法。这是组织的首要目标,应该是可衡量的、可实现的,并且在理想情况下是鼓舞人心的。它不应该与愿景声明一起使用。每隔几年,随着公司的发展和商业环境的变化,其使命需要重新定义以适应发展。你是如何开始将数据和预测能力融入公司的愿景和使命的?

1. 增加数据和智能预测的能力

你加入或共同创立的一些公司还没有明确的愿景或使命。那么,这是一个与高管合作的机会,在公司的愿景和使命中增加数据和智能预测的能力。这样为 DS 团队提供了与合作伙伴保持一致的授权和影响力,以推动关键的数据驱动执行计划。

ProjectManager.com 的产品副总裁斯蒂芬妮·雷(Stephanie Ray),分享了成功愿景陈述的 8 个特点:

- 要简洁。愿景宣言应该简单易读、易于记忆,并能够准确重复。
- 要明确。有一个明确的目标,这样就更容易专注和实现。
- 要有一个时间范围。确定未来实现愿景的时间点。
- 要面向未来。愿景是公司未来计划的目标。
- 要保持稳定。愿景是不受市场或技术变化影响的长期目标。
- 要有挑战性。愿景不应该轻易实现,但也不应该不切实际和被忽视。
- 要抽象一点。愿景应该足够笼统,以抓住利益和战略方向。
- 要鼓舞人心。愿景应该凝聚力量,并作为所有相关人员的目标。

伟大的使命宣言可以很好地定义一个企业,就像战略一样。麦克马斯特大学(McMaster University)战略与治理教授克里斯·巴特(Chris Bart)认为,使命宣言应该包括 3 个部分:

- 关键市场——目标受众。
- 贡献——产品或服务。
- 区别——是什么让一个产品独一无二,或者为什么你应该买它而不是另一个。

在公司愿景和使命中增加数据和情报能力并不意味着在文本中包含数据或情报能力。虽然愿景声明通常是特定于行业的,但愿景和使命中包含的关键词可以自然扩展到数据和情报能力。表 8.2 中介绍了一些示例关键字。例如,"每个"意味着某种形式的智能个性化。"信任"意味着能够提供可靠信息、智能评估风险和防欺诈保护。

表 8.2 纳入公司愿景和使命的关键字示例

关键词	示　　例
每个	领英的愿景——为全球每一位员工创造经济机会。 耐克的愿景——为世界上的每一位运动员带来灵感和创新
信任	蚂蚁集团(阿里巴巴的金融技术部门)愿景——将信任转化为财富。 密歇根州蓝十字蓝盾(Blue Cross Blue Shield of Michigan)的使命——我们承诺通过提供价格合理、创新的产品来改善会员的护理和健康,成为会员值得信赖的合作伙伴

如果你的公司已经有了明确的愿景和使命,如果愿景和使命中包含数据或情报能力的组成部分,那就太好了!你的 DS 功能状态良好,可以使用它们与合作伙伴保持一致。

假设公司的愿景和使命声明尚未包含数据或智能能力。在这种情况下,你可以通过创建 DS 任务,使 DS 能力与公司使命保持一致。精心设计的 DS 任务有 3 个好处:

- 它使 DS 团队的日常工作更接近公司的使命,这样数据科学家就可以更容易地理解他们是如何做出贡献的。
- 它使合作伙伴能够更好地理解通过 DS 任务与 DS 合作以推动公司任务的重要性。
- 它可以通过展示 DS 作为公司成功的关键利益相关者来吸引人才。我们将在 8.2.2 小节中进行更多讨论。

例如,Acorns 的使命是:"我们以善行和勇气,从小额投资这一授权步骤开始,关注新兴人群的最佳财务利益"。这一使命在 DS 功能中被细化为"让 Acorns 为'我'服务,使选择变得简单、及时和个性化"。完善后的 DS 使命着重于个性化客户的财务选择,因此客户可以利用 Acorns 的小额投资机会。

2. 制定愿景和使命的最佳实践

制定公司或职能部门的愿景和使命的目的是清晰、简洁地传达执行方向。你组建的团队制定的愿景和使命应该符合这个目标。

在制定公司愿景和使命时,执行团队应参与其中。每个团队成员都可以从自己的角度来阐述公司的愿景和使命,并就不同的职能如何解释公司的愿景和使命提供反馈。

DS 团队可以通过从主题的角度完善其目标和方法来制定自己的使命。它可以继承公司的愿景,为公司提供一致的和理想的未来定位。

为制定 DS 任务,DS 团队中的 8~10 名领导者应出席。该职能部门的使命宣言可以从不同的视角中受益,但群体太大会降低积极参与的效率。

制定公司的愿景和使命或企业数据资源的使命的模板包括 6 个步骤,前 3 个步骤集中在一个阶段,如图 8.8 所示。

这 6 个步骤如下:

① 介绍愿景/使命的概念(20~30 分钟)。你可以分享愿景和使命的定义,以及成功的标准和例子,以指导团队学习是什么造就了伟大的愿景和使命宣言。你可以把书中这一部分的内容作为起点。该步骤的产出是为最终的使命宣言提供一套属性。

② 集体讨论公司或职能部门的属性(40~60 分钟)。遵循一个标准的先扩大后缩小并确定优先顺序的头脑风暴过程,你可以首先通过允许团队为任务生成至少涵盖以下内

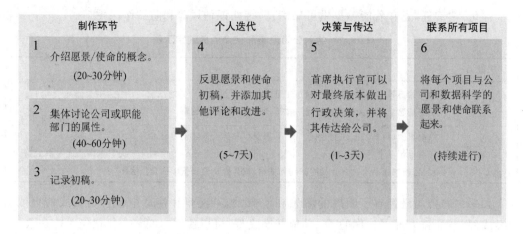

图 8.8　制定 DS 愿景的 6 个步骤

容的关键字来拓宽概念范围:

– 市场上的需求或愿望;

– 企业为客户做了什么;

– 企业为员工做了什么。

然后,你可以把相似的概念聚集在一起,形成主题,拓宽和深化主题。接着,团队可以就愿景和使命中最重要的主题进行投票。这就是将步骤①中的成功标准用作选择标准的地方。步骤②的产出是一组在愿景和使命中优先考虑的概念和关键词。

③ 记录初稿(20～30 分钟)。团队可以尝试制定愿景和使命的初稿,讨论他们的思维过程,并将其草稿与团队在步骤①中指定的属性进行比较。这些尝试被记录下来,并在团队内部共享,以供审查。第③步的产出是一份共享文件,包含愿景和使命声明的各种草案。

④ 通过迭代的方式进行线下的跟进(5～7 天)。在接下来的一周里,团队可以反思愿景和使命草案,并添加额外的评论和改进。你可以从未参加会议的公司成员那里收集其他反馈。第④步的产出是对愿景和使命草案的进一步完善和评论。

⑤ 最终确定并沟通(1～3 天)。通过对愿景和使命草案的进一步完善,首席执行官可以就最终版本做出行政决策,并将其传达给公司。第⑤步的产出是公司范围内的愿景和使命的宣布。

⑥ 连接到团队优先考虑的每个项目(持续进行)。许多人忽视了对项目如何与公司以及 DS 的愿景和使命相联系的持续评估。当项目成功地与使命和愿景相关联时,公司的每个成员都可以更简洁地理解他们的日常工作对公司的贡献。

该模板已成功应用于公共和私营公司。你可以根据自己的具体情况和组织进行调整。

总之,公司或 DS 职能部门精心制定的愿景和使命可以让团队成员了解他们的日常执行是如何推动公司向前发展的。当愿景和使命充满数据和智能预测能力时,他们可以为 DS 职能部门提供行政授权和影响力,以与合作伙伴保持一致,推动重要的数据驱动执行计划。

8.2.2　在组织、职能和团队层面构建 DS 人才储备机制

有了清晰的愿景和使命,在 DS 中建立强大的人才库以根据使命执行愿景仍然是一个挑战。人才库是组织的一组潜在候选人。它主要受所需技能和所需人才的限制。它还可能受到公司使命的吸引力和公司能够支付的薪酬水平的限制。

如果组织中的 DS 中有空缺职位,你很可能经历过 DS 领域从业人员的人才缺口。对于你的团队来说,合格的人才很可能会有多个职业录取通知书。根据 Indeed 招聘实验室的经济学家安德鲁·弗劳尔斯(Andrew Flowers)的说法,从 2018—2019 年,Indeed 上关于数据科学家的职位发布增加了 31%,而职位搜索只增加了 14%。

DS 高管凯瑟琳(Catherine)(来自第 1 章案例 7)在工作中遇到了这一挑战,团队的成长速度比公司其他人慢,使得团队被困于维持现状的项目,而不是花时间在战略项目上。其后果是破坏性的,表现出色的团队成员离开了公司,到其他地方担任更具战略性的角色。

在竞争日益激烈的人才市场中,你如何为组织构建强大的人才库? 你可以考虑 3 个级别的执行策略:组织级别、职能级别和团队级别。图 8.9 说明了这 3 个级别,让我们逐一进行了解。

图 8.9　构建强大人才库的 3 级执行战略

1. 在组织级别构建

对于那些可以去具有众多人才的大型组织来说,世界各地的 DS 人才库都在快速增长。你可以考虑 2 种类型的投资:在科技中心中建立 DS 卓越中心和投资学术中心以跟踪人才。

对于不在科技中心的公司,当地的人才库可能会受到限制。例如,欧文(Irvine)是加利福尼亚州洛杉矶以南 40 英里(1 英里≈1.609 公里)的一座充满活力的城市。截至 2020 年,欧文数据科学家的可访问人才库仅限于 200~300 名数据科学家,这比贝宝(PayPal)等单一公司的 DS 职能部门都要小。

计划扩大 DS 人才库的公司可以参考人才市场数据,如领英(LinkedIn)人才洞察工具,以此来评估他们希望吸引的人才的可用性和竞争力。截至 2020 年,美国的顶级科技中心包括旧金山、纽约和波士顿;印度的顶级科技中心包括班加罗尔、德里和海得拉巴;中

国的顶级科技中心包括北京、上海和深圳;欧洲的顶级科技中心包括伦敦和巴黎。

对于希望吸引未来人才的公司,可以考虑投资新兴人才中心,在那里,大学目前正在增加和扩大人工智能和数据科学项目。这些城市包括:多伦多、蒙特利尔、亚特兰大和匹兹堡。像肯塔基州路易斯维尔这样的小城市也被微软等公司从路易斯维尔大学招聘人才,从事人工智能、DS 和物联网(IoT)方面的工作。在人才中心建立专门的外部职位和投资学术中心可以与其他技术和产品功能相协调,以分摊开办中心的管理费用。

为了给大规模、一次性的项目配备人员,可以利用外部咨询公司作为人才来源。对于跨项目频繁重复的过程,你可以投资来建设工具,以减少数据科学家完成其职责所需的专家知识,从而扩大你可以雇用的人才库。

2. 在职能级别构建

你可以使用多种技术在 DS 职能级别构建人才库。通过不同的技术,你可以建立覆盖范围最广或影响最具体的人才库,包括雇主品牌、内容营销、社会招聘和挖掘特殊兴趣群体:

- 雇主品牌——塑造公司的愿景和使命,将数据和智能预测能力作为核心竞争力,这是雇主品牌的重要组成部分。它展示了 DS 的关键利益相关者的职能。8.2.1 小节对此进行了讨论。通过博客或丰富的媒体讲述这个故事可以激发候选人的活力,并使他们与你的愿景和使命的独特品牌定位保持一致。你可以在相关的内容平台上使用此功能,如领英和 Glassdoor。当应聘者研究你的公司时,他们会发现这个故事并真实地认识到在你的公司从事 DS 工作的影响力。

- 内容营销——作为你所在领域和行业的思想领袖,内容营销是构建 DS 人才库的一种更具体的方法。你可以出现在播客上,撰写技术博客或撰写书籍,主题包括介绍你正在致力于吸引行业人才的计划类型,或向希望进入你所在行业的 DS 人才介绍行业的特殊性。

  在播客上接受采访是一种快速接触观众的方式。播客时间通常为 30～45 分钟,这一般是从一个小时的采访中编辑出来的。一旦发布,它们就可以在公司博客中被引用或链接到你的领英个人资料,这些资料在未来几年都具有营销价值。播客面临的挑战是选择要播放的播客。全世界有 150 多万个播客,其中约 500 个播客专门讨论 DS 主题。每个播客对选择订阅它的特定观众都有影响力。而这些观众可能是,也可能不是你想要建立人才库的人。你可以通过查看类别、主题、主持人姓名、过去的嘉宾名单,找到能承载你所寻找的受众的播客,并联系主持人,提出你感兴趣的话题,然后在主持人的播客上进行讨论。泰勒·巴苏(Tyler Basu)写了一本优秀的指南,名为《如何在你所在行业的顶级播客上接受采访》(*How to Get Interviewed on Top Podcasts in Your Industry*),介绍了成为播客的成功嘉宾的优秀实践。

  技术博客是展示 DS 团队现有人才的绝佳方式。爱彼迎(Airbnb)、网飞(Netflix)、谷歌(Google)和 Stitch Fix 等公司都有 DS 文化,这些文化强调通过分享经验,甚至通过开源工具来回馈技术社区,从而提高该领域从业人员的生产力。当主题相关且有用时,博客可以成为数据科学家了解贵公司更多信息的绝佳门户,其中一些人将选择成为你人才库的一部分。然而,当这些话题有意引起争议时,它们可能会侵犯道德底线，损害你的人才品牌。3.1.1 小节提到了 2 个案例："优步：荣耀之旅"和 OkCupid 的博客"我们在人类身上做实验！"。作为 DS 主管，你有责任在敏感话题博客发布之前阐明指导方针和审查流程。

060　在博客中若有对敏感话题表述不严谨的情况会严重损害公司形象。数据科学高管需明确发布对敏感话题的指南和审核流程。

　　出版技术书籍是推销公司在 DS 领域的思想领导力的另一种方式。领英（LinkedIn）、谷歌（Google）、爱彼迎（Airbnb）、Databricks 和 Cloudera 等公司的 DS 领导者与领先的出版商就数据架构、实验和开源工具等主题出版了技术书籍。有了这些作者，你的团队就能吸引那些重视向所在领域顶尖专家学习的人才。

- 社会招聘——利用社交关系来发现杰出的候选人，吸引他们加入你的团队。有 2 种主要技术可以扩大你的社交范围：通过整个团队的社交网络和大学附属机构。

　　你可以通过邀请公司的所有员工在他们的社交网站上发布 DS 职位空缺，以及联系过去的同事联盟，来挖掘团队的社交网络。6.2.2 小节对此进行了讨论，通过推荐引入的候选人通常具有最佳的员工转化率。

　　许多 DS 领导人也积极参与校友活动中，甚至在大学项目中教授与其领域相关的课程。大学附属机构每年都能为实习和入门职位提供源源不断的新人才。例如，作者 Jike Chong 与加利福尼亚大学伯克利分校的联系使他能够从伯克利分校雇用多个实习生。然后，他能够将实习生聘为全职员工，其中一名实习生甚至说服了一位同学也加入全职工作。他们都成为了他的团队中高效的成员。

- 挖掘特殊兴趣群体——培养具有强烈学习和成长动机的人才的利益集团通常活跃在行业利益集团中。你可以通过俱乐部、聚会、会议主旨、演讲和小组讨论与人才库的这一部分建立关系。

　　你可以在你所在的地区演讲、主持，甚至组织一次聚会，在那里，你所在行业或职能部门的人才聚集在一起，相互了解。通过定期的月度会议，你可以在当地迅速打造一个人才品牌，这样当人才决定探索职业生涯的下一步时，你的公司就可以放在首位。

　　在会议上发言对你的团队成员来说是一个很好的机会来建立他们在行业中的身份。这些机会可以激发团队成员工作的严谨性，也可以吸引那些有动力在你的公司做最好工作的人才。

　　出席会议的一个注意事项是，除非出席会议是持续的，否则很难保持你的公司在人们心中的地位。邀请观众查看公司博客、播客和书籍可以使影响更加持久。

雇主品牌、内容营销、社会招聘和兴趣小组可以有效地扩大你的影响力，让你与人才库建立更深层的关系。当人才和他们的朋友考虑他们的职业生涯的下一步时，他们可能会更愿意考虑在你的公司和你的团队中发展。

3. 在团队级别构建

　　如果不是不可能的话，通常很难找到具有最佳组合的人才来实现你的业务目标。你能做些什么来增加能满足你业务需求的人才库？

你可以对 DS 人才采取一种组合观点,将数据科学家的潜力考虑在内。你可以考虑在一两个月内雇用一个具有互补技能的数据科学家团队,而不是等待三四个月去寻找一个具有所有技能要求的个人人才。在这种情况下,你是在招聘潜在的员工。你可以为他们创建项目,在完成工作所需的技能方面相互培训。这种组合观点可以大大增加你可以评估的人才库,但需要注意的是,你需要有效地评估一个人在工作中学习所缺技能的潜力。

为了顺利完成项目,你可以关注团队成员的潜力,采用数据科学人才组合的视角来招聘一支具备互补技能且有互相学习能力的数据科学家团队,并为他们设计项目,让他们通过互助来完成工作所需的技能组合。

你的人才库不仅仅是在公司外部。目前的工程师和业务合作伙伴可以通过一些途径学习 DS 课程,并进入 DS 角色。内部人员可以从不同的职能部门带来现有的领域专业知识和观点,以丰富 DS 团队的组成。

你还可以使用自动化平台将 DS 最佳实践民主化,这样数据驱动的决策可以扩展到由高度专业化的博士组成的小型团队之外,并减少招聘人员和管理人员在人才获取方面面临的挑战,6.2.1 小节对此进行了讨论。

4. 建立强大的人才库是首要责任

在 DS 中建立强大的人才库是 DS 高管的主要责任。通过在技术中心和学术中心开设新站点来招募人才,从而在组织层面挖掘人才。你可以通过雇主品牌建设、内容营销、社会招聘和兴趣小组培养,在职能层面扩大人才库。你还可以在团队层面扩大人才库,方法是查看技能需求的投资组合,并开发自动化平台,以实现跨职能部门的 DS 民主化。通过挖掘、扩展和扩大人才库,你可以为公司的发展提供充足的资金。

当第 1 章中的凯瑟琳能够在组织层面、职能层面和团队层面实践这些技巧时,她就可以开始为她的组织构建强大的人才库。

8.2.3 明确自己要承担"作曲家"还是"指挥家"的角色

数据策略的执行有时被比作演奏交响乐。在交响乐中,许多部分被演奏在一起以实现作曲家的意图,正如指挥家所解释的那样。当交响乐以精确和同步的方式演奏时,即使是不熟悉制作过程的人也能欣赏其效果。当一件作品效果不好时,其结果可能是令人痛苦的语无伦次的喧闹声。

作为 DS 高管,你可以使用各种工具来准备执行。你可以在数据中指定中长期业务战略,在业务流程的各个方面创建和推动数据驱动的文化,并根据业务需求构建 DS 组织。

在执行业务战略时,你将使团队与公司的愿景和使命保持一致,并准备一条人才通道以供执行。你在这个过程中扮演什么角色?你如何向老板、首席执行官、同事和团队解释你在做什么?

当公司在整个组织内产生 DS 影响方面达到瓶颈时,往往会意识到需要一位高管来领导 DS。根据公司和职能部门的成熟阶段,你的角色可能非常不同。

1. 早期阶段:作曲家角色

当一家公司还没有连贯的数据战略时,DS 高管的第一个角色类似于交响乐中的创作家。在这个角色中,你将了解商业计划和文化背景。你还可以在不同的合作团队(如产品、DS、分析和工程)之间制定和调整数据策略。这个过程就像谱写交响乐一样,通过在一个序列中创建多个乐章来表达主题或角色,并将旋律分配给合作乐器部分,如弦乐、木管乐器、铜管乐器和打击乐器。

当作曲家的角色没有完成时会发生什么? 在制作音乐时,如果乐谱中没有明确表演者的期望和目标,表演者就会开始即兴发挥,试图取得好的效果。如果你幸运的话,你可能会听到一些合理的曲调。然而,表演质量会不一致,尤其是当表演者以不同的诠释创造出可能听起来不连贯的旋律时,你可能会有不好的体验。

在领导的 DS 中,如果预期和目标不明确,产品、数据科学、分析和工程之间的合作往往是临时的,直到临时协调无法满足为止。当生成的数据不具备用于度量或模型的必要属性、生成的度量不能驱动决策、创建的模型不能驱动智能特征时,就会出现不一致性。

> 在领导数据科学工作时,如果期望和目标不明确,产品、数据科学、分析、工程之间或其他跨部门的协作通常是即兴进行的,直到临时协调不足为止。而即兴而为只会最终导致协作混乱。

当数据项目在数据分析、建模、数据工程、产品和工程团队中清晰地表达出来时,你就可以使公司 DS 能力不断进步。

2．成熟阶段：指挥家角色

在 45 岁的时候,当了 20 年指挥的本杰明·赞德(Benjamin Zander)突然意识到管弦乐队的指挥不会发出声音。他们的力量取决于他们使他人强大的能力。作为 DS 高管,对执行的期望是协调合作团队,共同产生强大的数据和智能能力,同时使每个职能部门能够成功地为业务成果做出贡献。

在领导 DS 和表演交响乐之间存在许多类似的挑战,包括视角挑战、表演挑战和指挥挑战：

- 视角挑战——乐团中的每个演奏者都坐在一个特定的区域,在演奏时将听到不同版本的交响乐。每个数据计划的合作团队都会对该项目有不同的看法。作为一名 DS 主管,当你意识到你的数据战略的另一种看法时,你可以调整团队和合作伙伴,这样功能和业务线的偏见就不会破坏整个数据战略。

- 表演挑战——在交响乐中,当一个演奏者以不匹配的音高演奏时,其他演奏者会觉得这很分散注意力。这可能会引起困惑,引发自我怀疑。其他表演者可能会想,"我演奏得不正确吗? 即使我知道他们演奏得不正确,我是否应该为了团队的和谐而适应不匹配的音高?"

  在 DS 项目中,当出现内部问题且 DS 主管无法迅速解决时,合作团队之间可能会产生不信任和紧张,从而破坏合作。

  就像指挥家在交响乐中解决问题一样,通过感知问题、眼神交流和向违规的团队成员"拨动指挥棒",你可以防止团队之间产生任何紧张关系,并解决问题以保持信任。6.2.1 小节讨论了跨级别午餐交流和一对一交流的技巧,你可以使用这些技巧来感知任何微妙的紧张关系,诊断根本原因,甚至在它们破坏团队内部的信任之前消除它们。

- 指挥挑战——在交响乐中，当指挥家只关注音乐，而不是音乐家时，音乐家可能会感到脱节，因为指挥家只是为了个人享受。

　　在 DS 项目中，当 DS 高管只关心技术和业务成果，而不关心团队的发展时，团队成员可能会感到被剥夺了权利。

有效的指挥家会激发每个音乐家眼中的激情和火花，使他们能够发挥自己一生中的最佳表现。DS 中高效的管理人员能够提高职能部门的能力，培养团队的专业素养，因此公司可以逐渐成熟，不断产生行业激励性的成果。

> 数据科学高管会通过提升职能能力和培养团队的专业素养来建立完善公司体系，不断创造出振奋人心的业绩。

总之，你可以用作曲家和指挥家的类比来解释你在数据策略和功能成熟度的不同阶段所扮演的角色，这样你的 CEO、同事和团队就可以理解并支持你的行动。

8.3　专家知识——精通领域的精髓

专家知识使领导 DS 的高管和杰出的数据科学家能够超越技术领导力，创造能够激励行业进步的革新。对行业领域的深刻理解使公司能够通过 DS 突破传统的行业限制，从而改变客户体验，释放新的经济潜力。

我们之前已经目睹了工业是如何通过技术变革的。电子商务改变了零售业，共享模式改变了交通运输业，短期租房模式改变了酒店业，一对一在线学习和辅导服务正在改变教育行业。推动这些转型成功的共同点是在双边市场中聚合用户，并创建关键算法以产生信任，从而促进交易。今天，基于数据和算法的转型仍在继续，涉及银行、数字健康、家庭护理和物流等行业。

抓住这些新机遇需要对行业难点有深入的专家知识、可行的长期商业模式，以及专注的 DS 执行。管理人员和杰出的数据科学家可以使用 3 种通用工具来改造行业：

- 洞察行业格局，塑造有差异化的竞争优势；
- 引导业务在关键时刻实现合适的战略转型；
- 规划数据赋能的产品与服务商业发展计划。

下面让我们逐一探索这些工具。

8.3.1　洞察行业格局，塑造有差异化的竞争优势

用 DS 激励一个行业，需要的不仅仅是在营销活动中抛出琅琅上口的流行语这样一个定位。DS 高管或杰出的数据科学家负责创造真正的价值，使他们公司的服务区别于其竞争对手。图 8.10 显示了 6 个主要维度，根据你的行业情况，你可以利用 DS 来实现差异化。

6 个维度如下：

① 产品差异化——通过智能驱动的商业模式和数据聚合框架实现关键功能的差异

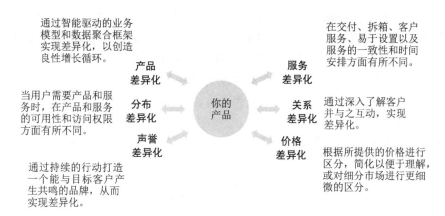

图 8.10　使用 DS 区分产品的 6 个维度

化,以创造良性增长循环。这种类型的差异可能会有一个有限的生命周期,因为随着时间的推移,优势可以被竞争对手复制。

② 服务差异化——在交付、拆箱、客户服务、设置的便利性、一致性和服务时间方面的差异化,可以使产品或服务对客户产生粘性。

③ 分布差异化——在用户需要时,产品和服务的可用性和获取性方面的差异化,这在分散的市场中尤为重要。

④ 关系差异化——通过对客户的深入了解和参与来实现差异化。

⑤ 声誉差异化——通过对目标顾客产生共鸣的品牌的一贯行动来实现差异化。

⑥ 价格差异化——在提供的价格上进行差异化,可以降低价格体系的理解成本,也可以针对特定客户群进行更细致的分析,以获取更多价值。

根据行业的不同,你为公司创造价值、激励行业的机会可能会有所不同。让我们来看2 个案例研究:一个是消费者贷款,另一个是医疗保健。

案例 1:没有集中的信用报告机构的消费借贷

许多国家没有成熟的金融体系,没有个人信用评分可以用于个人贷款。与此同时,个人贷款可以释放购买力,提高生产率,加速一个国家的经济发展。

随着 2010 年初智能手机在全球的普及,年轻一代在移动平台上的时间越来越多。这些活动创造了丰富的在线行为记录库,一旦共享,可以用来评估个人的信誉,而不需要中央信用报告机构的信用评分。

(1) 产品差异化

在中国,亿人金科(Yiren Digital)是抓住这一机会提供贷款规模相当于个人年收入的在线贷款产品的先驱之一。在缺乏银行业提供的无担保个人贷款产品的环境下,亿人金科开始根据移动设备提交的申请信息提供贷款,而无需从中央信用报告机构获取信用评分。贷款产品在很大程度上依赖于数据建模技术,以便在整个组织内做出一致的审批决定,其贷款量最终达到每年数十亿美元。

(2) 服务差异化

随着行业的发展,竞争对手也在跟进和追赶产品的创新,亿人金科继续在服务质量方面进行创新。该公司改进了其主要贷款产品的数据源,只包括那些可以从可靠的第三方门户网站下载和验证的数据源。审批流程变得完全算法化。数据汇总、信用评估和贷款审批流程可以在几分钟内完成。与审批贷款需要几天的行业标准相比,申请效率提升了1 000倍。通过当日转账,资金可以在几个小时内到达客户的账户。客户在申请贷款时经常面临财务压力,快速审批和快速资金发放成为消费贷款行业服务的显著差异。这种差异化成为2015年亿人金科IPO增长的强大动力。

(3) 价格差异化

随着行业采用这些快速贷款审批服务框架,亿人金科将其差异化转向了价格。随着时间的推移,历史贷款表现累积在一起,它为信用风险水平不同的客户收取4个不同级别的利率。对于被评估为信用风险较低的客户,亿人金科可以提供比竞争对手更低利率的贷款。对于被评估为信用风险较高的客户,亿人金科可以通过衡量收益和风险更好地确定针对哪些客户群体可以获得经济上的收益。

多年来,亿人金科通过产品差异化、服务差异化和价格差异化3个发展阶段,在中国激发了消费者贷款。数据科学行业不会停滞不前。作为DS高管或杰出的数据科学家,你必须不断重新评估行业前景,并为行业内下一阶段的差异化做好准备。

案例2:医疗健康行业

在医疗保健行业,有3种趋势:数字健康、大数据和精准健康。可穿戴设备、智能手机、联网血糖仪和联网血压传感器等数字健康传感器现在可以生成数据流,可以实时分析这些数据流,以识别个人层面的风险,并提出干预建议。

虽然愿景是宏伟的,但消费者往往被大量的健康信息弄得不知所措。大多数消费者不具备必要的医学知识来解读这些信息。当数字健康设备公司试图解释数据流时,他们通常只使用来自特定设备的信号,而不了解消费者的健康状况和病史。这种对整体情况的不了解限制了健康建议的适当性和相关性。

利文格(Livongo)是一家应用健康公司,其挑战了行业局限性,通过差异化的AI+AI产品框架提供更好的健康诊断,该框架代表了聚合、解释、应用和迭代。

- 聚合——利文格汇集了来自设备、服务和第三方来源的各种数据信息。设备信息包括支持手机的血糖仪、血压监测系统和用于实时读取的数字秤;服务输入包括人与人之间的互动,例如利文格教练;第三方来源包括医疗索赔和药房索赔记录等。

    通过拥有来自利文格设备的信号流,并与客户、健康计划和药房经理合作,利文格有别于其他数字疾病管理公司,它拥有自己的专有信号和全面的健康环境,可以触发及时的医疗行动,以防止成本更高的干预措施。

- 解释——为了解释聚合的健康信号,利文格拥有一套专有的流程,用于为每个客户对信号进行量化、组合、映射和解释,他们通过考虑客户的医疗条件及其交叉条件临床要求来构建相关的医疗保健信息。

    与消费科技公司相比,利文格凭借其由数据科学家、行为专家和临床医生组成的综合团队,致力于解释信号流,以提供关于促进最佳行为以获得更好的最终用户健康结果的深刻见解,使其与众不同。

- 应用——为了应用解释的健康状况,利文格通过血糖仪、血压袖带和数字量表上的设备通知,以及现场指导课程、语音通话、药剂师通话、护理团队服务和医疗机构医生诊断,来对客户进行服务。

与服务于医疗行业的大数据分析公司相比,利文格通过其直接与客户的联系而与众不同,其可操作的建议可以直接与最终用户接触。

■ 迭代——为了持续优化数据聚合过程、数据流的交互以及行动建议的有效性,以改善长期健康结果,必须存在一个反馈回路来评估其进展。

利文格与其他远程医疗服务提供商的不同之处在于,它关注的是慢性病患者,而不是急性病患者,因此与用户的长期关系可以使其聚合、解释和应用实践得到及时衡量和改进。

通过 AI＋AI,利文格开创了应用健康信号行业的类别,其以智能为中心的综合性产品架构和商业模式不仅对医疗保健行业的公司具有启发意义,而且对金融健康等其他行业也会有一定的启示作用。

凯瑟琳是第 1 章中一家处于成长阶段公司的首席数据科学家,她可以致力于确定自己公司在行业同行中的差异,以便更好地说服行业者加入她的团队。当她能够组建团队以满足公司对 DS 不断增长的需求时,她的团队就能更好地在工作中平衡好维护项目和战略项目的关系。

8.3.2　引导业务在关键时刻实现合适的战略转型

作为一名 DS 高管或杰出的数据科学家,你有责任用 DS 的力量引导企业度过其危险期。在 6.3.1 小节中,我们讨论了在产品开发阶段预测业务需求的主管级问题。在本小节中,我们将讨论业务支点的识别和执行。

支点是在不改变愿景的情况下改变商业战略。当企业遇到阻碍其持续成功的增长瓶颈时,它们是必要的。瓶颈可能是外部强加的,如 2020 年和 2021 年全球新型冠状病毒疾病大流行期间发生的市场转变。或者,它也可能是一种内在的认知,即企业需要超越当前的业务范围,以接触到服务于新市场需求的新客户。

举个例子,让我们看看金融健康公司 Acorns。它有一个基于订阅的金融投资商业模式,允许任何人每次投资几美元(小额投资)到股票市场。它的服务消除了开始财富积累过程中的障碍,因此每个人都可以从增长复利中受益。它的愿景是成为"好银行",为客户的最佳财务利益着想。它每月只向客户收取一美元来维持投资账户,对管理的一百万美元以下的资产没有额外的管理费(截至 2019 年)。

微型投资在其商业模式中存在一些关键瓶颈。虽然小额投资功能允许投资者定期自动向投资账户提供小额捐款,但当投资者越来越不参与这一过程,在一段时间后撤回投资,然后退出服务时,该功能的"即设即忘"性质就成了一个劣势。投资者的参与时间一般以年为单位。

2017 年,为了提高客户保留率,Acorns 实施了一个放大的支点,将税收优惠投资纳入其中,并开始提供个人退休账户(IRA)。通过这个放大的支点,原始投资产品仅成为新 Acorns 平台的两个功能之一。用户可以通过经纪账户或税收优惠账户进行投资。

拥有退休账户的投资者流失率要低得多,这将用户在平台上的寿命从几年延长到几十年。这个支点增加了用户的长期价值,这有助于证明以更高的客户获取成本可以获得更多用户。在这一点上,DS 非常重视了解开设税收优惠投资账户的客户流失率和用户的长期价值。

2018 年，Acorns 通过开发一款借记卡产品实现了一个增长引擎的支点，该产品可以将客户平均收入增加 10 倍。该支点将 Acorns 的产品范围从投资扩展到直接管理用户交易，交易费可以成为一个重要的收入来源。在这个支点中，DS 对于理解支点的影响、捕捉交易欺诈、促进每月将资金转移到借记卡上非常关键，因此产品产生了设计上的交换费用。

除了放大支点和增长引擎支点外，在为公司下一阶段的发展制定商业战略假设时你还可以考虑许多其他类型的支点。需要注意的是，商业战略支点是一种假设，还有待通过建立实验、与客户测试和综合学习来证明或反驳。虽然我们经常读到成功的支点，但许多支点是不成功的。你可能需要不止一次的支点来维持增长和获得成功，而在具有挑战性的情况下不进行支点，可能意味着倒闭。

让我们来研究一个例子。触发支点的最常见因素之一是业务增长的挑战。在一项业务中，增长的步伐已经放缓。获取成本呈上升趋势，转换指标也没有改善。当你观察到单位经济效益恶化时，你能做什么？图 8.11 和下面所列内容说明了在 3 个假设下的 3 个潜在支点：

■ 假设 A——该产品正在耗尽现有渠道的覆盖范围，需要采用新渠道来接触更多客户。

潜在支点 A——利用渠道支点，通过不同的销售或分销渠道以更高的效率提供相同的解决方案。例如，通过咨询和专业服务公司销售的产品能否简化为以软件即服务（Software-as-a-Service，SaaS）的形式销售，以接触更多客户？显示广告是你唯一使用的形式，还是你已经尝试过使用视频、播客或其他形式来联系你的客户？

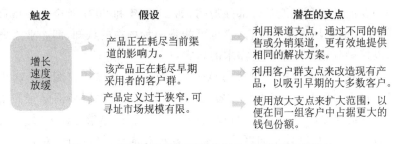

图 8.11　相同的挑战与不同的假设，导致不同的支点

可能有一个现有渠道的子集比其他渠道表现得更好。如果 DS 和营销部门能够理解为什么这些渠道的效果更好，那么就可以共同努力，对营销渠道组合进行试验、评估和重新设计。

■ 假设 B——该产品正在耗尽早期采用者的客户群，需要对其进行改造，以满足具有更高可用性要求的早期多数客户的需求。

潜在支点 B ——利用客户细分支点对现有产品进行改造以吸引早期的大多数客户。在客户细分支点中，你是改变产品或服务的目标客户。这可能是一项重大努力，涉及重新设计同一产品的客户获取、参与、保留和货币化流程。你可以在支点之前对关键绩效指标（如客户获取成本和渠道转换率），进行基准测试，这样你就可以评估支点之后的成功。

注：早期采用者客户是那些愿意忽略功能集的不完整性和产品潜力及其未来巨大

机遇的缺陷的客户。6.3.1 小节在技术采用周期的背景下讨论了这些问题。早期的大多数客户是那些务实的人,他们希望解决现有问题,只购买完全成熟的产品。

■ 假设 C——该产品的定义过于狭窄,可寻址市场规模有限。它需要扩大范围,创造更多价值来维持增长。

潜在的支点 C——使用放大的支点来扩大范围,让同一组客户在账户中占有更大的份额。在这个支点中,整个产品成为一个更大产品的单一功能。在 Acorns 的例子中,其投资产品被扩展到包括退休投资、大学储蓄和商业银行服务。

在使用"放大支点"解决增长挑战时,你希望使用获得客户成本较低的产品来吸引客户,建立客户对品牌的信任,并向客户推销获得客户成本较高的产品。

如上所述,对于同样的业务增长放缓的症状,潜在的支点也会发生变化。在假设 A 中只有客户获取渠道需要支点,而客户群和产品保持不变。在假设 B 中,客户群需要支点,而主要产品特征保持不变。在假设 C 中,产品组合需要转折,而客户群保持不变。

成功地识别触发因素,用假设仔细地诊断根本原因,并有效地执行支点,可以使公司走上一条新的增长道路,从而改变和激励一个行业。你可以探索更多的研究,对可能适用于你的特定挑战的触发点和支点类型进行更细致的检查。

064 成功识别事故触发点、诊断问题根本原因并有效地执行战略转型可使公司迈入新的成长轨道,推动行业的进步和变革。

8.3.3　规划数据赋能的产品与服务商业发展计划

在 DS 推动创新的同时,制订商业计划和明确损益(Profit and Loss,P&L)的目的是将有限的资源集中在能够产生最大企业价值的产品和服务上。在筹款过程中与 CEO、董事会和潜在投资者合作时,这是一项基本技能。

虽然许多 DS 高管和杰出的数据科学家正在制订公司商业计划中的数据驱动战略,但一些人正在开发新的产品线,另一些人正在进一步发展,这是 DS 高管领导层向以产品为中心的运营模式转变的新兴趋势的一部分。

表 8.3 提供了商业计划和项目计划的比较。在公司商业计划书中制定数据驱动的战略时,你需要以一系列关键绩效指标作为成功的里程碑,来开发一系列 DS 项目作为战略计划。在开发独立的产品线时,你正在与团队建立特定的商业模式,这些团队可以继续发展,以服务于特定的行业痛点。当转向以产品为中心的运营模式时,你正在与新组织建立新的业务线,以服务新客户。

项目规划是任何 DS 领导者的关键技能,2.2.2 小节对此进行了讨论。要在执行层开始制订商业计划,以下是商业计划和项目计划之间的一些关键区别:

■ 时间范围——业务计划描述了可重复和可扩展的业务流程和组织的构建;项目计划有有限的开始和结束日期。

■ 目标——业务计划说明了多年运营中的损益影响;项目计划的目标包括 KPI,以实现可能是财务方面的目标,也可能不是财务方面的目标。

表 8.3　商业计划和项目计划的比较

商业计划	项目计划
■ 使命宣言 　– 需要解决的行业/客户痛点。 ■ 产品或服务 　– 描述; 　– 差异化。 ■ 市场 　– 进入市场; 　– 竞争对手; 　– 定位; 　– 确保市场份额; 　– 营销故事。 ■ 管理团队 　– 经验和以往的成功经验。 ■ SWOT 分析 ■ 财务数据 　– 现金流量表; 　– 收入预测	■ 项目动机 　– 背景:客户、挑战、利益相关者; 　– 战略目标一致性:它所服务的公司计划、影响规模、价值。 ■ 问题定义 　– 输出和输入规格; 　– 项目成功的衡量标准。 ■ 解决方案体系结构 　– 技术选择; 　– 特征和建模策略; 　– 配置、跟踪和测试。 ■ 执行时间表 　– 执行阶段; 　– 同步节奏; 　– A/B 测试计划。 ■ 可预见的风险 　– 数据和技术风险; 　– 组织一致性风险

■ 市场——业务计划描述了为获取和留住客户而进入的市场;项目计划定义了服务和合作的客户和利益相关者。

■ 风险——商业计划概述了广泛的市场、人员、产品和财务挑战;项目计划概述的数据、技术和组织风险范围要小得多。

在以项目为中心的运营模式中,重点是定义新产品和新市场。现有的数据科学团队、现有的人力资源和财务职能部门,以及共享的工程和产品人员通常用于为新产品领域提供资源。

在以产品为中心的运营模式中,团队对其损益独立负责。尽管有些人认为这是一种财务上的细微差别,但这种财务差别可以让团队拥有专用的工程和产品资源,并更灵活地通过以 DS 为中心的努力来展示价值,而不仅仅是在一家拥有共享资源的公司中作为技术服务功能可以实现的价值。

作为一名推动以产品为中心的运营模式的高管,有 3 个关键要素对你的成功至关重要。采埃孚(ZF)集团负责数据、数据货币化和风险加速的副总裁 Gahl Berkooz 将其总结为:组织准备、创业技能和成熟客户,如图 8.12 所示。

■ 组织准备——当产品线具有分散的损益责任时,新的 DS 产品可以正确实现并说明其创造的价值。

■ 创业技能——打造成功的 DS 产品需要客户发现、产品/市场匹配验证和组织建设方面的技能。这些技能与成功的 DS 职能领导所需的技能不同。

■ 成熟客户——成熟客户清楚地表达了其行业内的关键战略痛点。DS 产品解决了定义明确的痛点,可以提供显著的投资回报率。

当你的组织具备这些条件时,你就有机会释放你对该领域的深入专家知识,并将创业方法应用于构建新产品。下面的案例研究是 DS 组织采用以产品为中心的运营模式的一个例子。

组织准备	创业技能	成熟客户
产品线具有分配损益(P&L)责任,因此新产品可以正确实现并说明其创造的价值。	客户发现、产品/市场匹配验证和组织建设所需的技能与领先的成功数据科学功能不同。	客户清楚地表达了他们所在行业的关键战略痛点,当他们得到良好的服务时,他们可以理解这些痛点。

你的新数据驱动的产品线

图 8.12　启动新业务线准备的 3 个组成部分

065

推出数据驱动的产品有 3 个基本条件:组织成熟度、创业能力储备和拥有明确应用案例的客户。当这些条件具备时,你就有机会推出一个成功的新数据产品。

案例研究:ZF 集团利用数据产品丰富现有产品

ZF 集团是世界上最大的汽车零部件供应商之一,在 40 个国家的 230 个地点拥有近 150 000 名员工。Gahl Berkooz 是数据货币化和风险加速的副总裁,他通过丰富传统汽车零部件的智能功能来推动创建新业务线的计划。

其中一项举措涉及球节,球节是用于连接几乎所有汽车上负责转向的车轮的球形轴承。智能化来自于球节中的集成霍尔效应传感器,它可以测量球节角度数据,主要用于传统的应用,如高度调整,调整头灯色度以更好地照亮前方的道路。这些数据还可以被重新用于负荷监测、路况监测和预测性维护。

监控车辆负载有助于检测车辆稳定性风险,预测转向困难,并保持安全停车距离。超载警报可以降低轮胎过热、磨损加剧和过早爆胎的风险。监控道路状况可使运输车队改道,尽可能使用更安全的路线。收集的信号可用于预测性维护,其中行驶条件数据可预测哪些部件最有可能提前出现故障。

应用基于该传感器数据的预测车队维护方法,7 美元的汽车零件可以帮助车队在 2.5 年内使每辆车节省 400 美元。这提高了 ZF 集团汽车零部件的竞争力,并为 ZF 集团和汽车制造商创建了一本基于数据监控的新业务。

激励一个行业并非易事。以产品为中心的运营模式为 DS 高管提供了更多的执行自由,以换取损益责任和对企业创造更多的价值。作为 DS 高管,转向这种模式会给创造和获取的价值带来更大的压力。

如 ZF 集团案例研究所示,要建立一个可行的业务,证明通过衡量潜在节约创造的价值只是一个起点。关于附加功能将如何出售给汽车制造商,车辆所有者将如何评估这些功能,以及如何获取和分配节省下来的成本,仍然存在疑问。这些都是需要解决的问题,因此创造的价值将被视为资产负债表上的利润。

8.4　自我评估和发展重点

祝贺你完成了关于高管和杰出数据科学家能力的章节! 这是带领一家公司通过 DS 的一个重要里程碑。

能力自我评估的目的是通过以下方式帮助你内化和实践这些概念：

- 了解自己的兴趣和领导力优势；
- 通过选择、实践和回顾（Choose，Practice，and Review，CPR）流程练习 1～2 个领域；
- 制订优先实践计划，进行更多的 CPR 练习。

一旦你开始这样做，你将勇敢地采取措施，构建创新组织，培养有效的文化，打造竞争差异，同时获得前进道路的清晰性。

8.4.1 了解自己的兴趣和领导优势

表 8.4 总结了本章讨论的能力领域。最右边的一栏可供打钩选择。没有评判标准，没有对错，也没有任何具体的模式可以遵循。请按照自己的想法进行选择。

表 8.4 高管和杰出数据科学家能力的自我评估

能力领域/自我评估（斜体项目主要适用于经理）		？
技术	主持设计一至三年的数据业务战略和路线	通过研究使用什么技术以及技术堆栈如何从根本上改善业务运作方式，制定业务战略以改变行业	
	打造并逐渐发展完善数据驱动的企业文化	通过 DS 的数据工程、建模和分析方面同时成熟，将一个组织转变为一种数据驱动的文化	
		阐明 DS 成熟度方面的潜在缺陷，这些缺陷可能是整个组织转型的瓶颈	
	构建以创新和效率为核心的 DS 组织架构	构建 DS 组织，以适应组织的商业模式、规模和文化、领导风格、团队中的人才以及所在地理区域的可用人才库	
		随着公司的发展和时间的推移，通过简化合作关系、提高人才保留率和扩大团队规模来重组 DS 组织，以提高效率	
执行	*将数据科学能力融入企业的愿景和使命*	在公司的愿景和使命中精心设计并增加数据和预测情报能力，使 DS 有行政授权和影响力协调合作伙伴，推动高管层的举措	
		制定 DS 职能部门的任务声明，从团队的主题角度完善其目标和方法	
	在组织、职能和团队层面构建 DS 人才储备机制	在组织层面上，评估地理位置，以获取合格人才，促进团队发展	
		在职能层面，推动雇主品牌、内容营销、社会招聘和兴趣群体培养，以吸引人才	
		在团队层面，在组织内交叉培训人才，以提高 DS 产生业务影响的能力	
	明确自己要承担"作曲家"还是"指挥家"的角色	无论是通过制定一致的数据战略，还是通过协作和协调执行战略，为首席执行官、同事和团队设定明确的预期，以履行 DS 高管的职责	

能力领域/自我评估(斜体项目主要适用于经理)		?
专家知识	洞察行业格局,塑造有差异化的竞争优势	识别机会,通过产品、服务、分销、关系、声誉和定价策略实质性地使你的企业与众不同,从而创造企业价值	
	引导业务在关键时刻实现合适的战略转型	通过阐明假设和有效执行支点来诊断问题,从而引导业务持续增长	
	规划数据赋能的产品与服务商业发展计划	*为构建可重复和可扩展的业务流程和组织,制订业务计划,明确利润和亏损*	
		准备启动新产品和服务、损益会计、创业技能和成熟客户需求的3个关键标准,然后执行商业计划	

如果你已经意识到其中的一些方面,那么这是一个围绕你现有的领导优势建立关系的好方法。如果有些方面你还不熟悉,那么从今天开始,这是你评估它们是否对你的日常工作有帮助的机会!

8.4.2 实施 CPR 流程

与 2.4 节中的技术负责人能力评估、4.4 节中的经理能力评估和 6.4 节中的总监能力评估一样,你可以体验 2 周的简单 CPR 流程。

在进行自我评估时,你可以使用基于项目的技能改进模板来帮助你安排 2 周内的行动:

- 技能/任务——选择一项工作能力。
- 日期——选择 2 周内可以应用该能力的日期。
- 人——写下你可以应用能力的人的名字,或者写下自己的名字。
- 地点——选择你可以应用该能力的地点或场合(例如,在与团队成员的下次一对一会议或与工程合作伙伴的协调会议上)。
- 回顾结果——与之前相比,你做得如何? 相同,更好,还是更糟?

通过在自我评估中对这些步骤负责,你可以开始锻炼自己的优势,并揭示 DS 高管和数据科学家能力中的盲点。

小　结

- 面向高管和杰出数据科学家的技术包括用于构建长期业务战略和路线图的工具和实践,在业务流程的各个方面提供数据驱动的文化,以及构建高效的 DS 组织。
  - 在设计战略和路线图时,你可以看看要使用什么技术,以及技术堆栈如何从根本上改善业务的开展方式。
  - 在创建和推动数据驱动的文化时,你可以引导 DS 的数据工程、建模和数据分析方面同时成熟,阐明并缓解可能阻碍整个组织进步的方面。
  - 在构建组织结构时,你可以选择最适合你组织的商业模式、规模和文化、领导风格、团队中现有人才以及你可用的人才库的结构。
- 高管的执行能力包括将 DS 能力融入愿景和使命,建立强大的人才库,以及明确你作为作曲家或指挥家的角色。

- 将 DS 能力融入愿景和任务将使你的团队能够利用公司授权来影响和协调合作伙伴。明确 DS 任务还可以为你的团队完善公司目标和方法。
- 在建立强大的人才库时,你可以评估人才库的地理位置;推动雇主品牌、内容营销和社会招聘以吸引人才;促进现有团队的交叉培训,以提高生产力。
- 在明确你的角色时,你可以对你与首席执行官、同事和团队的关系设定明确的期望,以制定一致的数据战略,或进行协作和协调,以执行现有战略。

- 高管和杰出数据科学家的专家知识包括识别行业同行之间的差异和竞争力,在需要时通过支点指导业务,以及阐明新产品或服务的商业计划。
  - 在确定差异化时,你可以利用 DS 技术探索 6 个维度,包括产品、服务、分布、关系、声誉和价格,以比任何行业同行都能更好地满足客户的需求。
  - 当通过支点引导业务时,你是在不改变愿景的情况下,通过阐明支点假设来改变业务战略,然后执行支点以实现持续的业务增长。
  - 在阐述新产品或服务时,你可以为可重复和可扩展的业务流程和组织制订业务计划,并为启动做好 3 个方面的准备:损益核算、创业技能和成熟的客户需求。

参考文献

[1] "Building an Analytics-Driven Organization:Organizing,Governing,Sourcing,and Growing Analytics Capabilities in CPG," Accenture,June 19,2013. [Online]. Available:https://www. accenture. com/us-en/～/media/Accenture/Conversion-Assets/DotCom/Documents/Global/PDF/Industries_2/Accenture-Building-Analytics-Driven-Organization. pdf.

[2] E. Ries,The Lean Startup:How Today's Entrepreneurs Use Continuous Innovation to Create Radically Successful Businesses. New York,NY,USA:Currency.

[3] Stephanie Ray. "A Guide to Writing the Perfect Vision Statement(with Examples)," projectmanager. com,May 16,2018. https://www. projectmanager. com/blog/guide-writing-perfect-vision-statement-examples.

[4] Bart,Christopher K. ,"Sex,Lies and Mission Statements. " Business Horizons,pp. 9-18,November-December 1997,https://ssrn. com/abstract=716542.

[5] A. Flowers. "Data scientist:A hot job that pays well. " Indeed Hiring Lab. https://www. hiringlab. org/2019/01/17/data-scientist-job-outlook/.

[6] C. Brahm. "Solving the advanced analytics talent problem. " MIT Sloan Management Review. https://sloanreview. mit. edu/article/solving-the-advanced-analytics-talent-problem/.

[7] T. Basu. "How to get interviewed on top podcasts in your industry(complete guide). "Thinkific. https://www. thinkific. com/blog/how-to-get-interviewed-on-top-podcasts.

[8] "Uberdata:The ride of glory. " Ride of Glory. https://rideofglory. wordpress. com.

[9] C. Rudder. "We experiment on human beings!" OkTrends. https://www. gwern. net/docs/psychology/okcupid/weexperimentonhumanbeings. html.

[10] S. S. Bajwa et al. ,"Failures to be celebrated:An analysis of major pivots of software startups,"Empir Software Eng,vol. 22,p. 2373,2017. https://doi. org/10. 1007/s10664-016-9458-0.

[11] "Gartner research board identifies the chief data officer 4. 0. " Gartner. https://www. gartner. com/en/newsroom/press-releases/2019-07-30-gartner-research-board-identifies-the-chief-data-officer-4point0.

第 9 章　领导公司的美德

本章要点

- 用道德原则实践负责任的机器学习；
- 确保客户的信任和安全，并对决策承担社会责任；
- 创造高效和谐的工作环境，同时关注企业价值；
- 展示高管的风范并确立行业领导者的身份；
- 学习和采用各行业的最佳实践。

　　一位成功的 DS 高管的美德可以激励一个行业如何利用数据产生业务影响。杰出的数据科学家的美德也是如此。当你提高隐私和道德规范的标准时，你就是在与客户建立信任，打造企业形象。当你与合作伙伴和团队成员保持一致时，你就是在与同事建立信任。当你展示高管风范时，你就是在传达一种为公司和行业带来积极改变的热情。

　　本章讨论 DS 高管和数据科学家的道德、严谨和态度。道德规范为你提供了如何使用数据来改善业务的参考，同时确保客户的信任和安全，并为使用 DS 做出的决策承担社会责任。严谨是一种勤奋，通过这种勤奋，你可以为你的合作伙伴和团队成员创造一个高效和谐的工作环境，提高你的技术和业务决策的速度和质量，并专注于提高企业价值。态度是你展示的能量模式，用来传达高管的存在，在你的行业内建立领导身份，并在不同行业学习和采用最佳实践。

　　总之，道德、严谨和态度是 DS 实践的优点。本章讨论的内容可以帮助 DS 高管或杰出的数据科学家激发行业灵感。

9.1　道德——秉持行为的准则

　　DS 高管的道德实践涵盖了广泛的问题，重点是公司商业实践的长期可行性及其在社会中的作用。我们从 3 个层面进行讨论：负责任的机器学习（ML）技术的原则、客户的信任和安全以及社会责任。

　　负责任的 ML 侧重于遵守适用的法律和道德方面的指导原则。它们涵盖了一系列考虑因素，包括透明度、稳健性、问责制、公平性，以及对开发和部署到运营中的机器学习技术的人为监督。

　　许多机器学习场景的数据来自用户生成的内容，例如，文章、评论、图片、视频或现场直播。在这些情况下，如果客户在平台上感到不安全，生态系统就会崩溃。客户可以是个人也可以是企业，并且客户的数据必须是安全的，不受滥用行为的影响，例如，账户接管、欺诈和不公平行为。

　　最后，用户希望社交媒体和社交网络平台能够维护言论自由。这些平台有责任建立一个充满活力的用户社区,通过部署内容审核机制来阻止误导性、欺诈性、淫秽性、威胁性、仇恨性、诽谤性、歧视性或非法内容。不过许多界限很难确定,甚至在学者、情报官员和记者之间也是如此。让我们从管理层来审视这些道德问题。

9.1.1 遵循数据保护与隐私法律,逐步解决道德问题

负责任的机器学习(ML)旨在释放 ML 的全部力量,同时通过确保跨行业项目的道德和有意识开发的框架将其风险最小化。为了实施负责任的 ML,首先必须遵守我们运营所在地理区域的法律法规。世界各地正在提出并实施众多的法律法规,例如,《通用数据保护条例》(*General Data Protection Regulation*,GDPR)是欧盟数据保护和隐私法中的一项规定,2016 年由欧洲议会通过,2018 年首次实施;《加利福尼亚州消费者隐私法案》(*California Consumer Privacy Act*,CCPA),该法案于 2018 年在加利福尼亚州签署成为法律,并于 2020 年首次实施。

然而,法律并不总是能跟上技术进步的步伐。有时,他们可能与道德规范格格不入,或者可能不太适合解决新技术带来的新挑战。

在过去的十年里,业界对公众接受的道德规范进行了深刻反思。2019 年,欧盟委员会发布了一份题为《值得信赖的人工智能道德准则》(*Ethical Guidelines for Trustworthy AI*)的报告,其中包括一系列原则和潜在问题,可用于评估自己的合规性。下面对其进行了汇总。

欧盟委员会定义的值得信赖的人工智能的 7 项道德原则

1. 人权机构和监督

人工智能系统应该支持人类的自主性和决策。它们不应对人民的基本权利和自由产生负面影响。通过代理,我们需要保护用户对人工智能系统做出自主知情决策的能力。通过监督,人类应该能够确保人工智能系统不会破坏人类的自主性或造成其他不利影响。

2. 技术稳健性和安全性

人工智能系统需要具有弹性和安全性。他们需要有安全的应急计划,以防出现问题。自动化决策应该是准确、可靠和可重复的。

3. 隐私和数据治理

除了尊重隐私和管理数据外,还必须确保数据的质量和完整性以及对数据的合法访问。

4. 透明度

用于培训和测试的数据集应具有可追溯性。技术过程和最终决定应该是可解释的。人工智能做出的系统和决策应作为自动化流程和决策被清楚地传达。

5. 多样性、非歧视性和公平性

自动决策应避免不公平的偏见,尤其是当它们可能导致意外的、直接或间接的偏见和歧视时。无论年龄、性别、能力或特征如何,直接面向消费者的能力应该是所有人都可以使用的。在人工智能系统的整个周期中受到影响的利益相关者应该被咨询或告知。

6. 社会和环境福祉

人工智能系统应该造福于所有人类,包括子孙后代。它们必须确保可持续性和环境

友好性,同时对社会和民主的负面社会影响降至最低。

7. 问责制

算法、数据和设计过程应该是可审计的,审计报告应该是通用的。潜在的负面影响应该被识别、评估、记录并最小化,同时应合理地、有条理地解决权衡问题。当发生不公正的不利影响时,应明确联系机制和各方的补救措施。

这些准则的范围可能看起来令人难以承受。幸运的是,自它们被定义以来,一个由符合法规的技术公司组成的行业已经开始出现,以帮助企业在进行负责任的机器学习方面采用行业内的最佳实践。为了激励你的业务合作伙伴与 DS 职能部门合作,实践负责任的 ML,高管层有责任确保团队和流程按照道德原则来开展相关工作。

对于人权机构和监督,与产品和运营团队的强大协作对于从开始阶段把人的因素就考虑进去的原则的业务流程至关重要。例如,对于保险赔付,意味着理赔员需要研究收集的信息、索赔的损失和建议的赔付,以对保险赔付做出最终决定。在人类监控的操作中,算法会做出保险支付决策。理赔员团队的一名成员将监控支出统计数据是否存在异常,并有选择地审核案例,以确保算法按预期执行。

对于技术稳健性和安全性,与工程团队的合作,尤其是与现场可靠性工程师和信息安全工程团队的合作,对于制订应急计划和评估系统在受到攻击时的行为非常重要。例如,如果一个重要数据源受到攻击,且算法无法再提供可靠的输出时,则应制订计划 B 以确保业务的连续性。

对于隐私和数据治理,基本流程包括对数据库实施严格的基于角色和时间限制的访问控制,并尽可能通过散列或删除个人身份信息(Personally Identifiable Information,PII)来降低数据的敏感度。以差异隐私为例的更先进的技术可以允许重复查询数据系统,而不可能对敏感的个人信息进行反向搜索。

对于透明度,你可以记录用于培训和测试的数据集的收集和处理。数据处理可能会通过数据的细微差别而引入严重的偏差,尤其是在处理缺失字段时。在业务环境中测试和描述算法结果的方法也应该是可追踪的。

众所周知,深度神经网络(Deep Neural Network,DNN)和梯度增强树(Gradient Boosted Tree,GBT)等高级算法的决策很难解释,因为一个决策可能依赖于复杂非线性关系中的成百上千的输入。幸运的是,LIME 和 SHAP 等方法能够通过识别特定模型的顶级特征来提供透明度。

如果没有以可理解的方式与利益相关者进行清晰的沟通,那么透明度是不完整的。例如,如果一篇文章被推荐,那么应该显示引发推荐的原因。这样的解释有助于减少人工智能系统决策混乱的风险。

在多样性、非歧视性和公平性方面,最基本的挑战是从收集数据集开始,并通过历史选择的习惯和可能嵌入了人类固有偏见的参与信号持续造成影响。例如,如果一个工程职位的男性求职者被雇用或查看的频率更高,那么可能会训练出一种算法,使他们的排名更高,高于更合格的女性候选人。这种情况可能会导致对同样合格的候选人的不同待遇,从而导致不公平的结果,因为男性候选人可能会得到招聘人员更多的关注。

机器学习中的这类公平问题是群体公平,它关注的是哪些群体的个体有遭受伤害的风险?微软的 Fairlearn、IBM 的 AI Fairity 360 和 LinkedIn Fairity Toolkit(LiFT)等工具正在解决这些问题。

注：Fairlearn 是微软提供的 Python 软件包，用于评估和改进机器学习模型的公平性（https：//github. com/fairlearn/fairlearn）。IBM AI Fairmation 360 是一套用于数据集和机器学习模型的全面公平性度量和对这些度量的解释，以及缓解数据集和模型偏差的算法（https：//github. com/Trusted-AI/AIF360）。LinkedIn Fairity Toolkit（LiFT）是一个 Scala/Spark 库，可以在大规模机器学习工作流中测量公平性（https：//github. com/LinkedIn/LiFT）。

考虑社会和环境福祉对具有重大影响的大型公司来说非常重要。数据中心的能源使用可能会产生巨大的碳排放，从而导致全球变暖。公司可以通过购买或投资可再生能源来抵消能源消耗。当一家公司在社交媒体、电子商务或金融领域对人们的日常生活有相当大的影响力时，在维护言论自由的同时，也有重大责任阻止误导、欺诈、淫秽、威胁、仇恨、诽谤、歧视或非法影响。9.1.3 小节对此进行了详细说明。

对于问责制，重要的是与产品零件和客户设定合理的期望，即任何机器学习系统都存在负面影响的风险。统计算法可能会出错。重要的是有能力审计案件，并有足够的机制在问题发生时予以纠正。

随着技术的成熟，可以分阶段解决这些问题。尽早地意识到它们有助于避免公司的技术路线图误入歧途。如果不能立即解决这些问题，则可以将其视为技术债务。如果这些道德层面的技术债务得不到解决并积累起来时，它们可能会导致机器学习能力的中断，甚至造成持久的社会负面影响。

9.1.2 确保客户的人身、财产和心理安全，提升信任

客户的信任和安全对于公司的长期生存至关重要。只有当客户觉得产品或服务的价值值得承担交易风险时，他们才会开始与公司进行合作。对于直接面向消费者的公司和企业对企业的公司，可以分别讨论信任和安全问题。让我们先了解直接面向消费者的场景。

1. 直接面向消费者的场景

对于直接面向消费者的公司，有 3 个层次的信任，包括人身安全、财务安全和心理上的信任与安全。这些层次如图 9.1 所示。你的角色是对这些信任水平保持敏感，并努力用 DS 技术激励行业，以增加客户的信任和安全。

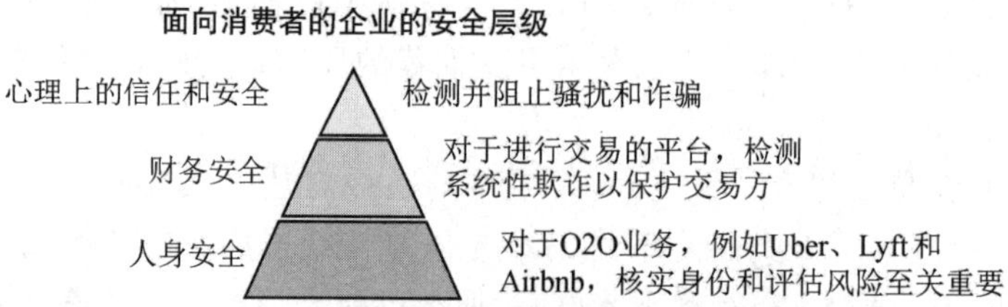

图 9.1　面向消费者的企业的 3 个安全级别

（1）人身安全

信任始于与公司交易时的安全感。线上到线下（Online to Offline，O2O）的直接面向

消费者的品牌,例如,Uber、Lyft 和 Airbnb 等,在网上进行交易,在线下提供服务。在这种双边市场上进行交易需要让客户对自己的人身安全产生巨大的信任。

在智能手机普及之前,人们会强烈建议你不要让陌生人进入你的房子或车辆。你也会犹豫要不要搭陌生人的车,或者在陌生人家里过夜。如今,大多数人都会毫不犹豫地使用 Uber 或 Lyft 进行搭车,或作为司机提供搭车服务。2020 年,全世界有近 300 万人成为 Airbnb 的房东,超过 5 亿人在 Airbnb 过夜。

这些成功的背后是严格的身份验证过程。例如,所有 Lyft 司机在提供搭车服务前必须通过一系列犯罪记录背景调查。所有 Airbnb 的预订在确认之前都会在数百个信号中进行风险评分。这些验证不仅仅是一次性检查,而是对标记的可疑活动进行连续检查,例如,已识别的假账户和潜在的账户接管(Account Take Over,ATO)。

通过试验和选择最有效的、干扰最小的身份验证获取形式,以及最大限度地提高身份验证获取的转化率,DS 可以促进这些信任建立的过程。它还可以在扫描假账户和检测潜在的自动交易系统方面发挥重要作用,从而使服务的离线交易尽可能安全。

(2) 财务安全

许多面向消费者的公司需要处理付款的服务。他们有时作为第一方接受付款,有时作为第三方负责清算各方之间的交易。为了提高财务安全性,首要任务是保护客户的私人信息,在静止状态下对其进行加密,这样如果你的服务器受到攻击,最敏感的财务信息就可以免受黑客攻击。

当一家公司充当清算交易的可信第三方时,它可以承担额外的责任来保护其客户的利益。继续以共享经济为例,对于 Uber、Lyft 和 Airbnb 等 P2P 服务,交易通过在线平台进行。这集中了对敏感财务信息的维护,因此交易方不必在每次交易中都要求对方提供这些信息。如果 Uber 司机没有提供搭车服务,或者 Airbnb 主办方没有提供住宿信息,平台可以扣留付款,并向 Uber 司机或 Airbnb 客人退款。

该平台还可以通过寻找过去欺诈案件的模式和机制来检测系统性欺诈。例如,如果一组财务信息涉及欺诈,那么你可以使用知识图检查任何关联交易并使其相关交易无效。任何涉及欺诈的账户都可以被冻结,以防止额外的财务风险。

(3) 心理上的信任和安全

对于拥有用户生成内容的公司来说,保护用户免受心理虐待对于创建一个充满活力的在线社区至关重要。具有用户生成内容的平台包括带有聊天室的在线多人游戏、社交网络、媒体共享网站和在线评论网站。公司必须能够处理骚扰、欺凌和诈骗等滥用行为,以保持用户的信任,并让他们在使用这些平台时感到安全。

骚扰是指发送信息给受害者并对其造成心理伤害的过程。欺凌是欺凌者对受害者的反复骚扰。据报道,许多人因网络欺凌而自杀,因此这对用户安全的威胁是真实存在的。受害者的防御选择和能力是有限的。受害者可以直接删除骚扰信息;然而,这需要受害者已经阅读了信息,这可能已经造成了心理伤害。受害者不能直接删除广播消息,并只能依靠版权方删除消息。

另外,骗局可能很难发现。欺诈的实际行为可能发生在特定在线社区的可视范围之外,因此很难评估特定消息是否是骗局。骗局往往在实施很久之后才被报告,因为受害者需要一定的时间才能意识到自己被骗了。许多受害者甚至可能因为太尴尬而不敢举报诈骗案。

作为 DS 高管或杰出的数据科学家，你可以投资于算法开发和基础设施，以自动检测和标记骚扰、欺凌和诈骗消息。算法可以在消息、发送者和接收者的历史记录中查找滥用模式。基础设施可以根据对收件人的评估风险水平，以阻止、标记审查或通过邮件。

在服务个人消费者时，公司必须维持人身、财务和心理层面的信任与安全感。只有当客户认为产品或服务的价值高于与公司进行交易的风险时，行业才能实现长期繁荣。数据科学可助力降低这些交易风险。

2. 企业对企业的场景

为了赢得企业消费者的信任和安全，软件即服务（Software-as-a-Service，SaaS）的解决方案需要向客户证明，共享的数据将直接惠及客户，不会对使用或运营产生负面影响，不会损害或泄露任何商业情报或指标。

SaaS 是一种以订阅为基础的提供集中托管软件的商业模式。这种方法在企业界得到了很好的应用，并且有很高的效率。最近，随着深入分析能力的提高，新的做法正在不断涌现，通过提供一些企业数据进行聚合，以交换高级功能和基准测试功能，将多租户托管提升到新的水平。这些可能性也带来了一些道德考虑。

与传统的下载和安装软件相比，SaaS 的产品有 5 个主要优势：

- 快速提升价值——不需要安装和配置。你只需要登录就可以了。该软件通常集合了最佳实践，你可以立即开始使用。
- 更低的成本——软件通常被托管在一个具有规模经济的多租户环境中。
- 可扩展性和集成性——不需要购买额外的服务器。如果使用量增加，托管环境通常可以自动扩展。
- 易于升级——标准化的托管意味着更少的升级问题，而升级是由 SaaS 供应商处理的。
- 易于使用——易于测试和购买软件。

传统的 SaaS 协议通常有关于客户数据的条款，明确地将所有客户数据的所有权分配给客户。它们明确禁止提供商出于任何目的使用这些数据。

在高级分析和机器学习时代，传统的 SaaS 协议允许有限的分析功能基于单个客户的数据进行开展。这使得重大的价值无法在整个客户中得到利用，从而使 SaaS 产品上的每一位用户都受益。为了突破这些挑战，新的 SaaS 解决方案正在涌现，它们允许特定于 SaaS 解决方案的主机有限地访问客户数据，以开发其他方式不可能实现的新功能。

在 SaaS 解决方案中，对客户数据的有限访问可以带来以下好处：

- 用户界面的优化和定制——这包括在 SaaS 解决方案中呈现的菜单和功能的位置、信息传递和工作流程。不同客户的使用行为数据可以提供更重要的信号，以更快地改善可用性。
- 相关性排名算法——这包括 SaaS 解决方案中的新闻源和搜索功能中推荐内容的相关性。许多客户的反馈可以提供更快的反馈来训练相关性的算法。
- 转换的归属——当多次接触可以归因于将用户转换到一个新的能力时，我们如何归因于不同的接触？手动标记的数据可能是稀疏的。但是，如果稀疏的数据被汇总，我们就可以对流量来源的归属有更多了解。

- 实体的匹配——公司和联系人等实体在大型数据库中的识别和规范化可能是一个挑战。联系人的隶属关系和商业实体属性需要不断更新。通过多个客户的数据汇总，实体匹配能力可以得到更及时的反馈，以提高实体匹配的准确性。

为了让客户选择加入这些数据共享协议以实现数据驱动的优化机会，SaaS 解决方案需要向客户证明共享的数据存在以下优点：

- 将直接使客户受益；
- 不会对 SaaS 解决方案的使用或操作产生负面影响；
- 不会泄露任何商业情报或指标。

针对这些道德原则，保持高标准要求会促进企业客户对 SaaS 解决方案有足够的信任以选择数据共享，从而使 SaaS 平台能够长期积累能力和竞争优势。

067　要赢得企业客户的信任与安全感，SaaS 解决方案需要向客户证明，共享的数据将直接为客户带来利益，不会对使用或运营产生负面影响，更不会泄露或危及任何商业情报或指标。

总之，客户的信任和安全对于企业的长期生存至关重要。对于直接面向消费者的业务，DS 功能可以解决客户的人身安全、财务安全以及心理上的信任和安全问题。对于企业对企业的解决方案，只要阐明并遵守道德原则，实现有限数据共享的机会可以加快创新的步伐。

9.1.3　承担 DS 决策的社会责任，努力消除模型偏见

权力越大，责任越大。DS 现在正在推动金融、就业和社交媒体等领域的决策，这些领域影响着数十亿人，并可能在未来几年影响他们的生活。

在 DS 中承担社会责任是很难的。模型非常擅长学习历史数据的模式，但基于历史数据的模式做出决策也会放大人类的历史偏见。人类的偏见往往会嵌入到训练数据中，因此确定决策中的公平性就超出了定量分析的范围。

068　模型擅长学习历史规律，但基于历史规律做出决策可能放大人为的偏见，在决策中识别偏见并做到公平是超越量化分析的道德问题。

公平有许多定义，包括个人公平、群体公平、预测率平价、均等赔率、均等机会、均等结果和共同事实公平。这些都是在不同情况下确定公平性的可信尝试，可能会相互冲突。

作为 DS 高管或杰出的数据科学家，你有责任认识到社会和商业环境中公平概念背后的复杂性。让我们看一看金融、就业和社交媒体方面的例子，以突出公平的持续挑战及其副作用。

例 1：财务公平

财务公平方面的挑战可以从贷款审批决定的细微差别中得到体现。贷款审批中的偏

见可能会使整个社区处于不利地位,因为这些资金可以使人们通过住在离工作地点更近的地方、购买设备、支付教育和培训费用,或解决暂时的现金流动性缺口来提高生产力。如果没有这些贷款,人们可能会被迫降低生产率,或放弃改善整体财务状况的机会,推迟积累财富的能力。

从历史上看,贷款决策中的偏见导致了整个社区的停滞和边缘化。我们如何才能做出更公平的信贷决策,同时保护只想向信誉良好的客户放贷的贷款人的利益?

多种文化背景下的无担保消费贷款数据表明,男性借款人比女性借款人更可能拖欠贷款。与此同时,贷款申请库也绝大多数由男性借款人组成。这是由数据偏见造成的还是男性能承担更多风险的偏见造成的?

美国于 1974 年通过了《平等信贷机会法案》(*Equal Credit Opportunity Act*,ECOA),规定债权人基于种族、性别、年龄、国籍、婚姻状况或因获得公共援助而进行歧视是非法的。然而,即使在评估信用度时不考虑性别因素,在美国,女性的平均信用分数也一直低于男性的平均分数。这怎么可能呢?

事实证明,评估信用度的一个重要组成部分是信用利用率,即你每月使用的信用额度的百分比。由于性别工资差异,女性平均收入低于男性,信贷额度与收入密切相关。收入越低,信用额度越低。即使当女性持有的余额与男性相当时,作为可用信用额度的一个比率,她们的循环信用利用率更高,从而导致平均信用分数更低。

历史上的工资差距不仅存在于性别之间。它也存在于不同种族和民族之间。因此,尽管政府尽了最大努力消除金融贷款中的歧视,但经济环境中的历史偏见仍然可以通过许多其他方面传播。

作为一家公司的高管或杰出的数据科学家,首要任务是遵守法规。当女性消费者感知到商机时,产品设计和营销可以吸引特定的客户群体。然而,信用审批流程必须遵循"无意识公平原则",该原则规定,性别不得成为批准信用卡或为客户设定信用额度的因素。为了从根本上解决历史上的工资差距问题,接下来我们来看看就业机会公平。

例 2:就业机会公平

在为难以填补的职位寻找人才时,招聘人员越来越依赖于在简历数据库和 LinkedIn 或 Indeed 等公司的在线个人资料中进行搜索,以寻找符合招聘要求的潜在候选人。LinkedIn 和 Indeed 网站确实聚合了数百万个工作岗位,因此求职者只需在一个地方搜索,就能找到所有可用的机会。它们还吸引求职者在网上生成个人资料并上传简历,以便招聘人员在新的就业机会出现时找到他们。

网站使用招聘人员的参与行为作为反馈,以提高人才体验的相关性。招聘人员在与竞聘者互动过程中收集信号。这些信号有助于排名算法了解什么样的个人资料和简历摘要能更好地吸引招聘人员的注意力。然而,这种方法往往会强化现有的性别、种族和民族偏见,从而使对特定群体的歧视永久化。

当你寻求改善就业机会公平性时,你如何确定要优化的指标?以男女比例为例,怎样才算公平?以下是可以考虑的 3 种方法:

- 通过不知情的方式实现公平——没有性别特征直接用于排名。这种方法是目前普遍的做法。然而,强有力的证据表明,在招聘实践中存在历史上的性别偏见。虽然这种方法可能更容易验证和管理,但它无法有效消除潜在候选人搜索排名中的人为偏见。

- 人口均等——在搜索结果中包括同等数量的男性和女性候选人。搜索结果可以按性别排序和划分。然后可以重新构建结果,以确保首页上的男女候选人比例为1:1。这种方法简单易行,但不同行业人才库的性别比例并不是1:1。并且在搜索结果中占多数的性别可能会处于不利的地位。
- 机会均等——出现在搜索结果顶部的男女候选人比例与具备匹配技能的人才库中的比例成正比。热门搜索结果将包含一组性别比例与人才库匹配的候选人。这一方法引入了一组具有代表性的性别平衡候选人,并将其纳入最佳结果,同时尊重不同职业的性别比例。这种方法已经被 LinkedIn 等行业领袖所采用。

正如你所看见的,不同的公平概念可能会给个人职业生涯带来影响,在选择方法时必须考虑具体的环境。要确定最适合你的场景的公平性定义,请参考 Ninareh Mehrabi 等人关于该主题的调查。

例 3:社交媒体公平

Facebook、Twitter、YouTube 和 LinkedIn 等社交媒体平台在人们的日常生活中的影响力越来越大。截至 2018 年 8 月,约三分之二(68%)的美国人从社交媒体获得新闻。

美国宪法第一修正案通过禁止国会限制媒体或个人自由言论的权利来保障言论自由。一些不良行为者也会通过传播误导性、淫秽性、威胁性、仇恨性、诽谤性或歧视性的有害内容来滥用这种自由。

内容审核已成为社交媒体行业的一个重要话题。在 2016 年美国总统竞选活动中,前20 名虚假新闻获得的份额高于前 20 名真实新闻。如果这些有害内容不及早发现并加以制止,它们可能会对民主、经济和地缘政治稳定产生严重而持久的影响。

作为 DS 高管或杰出的数据科学家,你如何在不扼杀言论自由的前提下,承担社会责任? 审核有多种形式:

- 手动审核——编辑在每条消息出现在网上之前审核它们。
- 事后审核——信息首先出现在网上,并被排在一个队列中,供编辑审核。
- 反应式审核——用户可以报告滥用行为,只有被举报的滥用行为才会被审查。
- 分布式审核——用户对内容进行向上或向下的投票以进行自我审核。
- 自动审核——特定算法用于检测和删除违反法规的内容。

手动审核和事后审核可以有效地执行内容策略,经常用于广告等付费内容。然而,它们的可伸缩性较差,不适合用户生成的内容。反应式审核和分布式审核具有高度可扩展性。然而,他们只解决已经对你的客户产生负面影响的问题。随着检测方法跨越基于知识、基于风格、基于传播和基于源的方法,自动审核仍处于初级阶段。虽然它们可以对潜在的滥用做出快速反应,但也会产生引人注目的误报,并且这仍然是一个重要的研究课题。如今在社交媒体平台上的审核系统通常是混合系统,包括多种形式的审核,以及考虑用户反馈和编辑选择的自动算法。

这些内容审核系统面临许多挑战。与任何机器学习系统一样,审核算法可能会出错。如果他们在审核内容方面过于温和,则可能会留下滥用内容来传播并伤害更多用户。如果他们对审核过于严厉,则会增加误报数量,从而扼杀合法的声音。

在法律方面,自 1996 年以来,《通信礼仪法》第 230 条保护了 Facebook、YouTube 和

Twitter 等互联网公司,使其不必为用户创建的内容承担责任。它允许互联网公司调整其网站,而不必为其托管的内容承担法律责任。然而,政治潮流正在转向重新审视这些政策。

机器学习在内容审核中的作用将反映你在这些问题上的道德立场。在不审查敏感话题的情况下,保护言论自由和保护用户免受误导性、淫秽性、威胁性、仇恨性、诽谤性或歧视性信息的影响之间的平衡,对于履行公司的社会责任将变得越来越重要。

9.2 严谨——强化高水准的实践

作为 DS 高管或杰出的数据科学家,你定义了公司的 DS 文化。这一过程涉及为 DS 创造高效和谐的工作环境、加快决策速度和提高决策质量,以及推动能够增加企业价值和激励行业的突破。

将一个新的 DS 功能整合到公司中有很多挑战。根据你的行政领导的背景,在整个组织中,DS 的价值可能相同,也可能不同。一些高管可能更愿意聘请专门的内部分析师团队来维持对其数据的控制,从而在职能部门和业务部门内形成数据孤岛。有些人可能会走到另一个极端,提供完整的数据访问,然后认为任何未解决的数据问题都是 DS 问题。创造一个富有创造力、和谐的工作环境可能是一项挑战。我们将在 9.2.1 小节中对此进行讨论。

作为一名高管,你还需要以速度和信念做出严格的决策。有了 DS 背景,我们的天性就是善于分析。许多人可能会发现,有时果断是很有挑战性的。然而,犹豫不决会让你错过机会,也会让你对高管的领导能力产生怀疑。坚定地做出决策为团队提供了一致性,因此团队可以追求实现其愿景的长期目标。能够在有限的信息基础上迅速地做出艰难的决定,这是 DS 高管的一项基本技能。我们将在 9.2.2 小节中对此进行讨论。

为了激励一个行业,创新可以来自企业内部或外部。应该有各种标准来推动内部创新的严格性。这些措施包括把申请专利作为知识产权战略的一部分,开发可与开发者社区共享并由开发者社区维护的开源软件或将结果和方法作为论文发布给科学界。对于公司以外的创新,技术可以获得许可,团队和公司可以被收购。通过仔细的技术调查,外部创新可以加速公司企业价值的增长,并激励你的行业。我们将在 9.2.3 小节中对此进行讨论。

9.2.1 营造高效和谐的工作环境,增强信任和理解

无论你是在大公司还是在小公司领导 DS,为 DS 计划获得高管支持对于为你的团队创造高效和谐的工作环境至关重要。DS 团队感到的许多挑战和压力最好在执行层进行解决。

当各职能部门的高管保持一致时,他们会为团队协作和执行创造一个高效、和谐的环境。当高管不一致时,他们会让团队在执行过程中苦苦挣扎,没有有效的升职路径。这种情况可能会给所有团队带来一个充满争议和压力的工作环境。在你和你的同级主管之间保持适当的一致性方面,有哪些常见的挑战?

069 当高管之间未能达成一致时,团队协作将因缺乏明确分工而陷入混乱,不仅影响效率,还可能引发紧张和争议,导致工作环境的内耗与压力升级。

不一致的根本原因有 2 个:缺乏信任和缺乏理解。如图 9.2 所示,缺乏信任可能表现为对数据收集的抵制或对所创造的见解的拒绝;缺乏理解可能表现为将 DS 功能视为表格和报告生成器,或对 DS 的范围抱有不切实际的期望。让我们讨论一下如何认识和解决这些问题。

挑战1:缺乏信任	挑战2:缺乏理解
如果执行层没有协调项目,那么数据科学与合作伙伴业务组织之间的不信任可能会加剧。	对数据科学能力的低估和高估造成了期望的脱节。
数据共享的挑战——数据在产品功能中是孤立的。数据科学团队在请求数据访问时可能面临摩擦。	低估能力——许多传统的产品和运营领导只熟悉在操作日常业务时使用仪表盘来跟踪产品功能的有效性。
分析或模型解释的挑战——当分析和建模结果在没有咨询业务伙伴的情况下被共享时,早期结果可能会错过明显的领域细微差别。	高估能力——一些高管对数据科学的作用有着不切实际的期望。当原始数据进入系统并预测出结果时,它可能看起来像魔术。

图 9.2　数据科学工作环境中不一致的 2 个原因

1. 缺乏信任

当项目没有在执行层进行协调时,DS 和合作伙伴组织之间的不信任可能会恶化,这就可能会导致共享数据、解释分析或建模结果方面的障碍。

(1) 数据共享的挑战

在许多公司,生产数据被记录在产品中并进行分析,以做出关键的商业决策。这些数据通常由产品经理指定,由工程师收集,由分析师处理,并用于指导业务运营。在新兴的 DS 功能中,当请求数据访问时,数据所有者自然会质疑数据将如何使用。

从 DS 的角度来看,项目通常是先陈述现有的差距,然后强调 DS 如何工作可以显著改善业务成果。当 DS 单方面提出项目时,这种叙述可能会被视为对业务合作伙伴现有工作的批评,试图将所有改进归功于此。这种叙述角度滋生了团队之间的不信任,使得获取额外数据变得复杂,并降低了业务合作伙伴接受能力和部署最终解决方案的机会。

在与商业伙伴合作时,应注意以平等伙伴的身份共同提出这些项目。这种叙述方式可以更好地协调高管和合作团队之间的动机。

(2) 分析或模型解释的挑战

在更成熟的组织中,当生产数据已经聚集在数据池和数据库中,并由其数据所有者共享时,仍有许多数据的细微差别需要理解。2.3.2 小节讲述了网络会话、地理位置和金融交易中这些细微差别的例子。

如果在没有咨询业务部门的情况下共享分析和建模结果,那么早期的结果可能会错过明显的领域中的细微差别,例如,季节性或来自标准业务实践的偏差。如果不考虑领域的细微差别,那么无论分析或模型有多精确,业务合作伙伴都不会认真对待结果。

070　在未与业务合作伙伴讨论的情况下过早分享分析和建模结果,很容易忽略领域常识。如果未能考虑这些领域细节,无论分析或模型多么精确,业务合作伙伴都不会认真对待这些结果。

例如,如果你处理个人支出数据,那么你可能会看到大多数交易日期为周一或周二。但常识告诉你,人们在周末购买的东西更多。这是为什么呢?事实证明,周末进行的信用卡和借记卡消费在周一或周二入账之前会在网络上进行欺诈检查。金融交易的历史记录通常只记录已清算和过账的交易,而消费者用户体验则由他们的实时消费触发。当分析或建模没有考虑交易后日期的细微差别时,业务合作伙伴将很难相信基于有偏见或有缺陷的假设的任何建议。

你如何与同行高管建立信任?一个强有力的方法是了解他们的痛点,并选择那些你可以快速产生商业价值的痛点。当你对一个组织或一个角色不熟悉,并与新同事会面以了解他们的首要任务时,最好这样做。统一的起点是帮助他们解决他们的主要问题,并提供真正的业务价值。

在你建立信任的同时,你可以选择友好的高管来帮助你早日成功。这些不应该是最雄心勃勃的努力,而应该是低风险的快速胜利,这样可以建立你的成功势头,赢得同龄人的信任。有了他们的信任,你可以和他们一起投资更大的项目,以获得重大胜利。在建立信任的早期阶段,要避开那些可能对你的工作持怀疑态度的同行,因为你在建立成功势头的过程中需要得到所有的善意。

在确保早期胜利时,要透明化,并传达你正在做的事情,因为其他高管可能不熟悉 DS 工作的迭代性质。在整个项目定义、执行和评估过程中与业务部门密切合作,避免项目偏离轨道,变得无关紧要。在宣传成果时,要确保成功是业务合作伙伴与 DS 之间的合作成果。要避免大众媒体耸人听闻地描述优秀的 DS 模式挽救了历史上管理不善的运营状态,因为这会迅速破坏与业务合作伙伴的关系。

071　传达成果时,应突出业务伙伴与数据科学的协作成果,避免夸张叙述损害合作关系。例如"用一个优秀的数据科学模型拯救了以往管理不善的运营状态",这种叙述可能会迅速破坏与业务合作伙伴的关系。

对于一位高管来说,最重要但很少被提及的是,一个强大的盟友在组织中的重要性,它可以成为一根"避雷针"。每个组织都有自己的历史。当你刚进入一个组织时,尽可能多地了解该组织的历史是很重要的。但你不可避免地会进入一些敏感的情况。为了让信任的建立走上正轨,你需要在组织中有一个强有力的人物作为"避雷针",以吸收任何对你的攻击。组织中有影响力的人物可以是项目的赞助商、支持者或首席执行官。

2. 缺乏理解

一旦你在交付业务成果方面获得了同行高管的信任,就应该设定适当的期望水平。常见的挑战包括低估和高估 DS 的能力。

（1）低估能力

许多传统的产品和运营领导者都熟悉使用指标仪表盘来衡量产品功能的有效性,并运营日常业务。尽管创建仪表板是 DS 职责的重要组成部分,但它只是 9 种常见 DS 项目中的一种,如 2.2.2 小节所示。其他职责包括跟踪规范定义、功能监控和推出、数据洞察和深入研究、建模和 API 开发、数据丰富、数据一致性、基础设施改进和法规遵从性。当你的同行高管了解 DS 可以做什么来解决他们的痛点的广度和深度时,你就可以扩大可能的合作范围,并在其中使用 DS 来满足业务需求。

（2）高估能力

一些高管对 DS 能做什么抱有不切实际的期望。对他们来说,原始数据进入 DS 系统,并产生对未来的预测,这似乎很神奇。你有责任帮助你的同行高管了解当今技术的机遇和局限性。

制定路线图和必要的里程碑等练习可以帮助执行者明确在什么时间范围内可能发生什么。然后,可以对优先级和权衡进行有意义的讨论。

与此同时,许多公司都在努力应对数据质量挑战。一些高管可能认为 DS 职能部门应该解决所有未解决的数据问题。作为 DS 执行官,应明确说明职能范围。重点应该放在解决高优先级的业务挑战上,在临时数据问题上进行时间限制。

每周办公时间等形式可能适合解决和推迟一些未解决的数据问题。4.2.2 小节更深入地讨论了设置办公时间的最佳实践。

当缺乏信任和理解的问题在管理层得到解决时,就会自上而下创造出一个高效和谐的环境。即使在特定项目中出现冲突时,通过明确的升级,冲突也可以在目标一致的情况下迅速解决。

注：明确上报是指将不一致情况与不一致方一起提交给更高管理层的过程,同时强调对不一致情况的准确描述、犹豫不决的负面影响、达成一致意见的内容,以及达成一致意见所缺少的信息。4.2.3 小节对此进行了更详细的描述。

9.2.2　加快决策速度,提升决策质量

DS 高管应该具有高管的果断和数据科学家的深思熟虑。如果没有决断力,你可能会错失机会,让人怀疑你的执行领导能力。如果不仔细考虑 DS 技术的严格应用,你可能会失去 DS 团队的尊重。

果断和慎重似乎是矛盾的。然而,通过一些简单的技巧和评估,你可以成功地实现这种平衡。如果你的组织中有合适的领导向你汇报,那么只有最具挑战性的决策在上报给你时才会保留下来。

推进一项决策所产生的积极影响推动了决策的紧迫性。为了让一个决策值得一位高管花费时间,它需要比现状的轨迹有显著的优势。让决策者踌躇不前的是做出错误选择的潜在负面影响。

要做到果断和深思熟虑,可以使用图 9.3 所示的决策树。

1. 一个错误的决定是否有很多负面风险

如果错误决策的影响很小,你可以果断地接受风险,继续前进。但你如何知道错误决策的影响是否很小?

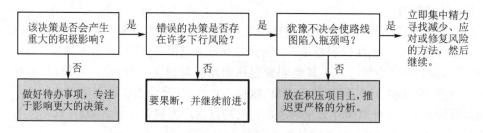

图 9.3　作为数据科学执行官，果断且深思熟虑的决策过程

在 2.2.1 小节中，我们讨论了 RICE 技术，用于量化项目的范围、影响、信心和努力。这里可以使用类似的过程，并增加机会来限制潜在错误决策的范围、影响和努力，同时增加正确决策的信心。让我们来看看针对人员、流程和平台变化的影响评估。

对于功能发布的成功或失败的商业决策，挑战在于在一个实验平台上投入多少资金，以更系统地评估功能发布。有了实验平台，就可以向有限的用户群展示功能，以评估功能的影响，而只需花费最少的精力来协调发布和沟通。通过这种方式，你可以在发布到完整的用户群之前获得对这些功能的信心。

为了限制影响，你可以与同行高管合作，制定专门用于实验的亏损预算。例如，执行团队可以在投入或收入的 3％的损失预算上达成一致。对于收入损失风险为 20％的新功能，只要将功能风险限制在用户群的 15％以内，就可以果断地进行测试。如果对实验结果进行频繁监控，你可以在接触到新功能的用户群中表现得更加积极，这样你就可以提前停止可能带来意想不到的巨大负面影响的功能，并限制损失。

对于涉及人员、流程和平台变更的更复杂决策，你可以首先决定在少数团队/客户中试验这些变更，以限制影响范围和潜在的负面影响。然后，你可以迭代并改进变更过程，并在所有团队或客户中更广泛地推动变更。

072　对涉及人员、流程和平台的复杂决策，可先小范围，在少量团队或客户中试点，优化后再全面推广。

当无法进行变革试点时，你可以通过制定概念验证（Proof of Concept，PoC）里程碑来增加决策的信心，首先制定项目中最具风险的部分。如 3.2.3 小节所述，这种方法可以及早发现无法克服的问题，提供时间和机会，通过其他途径调整工作，以实现最终目标。

2. 优柔寡断会成为路线图的瓶颈吗

到目前为止，我们已经讨论了在做出决定时对风险的评估和限制。不前进的机会成本是多少？

机会成本更难评估，因为它包括了你因没有做出决定而放弃的所有东西。有了一套清晰的路线图，如 6.1.1 小节所述，你可以绘制一些现有里程碑的延迟，以了解延迟对所有后续里程碑的影响。

例如，要使公司的数据驱动流程更高效，可能需要将 DS 团队从分布式结构重组为联合式结构。这是一个变化，大多数数据科学家致力于业务部门和职能部门，有些是集中的,并且战略性地部署到企业范围的计划中。

是否重组的决定取决于 DS 高管。推迟决定会有什么影响? 如果没有战略性地将 DS 团队的集中组件部署到企业范围的计划中,那么数据源工作可能会在业务部门之间重复,导致指标的碎片化,并在数据充实路线图中产生数据一致性技术债务。

由于用于改进集中式数据处理平台的资源很少,每个团队都在经历低效的工作流程,这限制了该功能的总体潜在影响。随着在数据处理上花费的时间显著增加,用于创新智能能力和智能功能以改进业务指标的时间也减少了。

当一个好的决策产生巨大的积极影响,错误的决策产生巨大的负面影响,优柔寡断的代价高昂时,就是集中精力寻找方法来减少、应对或修复风险,从而向前迈进之时。与金融业的利益复合一样,拖延决策,拖延路线图的实施,可能会显著降低数据科学家工作的总体回报。大多数项目影响发生在成功启动之后,可能需要多次迭代优化才能有效。重新审视延迟决策的影响可以帮助你优先考虑艰难决策。

3. 你将如何全面评估情况?

要对风险和机会成本进行全面评估,需要掌握一些你可能手边没有的信息。召开大型会议来收集信息可能会让你放慢速度。不咨询他人会导致你做出错误的决定。你可以考虑哪些最佳做法?

你可以在技术和商业领域培养一个紧密的顾问圈,以验证和扩大你对错误决策的风险和犹豫不决的机会成本的理解。要果断和慎重,你可以给团队一个声音,但不能投票。当你倾听并征求他们对重要决策的意见时,这表明你深思熟虑并尊重他们的观点。在你做出决定后,你可以根据你听到的观点分享清晰的决策推理。理性对于帮助团队相信你的决定至关重要。

收集团队意见的一种方法是举行非结构化会议,挑战你的临时决定,并分享新的数据和观点。在这些会议中,应注意不要给人以民主的感觉,因为共识驱动的过程可能很慢,可能会导致最坏的妥协。

一旦你做出了决定,就要执行它,并以书面形式进行沟通。以书面形式做出决策可以帮助团队参考决策,并了解如何做出权衡。随着时间的推移,团队可以学会在日常决策中应用你的决策逻辑和严谨性。

在总结果断而深思熟虑的过程时,要把重点放在能够产生重大积极影响的决策上。如果没有太多负面风险,那就果断行事。如果错误的代价很高,则要评估犹豫不决是否会导致推迟路线图的实施。如果推迟可能很严重,那么就集中精力寻找降低、应对或修复风险的方法。如果推迟不严重,那么就先放一下,将更严格的分析推迟到以后。

9.2.3　通过内部与外部创新提升企业价值

虽然 DS 项目可以直接影响业务运营,但你可以通过内部创新或从企业边界外获取创新,通过严谨性创造更重要的企业价值。图 9.4 说明了内部创新标准和引进外部创新的技术。

推动内部创新的严格性有 3 个共同标准,其中包括:① 作为知识产权战略的一部分申请专利;② 开发可与开发人员社区共享并由其维护的开源软件;③ 发布作为科学社区论文撰写的结果和方法。

| 1. 专利文件。
2. 贡献开放
源码软件。
3. 发表文章。 | 1. 许可技术。
2. 收购团队和公司。
3. 建立企业风险投资，
培育商业生态系统。 |

内部创新　　　　　　　　外部创新

图 9.4　聚合创新以增加企业价值的技术

对于公司之外的创新，你可以授权技术、收购团队和公司，并建立企业风险投资来培育商业生态系统。通过谨慎的技术努力，外部创新可以有效地加速公司企业价值的增长。

1. 内部创新标准

严格的内部创新标准允许你的团队成员追求项目的工艺水平，而不是目前完成工作所需的最低水平。它将使工作产品经得起时间的考验，并在特定代码库或结果被弃用很久之后继续提供企业价值。

专利申请要求专利代理人对创新进行严格记录，并由专利审查员进行审查。当一项专利被授予时，你有一个政府认可的垄断权，可以在有限的时间内收回你的创新投资，同时，你可以与世界分享你的创新，让其他人改进。专利制度帮助社会更快地建立在创新之上。

开源项目要求其实现方法是干净和稳健的，这样开发人员社区就可以共享、审查、维护和使用它们。为开源软件做出贡献可以提高团队在软件开发方面的严谨性，建立吸引顶尖人才的人才品牌，并分摊软件基础设施的开发和维护成本。

方法和结果的公布使创新背后的基本理论和推理能够通过严格的同行评审，以促进世界的科学理解。这些都是公司工作严谨性的指标。

（1）专利作为知识产权战略的一部分

如果你的公司或团队在一个新的商业领域开拓创新的技术或者在现有的业务领域创新技术和系统，那么你可以考虑申请专利。专利公开宣布你的创新；以换取政府对一系列产品和服务的保护，允许你的公司在一段时间内享有将创新商业化的独家权利。

除了利用产品或服务中的创新直接产生收益外，你的创新申请专利还可以收费，用作与行业合作伙伴交叉许可的杠杆，或抵御竞争对手侵犯你的业务领域。利用专利创造的各种机会，专利创新可以通过商业运营增加企业价值，而不是通过商业运作获得收入。

什么样的创新才能获得专利？最重要的两个要求是，创新必须在提交日期前具有新颖性和非显而易见性。这意味着在你的申请日期之前没有这样的创新，这不是该领域任何人都可以想到的。

为了满足这些要求，有必要通过现有技术搜索和对创新的详细描述来确定新颖性和非显而易见性的范围。

知识产权战略由什么构成？下面讨论了一些标准：

■ 确定你的业务目标。你是否在保护你企业的核心技术？还是通过许可增加收入流？

你是否在进攻性地试图阻止特定竞争对手进入某个使用领域？或者,你是否在防御性地降低被竞争对手起诉的风险？不同的目标将导致不同的专利组合策略。

■ 列出可申请专利的想法。这是一个想法列表,每个想法都有一个简短的描述,记录了员工与公司相关的创新。它可以用来确定贵公司对其知识产权的所有权。

■ 对想法列表进行优先排序。你可以优先考虑以下问题:这些想法中哪一个最符合你的业务目标？哪些想法最有可能获得专利权？竞争对手最有可能追求哪些理念？如果竞争对手侵犯了你的专利,你能轻易地发现吗？你是否打算很快在公司外透露任何想法？

■ 制定预算和时间表。撰写可辩护的专利并提交申请可能需要大量资源,包括法律费用和数据科学家的努力。在美国,你可以先提交临时申请,以锁定优先权日期,这样能够产生更低的申请费用和更少的手续。然后,你可以在 12 个月内提交一份非临时申请,并将成为一项公开的专利。

有了授予专利的承诺,你可以激励你的数据科学家做出更高质量、可申请专利的工作,并让他们的创新为公司创造更大的企业价值。

注：商业秘密和版权也可以是创造企业价值的知识产权战略的一部分。你可以咨询你的法律部门,了解公司如何看待这里的机会。

073 制定企业在数据科学领域的知识产权战略可以激励数据科学家创造高质量、可申请专利的成果,用创新提升企业价值。

(2) 开源项目

开源项目是一种设计、开发和分发软件的方法,提供对软件源代码的实际可访问性。对于许多软件开发人员来说,创建和贡献一个开源项目是一种区别,它展示了他们的技术领先地位,也是解决其领域中具有全球影响力的关键技术挑战的机会。

公司内部开发的专有代码通常只被少数技术同行看到和审查。当一个项目是开源的时,成千上万的同级开发人员可以看到和批评这些代码。对于一家公司来说,如果其团队希望开发出让他们为开源而自豪的软件,那么开发人员通常会以比一般的内部解决方案更严格的方式完成工作。

创建高度可伸缩和可扩展的代码库的严谨性可以产生可持续的企业价值。此外,已知支持开源项目的公司可以吸引顶级软件工程人才。顶尖人才的聚集进一步吸引了希望与他们合作并向他们学习的员工。

074 创建、支持或参与开源项目能够为你的团队成员和组织建立技术领袖的形象。能将部分代码开源可以帮助你吸引顶尖人才,并激励他们创建优质、可扩展和可维护的代码库,提升企业价值。

当你的团队开发出一个创新的软件解决方案来应对手头的一个特定的紧迫技术挑战时,你可以使用以下 2 个问题来评估它是否有潜力成为一个开源项目:

■ 技术挑战是否是业内许多人可能面临的常见挑战？

■ 这个解决方案是不是一个边缘化的解决方案以及会不会泄露企业的核心"秘密"？

为了让开源项目蓬勃发展,开发人员社区应该团结在一个共同的技术挑战周围。表 9.1 展示了 DS 中常见技术挑战的一些示例。当存在足够普遍和重大的技术挑战时,你可以使用最佳实践开发解决方案,并激励社区共同开发解决方案。

表 9.1　开源软件解决的常见技术挑战示例

常见的技术挑战	开源软件示例
商品硬件上的分布式计算	Hadoop,Spark
使用实时事件流	Kafka
大型图的计算	Neo4j
数据处理管道的管理	Airflow
软件项目的持续集成	Jenkins,Hudson

为了让你的公司能够轻松地开放其开发的软件的源代码,它绝不能损害其关键的竞争优势。例如,谷歌不可能将其关键的搜索算法开源,但它确实将其机器学习算法库 TensorFlow 开源。Airbnb 不可能分享其个性化算法,但它确实开放了其数据处理管道管理工具 Airflow 的源代码。

当你针对一个重要行业挑战的开源解决方案获得认可时,这就是你创造了行业领先创新的最终证明。它还表明,你已经为顶尖人才创造了一个工作环境,为公司的企业价值创造持续增长。

(3) 在科学界公布结果和方法

与开源软件一样,在科学界公布你的成果和方法也证明你正在聚集人才,为公司的企业价值带来持续增长。

在顶级会议和期刊上发表文章通常意味着你的解决方案新颖、有趣且有用。严谨性体现在努力理解领域专家同行评审结果优势的深层次原因。发布的结果有时伴随着开源代码,这并不奇怪。你应该决定是否发布同样的两个问题:挑战是否普遍,解决方案是否侵犯了公司的核心"秘密"。

2. 推动企业价值的外部创新

在开发智能产品和服务的过程中,许多路线图可以通过引入外部创新来加速。我们可以从大量可供购买的资源中看到机会的例子,包括第三方数据源、数据处理工具和服务,以及计算资源。外部创新的获取有 3 个常见层面:

- 数据和技术的许可;
- 收购公司和团队;
- 通过企业风险投资培育商业生态系统。

当外部创新是加速你的路线图的边际实践时,你可以考虑许可数据或技术。当它是公司愿景的关键部分时,你可以考虑获取控制公司或团队的所有权。当你想要培养一种与你的公司战略一致的外部创新时,你可以对其进行投资,并将其作为你的商业生态系统的一部分。通过谨慎的技术努力,外部创新可以有效地加速公司企业价值的增长。下面让我们逐一了解它们所涉及的严谨性。

(1) 数据和技术的许可

第三方数据源、数据处理工具和丰富服务供应商可以极大地加快构建智能产品和服

务的创新步伐。要严格有效地许可数据和技术,需要考虑 4 个主要因素:

- 与你的战略路线图保持一致——数据和技术应该在你想要实现的目标的背景下考虑,这样你就可以评估支付意愿,使其成为一项有价值的投资。如果授权费用太高,或者授权条款阻止你实现目标,那么你应该放弃。
- 技术兼容性——通过许可获得的数据、工具或资源应与现有基础设施良好集成。如果技术调查显示,这些技术存在不兼容之处或者成本太高,无法弥合,那么许可可能就不值得。
- 监控能力——你可以使用内部分析和报告来监控许可创新对业务价值的贡献。这种监控至关重要,尤其是对于基于订阅的许可,因为你的客户群可能会发生变化,数据质量或技术适用性可能会随着时间的推移而变化。这些情况可能会改变许可证持续投资的投资回报率。
- 团队奖励系统——为了消除"不是在这里发明的"偏见,你可以注意让数据科学家的表现与产生的业务影响相一致,而不是与编写的代码行相一致。这种一致性对于外部创新在组织中扎根至关重要。

(2) 公司收购

当一项外部创新由另一家公司推动,该公司的产品路线图和商业模式可以为你的公司提供新的产品线时,你可以考虑收购该公司。此类收购的严谨性在于详细的调查过程,其目的是通过数十个关注点,包括财务、技术、业务、路线图、团队、监管合规和法律领域,阐明收购的机会和风险。

作为 DS 高管或杰出的数据科学家,你可以被要求进行技术调查。技术调查的主要目的是确保:

- 该团队在技术领域的声明是准确的;
- 该团队在技术上是可信和称职的;
- 该组织能够执行其当前的路线图;
- 了解公司的技术优势、劣势和风险。

为了在 DS 领域开展技术尽职调查,下面列出了需要调查的 10 项:

- 创新正在解决的主要业务挑战;
- 解决业务挑战的解决方案的成功率和成熟度;
- 用于构建和部署解决方案的体系结构和基础架构;
- 随着时间的推移,解决方案的可维护性、可扩展性和可防御性;
- 解决方案的客户体验和影响;
- 团队的信誉和能力;
- 团队结构和与合作伙伴的互动;
- 业务挑战发现和解决方案制定流程;
- 历史性的(18 个月)和前瞻性的(18 个月)路线图;
- 对人才渠道、第三方数据和工具提供商的外部依赖性。

通过严格的技术调查,你可以通过加快产品路线图和提升企业价值,将团队和公司开发早期收购失败的风险降至最低。

(3) 通过企业风险投资培育商业生态系统

当你的公司在提供技术平台方面进行创新时,例如,家庭语音自动化平台(亚马逊的

Alexa)或小额投资功能及服务(Acorns),在平台上创建开发者生态系统可以促进公司价值的聚合,并增加企业价值。

在严格建立成功的企业风险投资功能时,应明确以下 4 个主要考虑因素:

- 目标——你可能想澄清你的投资目标是否纯粹是战略性的。目标可以是为你的技术平台创建和开发一个生态系统。亚马逊的 Alexa 基金就是此类目标的一个例子,该基金旨在推动基于智能扬声器的家庭语音技术创新。面临的挑战是在投资决策中平衡财务回报与播种创新和发展生态系统。如果你的目标是战略性的,那么你的成功指标需要捕捉他们投资组合中潜在的战略利益,而不是只关注财务回报的强度。

- 展望——通过支持具有战略性的早期投资的公司来培育创新生态系统,回报的时间范围可能比专注于财务回报的普通风险投资公司更长。提前调整这些预期是很重要的,这样企业的努力就不会受到整个宏观经济周期内公司重组的影响。

- 角色和义务——企业通过利用杠杆专注于创新方向来履行特定的角色,因为投资通常由多个投资者联合进行。公司的核心竞争力最好由内部研发团队开发。对于外围和生态系统创新,联合投资增加了投资资本的杠杆作用,同时仍允许获得财务收益。这些角色应该得到澄清,这样企业风险投资的资金就不会被视为牺牲内部发展的资源。内部研发工作和企业风险工作之间应该存在互补关系。

- 组织——企业风险投资可以在公司的财务或企业战略职能下组织为一个团队。或者它可以把自己塑造成一家独立的风险投资公司。如果将其组织为一个公司职能部门,每项投资都需要董事会批准,那么这将极大地限制为企业家及其创新提供及时资金的竞争力。当你的企业风险投资活动被组织成一家风险投资公司时,它有可能失去与不断发展的企业创新保持一致的战略重点。当你能在战略上与公司紧密合作,并有自主权快速做出投资决策时,你就能最大限度地捕捉外部创新,从而推动企业价值。

作为 DS 高管或杰出的数据科学家,你可以使用各种工具来许可外部数据以丰富你的能力,收购公司以加快你的路线图,投资于公司以在生态系统中进行发展和推动创新。你可以利用这些可用的外部创新来增加公司的企业价值。

9.3 态度——积极正向的思维

DS 是一个新兴领域,有很多机会改变行业。你对领导这些创新的管理态度对激励你的行业至关重要。你的态度可以表现在 3 个层面:个人层面、职能层面和行业层面。

在个人层面上,你的态度是一种执行力,它使你能够在人群中脱颖而出,被人听到,让人们想从你身上学到更多。这些技巧与其他学科的执行力并无不同,但其影响更大。你的自信可以让那些不熟悉 DS 的人对你的策略和计划产生信任。我们将在 9.3.1 小节中讨论你的高管风范。

在职能层面上,你的态度和专注使你能够在行业内的特定战略卓越领域确立起领导地位,从而吸引和留住最有前途的人才,为你的创新引擎提供动力。

在行业层面上,谦逊和开放的态度可以让你保持渴望,从广泛的相关行业学习最佳实践,然后尝试和采用可以改变行业的精选实践。

凭借个人、职能和行业层面的态度,你可以集中精力激励和改变一个行业。

9.3.1　用高效的思维、情感和行动模式展现高管风范

高管风范是受众对一个有效的、鼓舞人心的领导者所赋予的一种属性。这体现在高管的有效思维模式、有效情绪模式和有效行动模式中。许多人把这种特质误认为是非常有魅力或外向的人的天性。但是,事实上,它可以通过对他人产生积极影响的热情来系统地发展,也可以通过战略思维、情绪管理以及语言和非语言行为的技巧来练习。

075

> 高管风范是指高效且有影响力的领导者在思维、情感和行为表达上的综合表现,使其能够激励团队、影响决策并建立信任。这种风范不仅来自外在表现,更源于内在的领导力素质和职业修养。

1. 基础:你的热情

热情是比个人私利更重要的个人灵感来源。当你的执行力集中在为他人做出积极的改变时,你的热情会在压力和不确定的时候扎根于你,让你从中汲取力量来指导你的观点、姿态和行动。

076

> 当你的高管风范是以助人的热情为核心时,这份热情将成为你在高压、紧张和不确定时期的支柱,为你注入力量,塑造你的视角、姿态和行动。

那么你如何形成你的热情宣言呢?有 2 种可能的方法:由内而外和由外而内。从内到外,你可以先看看你热爱的社会事业或核心价值观,然后把它与你想要建立的职业身份联系起来。社会事业的例子包括平等的经济机会、医疗保健的可用性或言论自由。核心价值观的例子包括同情心、正直、果断或严谨。然后,你可以确定体现在公司愿景和使命中的社会事业或核心价值观,并将其与热情联系起来,这样你就可以真正融入其中。

例如,Jike Chong 的核心价值观包括严谨和值得信赖。作为中国第一个在纽约证券交易所(NYSE:YRD)上市的点对点贷款平台亿人数码(Yiren Digital)的首席数据科学家,DS 的重点是使用数据量化贷款申请人偿还贷款的可信度。Jike Chong 将自己的核心价值观转化为一种热情,即"为人们释放机会,利用他们的可信度来改善他们的生活。"

作为另一种选择,你也可以从外部开始,以符合你个人价值观的方式解释公司的使命或愿景,从而形成你的理念。例如,在金融健康平台 Acorns,其使命是"照顾新兴人群的最佳财务利益,从小额投资这一步开始"。与 Jike Chong 在 DS 领域的严谨和信任的核心价值观相结合,他的热情体现为"帮助每位客户在财务生活的各个方面做出最佳的财务决策,无论大小。"

你的热情是可以进化的,所以不要因为没有完美的热情而感到压力。然而,你应该一直拥有热情。例如,我们写这本书的热情是"激励数据从业者在他们的职业生涯中做最好的工作,最大限度地发挥他们的潜力,通过数据科学对世界产生更重大的积极影响!"你甚

至可以写下多个备选方案,选择一个可以让你每天早上起床并充满活力的方案。

当你拥有它时,确保它描述了你是如何为他人带来积极影响的。这对于引导你的观点、姿态和行动,在思考、情绪管理和行动中展现出高度的执行力是至关重要的。

2. 有效的思维模式

作为一名高管或杰出的数据科学家,你需要从更广阔的角度,超越个人、项目、团队或职能方面的考虑,涵盖整个企业和行业的问题。这种期望要求你在时间、资源和完成你的目标所需的能量方面考虑更广阔的未来可能性。

例如,在评估通过推动人们增加储蓄、减少支出来改善人们财务状况的预测能力时,你评估的不仅仅是目标和关键结果(Objectives and Key Results,OKR)的完成情况、预测准确性、最佳实践或路线图进展。你正在回顾算法对人们财务生活的影响,以及它对家庭的意义。在金融服务考试中,你需要问这样的问题:算法设计是否负责地推动了正确的用户群体?人们存的钱是太少还是太多?存下来的钱是否分配到了适合他们人生阶段的金融工具上?人们开始为自己的未来储蓄,投资会产生哪些心理变化?它是否有意义地提高了人们在经济衰退中的财务弹性?

我们考虑了思维模式的3个领域:自我、他人和行动焦点。表9.2描述了高风范的思维模式,并与低风范的思维模式进行了对比。高风范的思维模式并非高管独有,我们在本书的前几章中讨论了其中的一些模式。

表 9.2　John ULLman 总结的高级管理人员的思维模式领域

领　域	低风范思维	高风范思维	解　读
自己	担心会出什么问题	关注你能控制的选项	意识到并通过行动缓解风险和反模式(2.2.2、3.2.3 和 7.2.2 小节)。忧虑只会导致犹豫不决
	有太多的自我怀疑和害怕被拒绝	关注我能做些什么来帮助别人	用你为他人做出积极改变的热情赋予自己力量
	我必须是对的	我需要有效率	有时要坦然面对错误,然后从错误中吸取教训
他人	关注人们的缺点	寻找不完美的人的优点	确定并将员工的最佳素质转化为行动,并建立具有互补优势的团队,以支撑成功(4.2.1 小节)
	人们要么支持我,要么反对我	即使人们反对我,也要尊重和尊严地对待他们	你如何对待别人更多地反映了你而不是他们。今天的对手可以成为明天的盟友
	把事情当真	有目的地做事	探索观点,检查攻击假设,并校准你的反应
	只关注此时此地的人	注意所有利益相关者	倡导所有利益相关者的观点。为了保持此时此地人们的忠诚,要忠于那些缺席的人
	听别人说我的话	倾听人们的意见	注意人们在说什么和不说什么。了解他们的动力、动机和需求

领　域	低风范思维	高风范思维	解　读
行动焦点	专注于获得结果（不知道对关系和声誉的损害）	关注能加强关系和声誉的结果	通过每次互动激发对他人的信任、忠诚和信心。多听听。询问你周围的人需要什么，告诉他们你有多重视他们，并给予他们信任
	关注紧急情况	关注最重要的事情	不要把紧急的误认为重要的。坚持正轨，坚持目标，坚持首要任务
	专注于展示我所知道的	专注于展示包括我在内的所有人都知道的最好的东西	对你不知道的事情持开放态度，并从团队中获得最好的见解

通过训练自己采用高风范思维模式，可以在决策中了解自己、团队和所有利益相关者。你会发现自己把别人的观点综合到自己的行政决策中，然后激励他们专注地做到最好，你能够在这一过程中加强自己的人际关系和声誉。

3. 有效的情绪模式

你的情绪会传染给你的受众。最初的主导情绪可以改变整个互动过程。有了正确的情绪，你就可以用你的高风范思维模式来激励你的受众。然而，你的有效思维模式也可能被引发消极情绪反应的高度紧张所破坏。当你对情况的反应过于愤怒或显得情绪脱节时，你的反应可能会破坏你的领导身份。具有有效情绪模式的领导者可以在压力情境中引导自己的情绪，以进一步提升成员的执行力。

什么是有效的情绪模式？在展示风范的情况下，要管理好自己的情绪，那么首先要考虑情绪的目的。你希望在受众中产生什么样的情绪反应？积极主动地引导受众，不仅要用语言，还要用情感。

当你想激励你的受众采取主动行为时，通过做两件事来激发你为他人带来积极影响的热情。首先，确定自己处于最佳状态时的感受。你可能会感到骄傲、有目的、被欣赏、有成就感、自信或有动力。记住这是你的情感目标。然后，在演讲或会议之前，将情况与你为他人带来积极影响的热情联系起来，并将其与你的情感目标结合在一个简单的陈述中。

例如，我们写这本书的热情是"激励数据从业者在他们的职业生涯中做最好的工作"。当我们处于最佳状态时的感受是有目的的。一句简单的话可以是："我很荣幸能在激励你做职业生涯中最好的工作方面发挥作用。"

通过这个简单的陈述，你可以从情感上开始变得坚强。因为它吸引了你长期以来的热情，所以这句话对你和你的受众来说都是真实的。

在有压力的情况下会发生什么？当你在为他人做出积极改变的过程中取得进步时，你处于最佳情绪状态。当压力出现在会议、讨论和事件中时，你可能会失去最佳情绪状态。沉湎于所发生的事情很容易分心、沮丧，情绪低落。作为一名高管或是一名杰出的数据科学家，当你失去冷静时，它会很快影响到团队、职能部门和公司。

虽然脱离最佳情绪状态是人的天性，但高效的执行者有 2 个技巧来回到正轨：

① 认识到你的感受——我们都有导致我们失去冷静的情况。这可能是对我们工作的

严格性不负责任的指责,也可能是由于缺乏协调而导致的努力浪费。这些情况会让我们感到暴露、不被尊重、愤怒、沮丧、困顿或孤立。你可以感受到这种情绪的强度,因为我们只是平常的人。

② 调整情绪的强度——不要停留在消极情绪中,你可以用一个"和"字来调整情绪的强度,使其回到最佳情绪状态。例如,如果你因为缺乏协调导致努力白费而感到沮丧和孤立无援,那么体会这个感觉并对自己说:"我感到很沮丧,我决心改善这一过程,以便今后更好地了解情况和协调沟通"。然后,你可以将你的强烈挫败感转移到改进流程上。

4. 有效的行动模式

当你采用高风范的思维和情绪模式时,你还需要通过强有力的表达来投射你的思想和情绪,以获得一种执行力的预感。有力的表达包括语言和非语言的行动模式。在许多情况中,非语言的行动模式,例如,姿势和面部表情,可以被认为传递了 75%~80% 的信息。

你可以练习 7 种非语言沟通技巧,包括肢体语言和语调,表 9.3 总结了这些情况。

表 9.3 非语言交际行为模式

内 容	低风范行动	高风范行动	备 注
姿势	没精打采的、焦躁不安的或僵硬地站着的	站直或坐直	在演讲前两分钟采取自信的姿势可以让你感觉更加自信
动作和姿态	不稳定地移动,带有僵硬或急促的动作和机器人手势	用有目的、流畅的动作和手势移动	当手势与你所表达的观点保持同步时,它们会更有效地进行交流
面部表情	做出扭曲你脸的极端表情	表现出与你的目标一致的情绪	适当的时候露出微笑。极端的表达方式会让你看起来失控或不成熟
眼神	未能保持适当的眼神交流	通过适当程度的眼神交流与人沟通	根据文化的不同,眼神交流的程度可能会有所不同,但有些是与人交流所必需的
外貌	穿着会分散注意力	穿着可以增加你的可信度,而不会引起质疑或怀疑	穿着得体,打扮得体。你可能会在会议间隙遇到重要人物
音调、节奏和语气	以升调结束句子,说得太快或太慢,用单音说话	以降调结束句子,语速和停顿各不相同,语气与情境相匹配	改变你的语速和停顿,这将增加你的重点,并使用降调来表达自信
音量	说话声音太轻	大声说话,让所有的听众都能听到	用饱满的声音表达你的自信

这些非语言的行动模式为你的听众设定了解释你语言行为的背景。你可以练习 8 个方面的口头沟通技巧来表达你所说的话,如表 9.4 所列。

这些是你可以用来锻炼你的高管风范的内容。你可以进行一轮自我评估,然后与亲密的朋友或同事核实,从观众的角度了解你是如何练习高管风范的。在接下来的几周里,挑选一两个领域进行研究。我们的目标是随着时间的推移,让高度风范的语言和非语言行为成为习惯。

表 9.4 语言交际的行动模式

内 容	低风范行动	高风范行动	备 注
果断地说	给人的印象是空虚或无力	表达清晰的观点	在开头和结尾讲话,留下坚实的第一印象或最后印象
支持它	在没有证据的情况下提出空洞的要求	用确凿的理由和事实支持观点	提前为反对、担忧和反驳做好准备
遇到挑战时做出回应	面对挑战,与人结盟,采取防御措施,或者保持沉默	准备好回应,清晰明了,并且在回应中切中要害	有目的地回应,了解所有利益相关者的观点
如果错了,要坚强地承认	假装你是对的,或者畏缩不前,过度道歉	感谢指出这一点的人,然后继续前进	承认更正。你追求的是真相,而不是私利
保持主题	偏离正轨或偏离目标	关注最重要的话题	分心是观点薄弱的症状;困惑或健忘也会伤害你的存在
保持简单	使用限制受众的技术语言	使用简单的语言吸引不同的受众	如果你的叙述不够简单,你可能会被视为另一个主题专家
要简洁	长篇大论	让人们想从你那里听到更多	自信地说话,然后坐下来听别人说话
用荣誉和问题吸引他人	单独承担共同工作的责任;对别人的工作不感兴趣	在应得的地方给予赞扬;提出深思熟虑的问题	成为有价值贡献的捍卫者。给别人发言的空间,鼓励不同的观点。以尊重的方式提出正确的问题

9.3.2 引领行业发展,增强团队成就感,吸纳精英

虽然你可以通过实践高管风范来建立个人身份,但在你所在行业内为你的公司培养领导力身份也很重要。全行业的认可使你的团队能够为自己的成就感到自豪,减少令人遗憾的员工流失,并为你的组织吸引更多人才。

你的职能部门的领导身份可以围绕产品特性、组织结构、它所开创的一套技术或它所促进的社会责任来建立,图 9.5 说明了这 4 个方面。

建立身份的过程不仅仅需要技术上的卓越,它还涉及利用普通媒体、社交媒体、技术出版物,并抓住社会热点,同时避免某些陷阱。让我们来看一些成功树立行业领导地位的案例,并对特定的潜在陷阱提出预警。

1. 产品特性领导力

如果你想建立一个在某个地区拥有最好特征的身份,你会怎么做?几个案例的并列比较?一些分析师的报告?这些可能有助于内部分析,但消费者不会感兴趣。

产品特性领导力	组织结构领导力
可以通过一些比赛来提高知名度,并在产品中融入尽可能好的功能,从而树立自己的形象。	可以成为特定组织结构的积极支持者,例如,专门的全堆栈团队,以建立一种身份来吸引人才。
技术平台领导力	社会责任领导力
当拥有能够从根本上改变业务效率的业界领先的技术能力时,可以围绕它构建一个身份。	团队可以在重要的社会问题,例如,用户隐私、人工智能透明度和人工智能的公平性,寻求发展行业领导地位以建立身份。

图 9.5　确立行业领导者身份的 4 个方面

如果机器学习从业者被要求说出 DS 产品功能的成功案例,许多人会指出 Netflix 及其个性化功能推荐内容,以最大限度地提高用户满意度和保留率。做出好的电影推荐是很难的。每个人都是独一无二的,有各种各样的兴趣爱好。我们的目标是预先记录数千部电影和电视节目的个性化收视率,只要用户提供的例子数量有限,就可以帮助他们在不确定自己想要什么的时候找到自己想要的。

2006 年,Netflix 宣布了著名的 Netflix 奖,并向第一团队提供了 100 万美元的现金奖励,与 Netflix 的 Cinematch 算法相比,该团队的评级预测提高了 10%。鉴于奖金数额巨大,这件事被大量的媒体所报道。

注:10% 的改善是通过预测评级的均方根误差(Root Mean Squared Error,RMSE)相对于实际真值测试集的减少来衡量的。

全世界多达 40 000 个团队尝试了这一挑战。顶尖团队在领先的学术会议上公布了他们的研究结果,比如 2007 年的知识发现和数据挖掘(Knowledge Discovery and Data Mining,KDD)。当 2009 年 Netflix 奖授予获奖团队时,一系列顶级团队的创新被纳入 Netflix 个性化算法中。通过这次竞争,Netflix 成功地树立了内容推荐个性化的领导地位。后来,它将算法领先的理念扩展到页面内容、搜索、营销,甚至电影和节目内容创作,从而更好地针对特定的用户群体。

社交媒体和在线借贷行业的公司都利用这个算法,凭借其在人工智能和机器学习能力方面的领先地位,获得了行业认可。一些公司与 Kaggle 或 KDD 会议合作发起竞赛,吸引了数千名潜在候选人了解这些行业。

这种组织公共竞赛的方式并非没有问题。尽管 Netflix 数据集的构建是为了保护客户隐私,但研究人员已经能够通过将竞争数据与其他在线公共数据集进行匹配来识别单个用户。Netflix 以隐私问题为由取消了后来几轮的 Netflix 大奖。

如果你希望通过举办公开竞赛来确立机器学习领域产品领先地位的身份,那么差分隐私就被认为是一种数学上合理的方法,可以证明它能抵抗数据集的去匿名化。

2. 组织结构领导力

在 DS 中,公司多年来一直在尝试各种组织结构。8.1.3 小节讨论了 DS 在不同成熟阶段的不同组织结构。例如,在拥有独特数据集的新兴行业中,公司需要在努力实现产品/市场匹配的同时,同时协调新的数据源。对于这些公司来说,一个具有完整职责的垂直整合的 DS 组织是最合适的。

Titch Fix 首席算法官埃里克·科尔森(Eric Colson)是这种组织结构最有力的支持者之一。该公司率先推出了基于订阅的个人风格服务,该服务可为你提供符合你品味、需求和生活方式的服装和时尚。

多年来,埃里克撰写并编辑了多个关于 DS 功能结构的公司博客,详细阐述了使用全堆栈 DS 的优势。根据他的观点,数据科学家需要执行数据工程和建模,以及算法部署,以完成项目。埃里克的博客和会议主题已经在社区内获得了帮助,吸引了大量的数据科学家人才来 Titch Fix。截至 2021 年 3 月,该公司拥有超过 150 多名数据科学家。

使用博客在社区中建立身份已经被所有主要科技公司采用,例如,Airbnb、谷歌、亚马逊、领英,以及 Coursera、Evernote 和 Mixpanel 等较小的公司。然而,这种做法也有其缺陷。当博客主题在技术上很有趣,但在社交媒体上引起愤怒时,它对于为公司建立积极的领导身份是适得其反的。

在利用社交媒体提升 DS 身份方面,一个适得其反的例子是 2012 年臭名昭著的"荣耀之旅"博客。正如 3.1.1 小节所述,Uber 的一名员工分析了乘客乘车情况,以推断周末可能发生的一夜情。虽然从 DS 的角度来看,分析是合理和严格的,但选择这个话题的品味很差,削弱了该公司的身份和乘客的信任。

当博客被用来建立一个技术团队的身份时,你有责任与团队沟通愿景和目的,制定主题选择的指导方针,并在文章发表之前进行有效的审查。你应该将社交媒体博客作为一种公司沟通渠道来管理,因为这可能会提升或损害公司形象。

3. 技术平台领导力

如果你的公司开发出了行业领先的技术能力,可以从根本上改变经营效率,那么你就可以在这方面树立自己的形象。然后,你可以利用这一身份吸引有价值的人才,进一步提升你在这些业务领域的优势,从而实现企业价值增长。

技术平台的一个例子是用于运行受控在线实验的严格平台。该团队可以在发布前定量评估用户界面和算法的好处,这样只有产品改进才能向所有用户发布。3.2.1 小节强调了实验是科学严谨性的 5 大原则之一。

作为一个案例,由罗恩·科哈维(Ron Kohavi)领导的微软必应搜索引擎实验团队通过研究出版物、博客和书籍共享之间的技术和最佳实践,成功地在运行受控实验方面树立了行业领导者的形象。它的方法在顶级科技公司实施,许多公司每年都要进行超过 10 000 次的实验,严格指导产品开发中的渐进式改进,其中一些实验在科技博客和论文中被分享。

虽然在会议和科技博客上分享学习成果是吸引人才的有效方式,但你应该在道德上进行实验。3.1.1 小节分享了一个错误的做法,OkCupid 的一系列实验深刻影响了顾客的情绪健康。

OkCupid 的实验涉及在 OkCupid 平台上招募一对正在寻找合作伙伴的客户。一种算法预测了 30%、60% 或 90% 的兼容性匹配分数。为了测试算法对每组人员的有效性,该应用程序告诉其中三分之一的人,他们的匹配率为 30%;另外三分之一的人,他们的匹配率为 60%;最后三分之一的人,他们的匹配率为 90%。这样,三分之二的人被故意显示为不准确的匹配比例。

虽然这种类型的实验有技术上的优点,但它跨越了从尝试新功能到成为一种欺骗或暗示能力实验的界限,这种实验专注于人与人之间关系的行为实验。作为一名高管或杰

出的数据科学家,你如何避免这种陷阱?如3.1.1小节所述,你可以清楚地向团队传达3项道德原则:

① 尊重他人——尊重参与者。在进行实验时提供透明度、真实性和自愿性。

② 慈善——保护人们免受伤害,最大限度地降低风险,实现利益最大化。

③ 公正——确保参与者不受剥削,公平地平衡风险和利益。

你可以委托一名对潜在道德敏感性有充分了解的团队成员,在实验开始之前和发布结果之前对其进行审查,以避免在建立领导身份方面的潜在陷阱。

4. 社会责任领导力

你的团队可以在重要社会问题的叙述中寻求发展行业领导力。在DS中,重要的社会问题包括用户隐私、AI透明度和AI公平性。例如,由于人工智能算法是根据人工生成的数据进行训练的,因此许多社会和抽样偏差都被训练到这些算法中。

微软、谷歌、Facebook和领英都成立了团队来应对这些社会敏感的挑战。例如,领英在2020年公开了他们的领英公平工具包(LinkedIn Fairness Toolkit,LiFT)。LiFT的开发是为了监控机器学习算法中的算法偏差。LiFT可以部署在培训和评分工作流中,以测量培训数据中的偏差,评估不同的公平性指标,并检测不同子组之间在统计上显著的绩效差异。它还可以用于特殊的公平性分析,或者作为大规模A/B测试系统的一部分。此外,LiFT已被有效地用于监测招募人工智能算法的代际偏差。

虽然这些努力为赞助公司赢得了社会声誉,但当关键研究结果突显出公司当前实践中的重要差距时,也存在一些陷阱。因为这项研究是针对社会敏感话题的,当关键研究人员在异常情况下发生离职等事件时,它也变得有新闻价值,并质疑公司对社会事业的真正承诺。

作为DS高管或杰出的数据科学家,当在社会敏感的事业中建立身份时,必须注意使公司的利益与社会挑战相结合,这样你建立的身份对公司有积极的影响,并且信息能够经得起媒体的审查。

077

> 在沟通对社会敏感话题的观点时,要注意将公司的利益与社会责任相结合,以确保观点能对公司产生积极影响,并能够经得起媒体的审视。

第1章案例7中的首席数据科学家凯瑟琳,她可以围绕产品功能、组织结构、公司开创的一系列技术,或公司所倡导的社会责任,确立自己的领导身份。她还可以利用一般媒体、社交媒体、技术出版物和社交故事吸引人才加入她的团队。随着她的团队以与公司其他部门相同的速度增长,他们的工作就可以在维护项目和战略项目之间取得更多平衡。

9.3.3 虚心借鉴跨行业经验,优化实践创新

要领导一个行业,需要谦逊地学习和采纳其他行业的最佳实践。DS高管或杰出的数据科学家可以在多个行业建立广泛的视角,从中获得灵感。这些实践可以解决特定行业范围内的挑战,并改进行业实践。让我们来看几个案例研究,以发现跨行业学习的重要性。

1．案例 1：养成良好的理财习惯

个人金融业面临着巨大的挑战。每个人都知道，存钱以备不时之需是一种良好的理财习惯。但是，在购买你现在可以享受的东西的诱惑和把这些钱存起来迎接未来的一些不确定的财务挑战之间，即时满足通常会获胜。

一些人建议为一个更具体的目标来存钱，例如，梦想中的假期或他们一直想要的汽车。但是，当出现诸如汽车问题或健康问题等紧急情况时，精心储存的资金就会被重新利用。经过几轮失败的尝试后，人们往往会感到气馁。

个人金融业陷入了两难境地。如果储蓄目标不明确，人们会选择即时满足。如果储蓄目标过于具体而无法实现，人们就会感到气馁。我们怎样才能帮助人们建立财务弹性，以储存更多的钱，并为此感到高兴呢？

让我们来看看健康行业中的一个类似挑战。该行业也在努力让人们养成良好的锻炼习惯。与舒适地坐在沙发上看你最喜欢的节目相比，每次体育锻炼都会让人感到疲劳，尤其是在工作了一整天之后。对许多人来说，体育锻炼往往被忽视，从而导致许多社会层面的健康危机。

凯瑟琳·米克曼（Katherine Milkman）和她的团队在 2013 年引入了一个名为"诱惑捆绑"的概念。这是对自己的承诺，只做你想做的事，同时做你需要的事。在这种情况下，你想看的东西可以是你最喜欢的节目，这可以提供即时的满足感。你需要做的事情可以是体育锻炼，这有短期痛苦，但长期对健康有益处。

在一项同行评议的实验中，研究人员凯瑟琳·米克曼观察到，与没有捆绑诱惑的对照组相比，受试者捆绑在健身房听他们最喜欢的有声读物，因此健身房访问频率提高了51％。那么如何将其应用于金融健康领域？

我们还可以利用技术将愉快的消费与对个人财务未来的投资捆绑在一起。Acorns 是一款微投资应用程序，它关注的是新兴一代的财务最佳利益。在 Acorns，我们开发了一项技术，可以检测令人愉悦的支出，例如，Netflix 订阅或晚上看电影，并将其与一个人财务未来的匹配投资捆绑在一起。

这一特性避免了为了长期改进而放弃即时满足感的明显权衡，避免了目标过于具体而不利于实现目标。有了这个特性，每一项长期投资对于现在来讲都感觉不错。

这个功能并不容易构建。作为投资触发点的即时满足支出必须仔细选择并准确检测。投资金额不应太小，以免产生影响，也不应太大，以免在决定是否建立此类捆绑时产生犹豫。最令人鼓舞的是，虽然诱惑捆绑对健康的影响在 6 个月后趋于消退，但个人理财中的诱惑捆绑可能会持续更长时间。只要用户仍在进行愉快的消费，并且没有故意取消捆绑销售，对其长期消费的投资就会继续。

通过仔细的迭代和严格的 A/B 测试，你可以通过将健康捆绑到个人理财中来实现50％以上的参与度。这一参与度是在应用中信息参与度通常低于 10％CTR 的领域内实现的，这对于提高个人金融行业的客户保留率和客户终身价值来说是一个重大胜利。

2．案例 2：利用层次化证据做出商业决策

作为 DS 高管或杰出的数据科学家，你通常会在信息有限的情况下做出艰难的商业决策。在很多情况下，你可能会被夹在两个极端之间。

在一个极端情况下,你使用随机队列的在线控制 A/B 测试来评估功能、用户体验和算法变量的有效性。虽然这是严格而有效的,但使用这种级别的信息进行业务决策的范围通常是有限的。实验结果的成功指标需要是可立即测量的指标。为了进行实验,以部署质量实施多个版本的产品的前期成本必须低于错误决策的负面影响。

在另一个极端情况下,你可能需要为产品方向和技术方案做出执行决策,这些产品方向和技术方案需要预先投入大量资源,而你无法承担多个实现的成本。这方面的例子包括产品重点决策、架构承诺以及构建与购买决策。通常只有来自案例研究或专家意见的轶事数据或证据。

这些极端是唯一的选择吗?我们可以从其他行业或领域学习哪些基于数据的决策方法?

在医学领域,每天都会做出重要的生死决定。在 20 世纪 60 年代至 90 年代的 30 年间,医学领域经历了临床研究的范式转变。循证医学的实践从边缘走向了主流。

循证医学是将个人临床专业知识与系统研究提供的最佳外部临床证据相结合。它利用外部临床证据为决策提供信息,并使用个人临床专业知识评估特定外部临床证据是否适用于患者。例如,当从事循证医学的临床医生看到癫痫发作的患者时,他们可能会使用自己的临床专业知识来进行诊断,利用系统研究的外部临床证据来告知患者,最后与患者讨论潜在的治疗方案。

你可能会发现,这与执行决策有着惊人的相似之处。与诊断类似,高管或杰出的数据科学家可以负责识别产品或组织应该达到的水平以及与目前水平的差距。如果不采取任何措施,则可能会出现风险预测,并评估 ROI,以便采取干预措施改善情况。最后,与患者讨论治疗方案类似,高管需要与合作伙伴团队就未来的具体解决方案达成一致。

在诊断、预测和调整治疗计划的过程中,相关数据和证据都可以被纳入决策。为循证医学决策提供信息的可接受证据的范围是什么?牛津大学的循证医学中心建立了 5 个级别的可能的最佳证据等级,其中 1 级是最严格的(见表 9.5)。

表 9.5　循证医学可能的最佳证据的层次结构

证据级别	解　释	采用的做法
1 级:系统审查	与问题相关的当前证据的详尽摘要,为决策提供依据	重复实验或回顾性研究
2 级:随机对照试验	在收集证据以回答问题并为决策提供信息时,使用随机化方法控制混杂变量的影响	A/B 测试验证或否定假设
3 级:队列研究	对一组受试者进行长期观察,以了解回答某个问题或采取某个决定所产生的影响或风险	观察性研究
4 级:病例系列	在特定的过往场景和结果中形成记录的证据,以为决策者提供参考	用于形成有待检验的假设的案例
5 级:机械推理	基于基本原理的推测以辅助决策	有待检验的假设

DS 团队定期进行 A/B 测试,并根据轶事案例和机械推理形成假设。我们可以从医学领域了解到,明确验证假设的系统性审查可以为关键决策提供坚实的基础。这可以是对长期重复随机对照试验的前瞻性回顾,也可以是对过去实验的历史性回顾,以验证方法的有效性。

有时,进行随机对照试验是不道德的。例如,如果你正在研究吸烟的影响,你就不能在道德上随机地让人们受到吸烟的影响。如果你正在研究工作描述中不完整的部分对招聘成功的影响,你就不能从道德的角度出发,在公司的网上招聘信息中随机隐藏相关部分。

观察性研究技术可以引入 DS 团队,让决策者从现有数据中得出结论,同时控制各种混杂因素。观察性研究有 3 种类型:队列研究、横断面研究和病例对照研究。队列研究可用于研究原因并推断未来的可能性。横断面研究可以识别相关性,但不能识别因果关系。病例对照研究寻找潜在的预测因素,并能启发假设,以便与队列进行前瞻性测试。作为 DS 高管或杰出的数据科学家,你可以从医学领域学习,获得更全面的知识以便能够跨所有证据级别的工具包,从而更好地利用数据资源进行业务决策。

9.4 自我评估和发展重点

祝贺你完成关于高管和杰出数据科学家美德的章节! 这是领导 DS 的一个关键里程碑。这些自我评估的目的是通过以下方式帮助你内化和实践这些概念:

- 了解自己的兴趣和领导力优势;
- 通过选择、实践和回顾(Choose, Practice, and Review, CPR)流程练习 1～2 个领域;
- 制订优先实践计划,进行更多的 CPR 练习。

一旦你开始这样做,你将勇敢地采取步骤,实践负责任的机器学习,遵循道德原则,确保客户的信任和安全,并为决策承担社会责任。你还将创造一个高效和谐的工作场所,同时关注企业价值,展示高管的风范,确立行业领导者的身份,并学习和采用跨行业的最佳实践。

9.4.1 了解自己的兴趣和领导优势

表 9.6 总结了本章讨论的美德。最右边的一栏可供打钩选择。没有评判标准,没有对错,也没有任何具体的模式可以遵循。请按照自己的想法进行选择。

如果你已经意识到其中的一些方面,这是围绕你现有的领导力优势构建的好方法。如果有些方面还不熟悉,从今天开始,这是评估它们是否对你的日常工作有帮助的机会!

表 9.6　高管和杰出数据科学家优点的自我评估领域

美德领域/自我评估(斜体项目主要适用于经理)		?
道德	遵循数据保护与隐私法律,逐步解决道德问题	通过遵守适用的法律法规和遵循道德准则来实践负责任的 ML,以释放 ML 的全部力量,同时将其道德风险降至最低	
	确保客户的人身、财产和心理安全,提升信任	对于 B2C 产品和服务,确保客户的人身、财务和心理上的信任和安全,以建立公司的长期生存能力	
		对于 B2B 的 SaaS 产品和服务,确保数据使用直接有利于客户,不会对功能使用产生负面影响,也不会压缩或泄露任何商业秘密	
	承担 DS 决策的社会责任,努力消除模型偏见	认识到在你的社会和业务环境中公平概念背后的复杂性,并参考你的组织普遍接受的原则来制定和实施社会公平的标准	
严谨	营造高效和谐的工作环境,增强信任和理解	让管理人员保持信任和理解,以解决各种挑战,如抵制数据收集、拒绝所创造的见解以及对范围的不切实际期望,从而为数据科学家创造一个高效和谐的环境	
	加快决策速度,提升决策质量	*通过快速确定错误决策的下行风险,并评估进一步审议的负面后果以尽快采取行动,做到果断而审慎*	
	通过内部与外部创新提升企业价值	通过申请专利、启动和贡献开源软件以及将结果和方法发布为科学论文来推动内部创新	
		通过许可数据和技术、收购公司和团队以及通过企业风险培育商业生态系统,引入外部创新	
态度	用高效的思维、情感和行动模式展现高管风范	用积极改变现状的热情激励他人,并训练自己有效的思维模式、情感模式和行动模式	
	引领行业发展,增强团队成就感,吸纳精英	通过产品特性领导力、组织结构领导力、技术平台领导力或社会责任领导力,发展行业认同	
	虚心借鉴跨行业经验,优化实践创新	开放地从其他行业汲取灵感,以解决你所在行业的业务和技术挑战	

9.4.2　实施 CPR 流程

与对技术主管、团队经理和主管的美德评估一样,你可以尝试一个简单的 CPR 流程,并进行为期 2 周的检查。在进行自我评估时,你可以使用基于项目的技能提升模板来帮助你在 2 周内组织行动:

- 技能/任务——选择一种美德。
- 日期——选择 2 周内可以应用该美德的日期。
- 人——写下你可以应用美德的人的名字,或者写下自己的名字。
- 地点——选择你可以应用该美德的地点或场合(例如,在与团队成员的下次一对一会议或与工程合作伙伴的协调会议上)。

■ 回顾结果——与之前相比,你做得如何? 相同,更好,还是更糟?

通过在自我评估中对这些步骤负责,你可以开始锻炼自己的优势,并揭示 DS 高管和数据科学家能力中的盲点。

小　结

■ 高管和杰出的数据科学家的道德规范包括运用道德原则实施负责任的机器学习,确保客户在使用其产品和服务时的信任和安全,以及对商业决策承担社会责任。
  - 在实施负责任的机器学习时,你可以首先遵守适用的法律法规,然后在法律尚未成熟的情况下遵循道德准则,以充分发挥数据和机器学习的力量,同时将其道德风险降至最低。
  - 在确保客户的信任和安全时,你可以在使用你的产品和服务时照顾到客户的人身、财产和心理安全,并确保数据使用直接惠及客户。
  - 当你承担社会责任时,你可以在你的社会和商业环境中认识到公平概念背后的复杂性,然后为你的组织制定并实施社会公平的标准。
■ 对高管和杰出的数据科学家的严谨性要求包括为合作伙伴和团队成员创造一个高效和谐的工作环境,提高决策的速度和质量,以及增加企业价值。
  - 在创造一个高效和谐的工作环境时,你可以通过信任和理解来协调同级高管以解决挑战,例如,对数据收集的抵制、对见解的拒绝和不切实际的期望。
  - 当提高决策的速度和质量时,你可以快速判断错误决策的下行风险,并评估进一步考虑的负面后果,以便尽快采取行动。
  - 当专注于提供企业价值时,你可以通过申请专利、贡献开源软件和发表论文来推动内部创新。你还可以通过技术许可、收购公司和团队以及运营公司风险投资来引入外部创新。
■ 对高管和杰出数据科学家的态度包括展示高管的风范、建立行业领导团队身份,以及开放地学习和采用跨行业的最佳实践。
  - 在展示高管风范时,你可以用积极的态度激励他人,并训练自己有效的思维、情绪和行动模式。
  - 在确立行业领导力的团队身份时,你可以发展产品特性领导力、组织结构领导力、技术平台领导力或社会责任领导力,以激励你的行业。
  - 在跨行业学习和采用最佳实践时,你可以努力了解其他行业的挑战,并从他们的解决方案中获得灵感,以解决你所在行业的业务和技术挑战。

参考文献

[1] Regulation(EU) 2016/679 of the European Parliament and of the Council of 27 April 2016 on the protection of natural persons with regard to the processing of personal data and on the free movement of such data, and repealing Directive 95/46/EC (General Data Protection Regulation). https://eur-lex. europa. eu/eli/reg/2016/679/oj.

[2] California Consumer Privacy Act(CCPA). https://oag. ca. gov/privacy/ccpa.

[3] High-level Expert Group on Artificial Intelligence, "Ethics Guidelines for Trustworthy AI," European Commision. https://digital-strategy. ec. europa. eu/en/library/ethics-guidelines-trust-

worthy-ai.

[4] Marco Tulio Ribeiro，Sameer Singh and Carlos Guestrin，"Local Interpretable Model-Agnostic Explanations(LIME)：An Introduction. A technique to explain the predictions of any machine learning classifier." August 12，2016. https：//www. oreilly. com/content/introduction-to-local-interpretable-model-agnostic-explanations-lime/.

[5] Scott M. Lundberg，Su-In Lee，"A Unified Approach to Interpreting Model Predictions," 31st Conference on Neural Information Processing Systems(NIPS 2017)，Long Beach，CA，USA. https：//proceedings. neurips. cc/paper/2017/file/8a20a8621978632d76c43dfd28b67767-Paper. pdf.

[6] "Lyft's commitment to safety." Lyft Blog. https：//www. lyft. com/blog/posts/lyfts-commit-ment-to-safety.

[7] "Your safety is our priority." Airbnb. https：//www. airbnb. com/trust.

[8] Sameer Hinduja & Justin W. Patchin. "Connecting Adolescent Suicide to the Severity of Bull-ying and Cyberbullying," Journal of School Violence，2018. doi：http：//dx. doi. org/10. 1080/15388220. 2018. 1492417.

[9] Ninareh Mehrabi et al. "A survey on bias and fairness in machine learning." Cornell University. https：//arxiv. org/abs/1908. 09635v2.

[10] I. Perisic. "Fairness in AI：An intent and impact perspective." LinkedIn. https：//www. linke-din. com/pulse/fairness-ai-intent-impact-perspective-igor-perisic/.

[11] N. Vigdor. "Apple card investigated after gender discrimination complaints." New York Times. https：//www. nytimes. com/2019/11/10/business/Apple-credit-card-investigation. html.

[12] Equal Credit Opportunity Act. Federal Trade Commission. LAW：15 U. S. C. §§ 1691-1691f. https：//www. ftc. gov/enforcement/statutes/equal-credit-opportunity-act.

[13] C. Goldin and C. Rouse，"Orchestrating impartiality：The impact of 'blind' auditions on female musicians," American Economic Review，vol. 90，no. 4，pp. 715-741，Sep. 2000. [Online]. Available：https：//www. aeaweb. org/articles? id＝10. 1257/aer. 90. 4. 715.

[14] S. C. Geyik and K. Kenthapadi. "Building representative talent search at LinkedIn." LinkedIn Engineering. https：//engineering. linkedin. com/blog/2018/10/building-representative-talent-search-at-linkedin.

[15] N. Mehrabi，et al. "A survey on bias and fairness in machine learning." Cornell University. https：//arxiv. org/abs/1908. 09635.

[16] E. Shearer and K. E. Matsa. "News use across social media platforms 2018." Pew Research Center. https：//www. journalism. org/2018/09/10/news-use-across-social-media-platforms-2018/.

[17] C. Silverman. "This analysis shows how viral fake election news stories outperformed real news on Facebook." BuzzFeed News. https：//www. buzzfeednews. com/article/craigsilver-man/viral-fake-election-news-outperformed-real-news-on-facebook.

[18] X. Zhou and R. Zafarani. "A survey of fake news：Fundamental theories，detection methods，and opportunities." Cornell University. https：//arxiv. org/pdf/1812. 00315. pdf.

[19] K. Klonick. "Inside the making of Facebook's supreme court." The New Yorker. https：//www. newyorker. com/tech/annals-of-technology/inside-the-making-of-facebooks-supreme-court.

[20] A. M. Martin. "Black LinkedIn is thriving：Does LinkedIn have a problem with that?" New York Times. https：//www. nytimes. com/2020/10/08/business/black-linkedin. html.

[21] "The most difficult thing in data science：Politics." rDisorder. https：//www. rdisorder. eu/

2017/09/13/most-difficult-thing-data-science-politics/.

[22] "The Alexa fund." Alexa. https://developer. amazon. com/en-US/alexa/alexa-startups/alexa-fund.

[23] J. Ullman. "Developing executive presence." LinkedIn Learning. https://www. linkedin. com/learning/developing-executive-presence.

[24] A. Mehrabian, Silent messages: Implicit communication of emotions and attitudes, Belmont, CA, USA: Wadsworth Publishing, 1980.

[25] A. Narayanan and V. Shmatikov. "How to break anonymity of the Netflix Prize dataset." Cornell University. https://arxiv. org/abs/cs/0610105.

[26] A. Narayanan et al., "Link Prediction by De-anonymization: How We Won the Kaggle Social Network Challenge," The International Joint Conference on Neural Networks, 2011. [Online]. Available: https://ieeexplore. ieee. org/document/6033446.

[27] C. Dwork, "Differential privacy: A survey of results," TAMC, 2008.

[28] J. Buolamwini and T. Gebru, "Gender shades: Intersectional accuracy disparities in commercial gender classification," Conf on Fairness, Accountability, and Transparency, 2018. [Online]. Available: http://proceedings. mlr. press/v81/buolamwini18a/buolamwini18a. pdf.

[29] S. Vasudevan. "Addressing bias in large-scale AI applications: The LinkedIn Fairness Toolkit." https://engineering. linkedin. com/blog/2020/lift-addressing-bias-in-large-scale-ai-applications.

[30] K. Hao. "We read the paper that forced Timnit Gebru out of Google: Here's what it says," MIT Technology Review. https://www. technologyreview. com/2020/12/04/1013294/google-ai-ethics-research-paper-forced-out-timnit-gebru/.

[31] K. L. Milkman, J. A. Minson, and K. G. M. Volpp, "Holding the hunger games hostage at the gym: An evaluation of temptation bundling," Management Science, November 6, 2013. [Online]. https://doi. org/10. 1287/mnsc. 2013. 1784.

[32] Evidence-Based Medicine Working Group. "Evidence-based medicine: A new approach to teaching the practice of medicine." JAMA vol. 268, pp. 2420-2425, 1992.

[33] J. Howick et al. "The 2011 Oxford CEBM evidence levels of evidence(introductory document)." Oxford Centre for Evidence-Based Medicine. http://www. cebm. net/index. aspx? o=5653.

[34] R. Kohavi, D. Tang, and Y. Xu, "Trustworthy online controlled experiments: A practical guide to A/B testing," Cambridge, UK: Cambridge University Press, 2020.

[35] I. Bojinov, A. Chen, and M. Liu. "The importance of being causal." HDSR, July 30, 2020. https://hdsr. mitpress. mit. edu/pub/wjhth9tr.

第五部分
LOOP 和未来

作为一名高效的 DS 从业者,你的分析能力非常强。你能把它应用到你的职业生涯中吗? 你能更好地发挥你的潜力吗? 你会在哪里运用你的分析严谨性来自信地推进你的职业生涯?

你可以在 LOOP(Landscape, Organization, Opportunity, and Practice,环境、组织、机会和实践)中寻找。这些领域形成了一个循环,因为你可以每月重新访问一个领域,对你的环境进行新的解读,以评估你还能为你的职业生涯做些什么。

了解技术前景可以帮助你抓住下一波改变行业的机遇。对项目和计划背后的人类组织发展的理解,可以帮助你更好地了解团队和职能部门的运营动态。通过一个强有力的入职计划评估你所能获得的机会,可以帮助你自信地承担新的责任。了解 DS 提供的一系列实践可以帮助你认识到可雇用到的技能组合和可选择的职业方向。

领导 DS 很有挑战性,因为它涉及到广泛的技能,并且需要时间来内化。这种技能是由与数据合作,协调高管、团队和合作伙伴以使 DS 工作成功的独特挑战所形成的。

我们总结了领导 DS 的原因、内容和方式,以便你在职业生涯的各个阶段参考。我们还将及时展望未来,对该领域的角色、能力和职责进行一些推测。

第 10 章提供了一个起点,通过环境、组织、机会和实践的视角,严格审视你的环境。第 11 章总结了 DS 领导力背后更深层次的动机,并推测了能够从根本上影响该领域未来发展的趋势。

第 10 章　环境、组织、机会和实践

本章要点

- 监测技术领域的新架构和最佳实践；
- 浏览不同的组织结构，分析每种组织结构的优点和缺点；
- 评估行业、公司、团队和角色层面的职业机会；
- 建立一个强有力且有重点的计划，以尽快进入新角色；
- 阐明招聘的做法，并为下一个角色确定职业方向。

什么样的总体观点可以让你更有信心地加快职业发展？让我们看一看环境、组织、机会和实践（LOOP）领域，如何用其来放大 DS 所产生的影响：

- 环境——在构建智能系统以推动重大业务影响时，了解技术环境可以帮助你抓住下一波改变各种行业的机会。
- 组织——在开发智能的能力时，你需要了解这些努力背后的人类组织的演变。这种演变决定了职能部门和团队的结构及其运营动态。
- 机会——通过对环境和组织的了解，你可以回顾在职业生涯的特定阶段，哪些因素对你最重要，并评估你可以获得机遇的行业、公司、团队和角色，然后抓住机遇，制订一个强有力的入职计划。
- 实践——作为 DS 的一系列实践，你可以认识到你可以成为团队引进的技能，以及你可以追求的职业方向。

你可以每隔几个季度重新审视这个 LOOP。在你的环境中找到新的解释，可以帮助你评估你还能为你的职业做些什么。让我们开始吧！

10.1　环　境

在 DS 中实现业务影响力的技术、平台和体系结构已经显著成熟。在过去 10 年中，该领域始于来自不同背景的技术专家利用现有技术构建新的业务。随着最佳实践的出现，公司将其商业化并创建了新的技术平台。然后，这些技术平台启用了新的体系结构，使更多的团队和企业能够释放数据的价值。图 10.1 展示了这种不断变化的技术格局的动态。

这种做法始于数据科学家编写脚本来处理企业中已有的数据。随着时间的推移，人们创造了更多细微的技术来处理各种数据源，并以更快的速度接收和转换数据，并存储在大量数据中，通过历史分析和预测性见解为企业创造价值。在处理数据的多样性、速度、数量和价值方面的最佳实践已被进一步编入平台，以管理元数据，提高数据的可视性，确保数据质量和完整性，以提高数据准确性，并保护数据免受漏洞攻击。

图 10.2 所示总结了 7V（Variety——变化、Velocity——速度、Volume——容量、

图 10.1　不断变化的数据科学技术环境

Value——价值、Visibility——可见性、Veracity——真实性、Vulnerability——漏洞）在现代数据架构中的体现。你的特定用例可能只需要该体系结构中的一个子集。随着系统的发展和成熟,更多的子集可能变得相关和有价值。

　　DS 中使用的技术已经发展到改进数据的存储、处理、管理和使用方式。让我们看看以下 5 种趋势是如何影响你的工作的:

- 数据存储——数据湖中心;
- 数据处理——流处理;
- 数据访问——自助服务与分析;
- 模型部署——数据/ML 操作自动化;
- 数据管理——功能存储和数据目录。

变化	速度		容量	价值		
来源	摄取	转换	储存	历史性的	预测性的	输出
业务交易记录	批量处理	数据分歧	数据仓库	特殊查询引擎		仪表板
客户简介	流处理	ETL/ELT	数据湖	实时分析		异常警报
来自交互的事件	更改数据捕获	流处理	图形数据库	DS和ML库		微服务API
用户生成的内容		数据丰富	文件系统	DS和ML平台		应用程序框架
第三方API				功能存储	功能服务器	
系统日志				实验跟踪	ML架构	
					DL架构	
……				模型优化	模型注册表	
元数据管理						可见性
数据质量和完整性						真实性
数据安全和隐私						漏洞

图 10.2　2020 年统一数据基础架构

10.1.1　数据湖中心

　　数据湖中心是一种数据管理模式,它解决了其他数据管理系统的局限性。自 20 世纪 80 年代以来,应用于商业运营的计算技术开始有精心设计的模式结构化数据,并将其存储到称为数据仓库的集中数据库中。然后,这些数据仓库为日常业务提供分析服务。

　　随着 2010 年以来数据种类、数量和速度的爆炸式增长,为新数据源构建模式的速度成为将数据导入数据仓库的瓶颈。即使将数据输入数据仓库,DS 和机器学习项目通常也需要其他方法从原始数据中提取有效信息。随着人们开始保存原始数据的副本,数据湖诞生了。数据湖使数据科学家能够首先收集数据,然后制定出最合适的模式,再将数据从数据湖转移到数据仓库。

从数据湖中的原始数据到数据仓库的额外处理步骤为模式开发提供了灵活性。这还意味着关键数据存储两次,一次在数据湖中,一次在数据仓库中。这些位置的数据需要一致,任何数据处理工作都需要在多个位置应用。

数据湖中心汇集了数据仓库和数据湖的最佳属性。它提供数据仓库的数据结构和数据处理功能,并使用数据湖等低成本存储。用户可以逐步提高数据湖中心的数据质量,直到数据可以使用为止。分析应用程序可以直接连接到数据湖中心,消除数据湖和数据仓库之间的数据一致性问题。使用数据湖中心的早期例子包括 DataRicks 平台、Azure Synapse Analytics、Google BigQuery 和 Amazon Redshift Spectrum。在你领导分析项目和机器学习模式时,你可以寻找基础设施中的低效模式,并评估数据湖中心是否可以减少你的数据处理成本,从而加速你的进展。

10.1.2　流处理

流处理是一种基于事件的计算范式,其正在成为企业的中枢神经系统。传统的计算以数据库为中心,并假设人工操作员在这些数据库中创建、更新和删除记录。

随着库存管理、营销、定价和运输路线等更多业务决策通过智能算法实现自动化,业务流程可以更加简化,以允许软件代理实时交互并对事件做出反应。

在许多真实的商业用例中,一个事件可以触发多种反应。以超市中一盒麦片的销售为例,销售事件会影响定价、报表、运营、库存管理、发货和采购。在流媒体系统中,销售可以是流媒体系统中的一个事件,相关受影响的软件代理可以监控此类事件,并决定是否触发其他操作。

这种基于事件的范例允许完全不同的软件驱动的业务功能以软件的速度实时或接近实时地做出反应,这样可以显著提高业务效率。在简单的零售示例中,近实时响应可以增加库存周转率,同时以较低的库存提供相同的服务质量。

流处理模式需要不同的方法来处理分析项目和预测建模项目的指标和特征。它们对处理延迟也更敏感。流处理模式还可以在双速架构中与传统数据库很好地共存。8.1.1 小节案例 1 对此进行了讨论。当你领导 DS 努力创建特定的智能软件定义的业务流程时,你可以考虑你的智能业务流程最终如何成为新兴软件公司的中枢神经系统的一部分。

10.1.3　自助式洞察

自助式洞察是基于数据分析师和数据科学家的最佳实践,通过流程和平台为商业决策者创建数据洞察力的民主化。当企业决策者寻找数据来指导业务的发展和运营时,会出现常见的用例和临时的请求。常见的用例可以通过数据仪表板来解决。分析团队经常随时待命,为任何临时的请求提供服务。充分满足以下 2 个成功标准至关重要:

- 信任——所提供的分析是准确的,并能以适当的方式进行解释。
- 及时性——及时完成分析,以便做出商业决策。

当 DS 团队满足请求时,数据科学家的专业知识确保了对结果的信任。及时性可能是一个挑战,因为服务请求的资源总是有限的。

自助服务方法使用技术平台来解决及时性问题,允许业务决策者独立于 DS 团队来进行访问和分析数据。然而,必须制定流程,以确保自助见解得出的结论的准确性,从而保持对数据的信任。

图 10.3 显示了在不同成熟阶段为数据提供自助服务见解所需的技术数量。当用例已经明确的情况下,通常使用仪表盘。

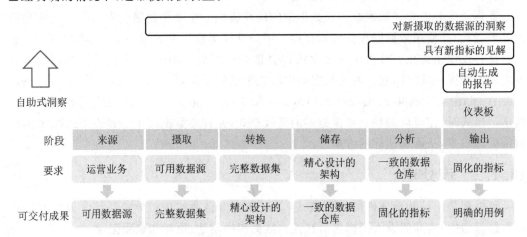

图 10.3　自助式洞察的能力范围

在销售环境中优化数据和报告时,可以通过标准化的演示模板自动生成报告或演示文稿。领英的梅林项目就是一个很好的例子,DS 团队从数据中自动生成销售简报。

如果一些指标尚未开发,现成的分析平台具有拖放功能,允许业务决策者对数据仓库中的数据探索和开发新的指标,而无需学习查询语言。当数据源尚未在数据仓库中时,现有的数据集成供应商,如 funnel. io 和 Domo,可以使用预先设计的模式和指标接收特定领域的数据源,如营销工具,并输出到 BI 工具,如 Tableau 或 Looker,而无需编码。作为集成的一部分,许多中间提取和转化步骤已经自动化,这有助于无缝地引入新数据源以提升洞察力。

在你领导 DS 通过自助见解实现数据访问民主化的过程中,一个关键的管理权衡是准确性和效率。你有责任通过数据处理策略维持对数据的信任,以防止业务合作伙伴得出不一致的结论。只有当产生见解的效率提高而不受任何有效性或批准流程的限制时,自我服务的洞察力才是有价值的。

10.1.4　数据和 ML 操作自动化

数据和机器学习操作自动化(Data and machine learning operations automation,DataOps)是一套实践和平台,用于从开发到生产过程中可扩展和可靠地提供 DS 和机器学习能力。它们是确保 DS 和机器学习模型的初始投资在模型生命周期内继续提供预期业务价值的基本原则。

078

数据分析和机器学习模型项目需要严谨的自动化运营以确保分析和模型能持续稳定地产生回报。自动化运营是一套关键流程和平台,它可以让项目在生命周期内得到预期的商业价值。

许多早期的数据/ML 流是在特定的基础上启动的，在预解析特征流、数据和模型服务以及数据问题监控方面都有一次性的工作。以这种方式在生产中启动模型可能是一个成本高昂的过程，降低了 DS 项目的投资回报率。

图 10.2 展示了作为 DS 和 ML 平台一部分的成熟数据/ML 操作的主要组件，包括具有版本控制的功能存储、功能服务器、ML 框架、实验跟踪、模型注册和模型校准过程。数据/ML 操作还包括数据异常监测和模型 API，作为功能输出的基础结构。例如，你可以根据历史和实时数据训练的算法，开发一个具有一组特征的金融欺诈检测模型。为了负责任地部署模型，数据/ML 运营中的最佳实践包括：

- 维护和监控输入的数据质量和输出质量；
- 维护独立的开发、集成和生产环境；
- 用分支和合并控制数据处理步骤；
- 跨数据处理步骤的版本控制功能；
- 虚拟化/船坞化部署以实现可扩展性并避免系统依赖性；
- 保持重新校准模型参数的节奏。

当你领导 DS 操作数据和机器学习数据流时，你的职责包括构建 DS 和 ML 平台，使其在生产中具有可扩展性和稳定性。

幸运的是，你可以考虑一系列的解决方案。你可以为你的特殊需求开发专业的内部解决方案。或者，你可以利用开放源代码项目，例如，Feast 或 Hopsworks，为功能商店或 MLRun 进行 ML 经验跟踪。你还可以考虑一个功能齐全的产品，例如，Tecton，它是由开发 Uber 使用的功能商店 Michelangelo 的团队开发的。

10.1.5 数据管理

数据管理包括评估、处理、使用、改进、监控、维护和保护组织信息所需的人员、流程和技术平台。数据管理不仅仅涉及敏感数据集的用户身份验证。它还涵盖了广泛的关注范围，包括管理数据体系结构、数据质量、元数据、数据安全、数据操作、参考数据和主数据，以及文档和内容。图 10.4 说明了数据管理的责任。

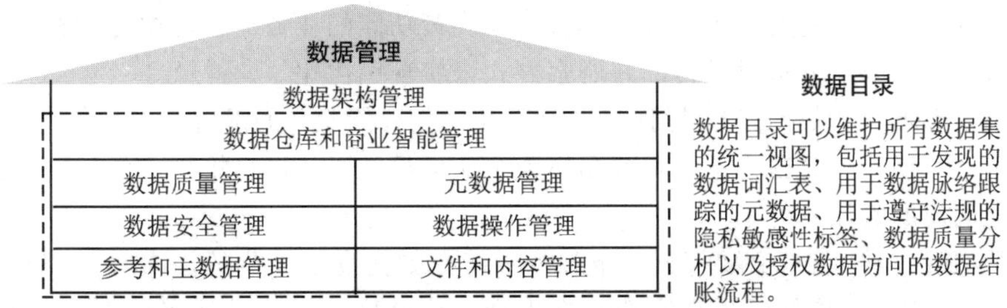

数据管理	
数据架构管理	
数据仓库和商业智能管理	
数据质量管理	元数据管理
数据安全管理	数据操作管理
参考和主数据管理	文件和内容管理

数据目录

数据目录可以维护所有数据集的统一视图，包括用于发现的数据词汇表、用于数据脉络跟踪的元数据、用于遵守法规的隐私敏感性标签、数据质量分析以及授权数据访问的数据结账流程。

图 10.4 借助数据目录管理数据

早期的数据管理工作集中于将数据集分类为公共、专有、机密、敏感和个人类别。然后，出于安全和法规遵从性目的，通过人为步骤控制审批流程，对数据访问进行分类管理。

通过数据洞察的民主化，一个组织中的指标和报告的数量可以迅速增加。这种增长给数据集分类和访问审核标准带来了压力。它还增加了类似指标的多个版本在不同业务职能和部门之间复制的可能性。衡量标准的重复可能会导致业务决策中的混乱、信任缺失和业务决策的不一致。你如何解决这一问题？

可以使用数据目录平台维护所有的数据集。数据目录为使用中的度量标准创建一个经过整理的数据术语表。有了数据目录，你可以建立一个流程来保持定义的一致性。你的数据目录和术语表可以最大限度地减少混乱，提高对数据资产的信任。

079 指标的重叠会导致管理混乱、团队丧失对数据的信任，导致不一致的业务决策，数据目录和术语表可减少困惑并提升组织对其数据资产的信心。

数据目录可以包括描述数据脉络的附加元数据，数据对隐私的敏感性，以及数据的可用性、正确性、完整性和稳定性特征。数据脉络描述了数据集之间的依赖关系。你可以使用它更好地评估数据源缺失时的影响，并通过数据依赖链跟踪数据输出问题。隐私敏感信息可以支持 GDPR 和 CCPA 的合规性要求，并帮助自动匹配符合法规和安全要求的数据访问管理。

创建数据目录可能很耗时。幸运的是，管理和执行系统可以自动解释生产中的元数据。在此基础上，仍然需要一些人为的管理来标记可能包含个人身份信息的模糊字段。例如，搜索查询历史记录可能包含对自己的搜索，以及金融交易描述可能包括账户持有人姓名的工资薪金等。

对于希望获取数据的数据科学家来说，数据目录自然适用于购物和结账的模式中。用户可以浏览目录以查找要使用的数据源，将其放置在购物车中，并通过结账流程请求访问，数据交付流程可以包括对数据请求者透明的可审核批准流程。

在领导数据管理过程时，可以开发一个内部数据目录。你可以利用诸如 Amundsen 之类的开源工具，或者考虑企业解决方案的供应商，如 Informatica、Collibra 和 Alation，以协助管理数据、人员和数据处理的过程。

10.1.6 定期审查主要架构趋势

在本小节中，我们讨论了 DS 中的五大架构趋势，包括：

- 数据存储——ML 和分析用例在数据湖中心的汇聚。
- 数据处理——流处理正在成为具有自动决策功能的业务流程的中枢神经系统。
- 数据访问——分析通过自助式洞察方式来实现民主化。
- 模型部署——数据/ML 操作自动化正在优化智能能力的部署。
- 数据管理——数据管理是将数据作为企业增长的资产进行策划，而不是作为一种遵守法规的责任。

每隔几个季度，就有必要探索一下技术环境是如何发生变化的。DS 是一个快速发展的领域，每天都有一些新的最佳实践被提出和实施。这些新的最佳实践正在被纳入新的技术平台中，这些平台允许构建新的体系结构，以使新的 DS 功能能够推动业务影响。掌握行业最佳实践和最新体系结构是 DS 领导者的关键技能。

080 数据科学是一个高速发展的领域，每天都有新的最佳实践被发明和实施。掌握行业最佳实践和最新组织架构是高效数据科学领导者的关键。

10.2　组　　织

建立组织是为了整合个人的努力,更快、更高效地实现目标。作为 DS 领导者,为了产生业务影响,了解公司或组织的结构可以帮助你明确自己的角色,明晰自己的职责,确定合作伙伴,并构建团队结构,以便更好地将个人努力整合到可重复和可扩展的流程中,从而实现业务价值。

DS 是一个新兴领域,目前仍在不断产生商业影响的最佳实践。作为一名 DS 领导者,当你设计出有效的方法将 DS 的工作整合到你的组织中时,你如何从根本上考虑问题?

让我们来看看 3 种传统的组织结构,即职能式结构、部门式结构和矩阵式结构,以及另一种备选的组织结构,即整体式结构,如图 10.5 所示。整体式结构是以具有自我管理的层级单元(如细胞、器官和生物)的生物有机体为模型的。

让我们讨论一下 DS 如何在这些组织结构中运作,并从分工、整合机制、决策权分配以及设置和维持组织边界的角度进行对比。

10.2.1　职能式组织结构

许多公司是按职能式结构组织的。你可以在执行团队的组成中认识到这种结构,该团队的成员具有职能方面的专业知识,如首席技术官、首席营销官、首席运营官、首席产品官和首席财务官。这种结构在拥有单一产品线、在单一地理位置运营的公司中很常见,有时也用于像苹果这样有许多产品线的大公司。

职能式结构允许通过专业知识来划分职责。通过将不同职能部门的工作整合到执行层面的产品和服务中,创造业务价值。优先事项由公司决定,资源和计划分配给各职能部门。每个职能部门都有权在其职能范围内选择用于执行公司范围内战略的策略。

当数据科学家是非数据职能部门的成员时,他们通常处于辅助角色,职业发展道路不明确。当公司致力于构建数据功能时,数据科学家的专业成长路径就会变得更加清晰。

在具有职能式结构的公司中引入 DS 有 2 种方式:自上而下或自下而上。在自上而下的方法中,首席执行官任命一名高级 DS 领导来构建一个功能。在自下而上的方法中,各个职能领导开始在特定项目中试验 DS 功能,然后将成功案例扩展到多个项目和职能部门中。

1. 自上而下的方法

当对 DS 能为公司做什么有明确的预期时,由首席执行官发起的自上而下的方法可以很好地发挥作用。它标志着高管对推动 DS 创新的强烈支持,这需要紧密的跨职能合作以产生业务影响。在这种环境下能够成功的 DS 领导者有 3 个优势:

- 快速获取领域知识的能力强,能够识别整个公司的用例并确定其优先级;
- 强大的关系构建能力,能够影响同级职能主管在项目上进行合作;
- 有很强的能力吸引人才来构建职能部门。

当执行目标不明确或 DS 领导缺乏这些优势时,有一些常见的失败模式需要注意,前 3 类包括:

职能式组织结构	部门式组织结构
执行团队是按职能组织的,允许通过专业知识来划分职责。职能部门将其工作整合到执行层面的产品和服务中。	部门结构允许每个部门在资源上自给自足,并自主地计划和执行举措,对其他部门的依赖性有限。这也带来了独特的机会。
自上而下的方法——首席执行官自上而下地任命一个集中的数据科学职能部门,可以推动跨职能部门的紧密合作,以产生业务影响。	跨部门的平台和服务——一个部门的最佳实践可以提炼成一个技术平台,在相邻的部门独立采用。
自下而上的方法——数据科学工作可以在不同的职能领域开始。方法上的差异、工作上的重复以及专业成长上的障碍是主要的挑战。	创建新的部门——数据科学的使用案例也可以促成新的业务线。新的部门可以在运营新的损益业务线所需的支持下创建。
矩阵式组织结构	备选的组织结构
矩阵结构对项目既有职能领导,也有部门领导。这允许职能部门的专业知识随着时间的推移而发展,并鼓励部门内各职能部门之间的有力协调。	整体式结构是一种管理结构,提倡自我管理的单位或小组的层次结构,每个单位或小组都有自己的管理过程,以构成团队、定义角色、做出决定和评估绩效。
权力混乱——当职能领导和部门领导之间的优先权不一致时,谁来做最后的决定?	适应性大于可靠性——当适应性比可靠性更重要时,整体式结构就能很好地发挥作用。
资源规划——你应该如何平衡职能和部门之间的项目和计划的资源?	需要更多的管理——所有的团队成员都需要精通自我定义角色、做出决定和自我评估绩效。
资源稳定性——当多个部门同时需要数据科学职能部门的专业知识时,你应该如何确定优先次序?	可靠性的挑战——成熟的数据科学项目需要跨职能的整合和管理,这在整体式结构中很难维持。
实施变革——当一个职能部门的领导在其职能部门内推动最佳实践时,需要与每个部门的领导协调变革。	成员的流动性——团队成员在项目中流动,保持长期数据科学项目的势头是一个挑战。

图 10.5 运营数据科学的 4 个主要组织结构

- 数据基础设施还不够成熟,无法支持有效的 DS 计划——首席执行官可能会过早雇用 DS 领导人,因为没有数据基础设施和业务案例可供他们成功使用。缓解措施包括雇用一名顾问或兼职首席数据官(Chief Data Officer,CDO)就澄清 DS 方向提供建议,并雇用几名初级的数据科学家在建立整个职能之前进行概念验证项目。
- 脱离合作伙伴职能部门的实际业务案例——DS 职能部门可能会自我专注于构建不满足业务需求或不适应业务变化的概念验证项目。缓解措施包括确定并产生快速收益,在投入更大的基础设施项目之前,先贴近业务需求。
- 成为调查特殊业务问题的高管咨询部门——重点关注紧急、紧迫的问题,而不是战略上至关重要的问题。缓解措施包括确定战略商业机会、制定路线图,并与管理团队的其他成员协调优先事项,以便尽早取得胜利,使公司走上更具战略意义的道路。

在自上而下的方法中,DS 领导者必须优先考虑并专注于几个特定的早期胜利。通常情况下,具有学术研究背景的 DS 领导会启动许多项目,以避免其中一些项目无法完成。这种缘由导致的项目失败,不是因为缺乏潜力,而是因为缺乏资源或对每个项目的关注。

2. 自下而上的方法

在职能式组织结构中,DS 工作可以从任何职能领域开始。在工程组的技术职能下开始的工作可以称为 ML 工程。当一项工作在市场营销下开始时,它可能会专注于客户细分或转换。在财务方面,它可能专注于利润优化或销售预测。在运营职能下,它可能专注于防御黑客攻击、物流优化、客户服务情报或定价优化。

在这些自下而上的方法中,DS 用例首先在特定职能部门中进行探索。一个功能用例中的成功可以激励其他职能部门开始探索各自部门中的 DS 功能。虽然这种方法允许 DS 努力贴近业务需求,但它也带来了多重挑战:

- 不同职能部门之间的工作重复和方法差异——DS 工作可能在不同职能部门之间重复。不同的业务决策可能源于从相同基础数据计算出的不一致的度量。
- 有限的专业成长——不同职能部门的数据科学家通常向非数据科学家的经理报告。数据科学家的专业发展可能会受到限制,从而导致机构知识的流失。

缓解公司面临的这些挑战的一种方法是将 DS 提升为执行层的独立职能,由首席数据科学家或首席数据官领导。这种结构允许在 DS 职能部门内建立专业知识,在这些职能部门中,最佳实践可以制度化,以随着时间的推移提高 DS 效率。它还允许同行数据科学家和 DS 经理对工作绩效进行评估,从而认识到对业务的努力和影响。

未来随着越来越多的首席执行官认识到数据功能的战略重要性,它很可能成为商业组织中技术功能的标准。这本书是为了预测这种情况而写的,在这种情况下,将需要更多的数据领导人才来承担市场中的高管领导角色。

随着公司规模的扩大,通信成本也越来越高。对于职能领导来说,大型职能部门之间的协调可能是不堪重负的,因为他们必须对自己的职能部门保持良好的可见性,并在决策时跟上合作伙伴职能部门的优先事项和路线图。这时,部门式组织结构可以提供帮助,下面让我们进一步了解!

10.2.2 部门式组织结构

部门结构允许组织按产品、地理位置或市场细分进行划分。每个分区的资源都是自给自足的,并且可以自动规划和执行其业务计划,而对其他分区的依赖有限。

理解上述两种结构的差异的另一种方式是,职能式结构是由创建产品或服务所需的不同专业知识来组织的,部门式结构是由产品和服务所针对的输出产品或客户群来组织的。

在分工方面,部门式结构允许每个部门专注于为自己的客户群提供服务,并为自己的部门承担盈亏责任。路线图、目标和资源分配的权力下放给各部门,以实现更高效的决策。在部门层面上整合个人努力,而各部门之间的协调有限。这种结构适用于为相对静态的客户群体服务的稳定商业模式。静态客户细分的例子包括消费者与企业客户群,以及按地理分布的客户群。

作为 DS 领导者,了解这些结构对于设定跨部门协作和协调的适当期望非常重要。除非首席执行官办公室提出具体的紧急协调举措,否则跨部门的数据科学举措可能会面临巨大阻力。

081 部门式组织结构支持资源自给和独立运营,但跨部门数据科学项目常常遇到阻力,需要 CEO 推动协调。

虽然大多数数据科学家的职业发展通常停留在一个部门内,但在具有部门式组织结构的公司中,强大的 DS 领导者有着重要的机会。部门内的成功使用案例,如推荐平台、反欺诈能力和成本节约/创收的最佳实践,可以在各部门之间发布和共享。这些能力、实践和平台可以通过 2 种方式创造价值:

① 跨部门的平台和服务——一个部门的最佳实践可以被分解成一个技术平台,并在另一个部门中引入。由于每个部门都有自己的采用权,并拥有自己的损益核算,早期采用者可以为采用的好处提供定量的反馈。成功的案例可以形成强有力的商业案例,供企业广泛采用,尤其是在拥有数百个部门的大型企业中。每个部门都可以成为你最佳实践和平台的客户。

② 创建一个新的部门——DS 用例也可以促成一个新的业务线。客户推荐服务可以从产品推荐系统发展而来;风险评分服务可以从欺诈检测技术发展而来;可以根据零件疲劳和系统故障的预测来开发成本降低的预测性维护服务。部门式组织结构允许创建新的部门,并提供运营新的盈亏业务线所需的多功能支持。8.3.3 小节对此进行了更详细的讨论。

虽然部门式组织结构可以简化部门内的决策,但 IT 或 HR 等职能部门在跨部门集中管理时可能更高效。在某些情况下,客户也会要求整个产品部门提供一致的参与体验。这就是混合式或矩阵式组织结构所带来的优势,后文将对此进行深入探讨。现在可以体会一下职能式组织结构和部门式组织结构的异同。

10.2.3　矩阵式组织结构

矩阵式结构或混合式结构旨在通过在一个职能部门内部和部门之间密切协调,避免职能和部门结构的局限性。在项目中工作的团队成员,向职能领导和部门领导汇报,其中一人通常是负责的经理,负责绩效和晋升,另一人是非负责的经理,负责咨询和建议。这种结构允许在一个组织内发展职能部门的专长,并允许在一个部门内有效地进行职能之间的强有力协调。

这种结构可能是 DS 的理想选择。将 DS 作为职能部门之一,DS 领导可以建立深入的技术知识和最佳实践,并将其制度化。职能结构重点提高了其效率,DS 团队可以识别机会并在每个部门内实现价值。部门结构重点提高了各部门对特定业务挑战的响应能力。

082 矩阵式组织结构通过跨职能和部门协调弥补传统职能结构和部门结构的局限,适合数据科学团队积累技术知识和最佳实践,但伴随较高的沟通成本。

然而,矩阵式结构也有其挑战。有 4 个主要的挑战需要注意,但它们可以通过管理技巧来克服。这 4 个挑战分别是权力混乱、资源规划、资源稳定性和变革管理,如下所述:

- 权力混乱——对于向直接负责的领导报告和向非负责的领导报告，当职能领导和部门领导之间的优先级不一致时，可能会出现权力混乱。当有限的资源必须用于通过开发最佳实践做法来提高效率或扩展产品部门内的能力时，这种混乱经常发生。这种情况通常不会发生在危机时期，因为所有领导人都在为生存而斗争，而是发生在资源有限的增长时期，在不同领导人青睐的情况下，有多种成功之路。

  应对这种混乱的一种方法是强有力的高管领导，公司可以围绕一个或两个明确的关键绩效指标（KPI）团结起来。执行重点可用于在各种前进路径之间进行仲裁和优先排序。

  其他优先考虑的技术包括对早期项目偏向于以产品为重点的方法以灵活地迭代产品/市场匹配，或对后期项目偏向于以功能为重点的方法以制定有效的执行方案和增加收入以及盈利能力。

- 资源规划——在每 3～12 个月的规划周期内，通过双重报告矩阵结构，DS 领导必须确定如何平衡职能和部门之间的项目和计划的资金。

  大多数 DS 项目对于 DS 职能部门的路线图和各个部门的路线图都至关重要。例如，推荐引擎项目可以是 DS 功能路线图的一部分，以建立对用户的理解，从而更好地进行用户细分。它还可以成为业务部门路线图的一部分，以增加产品参与度，提高用户保留率和 LTV。

  然而，其他项目，如 A/B 测试能力、模型部署方法、数据一致性和治理项目的更新，可能对特定部门没有什么直接影响，但对于 DS 职能部门跨多个部门提供服务而言，具有高度的战略性和重要性。

  在矩阵结构中，你如何确定要为哪些职能和部门的项目及计划提供资金？一种常见的方法是将 10%～30% 的产能预留给职能结构的项目，来作为偿还技术债务和投资未来效率的税收，同时将大部分产能用于推进部门结构的路线图。高管之间达成的高级别协议最大限度地减少了个人数据科学家在相互竞争的利益之间寻求平衡的压力。

  快速增长的 DS 职能部门的另一种方法是将当前团队成员的注意力集中在推进部门的路线图上，指定项目以偿还职能性的技术债务，并记录未来效率的机会。新的 DS 团队成员可以将他们的入职项目集中在执行 DS 职能计划上，然后再将其委派给特定部门。这种方法可以为 DS 团队的新成员提供一个更温和的入职培训，并让他们以一定的职能视角来承担以后的部门职责。

- 资源稳定性——在具有矩阵结构的公司中，多个部门可能同时需要 DS 职能专业知识。通常情况下，优先排序的常见做法是将稳定数量的资源专用于更大、更成熟的部门，然后在资源可用时将新出现的需求分配给早期部门。这种做法可能会导致新兴项目从不同的团队成员那里获得间歇性的资源分配。虽然这种方法可能适用于完成软件开发项目，但它可能对 DS 项目有害。

  随着时间的推移，DS 项目在执行深入分析、制定现实路线图或构建预测性解决方案方面有着重要的背景知识。如果每个季度都安排不同的数据科学家负责早期阶段的部门，那么项目启动时的费用就会使这些安排变得非常低效。

  解决这个问题的一个方法是将联络点专门用于早期部门和成熟部门。当一个早期部门无法分配完整团队成员的时间时,你可以将部分资源分配给该部门,以允许同一团队成员成为多个早期部门项目的联络点。对于一个成熟的部门,只要团队中有人保留其机构知识,其他团队成员在需要重新分配资源或团队成员希望跨部门扩展经验时,可以更灵活地在部门之间移动。

通过有一个专门的联络点,你可以为早期和成熟的部门维护 DS 环境。当情况需要时,你还可以灵活地在部门之间转移资源。

■ 实施变革——当职能领导希望在一个职能部门内推行最佳实践时,它将不可避免地影响多个部门的流程。在职能组织结构中,职能部门有权直接推出最佳实践。在矩阵式组织结构中,职能领导需要与每个部门领导合作,推广其最佳实践。

虽然这一过程提供了制衡机制,以确保新的最佳实践引入的变化不会对某些部门造成重大不利影响,但它可能会大大减缓实施必要变化的进度,以消除现有技术债务,并为系统的规模化做准备。

作为 DS 领导者,在矩阵结构中实施变革的一种方法是找到最初的一个或两个部门来领导变革,证明变革的价值,然后获得首席执行官的支持,自上而下地将变革推进到每个部门。为了实施变革,你可以在资源规划期间利用预留的 10%～30% 的产能来实施职能级别的初始化,从而确保资源安全以完成变革。

这是关于混合或矩阵式结构的很多内容。做好准备,下一步我们将讨论在管理层看来有点不同的备选结构。

10.2.4　备选的组织结构

职能式结构、部门式结构和矩阵式结构都是传统的管理结构,在这些结构中,你可以整合 DS 的工作以产生企业价值。在这些结构中,管理层负责制定战略路线图、组建团队、定义角色、做出决策和评估绩效。在分布式计算和用户生成内容的时代,管理的角色是否也可以分布式和民主化?

整体式结构是一种管理结构,促进了自我管理的单位或小组的层级结构,每个单位或小组都有自己的管理流程,以组成团队、定义角色、做出决策和评估绩效。这种结构可以高度适应性地响应市场中的新需求,在市场中,小组是为了解决业务需求而组成的,当目标已经实现或不再相关时,小组就解散了。

一个成功的例子是在线鞋类和服装商店 Zappos。当 Zappos 实施整体式结构方案时,它的 150 个部门单位演变成了 500 个小组。每个小组都是组织的基本组成部分,其角色被集体指定并分配给小组成员以完成工作。每个员工都可以是多个小组的一部分。在 Zappos 的案例中,500 个小组由 1 500 名员工组成,涉及项目、职能和环节。

对于那些没有亲身经历过的人来说,整体式结构方案可能听起来很混乱。这个过程实际上比许多人想象的更有秩序。每个小组都要经过严格的组建过程,其目的必须足够明确,以吸引团队成员加入小组,承担起自己的角色。为了防止每个人都只参与听起来很酷的项目,而忽视平凡的任务,有一些系统让执行官通过确定小组工作的商业价值来为小组打分。这些积分可用于个人招聘,让个人发挥作用。

作为一名 DS 领导者,在一个整体式结构方案中工作既有回报也有挑战。涉及探索和原型设计的 DS 项目往往是吸引具有工程和产品背景的项目。模型的维护和迭代可能会被忽略,从而导致 DS 技术债务随着时间的推移而累积。

合弄制(或全体共治,本书称为整体式)是一种"无领导管理方式",或以自我管理单元为基础的管理结构。探索项目易获资源,但模型维护与迭代常被忽视。

整体式组织结构适用于适应性比可靠性更重要的企业。这个过程实际上需要更多的管理,因为所有团队成员都需要精通自定义角色、决策和自我评估绩效。该结构的成功取决于:

- 在整体式结构中接受过培训的成熟团队成员;
- 为预测资源需求而对项目整个生命周期的深入了解;
- 明确定义角色和职责的能力;
- 支持制定、识别和加入项目的强大的项目管理工具;
- 能够提供绩效反馈和跟踪支持的丰富的领域知识。

整体式结构可以在机会探索和概念验证工作的早期阶段很好地工作。这些早期项目的范围有限,通常会立即取得明显的早期胜利。

随着 DS 项目的成熟,跨职能整合和治理在建立全公司最佳实践和平台方面变得至关重要。为了使项目取得成功,了解制度上的细微差别和系统缺陷的团队成员需要在多次迭代中与项目保持联系,而这通常没有立即的短期结果。在整体式结构中,当团队成员顺畅地进出项目时,保持成熟 DS 项目的势头是一个重大挑战。

一旦 DS 实践和平台成熟,整体式结构可以再次很好地发挥作用。随着时间的推移,逐步优化设计良好的流程和系统的子组件,并带来明显的全系统短期效益。如果你在整体式结构下管理 DS 团队,那么以下几种技巧可以给你带来帮助:

- 为项目各阶段制定长期目标和明确的关键成果,有助于留住对数据和领域具有深入理解和系统认识的团队成员。
- 保持文档具有可复制、可转移和可发现的结果,以便在团队成员变动或流转到其他项目后可以恢复工作。2.2.3 小节对此进行了更详细的讨论。
- 确定高管的支持以吸引跨职能团队成员参与重要的集成和治理项目中,从而克服提高 DS 成熟度水平的协调障碍。6.1.3 小节更多地讨论了如何获得高管的支持。

你现在已经看到了运营 DS 的 4 大组织结构,下面让我们总结一下其中的机遇和挑战。

10.2.5 管理各种结构中的机遇和挑战

DS 职能部门的作用是贡献其技术专长和业务见解,以便将其整合到更大组织的产品和服务中。不同的组织结构带来了独特的机遇和挑战。我们讨论了 4 种组织结构:职能式结构、部门式结构、矩阵式结构和整体式结构。

在功能式结构中,DS 是许多职能部门之一。虽然在职能部门内建立专业知识的机会很大,但数据科学领导者应小心避免与业务需求脱节。

在部门式结构中,组织按产品、地理位置或细分市场进行划分,其中 DS 职能分配给每个部门。这种结构非常适合快节奏的部门级决策。DS领导应该注意部门之间的重复工作。

在矩阵式结构中,DS团队同时向职能负责人和部门负责人报告。这种结构增强了职能和部门之间的协调,但会造成潜在的角色混淆,并可能需要更高的沟通成本。

在具有自我管理的单位或小组的整体式结构中,数据科学家被分配到项目中,这是对PoC探索的最佳机会。然而,需要对项目进行密切管理,以确保维护资源和支付技术债务。了解数据科学在这些组织结构中蓬勃发展所面临的机遇和挑战后,你可以调整重点,并管理这些结构带来的系统性隐患。

10.3　机　会

作为DS行业的领导者,你很幸运处于当今发展最快的行业之一。在评估下一次职业变化时,你可以回顾在特定职业阶段对你最重要的因素,并评估潜在的行业、公司、团队和机会的角色。

你的领导能力的一个重要组成部分来自于你在工作中可以培养的深厚的行业专业知识,因此,选择一个行业是DS领导者的关键决策。你可以考虑不同行业的规模和增长率以及他们对DS人才的需求强度。最重要的是,你应该调查你个人感兴趣的行业,这样你就可以在不可避免的项目失败和工作场所崩溃的情况下保持积极的态度。

DS适用于所有成熟阶段的公司,从早期初创企业到百年老店。DS的应用可能会随着公司的成熟度阶段而不断变化。你所加入的公司的成熟度水平的选择会影响你如何建立自己的领导能力和身份。

领导力是在团队环境中实践的,因此评估你加入的团队是至关重要的。需要考虑的因素包括招聘经理的成熟度、基础设施成熟度和实践成熟度。

要了解特定DS角色的职责,请参阅本书中的能力和美德的章节。这些能力和美德可以帮助你确定特定行业、公司和团队的需求。它们还可以帮助你对自己的优势进行描述,使你最适合担任现有职位或你可以提出的新职位。

一旦你被选中担任某个角色,你还需要对自己的入职负责。让我们讨论一下行业、公司、团队和角色层面的考虑,以评估你职业生涯下一阶段的机会,以及一旦你决定寻求机会,一些有效的入职策略。

10.3.1　评估行业

你可以将DS应用于广泛的行业。在评估要进入的行业时,要考虑大产业将拥有最多的工作机会,而快速发展的行业将随着时间的推移创造出许多领导机会。对于具有适当经验水平的数据科学家,对数据科学家需求最高的行业可能会支付额外报酬。图10.6说明了选择行业时的一些重要注意事项。

截至2021年,DS对经济的贡献仍处于起步阶段。根据领英的人才解决方案数据,该学科在IT、计算机软件和互联网行业最具吸引力。这3个行业总共雇用了42%的具有美国数据科学家职称的专业人士。42%的数字并不令人惊讶,因为这些行业处于计算技术的前沿。他们最接近负责生成和存储数据的计算服务器,而这些数据是能够产生业务影响的。然而,根据美国经济分析局的数据,数据处理、互联网出版和其他信息服务行业加

评估一个行业
数据科学可以应用于广泛的行业，但你只能在少数行业建立专业知识。你如何评估作为数据科学领导者应该进入哪个行业？

机会较多的行业——IT、计算机软件和互联网行业。	增长较快的行业——金融、保险和医疗保健行业。	对数据科学有较高需求的新兴行业——国防和航空航天、电子学习、视频游戏、医疗设备、服装和时尚以及消费电子产品。

图 10.6 评估行业的 3 个视角

起来仅占美国私营部门 GDP 的 1.4%。

另一方面，DS 在另外两个对经济更为重要的领域正迅速获得吸引力。在美国，金融和保险业贡献了私营部门 GDP 的 9.4%，医疗保健业贡献了私营部门 GDP 的 7.1%。

在美国，金融服务业、银行业和保险业目前雇用了 12% 的数据科学家，其需求增长速度超过了 IT、计算机软件和互联网行业。医疗保健、生物技术、制药和健康/保健/健身行业目前雇用了 10% 的数据科学家，甚至更高。

如果你正在寻找 DS 在 2021 年的领导机会，你可以在 IT、计算机软件和互联网行业中找到更多的机会。未来几年，金融服务、银行、保险、医疗保健、生物技术、制药和健康/保健/健身行业将创造更多的领导机会。

此外，还有许多规模较小、高速增长的行业，对数据科学家的需求也很高，其中包括国防和航空航天、电子学习、电子游戏、医疗设备、服装和时尚以及消费电子产品。

在选择一个行业时，应该是一个你所热爱的行业。在一个行业中积累专家知识可能需要 2~5 年的时间，包括数据的甄别、组织结构管理和监管等。面对行业限制，你可能会遇到很多失败和挫折。在一个你所热爱的行业中，你可以在成为 DS 领导者的道路上继续坚持下去。

10.3.2 评估公司

全球数万家公司的员工中都有数据科学家，越来越多的公司开始招聘数据科学家。选择雇主很重要，他可以让你的职业生涯更上一层楼，也可以让你的时间浪费在临时性的繁忙工作中。你应该在未来的雇主身上寻找什么？

你可以根据公司的成熟阶段和在行业中的地位来考察公司，如图 10.7 所示。

评估公司
挑选一个好的雇主可能意味着职业发展的基础和浪费在临时性的忙碌中的宝贵时间之间的区别。你应该在未来的雇主身上寻找什么？

公司的成熟度——早期初创公司正在迭代产品/市场匹配；成长阶段的公司正在寻求扩大现有产品的运营规模，同时开发新的产品线；成熟阶段的公司正专注于收入优化、保留和功能采用。	公司在行业内的地位——处于行业领导地位的公司被认为是其行业的"大猩猩"。领导地位的竞争者被描述为"黑猩猩"，当领导者跌倒的时候，他们可以占据领导地位。较小的公司被称为行业中的"猴子"。

图 10.7 评估加入公司时需要考虑的 2 个角度

公司成熟度阶段包括早期阶段、成长阶段和成熟阶段。成熟阶段在很大程度上决定了所需的 DS 项目类型以及领导这些项目所需的领导者类型。在科技行业,公司竞相成为技术或市场类别的标准。许多行业最终成熟到只有一家公司处于领导地位,只有几个竞争者和许多较小的参与者。一家公司在其行业中的地位可以决定其可用资源和 DS 活动的重点。

1. 公司成熟度

处于早期阶段的公司不断在产品/市场匹配方面进行改进,因此可能没有太多第一方的内部数据可供处理。你可以使用政府和私人第三方数据源来了解早期客户群,并评估买家旅程、入职和产品参与的早期指标等。处于这一阶段的公司通常是预收入的公司,或者是从早期客户那里获得的收入有限。风险投资支持的公司通常会有一轮种子融资或 A 轮融资。

处于成长阶段的公司已经找到了适合的产品/市场匹配。对于风险投资支持的公司,这对应于拥有 B 轮或更高轮融资的公司。这些公司拥有多个客户,并正在扩大其客户群。他们的企业估值通常达到 5 000 万美元至 10 多亿美元,并希望扩大现有产品的运营规模,同时开发新的产品线,并扩展到更多地区,以服务更多的客户群。

成长阶段是许多公司开始聘用 DS 领导的阶段。如 6.3.1 小节所述,处于成长阶段的公司积累第一方数据,以了解其客户的 LTV;评估战略项目的投资回报率;帮助市场营销提高客户意识;优化客户获取渠道;分析新特性采用的速度;并优化激活、收入和推荐渠道。凭借各种可能的增值 DS 功能,DS 团队有很大的空间产生业务影响。

你可以通过参考 Wealthfront 的职业启动公司来识别美国的这些高增长公司。看看在你感兴趣的行业和地理位置上是否有你感兴趣的行业。

处于成熟阶段的公司可以是私营的,也可以是上市的。他们通常拥有可扩展、可重复的商业模式,拥有稳定的客户和可预测的经常性收入流。在成熟的公司中,DS 的努力可以集中在收入优化、再销售和功能采用上。一项特别有效的工作是以高精度运行一个稳健的 A/B 测试基础设施,以测量关键指标的增量改进。在覆盖范围广泛的成熟业务中,即使关键指标有 0.5% 的微小改善,也会显著影响收入。

许多成熟的公司都是使用 DS 功能的先驱,并建立了大型团队来满足其业务需求。苹果、亚马逊、Airbnb、谷歌、Facebook、微软(收购领英)、Netflix 和优步是互联网领域著名的成熟公司。许多人可能没有意识到,金融业的 Capital One、摩根大通(JPMorgan Chase)和富国银行(Wells Fargo)都有超过 100 名数据科学家。在医疗领域,Aetna 和 United-Health Group 的团队中还有 100 多名数据科学家。

在美国,数据科学家的前 100 名雇主(按其 DS 团队规模排名)的团队拥有 50~1 000 多名成员。这 100 家雇主总共雇用了 30% 的 DS 从业人员。如果你希望管理一个庞大的数据科学家团队,这些公司提供了很好的机会。

对于 DS 从业者来说,要想获得一份好的顶级公司的名单,你可以探索 3 个因素:雇主品牌、团队成熟度和团队成长(见 10.3.3 小节)。Gradient Flow 是一个受欢迎的博客,由 O'Reilly Media 前首席数据科学家本·洛里卡(Ben Lorica)管理,它汇集了领英、Glassdoor 和 Forbes Best Places 的数据,为初级的和成熟的数据科学家以及中高级数据科学领导者提供顶级工作场所。

2. 一家公司在其行业内的地位

在科技行业,公司竞相成为技术或市场类别的标准。在《大猩猩游戏》(*The Gorilla Game*)中,杰弗里·摩尔(Geoffrey Moore)将处于行业领先地位的公司描述为行业中的"大猩猩"。美国市场的例子包括搜索领域的谷歌和云服务领域的 AWS。领导职位的少数竞争者被描述为"黑猩猩"。例如,搜索领域中的微软必应和云服务领域中的微软 Azure。还有许多较小的玩家,被称为"猴子"。例如,搜索领域中的 DuckDuckGo 和云服务领域中的 IBM Cloud。一家公司在一个行业中的地位可以决定其可用资源及其 DS 活动的重点。

在评估一家公司在其行业内的地位时,通常可以使用分析师报告中的可用数据来确定其客户覆盖范围、企业估值或市场份额。一家公司通过首先找到适合的产品/市场,然后严格执行其优势来扩大其客户群,从而达到"大猩猩"的地位。DS 在产品迭代过程中为产品/市场匹配提供定量反馈,以及在随后的增长阶段提供定量反馈,这在优化其获取市场份额的效率方面至关重要。

当一家公司获得"大猩猩"地位时,有很多好处。市场中的从众心理使公司能够收取更多费用,获得更高的利润,从而使公司能够以更快的速度将利润再投资到业务中。DS 可以成为这种良性循环的受益者,使其获得充足的资金,并努力提高公司的竞争优势。

具有"黑猩猩"地位的公司紧随行业领导者之后,但在每笔交易中,必须明确客户为什么应该选择他们而不是行业领导者。当行业领导者步履蹒跚时,具有"黑猩猩"地位的公司则真正有机会成为行业领导者。DS 的努力在创建智能功能方面具有战略意义,这些功能有助于将一家公司从行业领导者中脱颖而出。

在一个行业中,具有"猴子"地位的公司往往会过度承诺功能,并在定价上削弱竞争,以与该行业的"大猩猩"和"黑猩猩"竞争。从行业定位的角度来看,他们天生就处于劣势,而 DS 的投资往往有限。由于可用投资规模有限,DS 领导角色可能具有挑战性。另一方面,与在行业中拥有"大猩猩"或"黑猩猩"身份的大公司相比,这个角色也可能提供更广泛的职责范围。

当你审视下一个机会时,有必要了解该公司在其行业内的地位,并对结果有一个现实的预期。如果你能在一个快速发展的行业中与一家"大猩猩"身份的公司合作,你就能预见团队的显著增长。如果你正在进入一个"黑猩猩"身份的公司,你可以期待创造行业差异化的强烈需求。如果你加入一个"猴子"身份的公司,你可以寻找更广泛的职责范围,但可用资源可能相对有限。

084 评估下一步机会时,有必要了解公司行业地位来设定现实预期。不同类型公司:行业领导者、挑战者和小型企业会提供多种不同的职业发展机会。

10.3.3 评估团队

评估团队涉及多个维度,包括招聘经理的成熟度、基础设施的成熟度和实践成熟度(见图 10.8)。了解这些团队属性可以更好地为你设定合适的机会预期做好准备。

评估团队

数据科学可以应用于广泛的行业，但你只能在少数行业建立专业知识。你如何评估作为数据科学领导者应该进入哪个行业？

| 招聘经理的成熟度——你的经理的成熟度阶段可以决定你的工作会得到多少支持。 | 基础设施的成熟度——基础设施的成熟度决定了做数据科学的创新速度。 | 实践成熟度——你的团队和他们的合作伙伴实践数据科学的严格程度对执行效率至关重要。 |

图 10.8 评估加入团队时需要检查的 3 个方面

1. 招聘经理的成熟度

当你被雇用到一个新的职位时，你的经理是最重要的合作伙伴。你的责任是按照你的经理的授权，与对公司至关重要的事情保持一致。你将按照经理制定的标准以及按照经理定义的范围和优先级进行工作。

085

当你进入一个新职位时，你的经理是你的关键合作对象。你的职责是与经理所分配的公司关键事项保持一致。你将根据经理定义的范围和优先事项，按照经理设定的标准开展工作。

你的经理可能处于职业生涯的不同阶段，这些发展阶段包括建立、晋升、维持和退出：

- 建立——如果你的招聘经理最近被提升到目前的职位，他们可能处于建立阶段。正如第 2～9 章所述，可以学习和实践新领导角色的能力和美德。当你的经理履行新的职责时，你可能会预见到需要调整方向的时候。你的招聘经理会感谢你的支持，帮助他们在公司建立信誉。

- 晋升——如果你的招聘经理已经在多个季度成功地担任了目前的职位，他们可能处于晋升阶段。他们现在正在舒适地实践领导层的能力和美德。由于他们的团队执行速度很快，这可能是一个取得成就的绝佳机会。如果你能为大型计划提供建议和策略，从而对组织产生更大影响，你的招聘经理会非常感激。

- 维持——如果你的招聘经理已经成功地担任了多年的目前职位，他们可能处于维持阶段。他们已经形成了一套稳定的流程，并继续获得晋升、新的职责和更高的身份。在这个阶段与一位管理者共事是非常值得的，因为他们既有经验又有精力为你的职业发展提供指导。你的招聘经理会很感激你表现得很好，并在与他们合作时展示出你的成长。

- 退出——如果你的招聘经理正在管理一个衰落的团队，他们可能正处于职业生涯的退出阶段。你需要观察他们是否对自己的工作产生了冷漠，并诉诸于尽量不被解雇的原因。衡量这个阶段的一个指标是团队最近的人员流失表明现有团队成员对经理的信心正在减弱。加入这样的团队你应该小心。

2. 基础设施的成熟度

数据和实验基础设施可以显著加快 DS 的创新速度。处于不同成熟阶段的基础设施需要领导者具备不同的技能才能取得成功。8.1.2 小节讨论了一些需要考虑的阶段，包括数据收集、ETL＋存储、数据治理和模型治理。表 10.1 提供了可用于评估的检查表,最右边的列可用作复选框。

表 10.1　DS 基础设施成熟度检查表

阶　段	提出的问题	？
数据收集	是否捕获了各种各样的数据	
	分析的数据源是否完整	
	数据是否被捕获用于实验	
ETL＋存储	是否有数据湖来捕获收集的数据	
	架构是否根据数据仓库中的业务需求进行架构	
	是否支持流媒体功能	
数据治理	是否自动对可用性、正确性和完整性进行质量检查	
	数据脉络是否以可搜索的形式记录、维护和提供	
	是否对数据生命周期进行管理以保持访问效率	
模型治理	是否记录和跟踪模型版本	
	培训和生产环境的功能是否一致	
	模型是否具有自动集成和部署功能	

这些问题中的每一个都可以引出基础设施是否足够成熟,以使 DS 产生业务影响的细节。例如,对于数据收集,假设你要评估网站上的用户参与度是否已被正确捕获以执行分析。仅仅捕捉内容上的点击次数是不够的,还需要知道一个网页或一个网页元素被浏览了多少次。捕获视图可能比许多人预期的更加微妙,因为页面上的某些内容可能需要滚动或展开才能显示。内容通常与网页一起加载,但在执行特定的用户操作之前,用户是不会看到内容的。正确的数据采集需要跨平台和跨产品来采集页面加载、用户印象和点击/轻触等数据,这需要一定的努力和技术成熟度才能实现。

一些 DS 领导者在不太成熟的基础设施阶段茁壮成长,并不介意将数据转换为可分析的形式。另一些可能需要更成熟的基础设施才能发挥作用。了解基础设施成熟和你的优势,可以帮助决定这个机会是否适合你。

3. 实践成熟度

实践成熟度描述了 DS 团队及其合作伙伴实践 DS 的严格程度。实践成熟度对团队效率至关重要,而且可能很难培养。8.1.2 小节从高管的角度描述了在组织中培育数据驱动文化的路线图。在评估机会时,你可以评估 3 个方面:数据工程实践、数据分析实践和数据建模实践。表 10.2 列出了一些行业最佳实践,可以将最右边的列用作复选框。

大多数公司还没有达到这样的成熟度。你可以评估团队的意志力和高管对这些方向的支持。作为 DS 的领导者,你有责任建立一条路径,并领导团队建立一个高效的数据驱动型组织。

表 10.2　DS 实践成熟度检查表

视角	清单上的问题	?
数据工程实践	是否有一个具有可接受的服务质量的稳健数据工程基础	
	数据安全和隐私的最佳实践是否得到实施	
	合作伙伴团队是否根据数据工程指南定期开发并投入生产的强大数据链	
数据分析实践	是否遵循了探测、仪器和数据解释的最佳实践	
	A/B 测试是否适用于每次产品变更	
	是否所有业务线和职能部门都根据数据分析指南,通过数据洞察自助服务做出数据驱动的决策	
数据建模实践	在开发和生产环境中,功能是否一致并受到监控	
	模型是否已版本化并部署为中间件,以服务于多种产品	
	合作伙伴团队是否定期就新的高影响力用例进行阐述和合作	

10.3.4　评估角色

在评估职业发展机会时,了解公司在 3～12 个月内的使命、优先事项和成功标准,可以帮助你集中精力,调整目标,并在新岗位上取得成功,如图 10.9 所示。

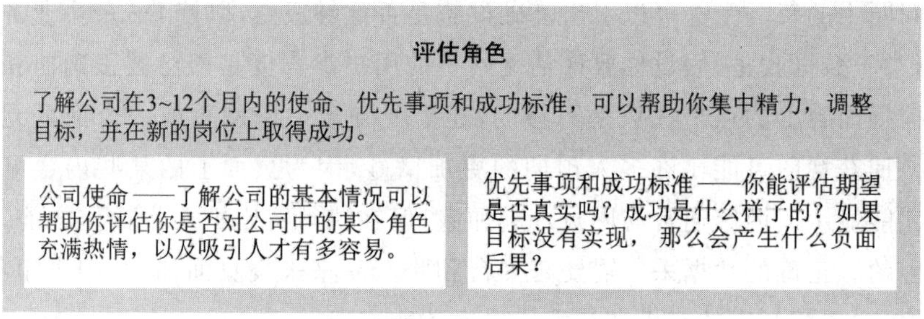

评估角色

了解公司在3~12 个月内的使命、优先事项和成功标准,可以帮助你集中精力,调整目标,并在新的岗位上取得成功。

公司使命——了解公司的基本情况可以帮助你评估你是否对公司中的某个角色充满热情,以及吸引人才有多容易。

优先事项和成功标准——你能评估期望是否真实吗?成功是什么样了的?如果目标没有实现,那么会产生什么负面后果?

图 10.9　在评估想要扮演的角色时需要检查的 2 个方面

1. 公司使命

公司的使命定义了其业务、目标以及实现这些目标的方法。你可以在公司的职业网页和新闻稿上找到它,并在公司博客上讨论。了解一家公司的基本情况可以帮助你评估自己是否对公司的某个职位充满热情。如果你是 DS 高管,你的部分责任就是将 DS 能力融入公司的使命中。

当你作为 DS 领导评估一个机会时,你可以在面试过程中观察跨职能合作伙伴是否与公司的使命一致。这种一致性对于跨职能合作伙伴在其相互竞争的职责中优先考虑你的项目和计划至关重要。

2. 公司优先事项和成功标准

公司的使命为公司提供了总体方向。在公司发展的每个阶段,公司层面的计划都会推动规划过程中的最高优先事项。这些优先事项包括在特定时间范围内实现的目标,你将负责执行这些目标,因此评估 3 个关键问题至关重要:

① 这些期望有多现实？

② 成功会是什么样子？

③ 如果没有实现，会产生什么负面后果？

你可以综合你对行业、公司和团队的评估，来评估你的招聘经理的期望有多现实。

这种对优先事项和期望的独立评估对于你成功考虑新角色至关重要。DS 的潜在影响有时会在大众媒体上被过度炒作。如果高管和招聘经理对你的期望过高且不现实，你甚至可能在开始之前就注定要失败。各种数据应用程序可以提供 4 个级别的可信度，包括推荐和排名、协助、自动化和自主代理。2.1.3 小节对其进行了更详细的描述，你可以参考这些级别来确定招聘经理的成功情况。

除了了解成功是什么样子以外，你还应该了解如果没有实现目标会带来的负面后果。负面后果越严重，实现目标就越关键。负面后果，尤其是失败导致的直接后果，对激励团队非常有帮助，这样跨职能团队可以优先考虑工作顺序以实现目标。它们还可以帮助你理解情况的限制，避免在执行优先级时遇到潜在的隐患。7.2.3 小节更详细地讨论了沟通的结果。

3．打造新角色

在某些情况下，当你对加入一家公司或一个团队充满热情，并且公司重视你的技能和经验时，他们可能会为你创造一个角色。当你了解了行业、公司、团队和优先事项后，你可能有足够的信息来描述你对公司的价值。

你可以讨论技术路线图和数据驱动的文化成熟度路线图，以承担责任并与公司合作，不断迭代出现实的成功标准，从而证明新角色的合理性。当你可以开始为公司和组织提供自己的帮助时，你就可以成为一个更强大的领导者，从而产生商业影响。

10.3.5　进入新角色

作为 DS 的领导者，你对项目、团队、职能部门和公司负有重大责任。95% 的雇用数据科学家的公司的团队成员少于 10 人。入职流程通常是初级的，甚至是不合规的，尤其是对于 DS 领导者来说。为了拥有成功的入职培训，DS 领导通常必须制定自己的入职流程。但是你从哪里开始呢？

当你加入一家新公司或在同一家公司承担新的责任时，你通常会有一段时间来建立你的领导身份。对于初级领导职位，可能需要 30 天。对于更高级的领导职位，可能需要 90 天。

入职要求一般很高，并有很多检查表可用于 DS 个人贡献者。对于不同级别的 DS 领导者，其入职重点可能会有很大不同。

086

对于数据科学领导者来说，入职流程往往过于基础，甚至可能完全缺失。要想成功全面地入职，数据科学领导者通常需主动规划入职流程。聚焦自主权、精通性和目标这 3 个关键领域，与经理一起进行工作。

你可以将自主权、精通性和目标作为与你的经理和团队合作的 3 个关键领域，以达到最佳表现：

- 自主权——自主权是我们自我导向的愿望。对于 DS 领导者来说,这涉及到在更广泛的背景下做出决策,并考虑到团队、合作伙伴和第一团队内部的因素。当你的决定忽略了这些情况时,你的经理可能会通过不愉快的行为推翻你的决定,或者导致项目失败,从长远来看,这可能会损害你的自主权。
- 精通性——精通性是我们获得更好技能的愿望。对于 DS 领导者来说,这些技能包括你驾驭 DS 技术以产生业务影响的能力,以及推动技术和人员决策所需的关系。
- 目标——目标是我们渴望做一些有意义和重要的事情。对于 DS 领导来说,你有责任将公司愿景、使命和业务线(Line Of Business,LOB)战略方向内部化,将团队的工作重点放在对公司最有意义和最重要的项目上。

这些领域在 DS 领导力的每个阶段是怎样的?

1. 技术主管入职

新的 DS 技术主管通常会因为特定的原因被提升或聘用。通常有一套明确的项目和职责定义。一定要了解你的职责范围、你可以利用的资源,以及你希望与之合作的伙伴,这样你就可以在这些限制条件下行使你的自主权了。

技术领导角色也将明确其目标。在入职过程的第一周,你可以了解公司的愿景和使命、公司范围内的战略优先事项,以及团队的工作如何与战略优先事项相联系。

你的入职重点很大一部分是精通性。DS 技术主管的精通性有 2 个:

- 引领技术领域;
- 与业务和职能合作伙伴建立关系。

087 技术主管入职时需专注于掌握两点:熟悉技术环境和建立业务与职能伙伴关系。

(1) 公司新成员

如果你加入一家新公司,你可能会在技术领域和合作伙伴关系方面面临严峻的学习挑战。你的技术入职过程不仅仅是获得设备和生产力工具的登录权。作为一名技术领导者,你的入职涉及到对现有可用的基础设施和架构的评估,包括薄弱点以及积压的现有技术债务。

许多团队都有关于设备和账户设置流程的入职说明。你可以找到可以帮助你定位并开始使用现有流程、基础设施和路线图的朋友。要了解基础设施中的薄弱点,你还可以查找过去系统故障的事件报告,这可以快速说明系统中的技术债务。

为了与队友和业务伙伴建立关系,你可以与你的经理一起确定早期成功项目。这些项目可以帮助你在团队中建立身份。下面将更详细地讨论建立关系和早期胜利。一旦你熟悉了技术环境和风险,你就可以更加自信地驾驭与团队成员、业务伙伴和经理的关系。

(2) 晋 升

如果你是在同一家公司晋升的,你可能已经熟悉了这套技术。然后,重点可以放在与新职位的业务和职能合作伙伴建立关系上。在新职位上,你有更多的能力提供帮助,合作伙伴对你和团队有新的期望。

建立这种关系的一种方法是与合作伙伴和团队成员合作,以确保对上司和合作伙伴至关重要的早期胜利。这包括与你的老板和合作伙伴合作,在几周内选择并完成项目,以展示商业价值。这些早期的胜利让合作伙伴对你和你的队友的交付能力建立信心,这是未来项目优先级评估的一个关键因素。

你可以使用 3 个标准来评估一个项目是否具有早期盈利的良好候选项目:

■ 该项目有明确的范围。

■ 团队和合作伙伴关心的是可衡量的重大业务影响。

■ 利用现有资源,该项目可以在几周内完成。

早期盈利的项目的例子包括自动化业务流程以提高业务生产率、产生数据洞察和深度挖掘,以及设计业务运营指标的定义。

其他小规模项目本身可能不会产生明显的短期业务影响,其中包括跟踪规范定义和数据丰富的事情,它们必须被集成到其他项目中以展示业务价值。从头开始构建新模型和 API、确保数据一致性等项目可能需要在产品和工程之间进行重大的跨职能协调。当你有一些早期的胜利时,这些项目会更容易实现。你的责任是与你的经理合作,确保你的第一个项目能够很好地进入你的新技术领导岗位。

2. 经理入职

作为 DS 经理,对于团队成员来说,你是公司的代言人。对于团队目标,获得高管的清晰解释是至关重要的。同时,你的角色超越了在技术和人际关系方面的领导力。你要对团队的生产力负责。技术主管的入职重点是精通性,而团队经理级别的入职重点是自主权。

管理者的自主权意味着为你的团队制定有效的项目和人事决策,以加快进度。但要注意的是,获得自主权并不意味着自己凭空单独做决定,而是通过利用广泛的关系网络,将团队、合作伙伴和第一团队的担忧纳入其中。图 10.10 说明了经理的主要项目和人员职责。

注:你的第一个团队由向你的经理汇报工作的同事组成,他们应该共同努力解决经理的挑战。有关详细内容请参见 6.2.3 小节。

088

经理入职时需注重培养自主权,自主权并非独自决策,而是组建广泛资源网络,将团队、合作伙伴和同事的意见有效融入到决策中。

项目决策的自主权主要有 4 个方面:

■ 业务导向——作为一个与合作伙伴和你的第一个团队互动的经理,仅仅了解你的业务的具体部分是不够的,你还需要了解整个业务的关注点。这种理解使你能够超越财务、产品和战略的范畴,包括对品牌、销售和人才管道的关注,从而做出人员和技术方面的决定。

■ 利益相关者的联系——DS 是一项团队工作。在评估项目可行性时,确定项目中的关键利益相关者并尽早发展跨职能的关系,对于理解和减少项目风险至关重要。

■ 期望一致——业务发展是很迅速的,因此无论你认为计划与业务有多好,都要经常检查和重新调整,因为情况和优先事项可能已经发生了变化。

■ 文化适应——在一个新的角色中,由于文化是以权威为驱动,以流程为重点,以共识

项目职责

规划：	沟通：	资源管理：
•设定方向/定义成功；	•解决团队冲突；	•预算/成本控制；
•取得成果；	•管理流程变更；	•规划和优先顺序；
•委派工作任务；	•管理组织变革。	•分配资源；
•规划编制。		•确保法律合规性。

人员职责

就业情况：	团队运营：	团队建设：
•招聘和雇用；	•每周举行一对一会议；	•领导团队会议；
•设置补偿；	•辅导/指导；	•电动汽车行动规划；
•留住员工；	•团队培训和发展；	•组织和参加场外会议和峰会；
•协助移民案件；	•保持动力和士气；	•营造包容性和多样性的环境。
•入职和整合；	•给予奖励和认可；	
•处理与离职员工相关的过渡。	•管理绩效；	
	•校准人才；	
职业发展：	•实施纪律处分。	
•作为管理者的自我发展；		
•继任规划。		

图 10.10　DS 经理的项目职责和人员职责

为导向，以关系为指导，你可能需要调整你的风格以适应文化。不断调整是 DS 成功的关键，因为你可能需要适应和沟通具有不同文化的合作伙伴。

在入职期间，你可以与你的经理合作，从你的团队、合作伙伴和第一团队中收集并综合关于这 4 个关注领域的信息。这种学习可以帮助你自主地制订计划、协调沟通和履行资源管理职责。

当经理变动时，对团队成员和合作伙伴来说，这通常是一段充满压力的时期。核心成员可能会开始考虑离开，合作伙伴可能会改变他们的优先事项，暂停对某些合作的支持。为了在人事决策中获得自主权，你可以与你的经理合作，确定要会面的关键团队成员和合作伙伴名单。回顾团队成员过去的绩效评估可以让你了解他们的优势，从而讨论他们的职业目标。深入了解团队与合作伙伴之间的先前承诺将使你能够在团队之间保持长期建立的信任。你可以找到有长期工作经验的朋友，分享历史成就和承诺，从而作为你人事决策的背景。在你做出人事决策时，你的经理可以帮助你确定人力资源合作伙伴，他们将与你一起完成许多关于招聘、团队运营和团队建设责任的流程和义务。

3. 总监入职

当你成为一名高级领导时，你从一开始就被赋予了更多的自主权。你的入职重点是通过设定成功标准和规范来明确你的职能目的。

标准是团队履行职责的一组基本要求。它有时被称为要求表，这是团队被认可为职能的最低要求。标准是一组能够提供一定程度的客户满意度的要求。例如，四星级标准的酒店应该有豪华床上用品、优质毛巾和健身中心。

在 DS 中，职能部门的目标可以通过对自身情况的诊断来综合。表 10.3 显示了 DS 中的诊断框架示例。对于职能部门的每个职责领域，你可以指定标准或要求表，以提高工作效率。你可以将铂金标准作为一个延伸的目标，以便你的团队在每个项目中达到更高的目标。你还可以为每个责任领域制定愿景，与合作伙伴协调路线图，并设定长期目标。

089

总监入职时应聚焦于目标的制定。对于职能的每个责任领域,你都可以明确一套基本要求。在此之上,你可以设定一个挑战目标,以激励团队在每个项目中追求更高的成就。同时,你还可以为每个责任领域制定愿景,与合作伙伴对齐发展路线并设定长期目标。

表 10.3　DS 业务标准的评判样本

领　域	标准(要求表)	铂金标准	愿　景
目标和关键成果(Objectives and Key Sesults,OKR)规划	在建立关系和信任的同时,实现优先次序和权衡的透明化	反映产品路线图的思想合作关系	DS 成为所有产品计划流程的一个组成部分
支持数据驱动的发布			
追踪	发现问题和合作伙伴,及时优先解决跟踪问题	■ 人——作为跨职能数据冠军的队伍; ■ 过程——端到端管理,以确保跟踪质量; ■ 平台——增强型监控系统	工程部门认为跟踪和开发特性一样重要
A/B 测试	在明确假设的情况下对产品发布进行 A/B 测试	严格遵循实验指南,平衡速度、质量和风险	所有合作伙伴团队与 DS 积极合作,定义 A/B 测试并讨论结果
利用洞察力进行优化			
建立新的衡量标准	■ 明确的用例和假设; ■ 衔接的严谨性和定义	通过紧急定义指标来推动业务价值	作为章程的一部分,产品/工程/人工智能从可量化指标开始
分析/深度研究/咨询报告	一旦指标可用,立即提供见解	提供见解以推动产品路线图	数据优先的产品路线图创建
固化措施与基础			
追踪健康状况	对数据集的了解以及对业务关键性的分层	■ 发布数据资产和文档以增强合作伙伴的自助能力; ■ 提供办公时间以支持工作开展	业务合作伙伴可以独立地查找、查询和解释数据
数据链健康	维护数据可用性并在需要时进行回填——无需合作伙伴提醒	■ 使用最新的数据源; ■ 使用最新的编程语言; ■ 在客户意识到上游数据可用性问题之前进行监控、警报、调查和解决	满足所有流量的 99.9% SLA。在 24 小时内解决所有上游数据可用性问题
度量一致性	保持跨组织面向高管的指标的一致性	合作伙伴信任所有面向高管的指标,并以坚定的态度开展业务	合作伙伴来到 DS 寻求定义成功的真理之源

在入职后的第二个 30 天内,你可以与上司合作,调整你的职能标准和规范,评估差距,并为需要解决的领域制定路线图。然后,你可以将管理者的注意力集中在使用他们提供的不同资源所能实现的成本和收益上。

一旦你与上司在方向上保持一致,你就可以通过场外或全体员工与团队沟通你的新愿景,这样团队就可以澄清解释、制订计划,并承诺满足标准、达到铂金标准并努力实现最终愿景。

在第三个 30 天内,你可以展示早期胜利的初始牵引力。这些早期的胜利可以帮助你建立一个高管的身份。有了早期的胜利,你还可以开始探索更雄心勃勃的举措,比如重组团队、优化流程和构建平台,以实现与你的职能一致的愿景。

4. 高管入职

在管理层,你的公司期待着你的指导。高管的职责没有那么结构化,你应该拥有自己的入职流程。高管入职过程的重点是谈判成功,并在公司内部和外部尽早取得成功。

成功的入职始于与上司保持同步,后者可能是首席执行官。经常沟通并争取早日成功是与上司建立信任的关键,这包括提前设定 90 天入职流程的预期。你可以把前 30 天作为倾听详细评估和计划的时间,然后在第二个 30 天调整目标和行动,并使用第三个 30 天获得早期胜利。

正如 Ancestry 首席执行官黛博拉·刘(Deborah Liu)所言:"聘请领导者并不是为了得到所有答案,而是为了帮助公司一起找到答案。"

090

"领导者并不一定掌握所有的答案,他们的价值在于能引导团队一起探索并找到答案。"

—— Deborah Liu, Ancestry.com 首席执行官

详细的评估可以包括你对过去、现在和未来的了解。在过去,这包括组织的表现、出现好的和坏的结果的根本原因,以及已经发生的变化的历史。

目前,你可以了解当前的愿景和战略,以及你的团队和合作伙伴的能力。你还可以观察关键流程,了解应避免的文化或政治敏感话题,以及对团队、合作伙伴和你的上司都很重要的早期胜利。

对于未来,你可以了解路线图上的挑战和机遇、你可能遇到的障碍、你可能需要的资源,以及你可以体现和放大的文化元素。在这 30 天结束时,你可以与老板分享你的经验教训,并要求获得任何必要的资源,以便在接下来的 60 天内调整和执行你的早期胜利。

这个学习过程的有效途径是什么?Facebook Reality Labs 副总裁安德鲁·博斯沃思(Andrew Jobsworth)建议在一对一的环境中从 4 个简单的步骤开始:

① 让你的老板、同事、合作伙伴和团队成员告诉你他们认为你应该知道的一切。可以做大量的笔记,同时只有在不明白的地方才会让他们停下来进行询问。

② 询问团队目前面临的最大挑战。

③ 询问你还应该和谁交谈。写下他们给你的每个名字。

④ 对每个名字重复上述过程。在没有新名字之前不要停止这个过程。

这个过程可以为你提供大量信息。在收集信息时一定要查看这些信息，以捕捉常见的线索。第 1 周，你可以开始起草一份反映你所了解的信息的状况文件。第 2 周，你可以通过评论和引用来完善本文档的各个方面。第 3 周，你可以开始征求关键人物对关键情境的反馈。第 4 周，你可以添加你最后的想法并进行分享。

通过分享你的状况文件，你可以向你的团队传达什么是有效的，什么是无效的，以及你对未来 60 天及以后的建议。重要的是，要与你的上司协调，以获得必要的资源，从而开始实施你的建议，并在最初的 90 天内尽早取得成功。

高管入职过程中的几个常见盲点包括：

- 忽视外部利益相关者，只关注团队。高管对公司负有内部和外部责任。了解客户、分销商、供应商和分析师的观点对管理层很有帮助，因此这些建议就不会造成外部问题。
- 忽视与分享观点的人建立联系。在你的倾听之旅中，仅仅倾听是不够的。你还需要让人们觉得他们被听到了。当分享什么是有效的，什么是无效的时，你可以引用倾听之旅中的话来支持你的观察和建议。
- 忽视对优先事项设定明确的期望。当人们分享他们的观点，而他们在几个月内看不到变化时，你可能会失去可信度。当你清楚地传达你的重点和早期里程碑时，利益相关者可以看到进展和势头，并相信你会很快达成他们的共识。

在接下来的 30 天里，你可以专注于传达你对 DS 的新愿景，并让组织与这个愿景保持一致。线下会议等方式可以有效地澄清解释、制订计划，并承诺实现新愿景。当团队有一套明确的指标或目标，并有明确的时间表时，你就知道你已经成功地达成了一致。

在你的第 3 个 30 天里，你可以让你的团队专注于微调优先级，并在他们开始朝着新愿景取得进展时解除阻碍。在第 3 个 30 天结束时，当你可以分享在路线图上采取的步骤时，你就知道你已经成功了。如果你能推动早期的胜利，那么这对建立你的身份会更加有力。

5. 入职时间表范例

总而言之，DS 的入职流程要求很高。在不同的领导层，你入职过程的重点可能会有很大不同。表 10.4 说明了本书中描述的每种领导角色的重点入职流程。

对于技术负责人来说，入职重点是精通性，因为职能部门的愿景和任务通常已经明确，团队和项目章程已经明确。你希望在执行过程中尽快取得成效。

对于经理来说，入职重点是自主权，因为职能部门的愿景和任务通常已经明确，团队章程也已经明确。你希望尽快建立技术和关系环境，以便对项目和人员做出关键决策。

对于总监来说，入职重点是目标，因为你的公司需要你为项目、团队和流程设定新的愿景。你希望根据自己的愿景为职能部门提供方向，同时制定和执行实现愿景的路线图。

作为高管，你的职责包括将 DS 视角融入公司愿景，并与内部和外部利益相关者保持一致。然后，你将调整你的团队，并引导他们朝着这一愿景前进。

表 10.4　DS 入职时间表范例

角　色	第 1 个 30 天	第 2 个 30 天	第 3 个 30 天
技术负责人	■ 明确职责——关系、范围、合作伙伴和可用资源； ■ 专注于精通性； ■ 引领技术领域； ■ 与业务和职能合作伙伴建立关系	■ 提前取得胜利； ■ 学习领域数据的细微差别（见 2.3.2 小节）； ■ 驾驭组织结构（见 2.3.3 小节）； ■ 对企业价值负责（见 3.2.3 小节）	■ 在新的岗位上继续发挥你的最佳表现
经理	■ 建立一个明确的由高管同意的团队目标； ■ 关注于自主权； ■ 商业导向； ■ 利益相关者关系； ■ 期望一致性； ■ 文化适应	■ 提前取得胜利； ■ 评估团队、合作伙伴以及管理团队（见 4.2 节）； ■ 利用人力资源合作伙伴进行人员管理	■ 提前取得胜利； ■ 建立一个由技术顾问、文化传输和政治顾问组成的网络
总监	■ 进行倾听之旅，评估并向团队学习； ■ 专注于目标； ■ 诊断项目和团队的状态； ■ 确定标准； ■ 设定延伸目标的铂金标准； ■ 制定愿景以调整路线图	■ 传达你对项目和流程的愿景； ■ 组织场外活动； ■ 谈判成功； ■ 为早期胜利请求资源； ■ 指定指标或目标； ■ 分享经验教训	■ 通过早期胜利展示牵引力； ■ 建立有效执行的身份； ■ 组织团队，优化流程，构建符合愿景的平台
高管	■ 进行倾听之旅，评估并向团队学习； ■ 共享状况文件； ■ 评估过去、现在和未来； ■ 分享什么是有效的，什么是无效的； ■ 为内部和外部利益相关者提供前进方向	■ 在 DS 中传达你的新愿景，并使组织与愿景保持一致； ■ 调整团队和影响合作伙伴以采用新愿景； ■ 组织场外活动； ■ 指定指标或目标； ■ 分享经验教训	■ 计团队关注最新的优先事项，并消除团队进展中的障碍； ■ 展示进度； ■ 在长期执行和路线图方面取得进展； ■ 推动指标和目标； ■ 分享经验教训

10.4　实　践

作为 DS 领导者，你的目标是通过领导一个项目、一个团队、一个职能部门或一个行业来扩大你对 DS 的影响。在本书中，我们将讨论你可以通过个人发展来创造行业影响力的做法。在组建团队时，你还可以雇用人才来满足关键需求。当你雇用新的团队成员时，他们可以采取哪些做法？一旦你建立了一个强大的职能部门，你在领导层的职业发展方向是什么？在本节中，让我们了解一下你可以雇用到的团队中的现有实践和新兴实践，以及当前 DS 领导者的新兴领导角色。

10.4.1　加强团队的技能

随着 DS 领域的发展，各种技能正在涌现以满足特定的业务需求。当你能够认识到这些特定的业务需求时，你就可以获得具有特定技能的人才，并促进团队成员之间的交流，以增强团队在执行这些领域最佳实践方面的优势。

这些实践领域有哪些？图 10.11 描绘了数据体系结构背景下的专家实践领域。毫无疑问，许多技能都与数据体系结构的输出阶段有关，在那一阶段它们最接近于业务影响。然而，值得注意的是，你团队的效率高度依赖于你的 DS 平台、工具和数据体系结构。让我们进入每个实践领域，了解它们是什么以及何时需要它们。

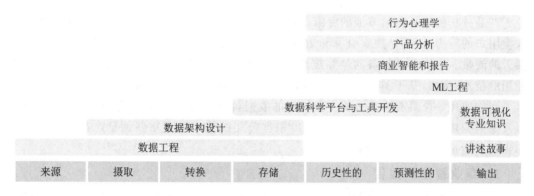

图 10.11　你可以雇用到团队中的技能集

1. 行为心理学

行为心理学是一种学习理论，其基础是所有行为都是通过条件作用获得的。它已成功应用于健康、财务和心理健康的解决方案中。其目标通常是调节人的行为，使用户能够更好地体验产品、服务和策略的价值。

当你想要改变人们的行为，更好地参与你的产品或服务时，你知道你需要团队中的一些行为心理学专业知识。例如，Livongo 使用行为心理学原理来改善慢性病患者的服药依赖性和结果；Acorns 利用行为心理学原理帮助人们养成储蓄习惯，以便储存更多的钱，并在财务紧急情况下变得更具弹性；谷歌和沃尔玛等公司成立了行为科学团队，以改善人们使用产品和服务的方式。

当你想引导人们做出健康、财务或其他行为决策时，行为心理学实践对制定默认选择、精心设计奖励和避免陷阱非常有帮助。一些组织发现，让行为心理学家参与早期产品设计过程特别有帮助。他们还依赖行为心理学家设计随机试验和评估指标来衡量各种方法的有效性。然后将产品定位在"快乐"的使用路径上，让用户能够更快地从产品和服务中获得价值。拥有行为心理学技能的成功数据科学家可以将对行为科学的兴趣转化为有影响力的项目，通过令人信服的实验量化成功的效果和规模，并在整个组织内产生认同。

091

具备行为心理学知识的数据科学家，可以将行为心理学应用到数据科学项目中，通过量化成果使实验更有说服力，并在整个组织中获得支持和认同。

2. 产品分析

产品分析是定量了解产品性能并提出改进建议的过程。成功的数据科学家通过与产品经理、用户研究人员和设计师密切合作来实践产品分析,以深入了解用户,定义衡量成功的关键指标,并提出新的产品功能。

专门从事产品分析的数据科学家可以利用他们对产品领域、愿景和路线图的深刻理解来评估哪些指标是重要的。例如,在评估搜索功能的质量时,搜索结果的 CTR 必须与目标停留时间联系起来,以确定搜索结果的质量并过滤掉无用信息。对于欺诈风险评估,仅关注欺诈案件的捕获率(或召回率)是不够的,还需要关注任何欺诈指标的准确性,这决定了误报率和欺诈预警的投资成本。

产品分析师也是衡量方面的专家。他们深谙数据源的含义和局限性。如果你想确定人类用户的行为,而不是搜索引擎和数据聚合器中的爬虫,那么 CTR 等测量需要记录机器人的流量。来自移动设备的经纬度形式的地理位置数据具有不同的精度,这取决于所使用的技术,例如,基于 IP 的、基站三角测量的、Wi-Fi 三角测量的或 GPS 位置的。

当你雇用一位具有产品分析专业知识的数据科学家时,你可以评估他们的领域知识,以及他们构建模型或进行分析的能力,以根据公司的战略愿景重新调整产品功能。这些知识和技能是产生业务影响的关键。

3. 商业智能和报告

商业智能和报告是一套技能,专注于满足非产品功能的分析和报告需求,包括市场、销售、财务和客户服务。具备这一技能的数据科学家与职能部门的领导密切合作来创建一种工具,以可视化、报告和预测职能部门和公司的重要指标。

具有商业智能和报告技能的数据科学家了解他们所使用的商业功能的根本问题,并且擅长用可用数据将模糊的商业问题转化为具体分析。当他们成功并获得业务职能部门的信任时,他们将收到许多请求,通常超出了在可用时间内能够得到的答复。分类和优先化技能对于将时间集中在影响最大的工作上至关重要。

当你雇用一位具有商业智能和报告技能的数据科学家时,你可以评估他们的职能领域知识和能力,以确定请求的优先级,开发自助服务流程,培训职能合作伙伴解释结果,并为他们的业务职能提出与整体业务战略一致的新的高影响力分析。

4. ML 工程

ML 工程专注于生成可在生产中部署的可伸缩机器学习模型。从事这种专业实践的数据科学家通常具有计算机学科背景,并且在大型软件项目中有合作经验。他们对自己生成的解决方案的可测试性和可维护性非常敏感,并可以做出实现选择,以平衡运行 ML 模型的总体成本和模型性能。

具备 ML 工程专业知识的优秀数据科学家可以将模糊的产品需求构建成机器学习的公式,阐明成功指标和模型特征,建立 A/B 测试能力来衡量成功,编写工程实施规范和验收标准,在集成和测试中与软件工程团队协调,并为其生成的 ML 模型的有效运行设置不变量和警报。

当你雇用一位具有 ML 工程专业知识的数据科学家时,你可以评估他们在处理模棱两可的规范时编写高质量代码的能力。他们还可以与数据工程师合作,生成可靠的数据链,并与现场可靠性工程一起设计回退解决方案,以便在数据处理或模型推理出现故障时做好准备。

5. DS 平台与工具开发

当 DS 团队达到一定规模时,平台和工具的微小改进可以显著提高团队生产力。平台和工具的示例包括用于评估功能成功的 A/B 测试基础设施、用于集中功能生产和维护的功能存储,以及用于将机器学习模型部署到生产中的模型序列化基础设施。

拥有平台和工具开发专业技能的成功数据科学家可以识别 DS 项目中常见的瓶颈,并提出应该优先考虑哪些瓶颈来使最少的投资解决最显著的问题。

当你雇用一位具有平台和工具开发专业知识的数据科学家时,你可以评估他们专注于最有影响力的实践、流程和基础设施改进的能力。你还可以评估他们推动变革、提高团队生产力的能力。

6. 数据可视化

具有数据可视化专业知识的数据科学家专注于使用最具影响力的可视化来传达数据的含义。强大的可视化的例子包括运动图,它使用延时气泡来观察随时间变化的复杂四维关系。其他例子包括苹果手表的日常锻炼目标,这些目标显示为各种颜色的同心圆,在目标完成时"闭合"。

注:汉斯·罗斯林(Hans Rosling)(1948—2017 年)是瑞典医生、学者、演说家,也是 Trendalyzer 软件的创始人。他制作的运动图很受欢迎,用于为联合国和世界银行汇编的数据制作动画(https://www.gapminder.org/aw/world-health-chart)。2007 年,谷歌收购了 Trendalyzer 软件,并将其作为谷歌公共免费的统计工具(https://developers.google.com/chart/interactive/docs/gallery/motionchart)。

具有数据可视化专业技能的成功数据科学家专注于通过精心选择的图表类型和有意义的趋势来传达分析的关键结果,以使他们的信息直观而难忘。他们使用 Tableau 等免编码工具、Python 和 R 库等脚本工具、Google Gadgets 等公共 API 进行数据可视化,以及 D3.js 等可视化编码工具来实现其可视化。

当你雇用一位具有数据可视化专业知识的数据科学家时,你可以评估他们对你的应用领域中的数据的好奇心,他们对理解受众偏见和偏好的热情,以及他们在测试不同数据集的可视化适配性方面的严格程度,以确保可视化能够很好地适用于客户数据的多个分布。

092

擅长数据可视化的数据科学家会关注领域数据的特性,积极了解受众者的偏好,并可以严谨地检测一种图表在用户界面展示各种数据分布时的适用性。

7. 讲述故事

具有讲述故事专业知识的数据科学家擅长为分析或模型提供上下文,因此观众可以连接到结果的更深层次的含义。该技能包括了解受众的需求、提供可行的建议以及向他们展示清晰的结构。

具有讲述故事专业知识的成功数据科学家可以利用强大的数据可视化和精心制作的叙述,在与其受众直接相关的上下文中阐明其结果的影响。他们的技能不仅适用于展示结果中,而且在规划过程中,讲故事对于编写项目成功时的模拟新闻稿、明确项目重点、评估项目影响以及吸引赞助商和拥护者都至关重要。

当你聘请具有讲述故事专业知识的数据科学家时,你可以考察他们使用有影响力的可视化的能力,聆听他们对过去项目的叙述,并观察他们的故事结构。他们的技能水平应该体现在跨职能项目的复杂性以及他们如何驾驭受众需求并简化他们的信息以传达故事。

093

> 一名成功的数据科学家可以通过高超的故事叙述技能澄清受众需求,得到客户的共鸣,并通过有感染力的图表、生动的叙述和清晰的故事逻辑,在复杂的跨职能项目中分享成果。

8. 数据架构设计

在数据架构设计方面具有专业知识的数据科学家可以显著影响新业务线的数据模型开发和现有业务的数据模型升级。数据架构定义了组织中使用的数据标准。它们包括正式的数据名称、全面的数据定义、有效的数据结构、精确的数据完整性规则和可靠的数据文档。这些标准通常表示为一组规范,这些规范定义了数据需求,并指导数据资产的集成和控制。

具有数据架构专业知识的成功数据科学家可以为该领域提供标准的通用业务词汇表,表达利益相关者的战略数据需求,并概述数据架构的高级集成设计。它们可以将数据体系结构与业务模型和数据用例紧密地结合起来,从而对数据分析和数据管道实现产生深远的影响。

当你雇用一位具有数据架构专业知识的数据科学家时,你可以寻找他们对理解业务和 DS 用例的好奇心,以及从定义到采购、维护和弃用的整个数据生命周期中的经验。他们还应该熟悉数据技术、数据集成的规划,以及企业分类法、名称空间和元数据的定义和维护。

9. 数据工程

具有数据工程专业知识的数据科学家可以设计、实施、部署和维护数据解决方案,以满足公司需求。他们的职责从数据来源开始,包括在数据湖、数据仓库或数据湖中心中接收、转换和存储数据。

拥有数据工程专业知识的成功数据科学家精通技术,能够理解业务驱动因素,将其转化为数据需求,并遵守政策和法规。组织依靠他们通过数据链部署和操作保护数据质量,通过数据目录和脉络管理进行数据治理,同时平衡主数据、参考数据和数据流来实现权衡。

当你雇用具有数据工程专业知识的数据科学家时,你可以查看他们对业务需求的敏感性、对实施细节的尽职调查,以及他们利用数据事件来提高数据生态系统整体稳健性的能力。他们应该能够构建和维护环境和基础设施,以支持 DS 和分析需求,并改进和调整系统,以提高团队的效率。

10.4.2 DS 领导者的新兴职业方向

作为 DS 领导者,你已经拥有了一套独特的能力,涵盖 DS 技术、执行技能和专业领域知识。你还与产品、工程和设计部门合作,创造企业价值。根据你的长处和兴趣,你可以考虑 4 个主要的职业发展方向:数据、产品、业务和工程,如图 10.12 所示。

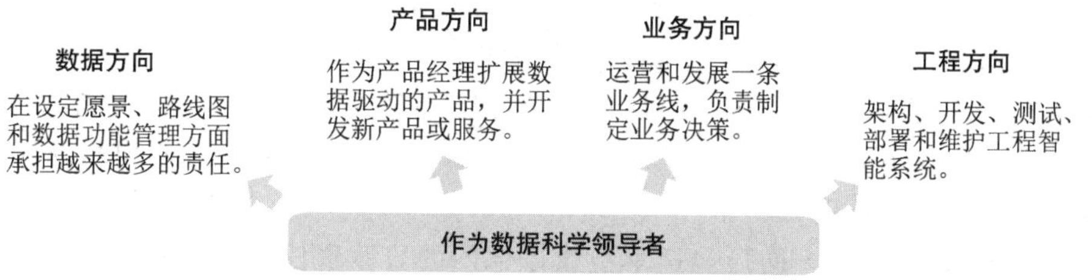

数据方向
在设定愿景、路线图和数据功能管理方面承担越来越多的责任。

产品方向
作为产品经理扩展数据驱动的产品,并开发新产品或服务。

业务方向
运营和发展一条业务线,负责制定业务决策。

工程方向
架构、开发、测试、部署和维护工程智能系统。

作为数据科学领导者

图 10.12 数据科学领导者的 4 个职业方向

1. 数据方向

数据方向的职业发展可以包括项目负责人、团队经理、DS 职能部门负责人或数据主管等。

本书第 2~9 章对数据方向进行了广泛讨论。正如一位业内资深人士所描述的,好的管理者往往有一种过度发展的责任感。职业发展是对企业产生更重大的影响,而不是管理或控制。

这本书为合作伙伴关系调整、人员管理、路线图制定以及激励和领导行业的技术提供了学习途径。对于每个级别的职责,都有需要精通的特定技能。

为了在数据方向的高管层面上进行服务,许多公司寻求首席数据官(CDO),负责 DS、数据分析和数据治理。

数据分析任务通常是与产品经理合作,使用数据做出业务决策。这项任务包括为探索业务方向进行特别的深入研究,为新产品和功能指定和跟踪成功指标,维护业务运营的仪表盘,部署分析平台,以及设置培训环节以实现数据洞察的民主化。

数据治理任务通常被定义为使数据成为公司资产。随着数据的聚合和使用对组织来说变得更具战略性,数据可以是资产,也可以是负债。当数据资源被正确地编目、管理和有效地访问时,它们就可以成为资产。当数据资源未得到有效管理时,不遵守 GDPR 和 CCPA 等法规可能会被处以巨额罚款。

对于 DS 领导者来说,实现 CDO 角色的途径是扩大其当前职责范围,从而在其组织中产生更重大的业务影响。

2. 产品方向

产品方向的职业发展可以包括数据产品经理或产品线负责人等。

许多 DS 项目负责人已经开始为他们的团队承担数据产品设计责任。这些职责包括指定和提供面向内部的指标仪表盘,为现有业务流程节约成本的预测智能,甚至是面向外部的智能用户体验。

接受 DS 培训的个人在理解整个智能能力生命周期方面具有优势。这些能力通常需要战略考虑,以持续收集信号,校准预测能力,并使其适应市场条件。对于不熟悉数据产品的产品经理来说,校准和调整中的紧密反馈循环可能并不明显。

要想成为一名成功的数据产品经理或产品线负责人,你需要在以下 4 个领域拥有深入的知识:

① 你的客户——了解客户的问题、痛苦和愿望,并了解他们的想法。

② 你的数据——量化地了解客户的情况。

③ 你的业务——了解利益相关者的制约因素并在此基础上运作。

④ 你所在的市场和行业——了解关键技术趋势和竞争对手。

作为 DS 的领导者,你已经接触到了你的数据和业务。专注于开发的技能包括更深入地了解客户、市场和行业。这些知识可以帮助你为公司的产品路线图制定长期愿景和战略,并将其传达给利益相关者。

DS 领导的职业发展方向还包括承担业务部门的盈亏责任。这可能发生在以下 2 种情况中:

① 将一组数据功能作为产品线进行货币化,例如:

  a. Netflix 利用其对用户偏好的理解来放映其原创电影和系列。

  b. ZF Group 正在寻求将其汽车球头传感器数据货币化,该数据传统上用于高度调平以调整前照灯角度。这些数据还可用于负载监测、路况监测和预测车队维护要求。

② 采用一套最佳实践,围绕其构建软件平台和业务,例如:

  a. Confluent 是一家利用领英开发的 Kafka 数据流基础设施构建全面管理的企业流处理平台的公司。

  b. Tecton,即特征存储,是由开发 Uber 使用的特征存储 Michelangelo 的团队创建的,目的是让公司获得最先进的功能管理能力,以实现强大的机器学习管道。

在当今许多技术驱动型公司中,产品方向可以让你最接近创建或领导一家公司。

3. 业务方向

业务方向的职业发展包括发展总监、运营经理或供应链经理等。

作为 DS 领导,你可能已经大量参与产品运营,跟踪和解释业务状态的关键方面。通过对转换下降和功能差距的深入分析,你可能已经提出了产品改进的建议。如果你喜欢这个过程,那么在你的职业生涯中,接下来有哪些步骤可以承担更多的责任并产生更多的影响?

你可以考虑诸如发展总监、运营经理或供应链经理这样的角色。这些角色是产品、销售和数据的交叉点。在这些角色中,你将负责制定业务决策,而不是提出建议。

你对数据的深入了解是担任这些职位的优势。你需要发展以下几方面:

① 深入了解客户;

② 清晰的业务方向;

③ 能够制定路线图,为发展或运营把握节奏。

和产品经理一样,你需要了解客户的问题、痛苦、愿望,以及他们如何快速做出运营决策。一个清晰的业务方向可以帮助你将职能团队与共同的运营目标联系起来。路线图和行动节奏可以使工作同步进行。

当你对这 3 个领域有一个总体观点时,当团队遇到问题时,你在工程、产品和 DS 领域的合作伙伴会向你寻求他们在各自领域内可能没有的观点。

发展总监、运营经理或供应链经理的角色非常适合于有业务运营抱负的 DS 领导者。如果你在这些领域有优势和兴趣,那么你可以利用现有的基础产品/市场来优化和扩展业务线,以产生更大的业务影响。

4. 工程方向

工程方向的职业发展包括数据工程师经理、ML 经理或 ML 运营经理等。

随着更多的智能能力被部署到生产中,严格的工程流程对于强大的用户体验来说变得至关重要。对于注重工程的 DS 领导人来说,工程方向有广泛的发展潜力。

数据工程经理负责通过摄取、处理、存储和服务组织中的数据来协调数据流。ML 管理人员负责指定、实施、启动和重新校准智能能力。ML 运营经理负责监控和维护传入的数据质量和模型输出质量,对数据和模型进行版本控制,并优化启动过程。

作为 DS 领导者,你在科学方法方面有坚实的基础,对统计学有很好的理解。由于有指定 DS 项目的经验,你对业务和产品也有广泛的了解。你在构建和指定将被大规模部署的 ML 系统方面有明显的优势。如果你喜欢构建智能软件功能并将其投入生产的过程,那么工程方向可以是一个不错的考虑方向。

需要注意的是,工程职能部门通常将大部分时间用于实施和维护生产中的关键任务技术。花在探索和原型设计数据用例上的时间往往较少。如果你的愿望包括全方位的探索和部署责任,那么你可以在有 ML 工程师专门负责 DS 项目的组织中寻找领导职位。

至此你已了解了 DS 领导者的 4 个职业发展方向。它们包括数据方向——你的职责范围可以扩大到首席数据科学家或首席数据官;产品方向——你可以开发产品路线图并承担盈亏责任;业务方向——你可以推动业务增长或运营整个业务线;工程方向——你可以领导工程团队开发和优化数据与 ML 功能,以实现简化的模型开发和产品化过程。你可以每隔几个季度参考这些方向,重新审视你对职业下一阶段的兴趣和热情。

10.5 评估 LOOP 过程

祝贺你完成了关于环境、组织、机会和实践(LOOP)的这一章。我们希望这一章能为你提供一个整体的行业视角,使你能够寻找下一个机会,加速你的职业生涯。LOOP 评估包括以下 4 项:

- 技术领域——新的工具或范例即将面世;
- 人力组织——你的团队是如何组织或重组的;
- 职业机会——行业、公司、团队、角色和入职;
- 专业实践——需要雇用的技能,以及你自己的职业方向。

以上 4 项帮助你在职业发展中面对瓶颈时拓宽视野。你可以每月或每隔几个季度重新评估一次 LOOP 过程。一旦你开始这样做,你将采取勇敢的步骤,在你的环境中形成新的解释,以评估你能为你的职业生涯做些什么。

表 10.5 总结了本章讨论的领域。最右边的一栏可供打钩选择已经深思熟虑的领域。没有评判标准,没有对错,请按照自己的想法进行选择。

表 10.5　环境、组织、机会和实践的自我评估领域

	LOOP 领域/自我评估		？
环境	监控技术领域的新架构和最佳实践	■ 数据存储——ML 和分析用例正在向数据湖中心汇聚。 ■ 数据处理——流处理正在成为具有自动匹配决策的业务流程的中枢神经系统。 ■ 数据访问——具有自助见解的分析正在变得民主化。 ■ 模式部署——智能能力的部署正在通过数据/ML 操作和自动化进行简化。 ■ 数据治理——数据治理是将数据作为促进企业发展的资产而非合规责任来管理	
组织	驾驭不同的组织结构，每种结构都有其优点和缺点	■ 职能式——DS 是众多职能部门之一。非常适合在职能部门内建立专业知识，但如果不严谨可能会与业务需求脱节。 ■ 部门式——公司按产品、地理位置或细分市场进行划分，其中 DS 分配给每个分部。非常适合快节奏的部门级决策，但可能引起在部门之间重复工作。 ■ 矩阵式——DS 团队同时向职能部门负责人和部门负责人报告。结构增强了职能和部门之间的协调，但有更高的沟通成本。 ■ 整体式——促进了自我管理单元或小组的层次结构，数据科学家被分配到项目中。该结构非常适合 PoC 探索，但需要管理维护资源和支付技术债务	
机会	行业评估	■ 雇用数据科学家最多的 3 个行业是 IT 及软件、金融和医疗保健。DS 需求快速增长的行业包括国防和航空航天、电子学习、视频游戏和消费电子产品	
	公司评估	■ 公司成熟度是 DS 领导者可以完成的数据和项目类型的主要因素。一家公司在其行业内的地位可以决定其取得成功的机会	
	团队评估	■ 招聘经理的成熟度是你成功的决定性因素。需要努力寻找进步的模式。 ■ 基础设施的成熟度决定了产生结果的可靠性和速度。 ■ 实践成熟度决定了帮助团队提高生产力所需的指导量	
	角色评估	■ 公司使命、优先事项和成功标准是明确界定你与经理之间角色的关键背景	
机会	为一个新角色制订一个充满力量的 90 天计划	■ 在 90 天内提升自主性、精通性和目标。 　- 技术领导者——专注于掌握技术以获得早期胜利； 　- 管理者——专注于在决策中获得自主权； 　- 主管——专注于澄清职能的目的； 　- 高管——倾听、构思愿景、调整和推动路线图	

LOOP 领域/自我评估		？
实践	你可以雇用的技能集	■ DS 中出现了更精细的技能集。根据项目的不同，你可以雇用或开发这些不同领域的专业知识，以满足业务需求	
	DS 领导者的职业方向	■ 数据方向——增加管理职责。 ■ 产品方向——作为产品经理扩展数据驱动产品，开发新产品或服务。 ■ 业务方向——运营和发展业务线，负责制定业务决策。 ■ 工程方向——设计、开发、测试、部署和维护工程智能系统	

小　结

- 随着新的最佳实践被具体化为新的平台，创建新的体系结构和实现新的最佳实践，DS 中的技术环境正在迅速变化。
- 在构建 DS 组织时，需要仔细研究组织结构，因为每个结构都有其优点和缺点。
  - 在职能式结构中，DS 是众多职能部门之一。它有助于在职能部门内建立专业知识，但可能会与业务需求脱节。
  - 在部门式结构中，DS 分配给每个部门。这对于快节奏的部门级决策非常有用，但可能会导致跨部门的重复工作。
  - 在矩阵式结构中，DS 团队同时向职能负责人和部门负责人报告，从而加强职能部门之间的协调，但会产生更高的沟通成本。
  - 在整体式结构中，数据科学家被分配到自我管理单元或小组中。这对于 PoC 探索来说是很好的，但是需要对偿还技术债务保持警惕性。
- 职业发展的机会可以从行业、公司、团队和角色层面进行评估。精心制订的 90 天入职计划可以让你尽快地进入一个新的角色。
  - 行业评估告知了 DS 在你的行业中日益增长的重要性。
  - 公司评估评价了一个公司的成熟度及其在行业中的地位。
  - 团队评估包括评估招聘经理、基础设施和现有实践。招聘经理的成熟度决定了你成功所需的支持。基础设施成熟度决定了产生结果的可靠性和速度。实践成熟度决定了团队高效所需的指导量。
  - 角色评估包括了解与经理一起定义角色的任务、优先级和成功标准。
  - 90 天的入职计划可以帮助你专注于提升自主权、精通性和目标，具体取决于你的 DS 领导角色的级别。
- 实践是指你可以雇用到 DS 团队中的技能集，以及作为 DS 领导者的你在成长过程中的职业方向。
  - 你可以雇用到团队中的技能可以满足特定的业务需求。你可以识别这些技能集，为特定项目获取它们，并交叉培训团队成员，以增强团队在这些技能集上的优势。
  - 作为 DS 的领导者，管理、产品、运营和工程是你成长的首要方向，因为这可以提高你的专业影响力。

参考文献

[1] P. K. Illa. "Modern unified data architecture." Towards Data Science. https://towardsdata-science. com/modern-unified-data-architecture-38182304afcc.

[2] M. Bornstein, M. Casado, and J. Li. "Emerging architectures for modern data infrastructure." Andreessen Horowitz. https://a16z. com/2020/10/15/the-emerging-architectures-for-modern-data-infrastructure/.

[3] J. Kreps. "Every company is becoming software." https://www. confluent. io/blog/every-company-is-becoming-software/.

[4] DataKitchen. "DataOps is NOT Just DevOps for Data." https://medium. com/data-ops/dat-aops-is-not-just-devops-for-data-6e03083157b7.

[5] C. Breuel. "ML ops: Machine learning as an engineering discipline." https://towardsdata-science. com/ml-ops-machine-learning-as-an-engineering-discipline-b86ca4874a3f.

[6] M. Rogati. "How not to hire your first data scientist." https://medium. com/hackernoon/how-not-to-hire-your-first-data-scientist-34f0f56f81ae.

[7] E. Bernstein et al. "Beyond the holacracy hype: The overwrought claims and actual promise of the next generation of self-managed teams." Harvard Business Review. https://hbr. org/ 2016/ 07/beyond-the-holacracy-hype.

[8] "United States Bureau of Economic Analysis, 2019 data." Dec. 22, 2020. [Online]. https:// apps. bea. gov/industry/Release/XLS/GDPxInd/GrossOutput. xlsx.

[9] "Career-launching companies list." Wealthfront. https://blog. wealthfront. com/career-launch-ing-companies-list/.

[10] "Global talent trends 2020." LinkedIn. [Online]. https://business. linkedin. com/talent-solu-tions/recruiting-tips/global-talent-trends-2020.

[11] J. Chong, B. Lorica, Y. Chang, "Top Places to Work for Data Scientists: We identify organi-zations that will help you develop your career in data science." Gradient Flow. https://gradi-entflow. com/top-places-to-work-for-data-scientists/.

[12] G. Moore, P. Johnson, and T. Kippola, The Gorilla Game: Picking Winners in High Technol-ogy. New York, NY, USA: Harper Business, 1999.

[13] L. Cohen and M. Storey. "Onboarding to a DS team." Medium. https://medium. com/data-science-at-microsoft/onboarding-to-a-data-science-team-2b735dae464.

[14] D. Pink, Drive: The Surprising Truth About What Motivates Us. New York, NY, USA: Riverhead Books, 2009.

[15] Y. Xu, W. Duan, and S. Huang, "SQR: Balancing speed, quality and risk in online experi-ments," KDD, 2018.

[16] D. Liu. "A guide for onboarding into a new role: Six simple lessons to help you get started." https://debliu. substack. com/p/a-guide-for-onboarding-into-a-new.

[17] A. Bosworth. "A Career Cold Start Algorithm." https://boz. com/articles/career-cold-start.

[18] M. Mosley et al. , The DAMA Guide to the Data Management Book of Knowledge. Basking Ridge, NJ, USA: Technics Publications, 2009.

第 11 章　数据科学的领先地位和未来展望

本章要点

- 阐明领导 DS 变得越来越重要的 4 个原因；
- 总结我们在职业生涯中可以学到的东西；
- 掌握如何在 DS 中实践领导力；
- 预测未来在建立信任和追求职业方面的角色、能力和责任。

作为人类，我们通过眼睛看到的东西，通过机器检测到的东西，通过推理、演绎和可以与现实相对比的假设来理解我们的世界。DS 帮助我们通过推理、演绎和假设来推动对周围世界的定量理解，这些假设可以与现实进行检验。它提供了一个数据透镜，我们可以用它来解释和预测世界的运行方式。本书汇总了成功领导 DS 工作的顶级能力和美德以更好地理解和影响我们的世界。

> 数据科学通过数据视角为我们解读和预测世界的运作方式，并以推理、演绎和可检验假设推动对事物的量化理解。

领导 DS 是一项挑战，因为它涉及到广泛的技能集，而且需要时间来进行整合。这一技能集是由处理数据以及与高管、团队和合作伙伴合作以使 DS 工作成功的独特挑战形成的。

在本章中，我们总结了领导 DS 的原因、内容和方式，以便你在职业生涯的各个阶段参考这些内容；另外，我们还预测了该领域未来可能的发展方向。

11.1　引入 DS 的原因、内容和方式

在这本书中，我们分享了在 DS 中进行领导的实用指南，并涵盖了很多内容。现在让我们回过头来思考一下为什么学习领导 DS 变得越来越重要。什么是组织领导数据科学所需技能的框架？我们如何将该框架付诸实践？

通过回答这些问题，你可以更有目的地理解 DS 领导角色背后的驱动因素。你可以识别你已经有优势的领域，识别其他人的优势，并发现潜在的盲点。有了这些认识和发现，你可以发展和加强自己的能力和美德，成为一名更好的 DS 领导者。

11.1.1　为什么学习领导 DS 变得越来越重要

为什么学习领导 DS 很重要？如图 11.1 所示，我们认为主要有以下 4 个原因：

- DS 是增长最快的领域之一,对领导者的需求很高。
- 它有一系列独特的挑战,这使得它不同于软件工程或咨询。
- 需求的定义往往很模糊,因为结果的质量很难预测。
- 项目需要广泛的跨职能协作来产生业务影响。

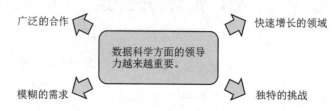

图 11.1　学习领导数据科学变得越来越重要的 4 个原因

1. 快速增长的领域

数据科学家的数量正以每年 37% 的速度增长,这对 DS 领导者产生了强烈的需求。在 DS 项目产生商业影响的公司中,早期的牵引力正在推动这种增长。在一项调查中,67% 的公司希望扩大其 DS 功能并扩大其业务影响。

随着数据科学领域继续成为薪酬最高的行业之一,越来越多的人才进入该领域。然而,对人才的需求仍在以高于供给的速度增长。留住人才是 DS 职能部门面临的常见挑战。

数据科学家的平均任期为 2 年。如果你能为你的数据科学家创造一个专业成长的环境,你就能让他们在团队中保留更长时间,并使你的团队显著提高效率。

2. 独特的挑战

DS 项目的运作方式不同于典型的软件工程或咨询项目,这为 DS 领导者带来了独特的挑战。三大差异包括项目团队规模、项目不确定性和项目价值:

- 项目团队规模——典型的 DS 项目涉及到 1~2 名数据科学家,而工程项目涉及 3~10 名工程师进行协作。
- 项目不确定性——依赖数据的风险必须在项目成功的工程风险之上处理。
- 项目价值——成功是通过在生产中部署功能和建议,并通过 A/B 测试以量化影响来体现的。仅仅完成功能(如工程交付物)或交付建议(如咨询里程碑)是不够成功的。

这些差异要求通过结合敏捷和瀑布式方法(在 2.2.2 小节中讨论)、团队结构(在 8.1.3 小节中讨论)以及精心设计团队成员职业发展机会以最大限度地留住顶尖人才(在 7.1.3 小节中讨论)来调整项目管理。

3. 模糊的需求

对于新的 DS 领导者来说,解释业务需求可能是一项挑战。许多业务和合作伙伴还不熟悉 DS 可以带来和提供的所有功能,这些功能可能是对问题的一种次优框架。DS 负责人的职责是提出问题背后的问题,以验证和完善合作伙伴的请求,提出并调整路线图,严格确定项目的优先顺序,从而切实确定 DS 项目的范围,并有效地利用资源。2.2.1 小节详细讨论了这一责任。

4. 广泛的合作

几乎所有成功的 DS 项目都需要团队的努力。产品和软件工程合作伙伴协作以跟踪重要事件、功能和行动。数据工程合作伙伴负责创建数据链,并将数据加载并存储到数据湖中。数据科学家合作清理和转换数据,以建立数据仓库,并高效地可视化数据以获取分析报告。在可能的情况下,数据科学家也在构建智能算法来预测和影响未来。然后,产品和软件工程合作伙伴合作,根据见解或智能算法采取行动,以改进产品或服务。

DS 领导层必须制定和调整路线图,确定赞助商和支持者,并培养人才和获得合作伙伴的信任,以确保 DS 项目的成功。快速增长、独特的挑战、模糊的需求和广泛的合作使 DS 领导层在企业的战略增长中扮演着至关重要的角色。

11.1.2 领导 DS 的框架是什么?

领导力是指增强你的能力,以产生比个人更重要的影响。它包括与你周围的人建立信任感,这样你就可以影响、培养、指导和激励他们。

你的身份是别人对你的描述。这种特征化可以让你周围的人预测你在各种情况下的想法和行为。你可以建立一种值得信任的身份,这样别人就更愿意受到你的影响、培养、指导和激励。

095 身份是他人对你的认知。建立可信赖的身份能让他人更愿意接受你的影响、培养、指导和激励。

什么是信任? 我们可以从 3 个方面来解释信任:才能、真诚和可靠性(见图 11.2)。

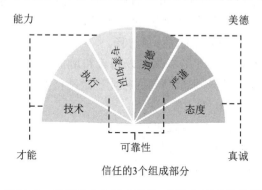

图 11.2 信任的 3 个组成部分:才能、可靠性和真诚

才能是产生成就的能力。我们从技术和专家知识 2 个维度进行讨论。技术维度描述了 DS 中可以用来更有效地开展领导工作的工具和框架。专家知识维度描述了特定行业的领域知识,以澄清项目与组织的愿景和任务的一致性,说明数据源的细微差别,并应对组织中的结构性挑战。

真诚是在实现目标的同时建立长期关系的美德。我们从道德和态度 2 个维度进行讨论。道德层面涉及工作中的行为标准,使你能够避免不必要的和自我造成的问题。态度维度反映了你处理工作环境时的情绪。

可靠性是指在面临挑战和破坏的情况下取得成就的能力。我们从执行和严谨的角度进行讨论。执行维度描述了履行领导职责所需的实践。严谨维度描述了让客户相信你的成果。

才能、真诚和可靠性是为你建立信任感所必需的 3 个要素。如果这 3 个要素中缺少了一个会发生什么?

当你专注于才能和真诚而忽视了可靠性时,你可以产生结果,有诚意与合作伙伴达成一致,但缺乏管理风险和克服障碍的技能。你不太可能持续产生积极的业务影响。

当你专注于才能和可靠性而忽视了真诚时,你可以有能力和可靠地交付结果,但缺乏在过程中协调目标和建立关系的动机或积极态度。在这种情况下,你可能会交付与业务需求不一致的 DS 结果。

当你专注于真诚和可靠性而忽视了才能时,你可以调整目标,管理风险,消除工作中的障碍,但缺乏完成项目所需的技术或领域知识。在这种情况下,你承担的项目仍然不太可能成功。

在这 3 个方面建立一个值得信赖的身份对于成功领导 DS 至关重要。在职业生涯的不同阶段,你可以选择做不同的事情。我们在图 11.3 中总结了本书中讨论的 DS 技术负责人、经理、总监和高管的概念与特质。

有经验的数据科学家对个人贡献者职业生涯的看法如何? 图 11.4 展示了本书中讨论的与员工数据科学家、首席数据科学家和杰出数据科学家相关的领域,其中适用于经理的区域已经用斜体表示。80% 以上的讨论主题与个人贡献者职业生涯中的有经验的数据科学家有关。

这个领导 DS 的框架来自于哪里? 几千年来,追求雄心勃勃的事业一直是人类历史的一部分。DS 作为一种职业是过去十年出现的众多职业之一。为了获得成功的职业生涯,我们参考了古代中国和希腊哲学家的思想,包括孔子(公元前 551—479 年)和亚里士多德(公元前 384—322 年),并为 DS 领域进行了解释。

儒家学说中的一个核心概念是一个人可以朝着和谐世界不断完善的职业发展。应用于 DS 实践中,它可以用你的创新来激励你的行业。激励行业的 8 个步骤如下:

① 了解操作原理。(格物)

② 有纪律地了解真理的核心。(致知)

③ 遵守行为准则。(诚意)

④ 保持积极、好奇、坚韧和尊重的情绪。(正心)

⑤ 培养领导能力。(修身)

⑥ 培养团队。(齐家)

⑦ 领导一个部门。(治国)

⑧ 激励一个行业。(平天下)

这本书将儒家学说的前 4 个步骤映射到 TEE - ERA 的扇形上,并作为 DS 中必要的基础。这 4 个步骤的重点是扩展我们的知识和培养我们自己。在接下来的 4 个职业发展步骤中,其核心是从领导项目到领导团队、职能部门和行业。这些概念如图 11.5 所示。

		技术总监	团队经理	职能总监	公司高管
能力	技术	框定业务挑战，优化项目的商业效益。深探数据特性，优选特征和模型。评估方案成熟度，建立客户对项目的期待值。	委派任务需明确要求，优先高效项目。让项目框架兼容，避免方法分歧困扰决策。分析战略/成本/风险，建议自建或购买方向。	制定规划技术路线，推动协作，实现业务目标。为适当的人群，在适当的时机，构建适当的功能。为项目的成功寻求赞助者和推动者。	主持设计一至三年的数据业务战略和路线。打造并逐渐发展完善数据驱动的企业文化。构建以创新和效率为核心的DS组织架构。
	执行	深究问题背景，划分项目优先级。解析项目种类，策划/管理进度。权衡进度与质量，引导案例回顾和项目归档。	培养团队协作，使集体产出超过个体能力总和。以个人和团队的方式推进跨部门的协作。向上汇报需认同优先级，沟通进展并有效升级问题。	通过管理人员、流程和平台，让部门稳定输出成果。通过清晰的职业蓝图构建强大的职能团队。用第一团队概念和向上两级思维支持高管策略。	将数据科学能力融入企业的愿景和使命。在组织、职能和团队层面构建DS人才储备机制。明确自己要承担"作曲家"还是"指挥家"的角色。
	专家知识	了解组织愿景和使命，阐明业务背景。关注领域特性，明察数据偏差。评估组织成熟度，了解行业格局，明确商机。	了解业务伙伴的关注点，扩展自己的业务知识面。深析领域痛点，参考基准，解读数据，发现新机会。以回报率确定优先级，用业务知识缓解数据不确定性。	参考市场周期，预估现产品成熟度的业务需求。用初始解决方案应对问题，以降低风险，加大回报。用深度领域理解固本培元，避免盲目提升KPI。	洞察行业格局，塑造有差异化的竞争优势。引导业务在关键时刻实现合适的战略转型。规划数据赋能的产品与服务商业发展计划。
美德	道德	尊重用户利益和隐私，注重社会影响。敏锐观察项目演变，了解缘由，主动沟通协调。及时总结分享项目成果、解决方案、经验心得。	通过适当引导、辅导和指导提升团队成员能力。在跨职能讨论中打造其他部门对DS的信任。参与并踊跃承担组织内的多种管理事务。	在DS职能范围内推行项目策划和执行的规范化。以领导的角色解读局势，陈述方向，协调合作。为提升团队成员能力铺路搭桥，增强归属感。	遵循数据保护与隐私法律，逐步解决道德问题。确保客户的人身、财产和心理安全，提升信任。承担DS决策的社会责任，努力消除模型偏见。
	严谨	遵循严谨的科学原理，避免逻辑陷阱。持续跟踪算法部署表现，及时排查异常结果。创造企业价值——明确目标，引导进度，营造共识。	警惕并缓解DS和ML系统中的反模式架构方案。注重从已发事件中总结经验，吸取教训。简明语言，简化问题，提升认知清晰度。	年度规划严谨——优先事项，设定目标，灵活执行。在规划、执行和完成项目时避免发生反模式。用严谨的承诺确保合作中互相尊重，建立信任。	营造高效和谐的工作环境，增强信任与理解。加快决策速度，提升决策质量。通过内部与外部创新提升企业价值。
	态度	积极坚韧地面对挫折，总结经验，直至成功。团结一致应对事件，保持好奇心和协作精神。尊重跨职能认知，协调共创商业价值。	理解并迎合创作者日程与管理者日程的差异。用目标管理和正负面反馈来建立对团队的信任。用交互、重复和递归机制营造组织的学习文化。	接纳团队成员的多样性，促进成员安全感。通过反思自己的行为，在决策中践行包容性。培养团队归属感——平稳期主动，动荡期被动。	用高效的思维、情感和行动模式展现高管风范。引领行业发展，增强团队成就感，吸纳精英。虚心借鉴跨行业经验，优化实践创新。

图 11.3　数据科学领导力的概述

		技术领导者	员工数据科学家	首席数据科学家	杰出数据科学家
能力	技术	框定业务挑战，优化项目的商业效益。 深探数据特性，优选特征和模型。 评估方案成熟度，建立客户对项目的期待值。	委派任务需明确要求，优先高效项目。 让项目框架兼容，避免方法分歧困扰决策。 分析战略/成本/风险，建议自建或购买方向。	制定规划技术路线，推动协作，实现业务目标。 为适当的人群，在适当的时机，构建适当的功能。 为项目的成功寻求赞助者和推动者。	主持设计一至三年的数据业务战略和路线。 打造并逐渐发展完善数据驱动的企业文化。 *构建以创新和效率为核心的DS组织架构。*
	执行	深究问题背景，划分项目优先级。 解析项目种类，策划/管理进度。 权衡进度与质量，引导案例回顾和项目归档。	*培养团队协作，使集体产出超过个体能力总和。* 以个人和团队的方式推进跨部门的协作。 向上汇报需认同优先级，沟通进展并有效升级问题。	通过管理人员、流程和平台，让部门稳定输出成果。 *通过清晰的职业蓝图构建强大的职能团队。* 用第一团队概念和向上两级思维支持高管策略。	将数据科学能力融入企业的愿景和使命。 在组织、职能和团队层面构建DS人才储备机制。 *明确自己要承担"作曲家"还是"指挥家"的角色。*
	专家知识	了解组织愿景和使命，阐明业务背景。 关注领域特性，明察数据偏差。 评估组织成熟度，了解行业格局，明确商机。	了解业务伙伴的关注点，扩展自己的业务知识面。 深析领域痛点，参考基准，解读数据，发现新机会。 以回报率确定优先级，用业务知识缓解数据不确定性。	参考市场周期，预估现产品成熟度的业务需求。 用初始解决方案应对问题，以降低风险，加大回报。 用深度领域理解固本培元，避免盲目提升KPI。	洞察行业格局，塑造有差异化的竞争优势。 引导业务在关键时刻实现合适的战略转型。 *规划数据赋能的产品与服务商业发展计划。*
美德	道德	尊重用户利益和隐私，注重社会影响。 敏锐观察项目演变，了解缘由，主动沟通协调。 及时总结分享项目成果、解决方案、经验心得。	通过适当引导、辅导和指导提升团队成员能力。 在跨职能讨论中打造其他部门对DS的信任。 参与并踊跃承担组织内的多种管理事务。	在DS职能范围内推行项目策划和执行的规范化。 以领导的角色解读局势，陈述方向，协调合作。 为提升团队成员能力铺路搭桥，增强归属感。	遵循数据保护与隐私法律，逐步解决道德问题。 确保客户的人身、财产和心理安全，提升信任。 承担DS决策的社会责任，努力消除模型偏见。
	严谨	遵循严谨的科学原理，避免逻辑陷阱。 持续跟踪算法部署表现，及时排查异常结果。 创造企业价值——明确目标，引导进度，营造共识。	警惕并缓解DS和ML系统中的反模式架构方案。 注重从已发事件中总结经验，吸取教训。 简明语言，简化问题，提升认知清晰度。	年度规划严谨——优先事项，设定目标，灵活执行。 在规划、执行和完成项目时避免发生反模式。 用严谨的承诺确保合作中互相尊重，建立信任。	营造高效和谐的工作环境，增强信任和理解。 *加快决策速度，提升决策质量。* 通过内部与外部创新提升企业价值。
	态度	积极坚韧地面对挫折，总结经验，直至成功。 团结一致应对事件，保持好奇心和协作精神。 尊重跨职能认知，协调共创商业价值。	*理解并迎合创作者日程与管理者日程的差异。* *用目标管理和正负面反馈来建立对团队的信任。* 用交互、重复和递归机制营造组织的学习文化。	接纳团队成员的多样性，促进成员安全感。 通过反思自己的行为，在决策中践行包容性。 培养团队归属感——平稳期主动，动荡期被动。	用高效的思维、情感和行动模式展现高管风范。 引领行业发展，增强团队成就感，吸纳精英。 虚心借鉴跨行业经验，优化实践创新。

图 11.4 有经验的数据科学个人贡献者的概述

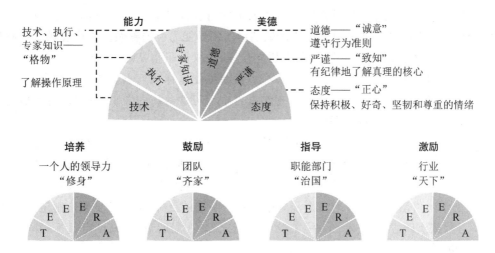

图 11.5 数据科学职业发展中使用的儒学概念

儒家思想告诉我们,所有人都有学习的能力,失败不是因为缺乏能力,而是因为缺乏努力。这本书分享了这一观念,并被组织成一本实用的指南,供你在职业生涯的不同阶段进行参考。

096

儒家思想认为人人皆可学习,失败源于努力不足而非能力欠缺。本书秉持此理念,希望能在你职业生涯的不同阶段提供参考。

为什么我们把软实力、心理社会方面的技能称为美德?亚里士多德在 2 500 年前的教义中提出了一个叫做幸福的(eudaimonia,εὐδαιμονία)的概念,这是一种值得追求或作为职业一部分的幸福和福祉。一个人要想成为真正的人,就必须具备美德,这是使他们获得幸福和福祉的必要性格条件。

我们认为道德、严谨和态度是产生积极的商业影响和社会影响的必要美德。这些美德是可以通过实践长期学习的技能,能够成为有效的 DS 领导者的习惯和性格。

097

我们认为遵循道德、严谨的执行和正向的态度是用数据科学实现商业和社会价值的必要技能。我们将这些技能称为美德。这些美德可通过实践逐渐内化为高效数据科学领导者的习惯和品格。

本书指出了职业生涯各个阶段最实用的智慧之珠。它提供了一些案例研究,其中包括可模仿的领导力优势,以及可供你自查的潜在盲点。它还强调了 101 个易于理解和分享的见解。通过在工作中实践,它们可以成为你生活中的一部分,并最终成为你的习惯和性格的一部分。

11.1.3 如何在实践中使用该框架?

本书的每一章都为你的自我评估提供了学习要点清单,以帮助你明确发展重点。为了更好地利用这本书,我们建议采用 4 个步骤来帮助你建立信心,发现你的盲点,识别组织中可用的资源,并实践你的学习:

① 找到自己的优势。你可以使用每章末尾的自我评估和发展重点的部分(见第 2～9 章各章中的"自我评估和发展重点")来识别你的领导能力。这种做法为你提供了一种环境,让你建立起值得信任的身份,为他人树立榜样,并取得职业成就。

② 识别自己的机会。本书中描述的一些领域可能是你的盲点。在这些机会中,你可以认识、学习和采用新的实践。当你在现实世界中练习这些新的知识时,它们可以成为有效的习惯,甚至成为你积极身份的一部分。

③ 利用自己的环境。在大多数情况下,你的角色是在一个更大的组织中,在这个组织中,你可以利用团队内部或跨团队和职能部门的资源来扩大你的优势。了解向谁提出请求、提出什么请求以及如何提出请求是必不可少的领导技能。

④ 把学习付诸实践。在前 3 个步骤中确定了明确的目标,第④个步骤是制定路线图,并将学习付诸实践。与冲刺计划一样,你可以指定 1～3 周的节奏,来设定目标,并安排时间回顾和评估进度。

在职业发展的每个阶段,都有许多概念需要学习和实践。只要你每周都在做一些事情,你的职业发展就会取得实质性进展。

11.2　未来展望

DS 是我们了解过去、评估现在和预测未来的定量方法。毫无疑问,这一职能对于未来为公司和组织创造价值仍然至关重要。但是这个领域将如何发展,你能做些什么来准备呢?

DS 领导者可以预见 3 种趋势,以更好地规划他们的职业生涯:

- 角色——数据产品经理的出现;
- 能力——特定功能的数据解决方案的可用性;
- 责任——灌输对数据的信任。

11.2.1　角色——数据产品经理的出现

创建数据和智能驱动的产品通常需要创新。这些产品和功能以前都不存在,它们是由产品经理与数据科学家紧密合作发明的,并且是基于对客户痛苦的深切同情、能够随着时间的推移扩大其优势的数据战略以及能够捕获所创造价值的稳健商业模式。

098

数据和智能驱动型产品需要由产品经理与数据科学家合作开发。成功的产品需要基于客户痛点,与客户深切的共情心,加上可持续发展的数据策略,进而创造出商业价值,并打造出稳健的商业模式。

在探索产品/市场匹配的过程中,产品经理是数据科学家必不可少的合作伙伴。然而,目前只有一小部分产品经理拥有 DS 背景。对于希望开发数据和智能驱动的产品和功能的公司来说,数据产品经理人才的匮乏是一个重大瓶颈。

数据产品经理和产品经理之间有什么区别?数据产品经理了解数据策略、数据源复杂性和数据/模型生命周期。这是对所有软件产品经理所需的软件技术、用户经验和业务关注点的理解。有了数据产品方面的额外知识,数据产品经理可以设计和确定模型和 API 项目的范围,并更好地定义跟踪规范和成功指标。

在 2021 年,DS 领导者经常被要求在数据和产品知识之间架起桥梁。事实上,今天许多成功的数据驱动的产品都是通过产品经理和数据科学家之间的紧密合作开发的。这通常是因为许多软件产品经理还不具备理解数据驱动的产品的功能、风险和范围所需的统计数据和 ML 背景。

在这些合作中,数据科学家通常扮演推荐者的角色,并依靠产品经理在实施前对产品方向做出最终决定。产品经理正在领导定义有用、可行和有价值的产品的过程,同时平衡客户和业务需求,与高管合作获取资源,并做出关键的业务和产品决策。

令许多数据科学家感到遗憾的一个原因是,在产品中引入智能能力和 DS 方法是事后才想到的。DS 通常只在产品开发周期结束时参与,因为产品和工程团队希望衡量一个功能的成功与否。这就难怪一些数据科学家有动力转向产品管理,他们希望在产品方向上扮演决策者的角色。

这种情况正在逐步改善。许多具有深厚技术背景的数据科学家正在向他们的产品经理合作伙伴学习,并帮助他们成为强大的数据产品领导者。许多产品经理都在学习 DS 技能,以便更好地理解数据产品生命周期。随着具有深度 DS 知识的产品经理的出现,成功构建数据驱动产品和功能的角色和责任正在发生变化。

对于渴望担任产品管理角色的 DS 领导者来说,他们应该知道,作为数据科学家,他们已经具备了一些技能,即与产品管理重叠的共享技能,以及他们需要开发的新产品管理技能。这些技能如图 11.6 所示。让我们首先了解 DS 领导和数据产品经理之间的共同责任,然后讨论成为数据产品经理所需的新技能。接下来,我们将研究新兴数据产品管理角色对数据科学家及其组织的影响。

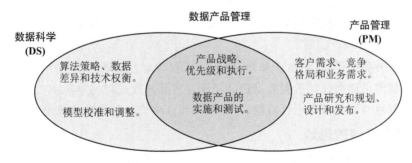

图 11.6　数据产品经理结合了数据科学的技能集和 PM 的技能集

1. 分担责任和新技能

产品战略、优先级和执行是产品领导者的三大主要职责。Wealthfront 公司的前总裁兼首席执行官 Adam Nash 提出了一个伟大的产品领导者要了解的 2 个产品战略问题:

① 我们在玩什么游戏?

② 我们如何记分?

正确处理这 2 个问题可以让跨职能团队迅速朝着同一个方向努力,并在执行最有影响力的项目时做出权衡。DS 领导者已经具备了定义数据产品愿景、量化提供给客户的价值以及建立公司与竞争对手差异化的技能。

确定优先次序的挑战往往来自于过剩的好想法。因此,初步的优先顺序可以使成功的公司首先明确要执行什么内容。DS 领导人已经有了诸如 RICE 这样的工具,它利用影响力、信心和努力来确定项目的优先顺序。然而,平衡对客户需求、竞争环境和业务需求的更广泛关注是数据产品经理需要掌握的新技能。在执行方面,要对时间/效益进行权衡,并使用分析工具来理解产品性能和衡量成功标准是 DS 领导者的强大技能。

产品经理拥有监督产品生命周期的基本技能,包括研究和规划、设计、实施和测试,以及发布。DS 领导者需要发展这些技能才能与产品经理合作或成为产品经理。

产品和功能要从研究和规划开始,并且这决定了下一步要构建什么。这些想法可以分为 3 个方面:指标推动者、客户要求和客户满意度。衡量标准的推动者是以公司为中心的特征,客户要求是客户积极要求的特征,客户满意度是客户没有要求但乐于拥有的特征。能够从这些内容中驱动一系列功能,并与高管和工程师保持一致,这是需要掌握的一套关键技能。

设计步骤包括指定用户体验和定义产品的特性和功能。制定目标、用例、需求、线框,并描述所有可能的功能状态,同时兼顾可访问性和安全性,这对于 DS 领导者来说可能会让人望而却步。但是,这些都是成为数据产品经理需要掌握的新技能。

DS 领导者可能更熟悉实施和测试步骤,包括定义技术规范和验收标准,必要时澄清规范,以及在项目延迟时调整时间表。对于专注于用户体验的功能,DS 领导者可能需要先学会运行内部可用性测试,然后再启动在线实验,以确定要修复的漏洞。

发布步骤包括发布清单、确定支持产品的团队,以及为数据链或生产问题准备紧急关闭程序。这些通常是 DS 领导者需要培养的新技能。

2. 对 DS 领导者的影响

当更多的数据产品经理出现时,DS 领导者可以更加关注运行 DS 功能的人员、流程和平台。该重点是确保数据分析和预测的可信度,并使公司在决策过程中能够更多地以数据为导向。

有了更多的数据产品经理,产品知识对于 DS 领导者在跨职能协作中寻求一致性仍然至关重要。我们可能会开始看到数据产品经理在产品开发过程的早期就关注 DS 的观点,根据可用数据战略性地设置项目阶段,并在项目调度中充分预测数据风险进行规划。

3. 对 DS 领域的影响

DS 产品经理的出现可能是渐进的,原因有两个。数据科学家仍然很稀缺,只有少数人对发展成为产品经理感兴趣。更多的专业人员在产品管理方面工作,同时 DS 要求很深厚的技术基础,需要花费大量的精力去学习。

一个可能的短期解决方案是创建一个技术数据产品经理的角色,模仿软件项目的技术产品经理。在一些公司,产品开发角色在产品经理和技术产品经理(Technical Product Managers,TPM)之间分配,其中更面向业务的产品经理专注于研究、规划和发布。相比之下,技术性更强的 TPM 侧重于设计、实施和测试。

拆分产品管理角色可以作为一种正式的方法,在短期内弥合数据产品经理的人才缺口。由于缺乏正式的技术数据产品经理角色,许多 DS 领导者目前正在加紧填补这一空白。随着公司和团队的发展,数据产品经理的角色可以为处理战略项目履行更严格的职责。

展望未来,数据产品经理的角色将变得越来越重要。许多产品可以通过数据驱动的创新进行转换,数据产品经理正在定义和部署许多特定于功能的数据解决方案。

11.2.2 能力——特定功能的数据解决方案的可用性

DS 功能在公司的许多职能部门都有广泛的应用。成功后,DS 团队将收到来自所有业务线和职能部门的请求,以评估 DS 技术如何能够提供帮助。

对于任何企业来说,都有核心竞争力领域和边缘实践领域。例如,对于一家 SaaS 企业软件公司来说,其产品中的智能功能是其核心竞争力。营销转换、销售分析和财务预测都是边缘实践。

一些 DS 领导者选择专注于在边缘实践中收集唾手可得的成果,而牺牲了开发更智能的核心竞争力。另一些人则选择专注于发展企业的核心竞争力,而忽视边缘实践。

在一个缺乏成熟的第三方特定功能数据解决方案的环境中,首先关注边缘实践的成果是有意义的。DS 领导者可以在改善边缘实践中的运营方面迅速取得早期胜利,并利用建立起来的信任进行更深层次的跨职能合作。

随着更多功能特定的数据解决方案变得可用,识别和集成第三方数据解决方案可以比内部开发的解决方案更快地产生价值。随着 DS 资源的释放,在公司的核心竞争力中投入可以获得更高的长期回报。

幸运的是,一代 DS 最佳实践正在涌现,以服务于边缘实践。这些边缘功能的最佳实践正在具体化为独立的数据产品。

注:我们在 11.2.1 小节中讨论的数据产品经理在一定程度上促成了数据产品的边缘实践成果。他们正在采取创业步骤,通过在为公司特定边缘实践量身定制的工具中具体化特定功能的最佳实践来为公司注入新的元素。

让我们看 2 个例子,一个是营销功能,另一个是销售功能。这 2 个例子有不同的特点,但都试图覆盖整个数据堆栈,从数据聚合到最终洞察分析,这在一个足够小的领域中是具有显著意义的。

1. 针对营销的数据解决方案

在营销中提供数据洞察力是一项挑战,所涉及的指标并不复杂,但聚合来自不同广告平台的数据是营销部门的一个难点。虽然谷歌广告、必应和 Facebook 广告等顶级广告平台可能会提供大量的潜在客户,但它们的定价往往很高。你可以使用联盟网络或通过电子邮件营销活动来进行参与。每个平台可能都有一个不同的门户,用于存储其特定于平台的数据。即使是一家中等规模的公司,也可能同时尝试 20~50 个广告平台。

出于报告目的,从每个平台提取数据可能是重复的繁忙工作。除了手动导出报告之外,每个平台对必须规范化的字段名可以有不同的约定。例如,你在 Twitter 上的广告支出称为"支出",在 Facebook 上称为"花费金额",在谷歌广告上称为"成本"。

即使收集了数据并将其标准化,仍存在将收入归因于广告支出以及跨时间段和货币计算广告支出回报率(Return on Advertising Spend,ROAS)指标的挑战。这些挑战使我们很难保持最新的营销绩效报告,这通常会导致营销预算分配不理想或每月支出过多或不足。尽管对于任何公司来说,要解决像市场营销这样的边缘业务,这些挑战都可能令人望而生畏,但对于一家独立的技术公司来说,它们可能是一个非常好的挑战。

Funnel. io 就是这样一家公司。它提供了一个平台,可以集中数百个来源的广告数据,能够以小时为单位实现自动导出和下载,并自动规范跨平台的营销支出等数据字段。然后,它可以将广告成本与特定垂直行业的销售数据联系起来,如跨多个平台的电子商务和集团活动,然后在数据仪表盘上展示分析结果。

从本质上讲,它是一个集成的解决方案,可以解决数据接收、转换、加载和一些分析过程。它甚至具有一些基本的仪表板功能。自动标准化允许你在不需要编码的情况下获得营销数据的单一真实来源。最重要的是,你可以将清理后的数据导出到你选择的数据库中。你的分析师和数据科学家可以使用导出的数据执行额外的分析和处理,因此你不必将敏感信息加载到 Funnel. io 平台。

对于每个月都有数百万美元广告支出的高增长公司来说,及时评估营销支出是非常有价值的。整合这种特定于营销的数据解决方案的成本是值得的。

2. 针对销售的数据解决方案

企业现场销售是一个可以产生高度商业影响的领域。这个过程可能很复杂,尤其是对于每个客户每年收入超过 10 万美元的产品和服务。一笔交易从潜在客户资格认证到成交可能需要多个月的销售流程。

公司通常使用客户关系管理(Customer Relationship Management,CRM)软件来跟踪这些流程。从技术角度来看,从 CRM 聚合交易状态以生成报告并不复杂。挑战在于确保销售专业人员及时更新 CRM 系统中的交易状态。

销售主管必须对销售渠道和任何可能妨碍他们实现季度销售目标的风险有最新的了解。对于重视盈利指标的上市公司来说,收入预测尤为重要。销售主管通常会与每个销售人员进行一对一的谈话,以评估每笔交易达成的可能性,从而了解团队在本季度的地位。这对所有相关人员来说都是一个痛苦的过程。

那么,为什么销售人员没有及时更新 CRM? 他们中的许多人都面临着巨大的压力,因为他们要完成销售指标,而手动更新 CRM 条目通常是次要问题。在 CRM 上输入数据所花费的大量时间削减了进行销售所需的时间。因此,CRM 中数据的不完整性使得将数据驱动的解决方案应用于销售预测极其困难。

幸运的是,人工智能和机器学习支持的自动活动捕获可以帮助缓解手动输入数据的问题。一批新的公司正在兴起,它可以自动将日历和电子邮件中的销售记录同步到 CRM 中,这些公司包括 Salesforce(Einstein Activity Capture)、People. ai、Groove 和 Zero Keyboard。

这类公司的主要创新在于吸收新的数据源,如销售专业人员的日历和电子邮件。这些新数据源的提取、转换和加载过程涉及实体识别和匹配,以从销售和潜在客户之间的非结构化数据中提取结构化交互数据。然后,你可以以结构化的形式对捕获的活动进行分析,以更可靠地预测季度目标的收入前景。当销售团队采用特定的销售方法时,活动捕获的数据可以为实现销售过程中的特定里程碑提供指标,甚至可以用于销售指导。

活动捕获是 AI 和 ML 技术的一个例子,可以缓解手动收集数据的问题。Salesforce Einstein Activity Capture 和 People. ai 等解决方案可以处理整个数据链,以提供当前状态、未来前景和潜在的指导,以规定和指导销售领域的行为。这种技术并不局限于销售流程,它们也可以有效地进行招聘从而引进人才。

3．特定功能的解决方案评估

随着特定功能的 DS 产品和服务作为第三方解决方案出现,它们可以为公司的边缘实践提供智能能力,具有规模经济性,是不容易在单个公司中复制的。

从公司的角度来看,选择一个解决方案时需要考虑几个因素,包括部署时间、流程变更和解决方案可扩展性,如下文所述,特定功能的数据解决方案的 3 个评估标准如图 11.7 所示。

部署时间	流程变更	解决方案可扩展性
从合同签署到全面部署的时间。过程越快,采用特定功能的数据解决方案的摩擦和风险就越小。	利益相关者所需的流程变更越小,实现价值的时间就越快。为了充分利用该解决方案,随着时间的推移,可能会发生一些流程更改。	解决方案允许导出数据,以便在解决方案外部进行额外处理。

图 11.7　特定功能的数据解决方案的 3 个评估标准

- 部署时间——部署时间通常是从合同签署到让用户可以使用 DS 解决方案。对于针对营销的数据解决方案,数据源来自于企业外部。通过用户身份验证进行聚合而不涉及任何工程上的工作。

  相比之下,针对销售的解决方案的数据源来自企业内部,可以访问人们的电子邮件和日历。这需要更高程度的信任和更大的工程努力来整合,在这个过程中的摩擦可能会限制公司的增长速度。同时,深度集成还有一个好处,即一旦客户选择部署解决方案,它就不那么容易被取代。

- 流程变更——为了部署特定功能的数据解决方案,利益相关者所需的任何流程更改都可能成为摩擦。对于上述针对市场营销的解决方案,部署该解决方案不需要改变行为。保持最新的营销报告可以在利益相关者自己的时间框架内推动进一步的营销渠道优化。

  对于通过活动捕获实现的针对销售的解决方案,销售专业人员无需改变任何行为。销售经理将有一个学习过程,了解如何解释和使用捕获的活动来提高销售额。当捕获的活动通过销售框架(如 BANT 或 MEDDIC)呈现时,技术变更可以作为组织流程变更的一部分展开。

- 解决方案可扩展性——使用第三方、特定功能的数据解决方案的一个问题是,你的功能变得标准化,行业竞争对手之间几乎没有差异。届时,数据解决方案中的行业最佳实践将成为新的行业标准。

  数据解决方案供应商可以通过允许将数据导出到数据库进行进一步处理和充实来应对这种担忧。例如,Funnel.io 允许将聚合、规范化、属性化和转换的数据导出到数据库中。然后,你的分析师和数据科学家可以将导出的数据与其他数据源一起处理,以产生更深入的跨职能见解。

099

第三方数据科学产品和服务可以有规模地为组织里的通用职能提升效率。这是大多数单个公司无法轻易复制的。在考虑采用第三方数据科学产品和服务前，可先评估部署时间、流程变更规模和方案的可扩展性。

可以根据部署时间、流程变更和解决方案的可扩展性来评估特定功能的解决方案，以便在整个行业中采用最佳实践。这一趋势使公司能够将 DS 资源集中在核心产品和服务上，以提高其创新速度。

11.2.3 责任——培养对数据的信任

在未来，产品经理对数据策略非常熟悉，并且为边缘功能提供特定功能的数据解决方案，那么 DS 功能的核心职责是什么？

我们预计 DS 职能部门将承担 2 项主要职责。一是在公司的核心产品中建立数据驱动能力，以提高客户对公司的信任。另一个是维护组织中数据使用的信任和完整性。图 11.8 说明了这 2 项职责。

构建核心产品	维护数据的信任和完整性
与高管和产品经理合作，将数据科学能力集中于改善客户在使用公司产品时可以体验到的关键利益上。	在第三方数据解决方案中维护重要指标的单一真实来源将变得越来越重要。在选择和集成这些解决方案时，必须做出关键决策。

图 11.8 DS 的 2 个主要职责：核心产品和维护信任

1. 为公司的核心产品构建数据驱动能力

核心产品是一个概念，它描述了客户从使用公司产品中获得的利益。这是一个与实际产品和增强产品形成对比的概念。例如，汽车的核心产品是一种运输方式，可以快速、安全地将你从 A 点带到 B 点。实际产品是一种具有诸如推进方式、尺寸、内饰和价格等特性的实体汽车。汽车的增强产品包括付款选项、保修、保险和维护等。对于 DS 领导者来说，为核心产品构建数据驱动的能力意味着与高管和产品经理合作，将聚合、处理、分析和预测能力集中于改善客户可以体验的关键利益上。

继续以汽车行业为例，截至 2020 年，特斯拉拥有超过 100 万辆汽车，其自动驾驶里程累计超过 30 亿英里。该公司以其记录、存储和汇总大量汽车路况的能力而闻名，以帮助改进其自动驾驶算法。对于低频事件，如检测严重遮挡的停车标志，特斯拉能够利用其道路上的车辆来训练其算法。这包括标记和主动学习聚合的示例，并使用测试集中的示例来验证其算法的新版本。改进其自动驾驶算法的能力直接改善了特斯拉的核心产品，即它如何快速、安全地将乘客从 A 点运送到 B 点。这种类型的数据策略是 DS 领导者负责的，以便随着时间的推移改进公司的核心产品。

再比如，在金融服务行业，核心产品可以定义为建立关系的过程，这种关系可以扩展到客户不同的金融需求领域。SoFi 是一家金融科技公司，其商业模式是为学生贷款再融资。一旦它与成功完成教育并与获得有酬工作的客户建立了关系，它就会扩展服务，提供抵押贷款、个人贷款和汽车贷款;后来,又发展到财富管理、保险、支票账户和借记卡,以满足客户的日常财务需求。

我们预计 DS 将越来越多地应用于公司的核心产品领域,因此尽早选择行业领域并积累领域知识对于 DS 领导者至关重要。

100
数据科学将更多地应用于组织的核心产品领域,数据科学领导者需尽早选择行业领域并积累领域知识以保持竞争力。

2. 维护组织中数据使用的信任和完整性

在未来,针对边缘实践的特定功能的数据解决方案越来越多,选择和集成正确的解决方案可以加快公司的增长速度。集成特定功能的数据解决方案影响的不仅仅是技术架构,而且对整个公司的人员、流程和平台有着显著的影响。

选择并集成第三方数据解决方案意味着 DS 组织可以用较小的团队满足更多的数据需求。特定功能的数据解决方案通常将行业最佳实践具体化为针对其目标功能的数据平台,包括营销、销售、客户服务、人力资源和财务。许多特定功能的分析和预测模型在这些平台上随时可用,并由功能合作伙伴直接使用。

这是否使 DS 在这些功能中的参与变得多余?我们认为情况恰恰相反。DS 可能会更多地参与维护第三方数据解决方案中重要指标的单一真实来源。

101
集成众多职能的数据解决方案需要更多的数据科学家参与,其核心在于整合内部和第三方数据源,维护单一可信的重要数据指标。

当你集成了多个第三方数据解决方案时,你将需要确定、挖掘和管理业务关键数据和指标的单一真实来源。第三方数据解决方案的产品可能会重叠。如果一个指标在不同的工具中显示出不同的值,就会引起混乱并破坏合作伙伴的信任。数据目录、同行评审的数据链、版本控制的功能存储和数据流脚本是维护关键技术的单一真相来源的基本流程。当第三方数据解决方案产生意外结果时,数据科学家需要诊断故障并实施缓解方案。

随着职能部门的运作在特定功能的数据解决方案下变得高效,跨功能洞察力变得更加关键。跨职能洞察的例子包括校准跨营销渠道的广告支出回报率(Return On Advertising Spend,ROAS),或估算与不同销售渠道和客户类型相关的支持成本。这些都是关键的执行洞察力,需要职能部门之间的顺利协调。随着对维护数据使用的信任和完整性的压力,我们预计 DS 领导职位在未来将变得越来越重要。

小　结

- 为什么? DS 是一个快速发展的领域,面临着不同于软件工程和咨询的独特挑战。DS 通常需要处理模糊的需求和数据的不确定性,并且需要跨职能协作来产生影响。
- 是什么? 成功取决于通过才能、真诚和可靠性来建立信任的过程。同时分享了培养领导技能、培养团队、指导职能部门和激励行业的机会。
- 怎么做? 为了发展你的事业,你可以发现你的优势,建立你的信心,发现你的机会,识别你的盲点；充分发挥你的经理、团队和合作伙伴的作用；实践你的学习，使之成为习惯，成为你性格的一部分。

- 未来展望小节中对 DS 在未来组织中的角色、能力和责任进行了预测。
- 角色——随着数据产品经理对数据计划的可行性、可用性和价值承担更多的责任，DS 领导者可能会更加关注数据产品的设计、实施和测试过程。
- 能力——随着更多特定功能的数据解决方案的出现，它们将行业最佳实践加以限制和民主化，以服务于边缘业务功能。这些解决方案将使内部 DS 团队能够专注于核心产品。
- 职责——DS 的工作重点是在整个数据生命周期中提供核心产品的情报，在特定功能的数据解决方案中保持单一的真实来源，并提供跨职能的洞察力。

参考文献

[1] "2020 emerging jobs report." LinkedIn. https://business. linkedin. com/content/dam/me/business/en-us/talent-solutions/emerging-jobs-report/Emerging_Jobs_Report_U. S. _FINAL. pdf.

[2] J. DuBois. "The data scientist shortage in 2020." https://quanthub. com/data-scientist-shortage-2020/.

[3] "2020 Salaries and Demographic Trends for Data Scientists & Analytics Pros." Burtch Works. https://www. burtchworks. com/2020/08/26/2020-salaries-and-demographic-trends-for-data-scientists-analytics-pros/.

[4] Hecht, Aji: An IR#4 Business Philosophy, The Aji Network Intellectual Properties, Inc. , 2019.

[5] Zengzi, "DaXue(大学)-The great learning." Chinese Text Project. https://ctext. org/liji/da-xue/ens.

[6] M. Cagan, Inspired: How to Create Tech Products Customers Love, 2nd ed. , New York, NY, USA: Wiley, 2017.

[7] A. Nash. "Be a great product leader." Psychohistory. https://adamnash. blog/2011/12/16/be-a-great-product-leader.

[8] G. L. McDowell and J. Bavaro, Cracking the PM Interview: How to Land a Product Manager Job in Technology, CareerCup, 2013.

[9] A. Nash. "Guide to product planning: Three feature buckets," Psychohistory. https://adamnash. blog/2009/07/22/guide-to-product-planning-three-feature-buckets/.

[10] "BANT opportunity identification criteria." IBM. https://www-2000. ibm. com/partnerworld/flashmovies/html_bp_013113/html_bp_013113/bant_opportunity_identification_criteria. html.

[11] "About MEDDICC." Meddicc. https://meddicc. com/page/about/.

后　　记

　　数据科学领域正在快速发展,然而,职业发展的基本原理已经存在了数千年。在写这本关于数据科学职业发展的书时,我们意识到数据科学所发挥的作用远远超出了像锤子一样寻找钉子的过程。这也不仅仅是为了晋升到公司的更高一级的领导岗位。真正的数据科学领导力,需具备深切的同理心,能够深切理解并感受管理者、团队成员、合作伙伴及客户等利益相关者的困扰与难题,并时刻准备且愿意运用数据科学的力量为他们排忧解难。

　　要做到有同情心,首要的是倾听。正如希腊哲学家 Epictetus(公元 50—135 年)所说,"我们有两只耳朵和一张嘴,所以我们可以听得比说得多一倍。"我们希望你能利用本书中的概念更好地倾听和理解利益相关者的需求,并利用你在数据科学方面的超强能力来应对这些挑战。

　　时间至关重要。2021 年,发达国家的平均预期寿命大约为 80 岁。以天数计算,人的一生中只有不到 30 000 天。如果你在 22 岁开始你的第一份全职工作,那么你在这个地球上 30 000 天的旅程已经走过了 8 000 天。我们写这本书的目的是帮助你在接下来的 100～1 000 天里加速职业发展,这样你就能更快地达到你想要的职业目标。

　　我们要感谢你花了一些宝贵的时间来阅读这本书。我们花了人生 30 000 天中的不少时间与大家分享我们在先进的数据科学方面的经验。我们真诚地希望这些框架、技术和例子能帮助你促进职业发展,并有更多的时间追求你的梦想。

　　我们很荣幸能够激励你完成职业生涯中的最佳工作,并最大限度地发挥你的潜力,用数据科学对世界产生重大积极影响。如果你觉得这本书有用,请在社交媒体上分享你的学习体会,我们很愿意听到你的声音!